化学分析・試験に役立つ
標準物質活用ガイド

久保田正明 編著

丸善株式会社

まえがき

　現代の社会は，産業技術がさらに発展する一方，地球環境の変化や食の安全，医療事故などさまざまな社会問題が顕在化しつつある．このような問題に適切に対処するためには，科学的な根拠にもとづいて客観的な判断をくだすことが第一に求められる．環境影響物質や食品添加物の分析・試験あるいは臨床検査などにおいて，データの信頼性が重要なことは言うまでもないが，その信頼性を確保するためには標準物質の整備が欠かせない．

　わが国においては，鉄鋼業をはじめとする製造業の現場では古くから標準物質が工程管理に活用されてきた．その後，公害問題の深刻化にともなって公害計測用標準物質の開発供給が始まったものの，幅広い分野で標準物質の開発が本格化したのは20世紀末に至ってからである．本格化の背景として，度量衡においてグローバリゼーションが進んだこと，とりわけ世界的にも遅れていた"化学の度量衡"におけるハーモナイゼーションの進展があげられる．また，国際標準化の流れがわが国にも品質マネジメント，環境マネジメント，試験所認定制度などの導入をもたらし，信頼性保証の考え方を定着させたことも影響した．

　今日，標準物質は科学研究における精確な分析値の取得，化学分析や計測現場での機器の校正，工業プロセスの精度管理，試験検査機関の分析技術者の技能判定などに日常的に利用されている．その種類は極めて多岐にわたり，熱伝導率や熱膨張率の測定基準となる物質や，引張強さ，硬さなどの材料試験のための基準片なども標準物質の範ちゅうに含まれる．しかしながら，本書ではページ数の関係もあり化学分析分野の標準物質に範囲を限ることとした．

　1～3章では，主として標準物質をこれから使用する人々のために，トレーサビリティなどの基礎知識や関連用語の意味，標準物質の生産並びに入手方法・

取扱いなどを記した．また，4〜8章では，実務者に役立つよう個別分野ごとの問題や供給情報を記載した．さらに9章では最近の動きを概観した．また，付録として標準物質供給機関の一覧と略語表を添付したので必要に応じて参照していただきたい．

範囲を限定したとはいえ，金属材料などの"ハード"な物質から生体のような"ソフト"な物質まで網羅するのは予想以上の困難を伴った．編者の割り振りが至らなかったため執筆者の方々にたいへんご苦労をおかけしてしまったが，執筆者の方々のひとかたならぬご尽力のお陰で，化学分析分野の標準物質に関する定本ができた．改めて深謝申し上げる．

末尾ながら，本書の刊行に努力してくださった丸善株式会社の長見裕子氏と小野栄美子氏に心より謝意を表したい．

2009年 新緑

久保田　正明

執筆者一覧

編著者

久保田　正　明　　独立行政法人 産業技術総合研究所 計測標準研究部門

執筆者

朝　海　敏　昭	独立行政法人 産業技術総合研究所 計測標準研究部門 無機分析科	
石　橋　耀　一	JFEテクノリサーチ株式会社 技術情報事業部マネジメント支援部	
稲　垣　和　三	独立行政法人 産業技術総合研究所 計測標準研究部門 無機分析科	
井　原　俊　英	独立行政法人 産業技術総合研究所 計測標準研究部門 計量標準システム科	
今　井　　　登	独立行政法人 産業技術総合研究所 地質情報研究部門 地球化学研究グループ	
上　蓑　義　則	独立行政法人 産業技術総合研究所 中部センター 研究業務推進部 研究環境管理室	
大　畑　昌　輝	独立行政法人 産業技術総合研究所 計測標準研究部門 無機分析科	
岡　本　研　作	独立行政法人 産業技術総合研究所 計測標準研究部門	
柿　田　和　俊	株式会社 日鐵テクノリサーチ 解析センター	
加　藤　健　次	独立行政法人 産業技術総合研究所 計測標準研究部門 有機分析科	
衣　笠　晋　一	独立行政法人 産業技術総合研究所 計測標準研究部門 先端材料科	
桑　　　克　彦	独立行政法人 産業技術総合研究所 計測標準研究部門 有機分析科	
小　島　勇　夫	独立行政法人 産業技術総合研究所 計測標準研究部門	
近　田　俊　文	国立感染症研究所 細菌第二部	
齋　藤　　　剛	独立行政法人 産業技術総合研究所 計測標準研究部門 計量標準システム科	
四角目　和　広	財団法人 化学物質評価研究機構 東京事業所化学標準部 技術第二課	
鈴　木　俊　宏	独立行政法人 産業技術総合研究所 計測標準研究部門 無機分析科	
瀬　田　勝　男	独立行政法人 製品評価技術基盤機構 認定センター	

執筆者一覧

高津　章子	独立行政法人 産業技術総合研究所 計測標準研究部門 有機分析科
千葉　光一	独立行政法人 産業技術総合研究所 計測標準研究部門
内藤　誠之郎	国立感染症研究所 検定検査品質保証室
中野　和彦	大阪市立大学大学院工学研究科
中村　利廣	明治大学理工学部応用化学科
西川　雅高	独立行政法人 国立環境研究所 環境研究基盤技術ラボラトリー
沼田　雅彦	独立行政法人 産業技術総合研究所 計測標準研究部門 有機分析科
野々瀬　菜穂子	独立行政法人 産業技術総合研究所 計測標準研究部門 無機分析科
日置　昭治	独立行政法人 産業技術総合研究所 計測標準研究部門 無機分析科
檜野　良穂	独立行政法人 産業技術総合研究所 計測標準研究部門
藤沼　弘	東洋大学名誉教授
前田　恒昭	独立行政法人 産業技術総合研究所 計測標準研究部門 計量標準システム科
三浦　勉	独立行政法人 産業技術総合研究所 計測標準研究部門 無機分析科
村井　敏美	財団法人 日本公定書協会 大阪事業所 標準品事業部
森　育子	独立行政法人 国立環境研究所 環境研究基盤技術ラボラトリー
鎗田　孝	独立行政法人 産業技術総合研究所 計測標準研究部門 有機分析科
安井　明美	独立行政法人 農業・食品産業技術総合研究機構 食品総合研究所 企画管理部
吉永　淳	東京大学大学院新領域創成科学研究科

(2009年4月末現在，五十音順)

目 次

1 標準物質に関する基礎知識　　1

1.1 化学分析・試験の信頼性 ……………………………(久保田正明)・ 1
1.2 トレーサビリティと国際整合性 ……………………(久保田正明)・ 2
1.3 標準物質開発の歴史 …………………………………(久保田正明)・ 5
1.4 用語の定義 ……………………………………………(久保田正明)・ 7
1.5 標準物質の種類と用途 ………………………………(久保田正明)・ 8
1.6 計量標準供給制度 ……………………………………(井原　俊英)・ 12

2 生産と認証・認定　　17

2.1 原料物質と調製 ………………………………………(千葉　光一)・ 17
2.2 均質性と安定性 ………………………………………(柿田　和俊)・ 19
　　　均質性試験(19)　　安定性試験(22)
2.3 特性値の決定法 ………………………………………(井原　俊英)・ 26
　　　特性値(26)　　特性値決定のためのアプローチ(26)　　特性値決定のためのおもな分析法(28)
2.4 データの評価(1)：統計的手法の基礎 ……………(四角目和広)・ 30
　　　基本的用語(30)　　有効数字と数値の丸め(32)　　統計的検定(32)
　　　分散分析(33)　　異常値の取扱い(38)
2.5 データの評価(2)：不確かさとその求め方 ………(四角目和広)・ 39
　　　不確かさに関連する用語と評価手順(40)　　不確かさと統計量(42)
　　　化学分析における不確かさの要因(42)　　計算例：水中の鉛の測定の不確かさ(43)
2.6 認証と認証書 …………………………………………(久保田正明)・ 49
2.7 標準物質生産者の認定 ………………………………(瀬田　勝男)・ 52
　　　認定の実際(52)　　認定基準(54)　　認定・認証と国際相互承認(54)

3 取扱いと利用　　57

3.1 取扱いと保存法 ………………………………………(岡本　研作)・ 57
　　　容器からの採取(57)　　ひょう量(57)　　乾　燥(59)　　標準ガスの取

扱い(59)　　保存上の留意事項(60)　　技術資料の活用(60)

3.2 標準物質の選び方 ··(朝海　敏昭)· 61
標準物質の選択における留意点(61)　　トレーサビリティソースと品質システム(62)　　標準物質の入手(62)

3.3 利用技術(1)：機器の校正 ··(岡本　研作)· 64
分析機器の校正(64)　　検量線の作成(65)　　希　釈(66)　　使用する水(67)　　ISO Guide 32(68)

3.4 利用技術(2)：妥当性確認 ··(岡本　研作)· 68
機器の妥当性確認(69)　　分析法の妥当性確認(70)　　マトリックス効果を考慮した標準物質の選択(71)

3.5 試験所認定と技能試験 ···(久保田正明)· 72
試験所認定制度とその利点(72)　　ISO/IEC 17025における標準物質の位置づけ(74)　　技能試験と標準物質(75)

3.6 標準物質関連情報の入手 ···(朝海　敏昭)· 77
国内の標準物質供給機関と標準物質総合情報システム(RMinfo)(77)
海外の標準物質供給機関と国際標準物質データベース(COMAR)(78)
技術情報の入手(81)

4 純物質系標準物質　　　　　　　　　　　　　　　　　　　　　　　　　83

4.1 pH 標 準 ··(大畑　昌輝)· 83
pHの定義(83)　　実用pHとpH一次標準(83)　　pH一次標準の統一とHarnedセル法(84)　　わが国でのpH一次標準の現状と問題点(85)
JCSSとJISにもとづくpH標準液の供給(87)　　国外から入手できるpH標準(88)　　pH標準液の利用(89)

4.2 標 準 液 ··(日置　昭治)· 89
標準液の調製法(89)　　一次標準液のトレーサビリティの確保(91)
標準液の濃度決定法(93)　　標準液のJCSS体系(93)　　標準液の保存安定性と均質性(94)　　標準液の利用法(95)　　標準液のコンパラビリティ(96)　　CIPM MRAにつながる国際的に通用する標準液(96)

4.3 標準ガス ··(加藤　健次)· 98
標準ガスの種類(99)　　標準ガスのトレーサビリティ(100)　　標準ガスの調製法(104)　　標準ガスの使用上の注意(107)

4.4 容量分析用 ···(鈴木　俊宏)· 110
容量分析に利用される標準物質(110)　　容量分析用標準物質の使用における注意点(112)

4.5 有機分析用 ···(鎗田　孝)· 112
計量法JCSS制度による標準物質(112)　　産業技術総合研究所計量標準総合センター(AIST/NMIJ)が供給する標準物質(114)　　米国国立標準技術研究所(NIST)が供給する標準物質(115)　　EU標準物質・計測

研究所(IRMM)が供給する標準物質(117)　韓国標準科学研究所(KRISS)が供給する標準物質(117)

4.6 安定同位体 ……………………………………………………(野々瀬菜穂子)・118
　　同位体比測定用同位体標準物質(118)　濃縮同位体(120)　入手方法，取扱い方(121)

4.7 放射能 …………………………………………………………(檜野　良穂)・121
　　放射能標準とトレーサビリティ(122)　γ線核種放射能標準(123)
　　放射能面線源(123)　放射能標準溶液(123)

5　産業用組成標準物質　　　　　　　　　　　　　　　　　　　　　127

5.1 鉄　鋼 …………………………………………………………(石橋　耀一)・127
　　日本の鉄鋼分析用標準物質(127)　海外の鉄鋼分析用標準物質(136)

5.2 非鉄金属 ………………………………………………………(藤沼　弘)・138
　　試料の偏析とサンプリング(139)　表示値決定のための共同実験(141)
　　結果と解析(142)

5.3 核燃料・原子炉材料 …………………………………………(三浦　勉)・150
　　核燃料分析用標準物質(150)　原子炉材料(150)　環境放射能分析用標準物質(150)

5.4 セラミックス・ガラス・セメント …………………………(上蓑　義則)・152
　　窯業用天然原料の標準物質(153)　耐火物標準物質(155)　ガラス標準物質(156)　セメント標準物質(157)　ファインセラミックス材料の標準物質(157)

5.5 岩石・鉱物 ……………………………………………………(今井　登)・165
　　岩石の標準物質(165)　鉱物(鉱石)の標準物質(166)　標準物質の調製法(166)　認証値の決定法(168)　価格と入手法(172)

5.6 石油・石炭・フライアッシュ ………………………………(前田　恒昭)・172
　　石油製品(172)　石油製品物性測定用標準物質(175)　石炭・フライアッシュの標準物質(178)

5.7 樹脂(有害物質分析用) ………………………………………(中野和彦，中村利廣)・179
　　プラスチック(179)　ペイント・塗料(184)

6　環境および食品分析用標準物質　　　　　　　　　　　　　　　187

6.1 大気(エーロゾル) ……………………………………………(森　育子)・187
　　エーロゾルの化学分析用環境標準物質(187)　化学分析時の注意点(191)

6.2 水　質 …………………………………………………………(吉永　淳)・191
　　水質認証標準物質(192)　水質認証標準物質の使用法(192)　水質認証標準物質の使用上の注意(195)

6.3 底　　質 ………………………………………………………（吉永　　淳）・196
　　　底質認証標準物質の種類と選択(197)　　底質認証標準物質の取扱い
　　　(199)

6.4 土　　壌 ………………………………………………………（西川　雅高）・199

6.5 生　　体 ………………………………………………………（稲垣　和三）・204
　　　動物由来試料(204)　　魚貝類由来試料(207)

6.6 食　　品 ………………………………………………………（安井　明美）・210
　　　食品分析用標準物質(211)　　標準物質の利用(212)　　標準物質のデー
　　　タベース(214)

6.7 飼料・肥料 ……………………………………………………（安井　明美）・215

6.8 廃棄物など ……………………………………………………（沼田　雅彦）・223

7　臨床化学分析用および医薬品標準物質　　　　　　　　　　　　227

7.1 純物質系 ………………………………………………………（高津　章子）・227
　　　臨床化学分野の動向(227)　　臨床化学分野における計量学的トレーサ
　　　ビリティ(227)　　純物質系標準物質の供給状況(229)　　各機関におけ
　　　る取り組み(229)

7.2 実試料系 ………………………………………………………（桑　　克彦）・232
　　　臨床化学分析のトレーサビリティ連鎖(232)　　実試料標準物質(235)
　　　実試料標準物質の特性と取扱いの留意事項(235)

7.3 医薬品—日本薬局方標準品— ………………………………（村井　敏美）・259
　　　種類，品目数，用途，供給機関(259)　　品質確保(260)　　使用上の留
　　　意点(260)　　入手方法(261)

7.4 医薬品—抗生物質標準品，生物製剤標準品—
　　　………………………………………（7.4.1 近田俊文，7.4.2 内藤誠之郎）・261
　　　日本薬局方収載抗生物質標準品(261)　　生物学的製剤基準収載標準品
　　　(263)

8　材料特性解析用標準物質　　　　　　　　　　　　　　　　　　267

8.1 表面分析・解析用 ……………………………………………（小島　勇夫）・267
　　　表面分析用標準物質の用途(268)　　標準物質の特徴と適用例(269)

8.2 高分子特性解析用 ……………………………………………（衣笠　晋一）・273
　　　高分子標準物質の種類(273)　　分子量標準物質の種類(275)　　入手先
　　　および購入時の注意(275)　　保管法(276)　　調製時の注意(277)
　　　標準物質を適用するさいの注意(277)

目 次　ix

9　標準物質関連活動と国際文書　279

9.1　国 際 活 動 ………………………………………………（千葉　光一）・279
　　　物質量諮問員会(CCQM)/国際度量衡委員会(CIPM)(279)　　検査医学におけるトレーサビリティに関する合同委員会(JCTLM)(281)　　国際標準化機構標準物質委員会(ISO/REMCO)(282)　　分析化学における国際トレーサビリティ協力機構(CITAC)(282)　　生物・環境標準物質に関する国際シンポジウム(BERM)(283)　　ヨーロッパ標準物質(ERM)(283)

9.2　ISO Guide 30 シリーズ ……………………………………（齋藤　　剛）・284
　　　既存の ISO Guide 30 シリーズ(285)　　今後発行予定のガイド(286)

9.3　各国の標準物質供給機関 …………………………………（齋藤　　剛）・286

9.4　国 内 活 動 ………………………………………………（久保田正明）・288

付録 1　国内外の標準物質供給機関 ……………………（朝海敏昭，久保田正明）・291
　　　付表 1　国内のおもな供給機関(291)
　　　付表 2　海外のおもな供給機関(294)

付録 2　略　語　集 ……………………………………………（久保田正明）・296

索　　　引 …………………………………………………………………… 301

CHAPTER 1　標準物質に関する基礎知識

1.1　化学分析・試験の信頼性

　化学分析は物質，材料，環境，生体などさまざまな対象試料に含まれる目的物質の種類や濃度を知るために行われる．化学分析の信頼性とは，その化学分析が信頼できる分析結果を与えるか否かを示す指標である．とくに，定量分析で得られる分析値に関しては，不確かさなどの情報を付加することにより信頼性の程度を定量的に表すことができる．ところで，今日の化学分析はその多くに分析機器が使用され，機器の出力は相対的な数値を示しているにすぎない．したがって，これを単位のついた分析値とするためには，相対値を絶対値に変換する手段が必要となる．正確な目盛りのついた"ものさし"のようなものであって，化学分析の分野では標準物質がそれに相当する．

　化学分析は，企業における品質管理や研究開発部門，大学・研究機関の分析室，医療機関の検査室などにおいて日常的に実施されている．これらのラボラトリーは一般に試験室とよばれることがある．試験室で行われる試験には化学分析のほかに材料試験のような機械的，物理的な試験も存在し，その場合は，たとえば硬さ基準片，微粒子径測定用標準粒子などが"ものさし"として使われる．これらも標準物質の範ちゅうに含まれるが，本書ではおもに化学分析・試験の基準となる標準物質について記述する．なお，これまでに標準物質に関して書かれた代表的な成書類を参考[1〜5]としてあげておく．

　上述したように機器分析には標準物質が必須であり，その開発には一世紀に及ぶ歴史がある．しかしながら，標準物質の重要性が急速に認識されるようになったのは，ここ20年来のことである．背景には国際的な二つの大きな流れが存在する．その一つは，国際標準化活動の一環である適合性評価における信頼性確保の動きであり，もう一つは計量標準の国際整合性確保に関する動きである．両者は相互に関わり合うため明確に分けては論じられないが，前者に関わる動きはおおむね以下のように総括することができる．

1980年代の後半より，経済のグローバル化を背景にして国際標準化機構(International Organization for Standardization：ISO)の制定した国際規格 ISO 9000 シリーズが多くの企業に普及するようになった．このシリーズは品質管理(quality control)および品質保証(quality assurance)のためのシステムに関する一連の規格であり，その中の代表的規格である ISO 9001 は 2000 年に再度の改定が行われて，現在の品質マネジメントシステム規格となっている．ここでいうマネジメントシステムを化学分析にあてはめれば，信頼性の高い分析結果を出せるシステムということになり，組織，要員，機器，校正プロセスなどの要求事項への適合性を満たすことにより，外部に対し信頼性の根拠を示すことが重要となる．すなわち，品質保証とは信頼性の保証にほかならない．

国際的な自由市場の拡大が求められるなか，通商貿易の効率化と公正性確保の観点から，適合性評価に関わる新しい国際ルールも登場した．いわゆるワンストップ・テスティング(one stop testing)である．この考え方は，輸出国で実施した製品などに関わる試験の結果を，輸入国が再度試験することなく受け入れるというものである．こうしたやり方が成立するためには，国家間で分析結果が一致する仕組みが存在しなければならない．国際規格に則って，異なる試験所間での技術能力の同等性を証明する規範は，ISO 9000 シリーズやワンストップ・テスティングに先駆けて，1978 年に ISO/IEC Guide 25 として制定された．その後このガイドは，1999 年に国際規格 ISO/IEC 17025 "試験機関及び校正機関の能力に関する一般的要求事項"となったが，ISO 9001：2000 の発行に伴いマネジメントシステムに関する要求事項の再改定が行われ，ISO/IEC 17025：2005 (JIS Q 17025：2005) となった．現在はわが国でもこの規格にもとづいて試験所の認定が行われている．なお，この規格の技術的要求事項のなかには標準物質の利用が明記されている．

1.2 トレーサビリティと国際整合性

異なる国の試験所間で分析値が一致するためには，もう一つ重要な要件がある．すなわち，計量標準の国際整合性の確保である．この活動は国際度量衡委員会(International Committee of Weights and Measures：CIPM)を中心に進められてきた．各国の試験所の測定結果はその国の国家標準(国家測定標準，national standard, national measurement standard)にトレーサビリティ(traceability)が求められる．トレーサビリティとは，一般の試験所の測定結果が切れ目なく国家標準または国際測定標準(international measurement standard)につながっていることを意味している．各国の国家標準は，国

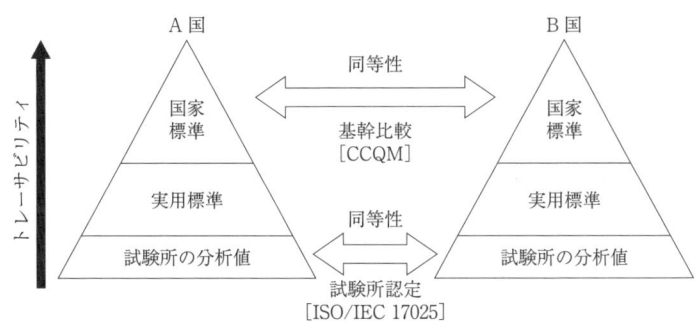

図 1.1 化学分析における同等性の確保

際単位系(International System of Units：以下 SI と略す)をはじめとする国際測定標準にトレーサブルであることが要件である．それら国家標準は，国際比較によって同等性(comparability)が立証され，ワールドワイドな体系が確立されている．

長さ，質量，温度などの基本量や力，体積などの組立量などの物理量の計測では，その多くにおいて計量器を国家標準とする体系が構築されている．一方，化学分析においては計量器の代わりに，安定で均質な物質を指定して国家標準とする方式が採用されてきた．校正用標準物質とよばれるものの頂点に立つ国家標準物質(一次標準物質)は，トレーサビリティ体系にもとづいてその国の化学分析の信頼性を保証する根源となっている．図 1.1 に，化学分析の同等性を確保する国際的な仕組みを模式的に示した．すなわち，化学分析の能力に関する各国の国家計量標準機関の同等性は，物質量諮問委員会(Consultative Committee of Amount of Substance：CCQM)の実施する基幹比較(key comparison)によって確認が行われる．一方，個別の試験所の分析値はトレーサビリティ体系にもとづいて，その国の国家標準に信頼性の根拠を求めることができる．それと同時に，1.1 節でも述べたように，試験所レベルでの化学分析の能力の同等性が試験所認定制度によって確保される．試験所認定制度の詳細は 3.5 節に譲る．

CCQM は 1993 年に CIPM 傘下の諮問委員会の一つとして設置され，国家標準および国家計量標準研究所の発行する校正証明書のグローバル MRA(mutual recognition arrangement：相互承認取決め)にもとづく国際活動を進めてきた．すなわち，メートル条約加盟各国の国家計量標準機関が発行する校正・測定能力証明書を互いに受け入れるため，基幹比較で確認された技術能力と品質システムを国際度量衡局(International Bureau of Weights and Measures：BIPM)の国際データベース(key comparison database)に登録し公開する．標準物質の場合，健康，食品，環境，先端材料などの分野ごとに代

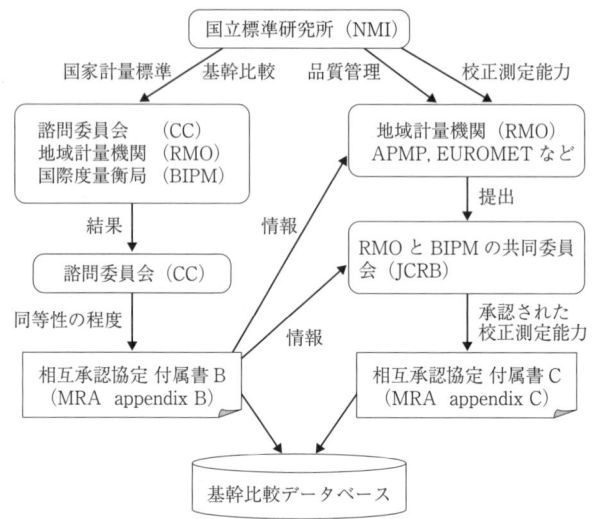

図 1.2 国際相互承認のための作業手順

表物質が選定され，基幹比較の結果は MRA の付属書 B のデータベースに，国際的に通用する標準物質はその証拠とともに付属書 C のデータベースに登録される．これらは国際相互承認促進のため活用がはかられている[6,7]．相互承認のための作業手順を図 1.2 に示した．

　ところで，トレーサビリティの頂点に位置するのは SI または人為的に定められた"標準"である．"標準"とは，ものごとを判断するための目安や基準をさすが，規範となる製品・方法規格などの文書をさす場合と，計測の基準となる物質や機器をさす場合とがある．前者は標準化に関わる標準であり，後者は計量標準に関わる標準と言い換えてもよい．フランス語では前者の標準を norme，後者の標準を etalon とよぶが，英語ではどちらも standard であるためいずれをさしているのか不明な場合があった[*]．最近では standard を etalon の意味で用いる場合は measurement standard という用語が用いられるようになってきている．

　物理計量の分野における後者の標準は古くからその設定がされてきた．1954 年に開

---

　　[*]　"標準物質"の英語は reference material で定着してきたが，かつては standard sample という呼称も使用されたため，その対訳の"標準試料"が現在でも一部で使用されている．なお，"標準液"の英語には reference solution よりも standard solution のほうが一般的である．

催された第10回国際度量衡総会 (General Conference on Weights and Measures：CGPM) は，六つの基本量に対する実用単位系の基本単位として，長さ (m)，質量 (kg)，時間 (s)，電流 (A)，熱力学的温度 (K)，光度 (cd) を決定した．これらの単位を現示する方法が次々と開発され，人工の"もの"の標準に依存するのは，キログラム原器を基準とする質量のみとなった．一方，化学の分野で用いられる物質量の単位"mol"が基本単位に加えられたのは，第14回国際度量衡総会の開かれた1971年のことである[8]．

わが国においても1978年に計量法の基本単位として，物象の状態の量"物質量"(計量単位"モル"，記号"mol")が規定された．しかしながら，化学分析の分野では，物質量としてよりも，質量あるいは濃度として分析結果を表示する場合が通常である．計量法においては濃度も物象の状態の量として規定され，モル毎立方メートル(記号 mol/m^3)，モル毎リットル(記号 mol/l または mol/L) などが計量単位として採用された[9]．

化学分析値について国際整合性を確保するには，原理的には各国がSIトレーサブルな方法で分析を行えばよい．しかしながら，SIへのトレーサビリティが確保できる方法は重量分析，電量滴定などに限られる．これらは手間と時間がかかるのみならず技術や経験を必要とする．また，バイオ医薬品など人の健康に関わる標準物質をはじめとしてSIへのトレーサビリティの確保が困難な物質も少なくない．CCQMでは，2001年にバイオアナリシスワーキンググループを創設し，DNAやタンパク質の測定，代謝系の動的測定などに必要な分析法の評価と標準の確立に向けた活動を開始した．さらに翌年には，CIPM，国際臨床化学連合 (International Federation of Clinical Chemistry and Laboratory Medicine：IFCC)，世界保健機関 (World Health Organization：WHO)，国際試験所認定協力機構 (International Laboratory Accreditation Cooperation：ILAC) が参画して臨床検査医学におけるトレーサビリティ合同委員会 (Joint Committee on Traceability in Laboratory Medicine：JCTLM) を発足させ，臨床分野での分析値の同等性確保ならびにトレーサビリティ確立への取組みを行ってきている[10]．

1.3 標準物質開発の歴史

標準物質の開発の歴史は化学分析の発展と密接に関わりをもっている．ニーズが拡大したのは，産業技術の発達が化学分析の基準となるさまざまな物質を求めるようになったことによる．米国ではそうした状況に対応するため，1901年に米国国立標準局研究所 (National Bureau of Standards：NBS，現在の名称は米国国立標準技術研究所 National Institute of Standards and Technology：NIST) が創設され，1905年より鉄鋼業界の協力

を得て標準物質開発プログラムが開始された.1951年までにNBSは541種の標準物質を開発しているが,そのうちの200種が合金,鉱物,セラミックスであり,204種が炭化水素や油である.NBSではこれらの標準物質をStandard Reference Material(SRM)とよんだが,のちにこの名称はNIST製標準物質の商品名として登録された[5].

上記のような"ハード"な標準物質に比較して"ソフト"な標準物質の登場はさらに後のことになる.生物系の標準物質としては,1971年に開発頒布された果樹葉(SRM 1571 orchard leaves)および翌年の仔ウシ肝臓(SRM1577 bovine liver)が最初のものである.これらは,天然試料から調製した植物,動物の標準物質として世界各国で利用された[11].

わが国における標準物質の開発も,ほぼ上記の流れと類似している.1930年代に鉄鋼製造の工程管理および品質管理のため,(社)日本鉄鋼協会により鉄鋼標準試料の開発が開始され,非鉄産業関連や岩石の標準物質の供給がこれに続いて行われるようになった.生物あるいは環境標準物質の開発は,1970年代後半に国立公害研究所(National Institute for Environmental Studies:NIES,現在の国立環境研究所)がNIES標準物質"リョウブ"の研究開発に着手したことが先駆けとなる.臨床化学分析用の標準物質はさらに遅れて1980年代以降にようやく本格化した.

上記の流れからも明らかなように,どちらかといえば組成標準物質の開発が先行したが,1980年代の中頃,機器分析のいっそうの導入と国際標準化の動きが進むにつれ,SIへのトレーサビリティが保証された校正用標準物質が求められるようになる.1992年の計量行政審議会答申において,国家標準へのトレーサビリティ体系整備の必要性が指摘され,翌年行われた計量法の改正においてその体系が具体化された.これが現在の計量法校正事業者登録制度(Japan Calibration Service System:JCSS)であり,この制度のもとで分析機器を校正する基準となる標準ガスや標準液の供給が開始された.

こうした動きにもかかわらず国内で製造頒布される標準物質の種類は,欧米に比較して劣っていた.そのため,2001年,国は産業構造審議会・日本工業標準調査会合同の知的基盤整備特別委員会において,約250種類の標準物質を早急に整備する計画を提示した.これを受けて関係機関の協力のもと(独)産業技術総合研究所(National Institute of Advanced Industrial Science and Technology:AIST)の計量標準総合センター(National Metrology Institute of Japan:NMIJ)が精力的に開発を進めてきた.2010年までに整備目標を達成し,以降新規開発との適切なバランスのもと供給などの質の向上をはかろうとしている.

1.4　用語の定義

　標準物質に関わる用語，ならびに標準物質に関連して用いられる統計学や精度管理の用語については，国際規格あるいは国際文書に定義が記載されている．標準物質に関わる用語の定義は ISO Guide 30[12]，計量関連用語については VIM[13,14]を参照するとよい．また，統計用語などに関しては ISO 3534-1[15]，ISO 3534-2[16]，ISO 5725-1[17]，GUM[18]が参考になる．なお，計量関連分野における国際文書の編集・発行を目的に 1997 年に創設された，計量ガイドのための共同委員会（Joint Committee for Guides in Metrology：JCGM）において，VIM の改定，GUM の補完文書・関連文書の作成が行われている[19]．

　"標準物質（reference material：RM）"および"認証標準物質（certified reference material：CRM）"の定義はこれまで 1992 年制定の ISO Guide 30 に従っていたが，2006 年に ISO Guide 35 が改定され[20]，そのなかで定義も改められた．新しい定義によると，"標準物質"とは，

　　"一つ以上の規定特性について，十分均質，かつ，安定であり，測定プロセスでの使用目的に適するように作製された物質"

をいう．注記に総称的な用語とわざわざことわっているように，認証の有無にかかわらない．同じく注記に，特性として定量的なもののみでなく定性的なものがあるとしている点も重要である．すなわち，標準物質には，定性分析（物質または種の同定）のための純品のような物質も含まれることを意味している．また，使用目的を，測定系の校正，測定手順の評価，ほかの物質への値の付与，ならびに品質管理（精度管理）としているように，精度管理用試料も標準物質に含まれることを明確にしている．

　"認証標準物質"の定義は，下記のとおりである＊．

　　"一つ以上の規定特性について，計量学的に妥当な手順によって値付けされ，規定特性の値及びその不確かさ，並びに計量学的トレーサビリティを記載した認証書が付いている標準物質"

　＊　不確かさのついた特性値，トレーサビリティ，認証書の三つを要件としている点で従来の定義と本質的に変わりない．ただし，旧定義では"特性値を表す単位を正確な現示へのトレーサビリティが確立された手順によって認証され"としていたのに対し，トレーサビリティを計量学的にいかに確保しているか認証書にその記載を求めた点で異なっている．従来の定義によれば，認証書からはトレーサビリティが明らかでない場合も存在したが，新しい定義では，認証の要件としてトレーサビリティの明示を求めたことになる．なお，注記には，値の概念として同定やシーケンスのような定性的属性を含むとあり，その場合，不確かさは確率で表してよいと規定している．

標準物質と認証標準物質に関する上記の定義から明らかなように，標準物質には認証標準物質と非認証(認証されないまたは認証されていない)標準物質とが存在する．しかしながら，たんに"標準物質"という場合，標準物質全般をさしているのか，非認証の標準物質をさしているのかがわかりにくい．また，非認証の標準物質はしばしば精度管理用試料(精度管理用標準物質)とも混同されてきた．精度管理用試料とは標準物質の用途からみた分類名であり，認証の有無や特性にもとづくものではない．実際，認証標準物質を精度管理用試料として使用する場合も存在する．2009年4月現在，国際標準化機構標準物質委員会(International Standard Organization/Reference Material Committee：ISO/REMCO)では，精度管理(品質管理)用標準物質に関するガイドとして ISO Guide 80 "Guideline for the production of reference materials for metrological quality control"(仮題)を作成中である．

"トレーサビリティ"については，VIM 第2版のなかでの定義("不確かさが表記された，切れ目のない比較の連鎖を通じて，通常は国家標準又は国家標準である決められた標準に関連づけられ得る測定結果又は標準の値の性質")が，過去10数年にわたって使われてきた．2007年12月に発行された VIM 第3版は ISO/IEC Guide 99[13] として採用されたが，そのなかでトレーサビリティの定義は"計量トレーサビリティ(metrological traceability)"として，下記のように改められた．

> "測定の不確かさに寄与し，文書化された，切れ目のない個々の校正の連鎖を通して，測定結果を表記された計量参照(reference)に関係付けることができる測定結果の性質"

近年，農業，食品業など他分野でもトレーサビリティという用語が使用されるようになり，それらとの区別を明確にした．また，従来の定義における"国家標準へのつながり"が"計量参照(参照標準)へのつながり"に，"比較の連鎖"が"校正の連鎖"へと改訂されたことは留意すべき点である．

そのほか，標準物質関連用語のなかで重要と思われる用語の定義を表1.1にまとめた．ここでは原則として ISO Guide 30[12]，Guide 35[20] または Guide 99[13] に準拠した．

1.5 標準物質の種類と用途

標準物質を認証の観点から分類すれば，認証標準物質とそれ以外の(認証されていない)標準物質とに分けられる．分析結果に関してトレーサビリティの立証が必要な場合には，その定義からも明らかなように認証標準物質の使用が不可欠である．また，トレー

表1.1 標準物質関連用語

用 語	英 語	定 義
国際測定標準	international measurement standard	国際協定への調印により承認され，世界規模での使用が意図された測定標準．
国家標準，国家測定標準	national standard, national measurement standard	他の標準に対し当該量種における量の値を付与する基盤として，国又は経済での使用のため国家機関により承認された測定標準．
一次標準，一次測定標準	primary standard, primary measurement standard	一次参照測定手順を用いて確定された，又は協約により選定された人工物として創製された測定標準．
二次標準，二次測定標準	secondary standard, secondary measurement standard	校正を通して，同じ種類の量における一次測定標準に関連づけて確定された測定標準．
参照標準，参照測定標準	reference standard, reference measurement standard	ある組織又はある場所において，与えられた種類の量における他の測定標準を校正するために指定された測定標準．
実用標準，実用測定標準	working standard, working measurement standard	測定機器又は測定システムを校正又は確認するために日常的に用いられる測定標準．
[標準物質の]認証	certification[of a reference material]	特性値を表す単位の正確な現示へのトレーサビリティを確保するプロセスによって，材料又は物質の一つ以上の特性値を確定し，認証書の発行につながる手順．
[標準物質]認証書	[reference material]certificate	認証標準物質に付いている文書で，一つ以上の特性値及びその不確かさが記述され，それらの妥当性及びトレーサビリティを確保するために必要な手順が行われていることを確証しているもの．
認証値	certified value	認証標準物質においてそれに付いている認証書に記載されている値．
[採択された]参照値	[accepted]reference value	次のいずれかとして得られた，比較のために容認された基準として役立つ値，(a) 科学的原理に基づく理論値又は確定した値，(b) ある国家又は国際機関の実験研究に基づいて付与した値，(c) 科学又は技術集団の主催する共同実験研究に基づく合意値．
[ある与えられた量の]合意値	consensus value[of a given quantity]	標準物質において，室間試験によるか又は適当な複数の機関若しくは専門家間の合意に基づいて得られた量の値．
校 正	calibration	計器又は測定系の示す値，若しくは，実量器又は標準物質の表す値と，標準によって実現される対応する値との間の関係を確定する一連の作業．

つづく

表1.1 標準物質関連用語(つづき)

用語	英語	定義
値付け，キャラクタリゼーション	characterization	認証プロセスの一環として，標準物質の特性値を決定するプロセス．
[標準物質の]**特性値**	property value [of a reference material]	標準物質の物理学的，化学的又は生物学的特性を代表する量に帰せられる値．
瓶内均質性	between-bottle homogeneity	1本の瓶内での標準物質の特性の変動．
瓶間均質性	within-bottle homogeneity	標準物質の特性の瓶間での変動．
短期安定性	short-term stability	特定の輸送条件下で輸送している間の，標準物質の特性の安定性．
長期安定性	long-term stability	標準物質生産者の下で規定された保存条件下にある標準物質の特性の安定性．
[標準物質の]**寿命**	life time [of a reference material]	標準物質の特性の安定性を持続できる期間．
[標準物質の]**保管期限**	shelf life [of a reference material]	標準物質生産者が安定性を保証する期間．

(注) 通常は[ ]内の言葉が省略されて用いられるが，標準物質分野特有の意味合いで使われていることに注意しなければならない．

サビリティの階層をもとにすれば，一次標準物質，二次標準物質，実用標準物質に分類されるが，臨床検査の分野では，常用参照標準物質や校正物質(calibrator)とよばれる標準物質も存在する．これらの関係を図1.3に示した．通常，これらの標準物質の認証値の不確かさは階層が下位になるほど大きくなる．

　標準物質をさらに細かく分類する場合には，使用目的(用途)，物質(素材)，または特性値の種別などによってさまざまな分け方があり，とくに規定された分類方法はない．CCQMでは，物質にもとづいて，高純度試薬，無機溶液，有機溶液，ガス，水，金属・合金，先端材料，生体，食品，燃料，底質・土壌・鉱石・粒子，その他に分けている．一般的には使用目的(用途)を考慮して，12ページの表1.2に示すように，化学分析・計測用標準物質と物性・工業量測定用標準物質とに大別することができる．本書で取り扱う範ちゅうは，前者全般ならびに後者の一部(石油製品物性標準物質，放射能標準物質)に相当する．さらに，化学分析・計測用標準物質は校正用標準物質と成分分析用標準物質とに分けられるが，これを物質(素材)の種別からみれば，校正用標準物質は純物質系標準物質に，成分分析用標準物質は組成標準物質(matrix reference material)に該当する．ただし，この分類は大雑把なもので，純物質系標準物質のすべてが校正のみに用いられるわけではなく，成分分析用標準物質の用途も必ずしも組成分析だけとはかぎ

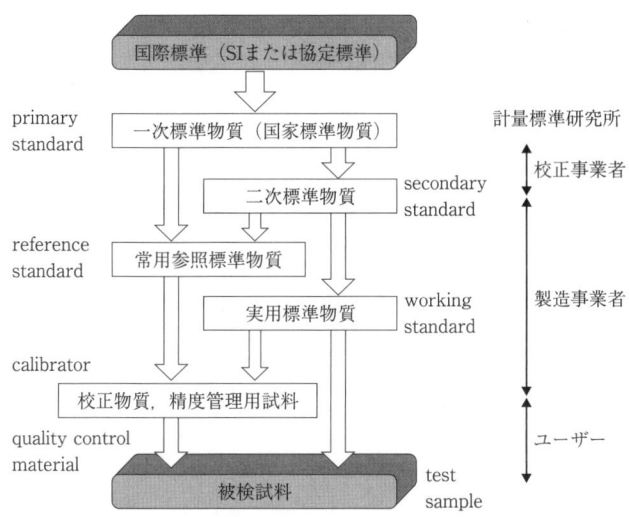

図 1.3 トレーサビリティ体系にもとづく標準物質の階層構造

らない．たとえば，医薬品の多くは純物質であり，用途も医薬品原薬および製剤の確認試験，純度試験のほか，均一性試験，溶出試験，力価の測定，生物学的試験などきわめて多様である．また，表面分析・解析用無機標準物質には分析機器の諸特性(エネルギー軸，質量軸，強度，分解能など)の校正に用いられる標準物質もあり，局所的な成分分析用標準物質がすべてというわけではない．

　標準物質のおもな使用目的は，① 分析・計測機器の校正(calibration)，② 物質・材料への値付け，③ 分析・計測機器または分析・計測の評価，④ 試験機関または測定者(分析者)の技能の確認，である．これらのうち，①は機器が正確な指示値を示すよう調整する操作を意味している．ただし，たんに"校正"といった場合は上位の標準物質を用いて下位の標準物質に値付けする行為をさすことがあり，②と厳密に区別できるわけではない．検量線を作成して機器の指示値を濃度や物性値に変換する操作はまさに"値付け"のために行われるが，この操作も広義の"校正"に含められる場合がある．③は妥当性確認(validation)とよばれる作業に相当し，④は各機関内での内部精度管理や，技能試験による外部精度管理として行われる．③および④は，分析値の信頼性確保に必須の要件であり，試験所認定と密接な関わりをもっている．

表 1.2 標準物質の分類

使用目的による種別			素材による種別と具体例	
化学分析・計測用標準物質	校正用標準物質	純物質系標準物質	純物質標準物質	無機純物質(pH 試薬, 容量分析用) 有機純物質 臨床検査用純物質 医薬品(局方標準品)
			調製標準物質	標準ガス pH 標準液 無機標準液(金属標準液) 有機標準液
	成分分析用標準物質	組成標準物質	金属標準物質	鉄鋼, 鉄鉱石 非鉄金属合金 原子炉材料
			無機標準物質	セラミックス, ガラス, セメント 岩石, 鉱物 多層膜, 半導体
			化石燃料標準物質	石炭, フライアッシュ 石油(重油硫黄分) コークス
			高分子標準物質	合成高分子(分子量測定用) 樹脂(有害物質測定用)
			環境標準物質	大気, 粉じん 海水, 河川水 底質, 土壌, 廃棄物
			生体・食品標準物質	動物 植物 食品(穀類, 豆類)
			臨床標準物質	血清, 尿
			同位体標準物質	濃縮同位体
物性・工業量測定用標準物質			熱物性標準物質	熱電対, 熱膨張率測定用, 耐火度試験用
			その他の物性標準物質	密度標準, 硬さ試験片, 微粒子径標準
			石油製品物性標準物質	粘度標準, オクタン価, 安息香酸
			放射能標準物質	放射能標準溶液

1.6 計量標準供給制度

　わが国の産業計測分野における計量標準は，旧工業技術院計量研究所等の国立標準研究機関(現在の産業技術総合研究所)による依頼試験などを通して供給されてきた．しかしながら，産業の高度化に伴う品質管理や工程管理などにおける信頼性の高い計量標準の需要の増大に対して，国立標準研究機関からの標準供給のみでは十分に対応できない

ことや，民間標準供給機関によって開発された計量標準とのつながりを保証する公的な仕組みがないことなどが問題となっていた．そこで，国の定める計量標準（国家計量標準）から産業界が使用する実用計量標準への科学的なつながりの証明，および円滑な標準供給を目的として，計量法のもとで計量標準の校正サービスを行う制度 JCSS が 1992 年に創設され，1993 年に施行された．

計量法では標準物質を，"計量器の誤差の測定に用いるもの"と定めているため，JCSS では主として分析機器の目盛りつけに用いる標準液や標準ガスが対象となっている．また，計量器の標準となる特定の物象の状態の量を現示する計量器を，国の定める計量標準として経済産業大臣が指定することを定めているが，標準物質はキログラム原器のような計量器と異なり，値付けに用いると消費されてなくなるなどの理由により，標準物質を製造するための設備（てんびんや分析計測装置など）が指定されている．実体として，指定された設備により製造される標準物質（特定標準物質）が国の定める計量標準であり，この製造および特定標準物質による値付けは，経済産業大臣もしくは経済産業大臣が指定する指定校正機関が行うものとされている[*1]．具体的には，国際単位系へのトレーサビリティの確保を含む標準物質の開発，および開発された標準物質の国際整合性の確保は主として産業技術総合研究所が担い，特定標準物質の製造，および特定標準物質による値付けは，指定校正機関として指定された(財)化学物質評価研究機構および(財)日本品質保証機構（熱量標準安息香酸のみ）が行っている．

一方，特定標準物質によって値付けされた標準物質（特定二次標準物質）を用いて行う，検査・試験機関が用いる実用計量標準（実用標準物質）への値付けは，認定された標準物質の値付けの事業を行う者（登録事業者）によって行われる．登録事業者は，ISO および国際電気標準会議（International Electrotechnical Commission：IEC）が定めた校正を行う機関に関する基準に適合することが要件となっており，具体的には，認定事業に関わる標準物質の値付けの事業の範囲（標準物質の種類や濃度など）を経済産業大臣に申請し，ISO/IEC 17025 に適合するかどうかなどが審査される[*2]．標準物質に関しては，2009 年 4 月現在，12 の事業者（事業所）が登録されており，JCSS のロゴマークを付した証明書を発行することができる．そのうち，定期検査や技能試験への参加など一定の要件が国際基準に対応した登録事業者は，国際 MRA 対応認定事業者として認定され，値付け結果が国際的に流通可能なことを示すシンボルを証明書に入れることができる．

[*1] 計量法上は日本電気計器検定所も含まれるが標準物質の供給は行っていない．
[*2] この審査は経済産業大臣から(独)製品評価技術基盤機構に委任されており，登録関連の情報は同機構から入手できる．

1 標準物質に関する基礎知識

表 1.3 告示されている標準物質の一覧 （2009 年 4 月現在）

標準ガス	1	メタン標準ガス*	pH標準液	33	シュウ酸塩 pH 標準液*
	2	プロパン標準ガス*		34	フタル酸塩 pH 標準液*
	3	一酸化炭素標準ガス*		35	中性リン酸塩 pH 標準液*
	4	二酸化炭素標準ガス*		36	リン酸塩 pH 標準液*
	5	一酸化窒素標準ガス*		37	ホウ酸塩 pH 標準液*
	6	二酸化窒素標準ガス*		38	炭酸塩 pH 標準液*
	7	酸素標準ガス*	無機標準液	39	アルミニウム標準液*
	8	二酸化硫黄標準ガス*		40	ヒ素標準液*
	9	アンモニア標準ガス		41	ビスマス標準液*
	10	ジクロロメタン標準ガス		42	カルシウム標準液*
	11	クロロホルム標準ガス		43	カドミウム標準液*
	12	トリクロロエチレン標準ガス		44	コバルト標準液
	13	テトラクロロエチレン標準ガス		45	クロム標準液*
	14	1,2-ジクロロエタン標準ガス		46	銅標準液
	15	ベンゼン標準ガス		47	鉄標準液
	16	1,3-ブタジエン標準ガス		48	水銀標準液*
	17	アクリロニトリル標準ガス		49	カリウム標準液*
	18	塩化ビニル標準ガス		50	マグネシウム標準液*
	19	o-キシレン標準ガス		51	マンガン標準液*
	20	m-キシレン標準ガス		52	ナトリウム標準液*
	21	トルエン標準ガス		53	ニッケル標準液*
	22	エチルベンゼン標準ガス		54	鉛標準液*
	23	零位調整標準ガス(無機ガス用)*		55	アンチモン標準液*
	24	零位調整標準ガス(揮発性有機化合物用)		56	亜鉛標準液*
				57	バリウム標準液*
	25	零位調整標準ガス(窒素酸化物用)		58	リチウム標準液*
	26	零位調整標準ガス(硫黄酸化物用)		59	モリブデン標準液*
	27	エタノール標準ガス		60	セレン標準液*
	28	揮発性有機化合物 9 種混合標準ガス (10～18 が混合されたもの)		61	スズ標準液*
				62	ストロンチウム標準液*
	29	ベンゼン等 5 種混合標準ガス (15 および 19～22 が混合されたもの)		63	タリウム標準液*
				64	ルビジウム標準液*
	30	揮発性有機化合物 7 種混合標準ガス (10, 12～15, 1,1-ジクロロエチレン標準ガス, cis-1,2-ジクロロエチレン標準ガス, 1,1,1-トリクロロエタン標準ガス, 1,1,2-トリクロロエタン標準ガス, 四塩化炭素標準ガス, cis-1,3-ジクロロプロペン標準ガスおよび trans-1,3-ジクロロプロペン標準ガスが混合されたもの)		65	塩化物イオン標準液*
				66	フッ化物イオン標準液*
				67	亜硝酸イオン標準液*
				68	硝酸イオン標準液*
				69	リン酸イオン標準液*
				70	硫酸イオン標準液*
				71	アンモニウムイオン標準液*
				72	シアン化物イオン標準液
				73	臭化物イオン標準液*
				74	ホウ素標準液
	31	揮発性有機化合物 7 種混合標準ガス (19～22, 32, スチレン標準ガスおよび p-キシレン標準ガスが混合されたもの)		75	金属 15 種混合標準液 (39, 42～47, 49～54, 56 および 74 が混合されたもの)
	32	アセトアルデヒド標準ガス		76	陰イオン 7 種混合標準液 (65～70 および 73 が混合されたもの)

表1.3 告示されている標準物質の一覧(つづき)

有機標準液	77	ジクロロメタン標準液	有機標準液	101	フタル酸ジ-n-ブチル標準液
	78	クロロホルム標準液		102	フタル酸ジ-2-エチルヘキシル標準液
	79	四塩化炭素標準液		103	フタル酸ブチルベンジル標準液
	80	トリクロロエチレン標準液		104	4-t-オクチルフェノール標準液
	81	テトラクロロエチレン標準液		105	4-t-ブチルフェノール標準液
	82	1,2-ジクロロエタン標準液		106	4-n-ヘプチルフェノール標準液
	83	1,1-ジクロロエチレン標準液		107	ビスフェノール A 標準液
	84	cis-1,2-ジクロロエチレン標準液		108	4-n-ノニルフェノール標準液
	85	1,1,1-トリクロロエタン標準液		109	2,4-ジクロロフェノール標準液
	86	1,1,2-トリクロロエタン標準液		110	揮発性有機化合物23種混合標準液* (77~99 が混合されたもの)
	87	$trans$-1,3-ジクロロプロペン標準液		111	アルキルフェノール類等6種混合標準液 (104~109 が混合されたもの)
	88	cis-1,3-ジクロロプロペン標準液			
	89	ベンゼン標準液		112	アルキルフェノール類等5種混合標準液 (104~106, 108 および 109 が混合されたもの)
	90	トルエン標準液			
	91	o-キシレン標準液			
	92	m-キシレン標準液		113	フタル酸エステル類8種混合標準液 (100~103 および 114~117 が混合されたもの)
	93	p-キシレン標準液			
	94	トリブロモメタン標準液			
	95	ブロモジクロロメタン標準液		114	フタル酸ジ-n-プロピル標準液
	96	ジブロモクロロメタン標準液		115	フタル酸ジ-n-ペンチル標準液
	97	$trans$-1,2-ジクロロエチレン標準液		116	フタル酸ジ-n-ヘキシル標準液
	98	1,2-ジクロロプロパン標準液		117	フタル酸ジシクロヘキシル標準液
	99	1,4-ジクロロベンゼン標準液		118	ホルムアルデヒド標準液
	100	フタル酸ジエチル標準液			

*は登録事業者が存在するもの

現在，本制度により供給されている標準物質を表1.3に示す(熱量標準安息香酸は不掲載)．標準ガスについては濃度範囲のほか，精度(不確かさ)の違いにより1級と2級の規格がある(4.3節参照)．同様に，pH標準液にも精度の違いにより第1種と第2種の規格があり，一部の登録事業者から第1種pH標準液が供給されている(4.1節参照)．また，表中の*を付した標準物質は登録事業者が認定されているものであるが，登録事業者によって認定を受けた事業の範囲が異なるので，入手できる標準物質の種類や濃度などについては，各登録事業者に直接確認されたい．なお，告示されながら認定された登録事業者がいないために実用標準物質が供給されていない標準物質が存在する(表中の*のないもの)．それらのうち，単成分(分析対象成分が1種のみ)の標準物質については，今のところ市場規模が小さく採算性の確保が見込めないなどの理由によるものが多い．そこで，暫定的に指定校正機関から直接，市場への標準供給が行われている場合がある．一方，混合標準物質については，最近になって開発されたものが多く，技術および設備などの準備が整った事業者から順次，供給が開始される見込みである．

JCSSにもとづく標準物質は，ISO/IEC 17025に適合するばかりでなく，国家計量標準へのトレーサビリティが確約されている世界的にも類をみない高い信頼性を有するものである．したがって，検査・試験における測定値の精確さやトレーサビリティの要求に十分応えられるものであり，厳しい精度管理が求められる試験において高い利用価値がある．

文　献

1) 日本分析化学会 編，"機器分析ガイドブック"，丸善(1996)，p. 1017.
2) 保母敏行 監修，"高純度技術体系 第1巻 分析技術"，フジテクノシステム(1996)，p. 7.
3) 日本分析化学会 編，"分析化学便覧 改訂五版"，丸善(2001)，p. 585.
4) 久保田正明，"標準物質―分析・計測の信頼性確保のために―"，化学工業日報社(1998).
5) M. Stoeppler, W. R. Wolf, P. J. Jenks, "Reference Materials for Chemical Analysis", Wiley-VCH(2001).
6) 久保田正明，環境と測定技術，**30**(5)，28(2003).
7) 田尾博明，ぶんせき，**2**，97(2003).
8) 小泉袈裟勝，山本 弘，"単位のおはなし(改定版)"，日本規格協会(2002)，p. 37.
9) "計量標準100周年記念誌"，産業技術総合研究所(2003)，p. 58.
10) 岡本研作，*Mol. Med.*, **41**(2)，237(2004).
11) 岡本研作，ぶんせき，**12**，649(2006).
12) ISO Guide 30, "Terms and definition used in connection with reference materials", (1992); JIS Q 0030, "標準物質に関連して用いられる用語及び定義", (1996).
13) ISO/IEC Guide 99, "International vocabulary of metrology—Basic and general concepts and associated terms(VIM)", (2007).
14) BIPM, IEC, IFCC, ILAC, ISO, IUPAC, IUPAP, OIML, JCGM 200 "International vocabulary of basic and general terms in metrology——Basic and general concepts and associated terms (VIM)", (2008).
15) ISO 3534-1, "Statistics—Vocabulary and symbols—Part 1：Probability and general statistical terms", (1993); JIS Z 8101-1, "統計―用語と記号―第1部：確率及び一般統計用語, (1999). 再改定によりISO 3534-1, "Statistics—Vocabulary and symbols—Part 1：General statistical terms and terms used in probability", (2006).
16) ISO 3534-2, "Statistics—Vocabulary and symbols—Part 2：Statistical quality control terms", (1993); JIS Z 8101-2, "統計―用語と記号―第2部：統計的品質管理用語, (1999). 再改定によりISO 3534-2, "Statistics—Vocabulary and symbols—Part 2：Applied statistics", (2006).
17) ISO 5725-1, "Accuracy(trueness and precision)of measurement methods and results—Part 1：General principles and definitions", (1994); JIS Z 8402-1, "測定方法及び測定結果の精確さ(真度及び精度)―第1部：一般的な原理及び定義", (1999).
18) BIPM, IEC, IFCC, ISO, IUPAC, IUPAP, OIML, "Guide to the expression of uncertainty in measurement", (1995).
19) 今井秀孝，標準物質協議会会報，**51**，1(2008).
20) ISO Guide 35, "Reference materials—General and statistical principles for certification", (2006); JIS Q 0035, "標準物質―認証のための一般的及び統計的な原則", (2008).

CHAPTER 2 　生産と認証・認定

標準物質の生産に関する一般的要求事項は ISO Guide 34(JIS Q 0034)の"5. 技術及び生産に関する要求事項"に、また、認証標準物質の生産計画の策定に関しては ISO Guide 35(JIS Q 0035)の"5. 認証プロジェクトの設計"に記述されている．標準物質はその意図した用途に適用できるように、適切な選定、調製、均質性評価、安定性評価、測定、妥当性評価、特性値の決定、認証の各過程を経て生産されなければならず、また、各過程が適切に行われたことを証明する必要がある．

2.1　原料物質と調製

原料物質の選定と加工(粉砕、ふるい分け、混合、小分けなど)では、まず定性的な分析によってその物質が目的とする標準物質に適しているかどうかを検証することが大切である．高純度物質や純物質系の標準物質では不純物に関する情報を調べ、また組成標準物質であれば測定対象が目的とする濃度範囲に存在しているかどうかを調べて、標準物質としての妥当性を検証する．とくに、天然試料を原料とする組成標準物質の場合には、試料の代表性を十分に考慮する必要がある．たとえば、生体試料では元素や化学物質はその特性と機能によって体内で偏在あるいは局在していることが多く、どのような目的の標準物質を作製するのかによって対象となる部位が異なってくる．また、対象物質の存在形態によっては抽出効率や測定感度に差を生じることから、その目的に照らして原料物質を検討し、意図する用途に適合する物質を候補標準物質として選定することが重要である．

原料物質の加工によってもさまざまな影響が現れる．試料を均一な粉末にするさいに用いる粉砕機などからは、汚染や不純物の混入が起こりやすい．粉砕による汚染を避け

る一般的な方法を述べることはできないが，機材の材質を十分に検討して特性値に対して影響のない材質のものを選択する，あるいは，影響が入りにくい粉砕方法を採用することが重要である．どうしても対象成分への影響が無視できない場合には，その特性値を評価対象から除外することが適切である．また，粉砕や混合は試料の偏析を生じさせる場合もある．たとえば，岩石試料や土壌試料のようにもともと不均一な試料では，細粉化しやすい成分としにくい成分が混在しており，粉砕によって偏析が生じて試料の均質性に影響を及ぼすことがある．さらに，特性や性質の異なる原料物質を混合して試料を作製する場合には，粒径や比重の違いにより偏析を生じやすい．試料によってはかくはんを繰り返すほどに偏析や分離を起こす可能性もある．硬い成分と軟らかい成分，あるいは粒径や比重が異なる成分では当然ながらその組成が異なることから，標準物質の均質性や分析結果に重大な影響を及ぼすことになる．

　粒度分布や密度に関する情報も標準物質として重要な情報である．固体，とくに粉体状の試料の場合には，できるだけ単一の粒度分布をしていることが望ましいが，試料の特性上必ずしも実現できない場合も多い．そのような場合には，粒度分布に関する情報が必要となる．また，溶液系標準物質では密度に関する情報が不可欠である．標準物質の利用者は，質量基準で試料処理を行う場合も，容量基準で試料処理を行う場合もあり，密度に関する情報によって両者の結果を正確に換算することが可能になる．

　試料の乾燥と滅菌は，標準物質の特性に対して大きな影響を及ぼす．試料中水分量は試料の質量そのものを変化させるうえに，水分量の制御（たとえば，大気中水分の吸収の制御）は難しい．一般的に，固体試料の調製では特性値に影響のない条件（乾燥温度，乾燥時間など）で乾燥し，恒量にする．標準物質の使用時には調製時と同一の乾燥条件で試料処理を行う必要があり，認証書あるいは技術資料には乾燥条件を明記しておかなければならない．また，有機系液体試料には水分を吸収しやすいものもあり，そのような試料を取り扱う場合には，大気中水分の影響を避けるために，試料調製の作業をドライボックス中で行う必要がある．一方，天然試料や生体試料では試料の滅菌が重要である．試料に細菌などが存在した場合には，試料自身の腐敗やカビの発生によって試料が変質して不均一になったり，化学物質が分解したりする可能性がある．滅菌には一般的に γ 線照射やオートクレーブ（高温高圧）処理が適用されるが，簡便な方法としては試料を酸性状態にして保管するなどの方法も用いられる．

　標準物質を小分けするさいにも問題が生じやすい．ロット内で均質性が確認された標準物質であっても粒度分布や密度の差などによって小分け試料間で変動を生み出す場合もある．基本的には変動が起こらないような小分け方法を検討することが重要である

が，小分け試料間での不均質性は小分け試料からランダムに選んだ試料を分析して，その平均値と標準偏差から許容範囲を求めて推定する．変動がロット内の均質性，あるいは目的とする特性値と比較して統計的に許容可能な範囲にあることが重要である．さらに，小分け操作（たとえば，小分けの順番）に相関をもつような変動の有無について十分な検討を行う必要がある．また，小分け作業では，容器からの汚染，容器への吸着，大気中水分の吸収，小分け装置からの二次汚染(cross-contamination)などのおそれがあるので，十分に注意する必要がある．

　標準物質を小分けして保存する容器も，標準物質の特性値や性状に影響を与えたり，保護したりする．たとえば，容器からの汚染や吸着，器壁を通過しての溶媒の蒸発や汚染物質などの混入，光による変質や分解などがある．経験的には，固体標準物質は振り混ぜや振動により容器表面を削り取るおそれがあり，溶液試料では容器壁面に対象成分が吸着する場合もある．また，アルカリ性の溶液はガラス容器から溶出を起こしやすい．現在では，高密度ポリエチレン樹脂やフッ素系樹脂製容器が不純物含有も少なく安定な容器として広く使われている．容器からの汚染や吸着の例は枚挙に暇がないうえに，一般的な解決法もない．第一義的には，意図される用途に関して汚染物質を含まない材質を選び，使用する前に酸や純水で十分に洗浄することが王道である．また，長期間保存する場合には，器壁を通過して溶媒が蒸発して対象成分濃度が上昇したり，器壁を通過した酸素により酸化されて変質したりすることも報告されている．このような場合には，容器をさらにポリエチレンの袋に入れて保存する，あるいは，冷蔵庫などで低温保管することが有効である．光による変質を受けやすい場合には着色ガラスや遮光性の容器に保存することが有効である．経時的変動の要因については十分に検討し，特性値の安定性に影響を与える不確かさ要因として見積もらなければならない．

2.2　均質性と安定性

　標準物質の均質性(homogeneity)および安定性(stability)に関してはISO Guide 35[1]に系統的かつ総括的に述べられている．本節では，おもにこれを引用しながら記述する．

2.2.1　均質性試験

　均質性試験は，① 調製が終わった直後に試料母集団の位置やその製造順序による差の有無を調べるために行う抜取り試験と，② 頒布用に，たとえばびん詰を行った後や最終試料の形態に加工した後に，任意に抜き取って行う試験とに分けられる．いずれの方

法を用いるか，または双方を用いるかはその標準物質の性質によって異なるが，調製の過程で①の均質性試験を行ってロットの良否を確認し，必要なら再調製を行う．そして，最終的に②を行うのが原則である．しかし，標準物質製造に要する費用と期間の観点から，そのいずれかのみを行う場合もあり得る．

均質性試験は，試料母集団のある位置における特性値に対してその精度[2]を考慮して，ほかの部分の特性値と精度を相対的に評価するものであり，その特性値の精確さ[2]のうち真度は原則として問題にしない．標準物質の頒布の形態はボンベやびん詰であったり，ブロックであったりするが，均質性については，そのボンベ，びん，ブロック内の精度とボンベ，びん，ブロック間の精度を比較し評価を行う．標準物質試料の形態でよび名が異なるが，ここでは ISO Guide 35[1]にならい，①②双方について，前者をびん内精度，後者をびん間精度とよぶ．

A．分散分析による評価（その1）

標準物質の均質性はびん内とびん間に分け，複数行った分析値の分散や標準偏差で評価を行う．これを一般に分散分析（analysis of variance：ANOVA）とよんでいる．ISO Guide 35[1]では，びん内の精度が分析そのものの併行標準偏差[2]とびん内標準偏差を区別して述べられているが，均質性の良好な標準物質の場合，実際上これを区別するのは難しいので，同じものとして扱うこととする．

p をびん数（$i=1, 2, \cdots, p$），n を同一びん内の繰返し試験数（$j=1, 2, \cdots, n$）とすると，均質性試験の評価は，式(1)〜式(3)によって計算した値をもとに行うことができる．ただし，簡略化のため各びん内の繰返し試験数は共通に n とした．

$$s_r^2 = \frac{1}{p}\sum_{i=1}^{p} s_i^2 \tag{1}$$

ただし，$s_i^2 = \frac{1}{(n-1)}\sum_{j=1}^{n}(x_j-\bar{y}_i)^2$，$\bar{y}_i = \frac{1}{n}\sum_{j=1}^{n} x_j$

$$s_{b+r}^2 = \frac{1}{(p-1)}\sum_{i=1}^{p}(\bar{y}_i-\bar{y})^2 + \left(1-\frac{1}{n}\right)s_r^2 \tag{2}$$

ただし，$\bar{y} = \frac{1}{p}\sum_{i=1}^{p}\bar{y}_i$

$$s_b^2 = s_{b+r}^2 - s_r^2 \tag{3}$$

ここで，s_r は分析の併行標準偏差を含んだびん内標準偏差，s_{b+r} は s_r を含んだびん間標準偏差，s_b は s_r を含まないじつのびん間標準偏差である．s_i はそれぞれ同一びん内の試

料を併行測定した場合の測定値 x_j の実験標準偏差である．じつのびん間標準偏差は直接には計算できないため，式(1)と式(2)から求めた分散から式(3)によって分散 s_b^2 を計算することに注意する必要がある．併行標準偏差に比べてびん間標準偏差が小さい場合には，分散 s_b^2 は往々にしてその値がマイナスになり，そのためじつのびん間標準偏差（試料間標準偏差）s_b が求められないことがある．マイナスになる原因は，式(1)において試料内の繰返し測定から求められる併行精度 s_r と，式(2)において試料間で測定した値から求められる標準偏差 s_{b+r} に含まれる併行精度に相当する量が，試料数や繰返し数が少ない場合は，一致しないからである＊．

s_b^2 がマイナスになるということは，同一方法で測定されたほかの特性で s_b^2 がプラスになるものでも，前者のマイナス分だけの不確かさはあると考えられる．試料数に限りのある均質性試験の場合，併行標準偏差以下の試料間標準偏差は正確には求められないと解釈したほうがよいと思われる．s_b^2 がマイナスとなるような場合は，びん間の精度とびん内または/および測定の精度がほとんど同程度であることを示しており，びん間の均質性には問題はないと判断できる．

しかし，認証値の不確かさに均質性の不確かさ u_b を加味する必要がある場合，ISO Guide 35[1)]では便宜的に式(4)によって求めた値を使うよう推奨している．

$$u_b = \sqrt{\frac{s_r^2}{n}\sqrt[4]{\frac{2}{\nu_{s_r}}}} \tag{4}$$

ここで，ν_{s_r} は s_r の自由度である．

$p=10$，$n=2$ の条件で実施した均質性試験で求めた s_b を，s_r との関係で整理した例のグラフを図2.1に示す[3)]．s_b についてはその分散がマイナスになった場合，その程度を表現するために，便宜的に，あえて分散の絶対値の平方根に負号を付して表示した．また，u_b の計算式による線も併せて示した．

B．分散分析による評価（その2）

類似した標準物質を繰り返し作製する場合は，過去のデータからびん内標準偏差を標準化しておき，びん内標準偏差を含んだ瓶間標準偏差 s_{b+r} を求めて標準化されたびん内標準偏差と比較し，同等またはそれ以下なら s_b はほぼゼロであり均質とみなす方法も採用されている．鉄鋼標準物質の場合は，分析方法ごとに併行標準偏差または許容差が規

＊ ISO 5725-1：1994（JIS Z 8402-1：1999）図B.1には併行精度 s_r の不確かさの図が掲載されている（びん数の代わりに"試験室数"で表現されている）．s_r は $n=2$ の場合，$p=10$ で約40％，$p=20$ で約30％，$n=4$ の場合，$p=10$ で約25％，$p=20$ で約18％の不確かさを有する．

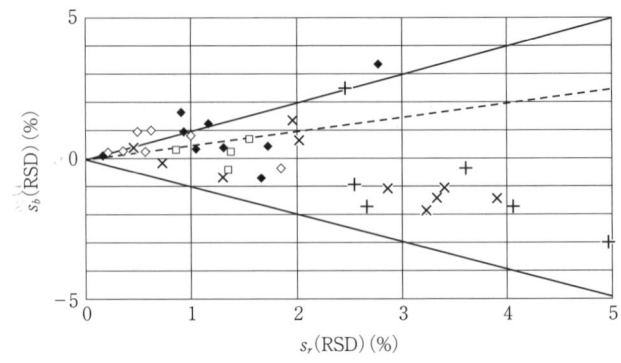

図 2.1 均質性試験における併行標準偏差とびん間標準偏差の関係

格化されており[4]，その値を基準として均質性が評価される．

C．分散分析による評価（その3）

均質性試験の結果について一元配置の分散分析を行い，誤差項（V_e），容器間の精度（V_p）から F 検定も一般的に行われている．

2.2.2 安定性試験

A．一　般

安定性に及ぼす要因として ISO Guide 35[1]では，① 標準物質の在庫期間を通じての長期安定性と，② 輸送に伴うと考えられる短期的な安定性を考慮する必要性があると述べられている．

また，安定性の観点から標準物質の有効な使用期限を認証書にどのように表記するかは ISO Guide 31[5]に述べられている．標準物質の頒布開始時に有効な使用期限を決定するのは必ずしも可能ではないので，その表記は義務づけられていない．認証値を付与してから定期的にモニタリングを行い，安定性に関する情報を標準物質の使用者に連絡することが望ましい．

いずれにしても安定性試験のためには，標準物質用試料を最初に測定した後や，標準物質認証のための測定後，一定期間経過した後に，ほぼ同じ不確かさで再測定を行う必要がある．しかし，時期を変えて測定する場合，室内精度[2]や室間精度[2]など測定の精度（不確かさ）の観点から，その再測定方法が重要である．ここでは，その再測定の方法についていくつかの例を述べる．

B．標準液の短期安定性試験

(財)化学物質評価研究機構にて調製された標準液試料の例を述べる[6]．これは技能試験用試料の例であるが，試験の方法は標準物質と同じである．調製後1日目の均質性試験ではロットから任意に5本の試料びんを選び分析を行い，1本の試料につき5回測定する．試料の分析順序はランダムとする．安定性試験のために同様の測定を3ヶ月目に行ったが，いずれの場合もその都度，質量比混合法により調製した標準物質(標準液)を使用して検量線を作成し，誘導結合プラズマ発光分光分析装置(ICP-AES)にて分析した．重要なのは，質量比混合法による標準液を用いることにより分析の不確かさを小さくすることである．得られた結果は下記のように En 数を用いて判定を行う．

En の絶対値　≦1　安定

En の絶対値　>1　不安定

ただし，

$$En = \frac{x-X}{(U_{95\%x}^2 + U_{95\%X}^2)^{0.5}} \tag{5}$$

ここで，x は安定性試験付与値(平均値またはメジアン)，X は認証値または最初の測定時の付与値，$U_{95\%x}$ は安定性試験付与値の不確かさ，$U_{95\%xX}$ は認証値または最初の測定時の不確かさ，である．

C．同時期測定法

同一試験所が行う測定でも一定期間経過した後に再測定を行うと，一般的には室内精度の影響が出るため不確かさが大きくなり，認証値の不確かさでの評価ができないことがある．これを防ぐため ISO Guide 35[1] では，同時期測定法(isochronous stability study)を推奨している．これは，同ロットの試料を特性が変化しないと思われる低温に保持して，それを一定期間経過後に併行条件で比較分析するものである．もととなった文献[7]の内容を概念的に示すと，図2.2のようになる．保管温度 −30℃では，測定対象特性は安定であるという前提にたって試験を行う．20℃で保管した試料(番号1〜4)の6ヶ月，12ヶ月，18ヶ月，24ヶ月経過後の安定性を調べたい場合には，おのおのの試料を18ヶ月，12ヶ月，6ヶ月，0ヶ月間 −30℃に保管した後，20℃で所定の期間(合計するといずれも 24ヶ月間)保管する．比較材(試料5)は24ヶ月間 −30℃に保管する．そして，24ヶ月後に5試料を同時期に併行測定を行って，試料5との測定値差を安定性評価の指標とする．

保管温度 \ 経過月	6ヶ月	12ヶ月	18ヶ月	*24ヶ月経過後, 5試料を同時期に測定 24ヶ月	
試料1 (20℃)	◄----------►		◄----------►	◄----------►	＊
試料2 (20℃)	◄--------------------►		◄----------------►		＊
試料3 (20℃)	◄----------►	◄----------------------------►			＊
試料4 (20℃)	◄--►				＊
試料5 (−30℃)	◄--►				＊

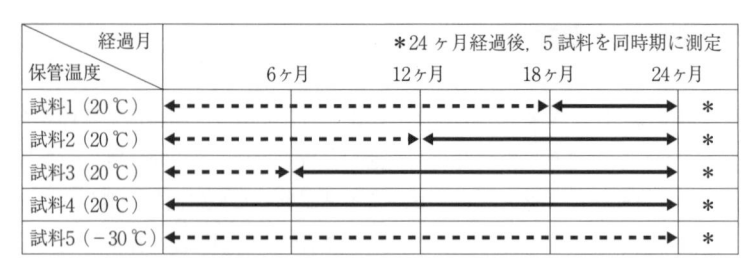

図2.2　同時期測定安定性試験の概念図

D．標準物質再作製法

　同じ仕様の標準物質を再作製して，それと併行条件で分析する方法はよく行われるが，その一例を述べる[8]．グロー放電発光分光分析によって水素の定量が可能であるが，その光量は光学系レンズ通過時に吸収を受けやすく，分析器の保守点検後の経過とともに発光信号が劣化する．これを検証(verification)し補正するための標準物質が必要となる．その開発のため安定性試験が必要であるが，発光信号が変化していく分析機器により標準物質中の水素量の安定性を調べなくてはならない．このような場合には，同じ条件で標準物質を再作製し，それと比較対象のものを同時期に測定して水素量の確認を行う．その例を図2.3に示す．試料Aを2006年7月に作製・測定した後，ほぼ半年ごとに測定を行ったが，信号は大きな変化を示している．試料Aの作製後，試料Bは半年後，試料Cは1年半後に作製して同時期に測定を行っているが，いずれも同程度の信号値を示している．また，光学系の保守点検後はほぼもとの信号値まで回復している．このことから，水素含有値は約2年経過後も新製品と同程度であり，この間安定であると結論できる．

E．小規模共同実験法

　共同実験方式の場合は，図2.4に示すように室間標準偏差は認証値の不確かさに比べて大きく，1試験所の測定で安定性を確認することは困難である．しかし，認証値決定時に行うような多くの試験所による大規模な共同実験を行うことも困難である．このような場合は小規模の再共同実験を行い，得られた付与値との比較で安定性を確認するのが有効である．

① 在庫の標準物質から任意の6個(本・びん)の試料を選択する．
② 共同実験のさいに使用した分析方法を使用する．
③ 分析試験所は，認証値共同実験時の結果からzスコアの絶対値など試験所評価指数が比較的良好で適切な技能を有すると思われる6試験所を選んで測定を行う．

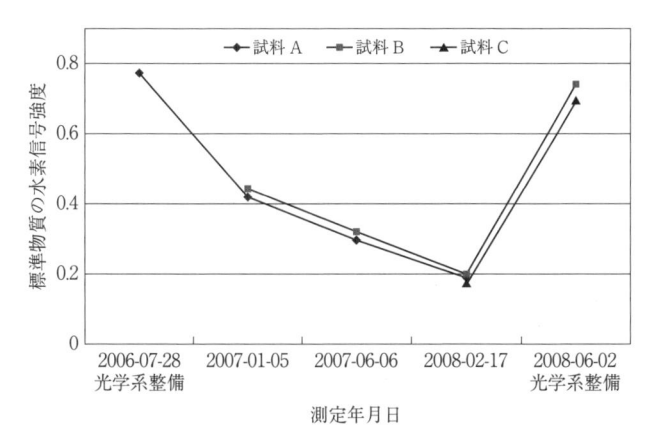

図 2.3 標準物質再作製法による安定性試験例
[Horiba Jobin-Yvon GD-OES ユーザーセミナー，"GD-Day"配布資料（CD），(2008)]

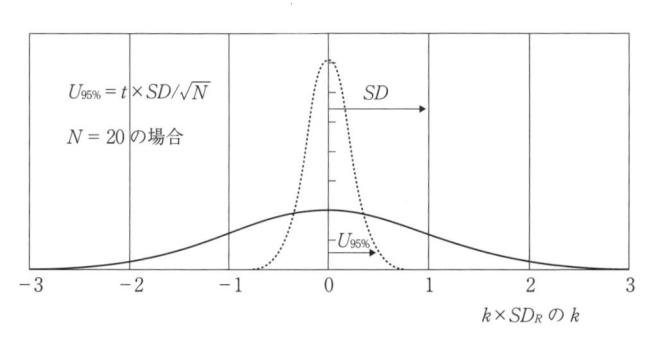

図 2.4 室間(所間)標準偏差(SD)と認証値の不確かさ($U_{95\%}$)

　このような方法により 6 試験所程度の小規模の共同実験を行えば，その平均値の不確かさは N=20〜30 の場合には及ばないまでも，それに近い値を得ることができると報告されている[9]．得られた結果は 2.2.2 項 B と同様に En 数を用いて判定を行うことができる．同報告には河川水標準物質 JSA C 0302 などについての安定性の例が述べられている[9]．

2.3 特性値の決定法

2.3.1 特性値

　標準物質に関する国際的な指針である ISO Guide 35(JIS Q 0035)[1]によれば，特性値 (property value) とは，"(認証)標準物質の物理学的，化学的又は生物学的特性を代表する量に帰せられる値"とされ，さらにこの値を決定するプロセスを値付け(キャラクタリゼーション，characterization)と定義している．特性値は理想的には SI 単位にトレーサブルであるべきであり，それが困難な場合でも国際的に合意された標準(標準物質または規格)にトレーサブルであることが，国境を越えて，また長期にわたって比較可能な値であるために必要とされる．このため，通常，特性値には不確かさが付随する．不確かさには，値付けに伴うもの以外に均質性(バッチでの値付けの場合)や安定性に伴うものも含まれ，標準物質として十分に均質かつ安定であることを定量的に示すものである．なお，標準物質の用途における主たる要求事項ではない値や要求水準を満たさないと考えられる値であっても，使用者にとって有益と思われる場合には特性値の一つ(参考値)として記載することがあるが，それらの値は必ずしもトレーサビリティが確実ではなく，多くの場合不確かさも付随しない．

　一方，業界団体で作製された標準物質など，国際整合性を必ずしも必要としないケースでは，それぞれで取り決めた規格や分析法に従って得られた値を特性値とすることがあり，不確かさが付与されないこともある．これらの標準物質に関しては，使用目的や適用範囲にとくに注意する必要がある．

2.3.2 特性値決定のためのアプローチ

　特性値は，可能なかぎり堅ろうな値であることが望まれる．標準物質の用途における要求事項に照らし，測定法や測定数などについて十分に検討するとともに，測定プロセスにおける誤差ならびに試料間変動や時間経過を考慮することも重要である．ISO Guide 35 では，測定の設計として値付けに対する基本的アプローチを次の二つに区分している．

　A．1 試験所で一つまたは複数の分析法による測定

　一つの分析法によるアプローチは，装置および専門技術によって，SI 単位(もしくは国際標準)へのトレーサビリティを確実にすることができる場合にだけ行われることが望ましい．一次標準測定法(primary method of measurement, 2.3.3 項参照)は，最高の

計量学的な特性をもつことから，原理的にはSIトレーサビリティを実現することのできる値付けの実施方法といえる．しかし，一次標準測定法といえども1試験所で単一の測定で行うことは，とくにマトリックスの影響が大きい場合に干渉などによる系統的な誤差を見落とすリスクを伴うことを理解しておく必要がある．

したがって，通常は複数の独立した分析法によるアプローチが推奨される．複数の一次標準測定法が適用できればそれに越したことはないが，一次標準測定法は適用条件が限定されるため，ほとんどの標準物質の値付けにおいては，対象の標準物質または類似の標準物質の値付けに実績のある分析法から，適切な参照分析法(reference method, 2.3.3項参照)を組み合わせることになる．このとき，標準物質の用途から期待される不確かさに比べて，測定の不確かさが小さい分析法であることが前提である．また，得られた複数の分析法による値が統計的に異なる場合，それらの平均値にもとづいた特性値の決定は不適切な場合があり，おのおのの分析法の不確かさを考慮した重みづけを行うことも検討すべきである．

B．複数の試験所が参加する方法

複数の試験所で得られた測定結果にもとづいて標準物質の特性値を決定する手法であり，共同実験(法)(collaborative study)とよばれる．共同実験によって特性値を決定するという概念は，いくつかの仮定のうえに成り立つものである．まず，標準物質の特性値の分析法としては，精確さが立証された方法に限られる．目的物質の特性について十分に確立された方法(典型的な例は一次標準測定法)を用いることができる場合，参加試験所数は2～3でよいとされるが，このようなケースはまれであり，通常は少なくとも6～8の試験所が必要とされる．次に，用いる分析法に関して測定の不確かさが容認できる範囲にある試験所のみが参加を許される．そこで，対象の標準物質または類似の標準物質に関して値付けの経験を有するか，技能試験などによって能力が対外的に認められていることが望ましい．さらに，値付けを行う候補標準物質について，所定の安定性や均質性が確認されていることが不可欠である．

また，試験のために一定のガイドライン(試料の取扱い，試料数，試料の測定回数や可能な測定方法など)を用意することも大切である．このようにして得られた分析結果の平均値は，かたよりのない推定値であることが望ましいが，実際は選んだ分析法や試験所の能力の問題で結果の分布が非常に不規則な場合があり，メジアン(中央値)または切捨て平均値のような統計量を使って特性値を決定することもあり得る．

2.3.3 特性値決定のためのおもな分析法

A. 一次標準測定法

国際度量衡委員会傘下の物質量諮問委員会(CCQM)が提唱している SI 単位(mol または kg)にトレーサブルな特性値を得るための分析法であり，従来は基準分析法(definitive method)とよんでいた方法にほぼ該当する．"一次標準測定法とは，最高の計量学的な特性をもち，その操作を完全に記載及び理解でき，完全な不確かさの記載が SI 単位にもとづいて記載できる方法である"と定義される．さらに，標準物質を参照することなく特性値を測定する一次標準直接法(primary direct method)と，(別の)標準物質との比較によって特性値を測定する一次標準比率法(primary ratio method)に分類される．前者に該当する分析法として電量分析法，重量分析法，凝固点降下法が，また，後者に該当する分析法として同位体希釈質量分析法，滴定法があげられているが，これら以外の分析法に関しても定義を満たす可能性があり，議論が続けられている．以下に，それぞれの分析法について簡単に解説する．

（ⅰ）電量分析法(coulometry)　ファラデーの法則にもとづき，特定の物質を電気分解したときの電流および時間の測定から物質量を測定する方法であり，金属をはじめさまざまな無機イオンの分析に利用される．また，カールフィッシャー試薬溶液の電気分解によるヨウ素の発生を利用する微量水分の定量などにも用いられる．特定のイオンのみを測定する手法であるため，測定結果を高純度物質の純度とする場合には注意が必要である．

（ⅱ）重量分析法(gravimetry)　JIS K 0050 "化学分析方法通則"によれば，定量しようとする成分を一定の組成の純物質として分離し，その質量または残分の質量から分析種の量を求める分析法とされる．試料溶液中の分析種を沈殿として分離する沈殿重量分析，試料中の分析種を気体として分離し吸着剤に吸収させるガス重量分析，試料溶液中の分析種を電解によって電極上に析出分離する電解重量分析などがある．

なお，ISO Guide 35 では標準ガスや標準液などの精確な調製に用いる重量法(質量比法)について解説しており，重量分析法には重量法と重量分析法の両者が含まれるとする考え方もあるが，本節では一次標準直接法の定義から重量分析法として整理した．

（ⅲ）凝固点降下法(freezing point depression method)　試料中に存在する不純物が凝固点を下げる効果を利用し，試料の凝固点降下度を温度および熱量の測定から求めることにより，試料中の不純物の物質量分率($mol\ mol^{-1}$)を得る分析法である．質量分率に変換するには不純物の平均分子量が必要であるため，不純物を定性・定量する

などの作業を伴う．一般に，高純度有機化合物の純度測定に利用されるが，不純物に類似構造の物質が含まれると固溶体(不純物が結晶中に入り込み完全に混ざり合った状態)を形成し，正しい純度が得られないことがある．

（iv）同位体希釈質量分析法(isotope dilution mass spectrometry)　目的成分を安定同位体で標識化した成分を定量的に試料中に加え，得られた目的成分およびその安定同位体成分の質量スペクトルの強度比から試料中の目的成分量を得る分析法である．目的成分とその安定同位体の化学的性質がほぼ同じであることから，夾雑物の多い試料の精製工程の影響を排除することができる(目的成分とその安定同位体成分の強度比が維持される)とされる．なお，目的成分の基準となる物質で安定同位体成分の濃度をあらかじめ得ておく必要があるので，何らかの一次標準直接法と組み合わせることでSIトレーサビリティが実現される．

（v）滴定法(titrimetry)　一般に，狭義な意味での容量分析法のことをさし，JIS K 0050によれば，滴定操作によって分析種の全量と定量的に反応する滴定液の体積を求め，その値から分析種を定量する分析法である．滴定中に生じる化学反応の種類によって，中和滴定(酸塩基滴定)，酸化還元滴定，錯滴定，沈殿滴定などがある．

以上，一次標準測定法としての資格を有する五つの分析法について解説したが，ここで重要なのは，これらの分析法を用いて得た結果だからといって，SIトレーサブルな値であると簡単に主張することは避けたほうがよいということである．実際の標準物質の値付けにさいしては，分析プロセス全般にわたってトレーサビリティが確保されていることを検証することに加え，可能なかぎり複数の試験所で値付けを実施するなどの客観的な評価が必要であろう．

B．参照分析法

ISO Guide 30:1992(JIS Q 0030:1997 "標準物質に関連して用いられる用語及び定義")によれば，参照分析法(reference method)とは，"徹底的に検討されており，一つ以上の特性値の測定に必要な条件及び手順が明確に記述してある方法で，その意図された用途にふさわしい真度及び精度をもつことが示されており，したがって，同じ目的の他の測定方法の真度及び精度の評価に，特に標準物質の値付けに使用できるもの"と定義される．また，IUPACの化学用語解説によれば，"精確さが基準分析法(一次標準測定法)と直接比較されるべきもの"であるとされる．これらの文書には個別の分析法があげられていないので，どの手法が該当するのか判断が難しいところであるが，少なくとも，原理的に一次標準測定法に準ずる分析法にはその資格があると考えられる．具体的には，蛍光X線分析法，中性子放射化分析法，キャビティリングダウン分光法，定量NMR法

などが候補となり得る．

一方，JIS K 0211 "分析化学用語(基礎部門)"によれば，"基準分析法(一次標準測定法)にもとづいて値付けされた特性値をもつ標準物質を使う分析法"も含み，標準物質の値付けにさいしてふさわしい真度および精度をもつことが確認されていれば，分析種と同じ物質で検量線を作成する分析法も該当すると解釈できる．具体的には，認証標準物質の認証値の測定に用いられた実績のある分析法として，ICP 発光分光分析法や原子吸光分析法などがある．

C．差 数 法

JIS K 0211 によれば，差数法とは "試料中の目的成分以外の成分の含有率を 100 から差し引いた値をもって，目的成分の含有率を表す方法" とされ，高純度物質(純粋物質)の特性値(純度)の値付けにおいて，一次標準測定法が適用できない場合にしばしば用いられる．とくに，主たる不純物が事実上有限である金属や，不純物が限定しやすい無機ガスの原料ガスまたは希釈ガス，などの標準物質の特性値(純度)の決定に有効な手法である．個別の分析法は指定されていないが，参照分析法に相当する手法の適用が望ましい．なお，分析した成分が不検出であっても不確かさに含めるため，それぞれの不純物に適した高感度な分析法を組み合わせることが，全体の分析精度の向上において重要となる．

2.4 データの評価(1)：統計的手法の基礎

2.4.1 基本的用語

測定結果の統計的な取扱いにおいては，測定値がどこに集まるかという "中心" に関する情報と，どのように散らばっているかという "ばらつき" に関する情報が重要となる．そこでまず，中心とばらつきに関する用語を整理しておく(表 2.1，表 2.2)．

2.4 データの評価(1)：統計的手法の基礎

表2.1 中心に関する用語

用 語	英 語	定 義
平均値	average；mean value	測定値の母集団の平均値を母平均といい，測定値の標本についての平均値を標本平均という．測定値の母集団の場合，確率密度関数を $f(x)$ とすれば，母平均 μ は，$\mu = \int_{-\infty}^{\infty} xf(x)\,dx$ として求められる．母集団から大きさ n の標本を取り出した場合の標本平均は，測定値の標本 $x_1, x_2, \cdots, x_n$ を全部加えて，その個数 n で割った値 $\bar{x} = \frac{1}{n}\sum_{i=1}^{n} x_i$ となる．
中央値	median	測定値を大きさの順に並べたとき，その中央の値(奇数個の場合)または中央をはさむ二つの値の算術平均(偶数個の場合)となる．測定値の母集団では，$\frac{1}{2} = \int_{-\infty}^{\bar{\mu}} f(x)\,dx = \int_{\bar{\mu}}^{+\infty} f(x)\,dx$ となる $\bar{\mu}$ の値である．
中点値	mid range	測定値のなかで最大の値 x_{max} と最小の値 x_{min} の算術平均，$(x_{max} + x_{min})/2$ をいう．
重みつき平均	weighted mean	測定値 $x_1, x_2, \cdots, x_n$ の重みをそれぞれ $w_1, w_2, \cdots, w_n$ とすると，$\bar{x}_w = \dfrac{\sum_{i=1}^{n} w_i x_i}{\sum_{i=1}^{n} w_i}$ で計算できる．

表2.2 ばらつきに関する用語

用 語	英 語	定 義
平方和	sum of squares	ばらつきの指標として用いる場合，各測定値 x_i とその平均値 $\bar{x}$ との差の二乗和が用いられる．変動とよばれることもある．$$S = \sum_{i=1}^{n}(x_i - \bar{x})^2 \qquad (1)$$
分散	variance	平方和 S は，データ数が増えると値が大きくなる．このため，ばらつきを比較する場合には，その平均で比較する必要がある．分散 V は，平方和 S を自由度(degree of freedom) $(n-1)$ で割って求める．$(n-1)$ で割ったものは不偏分散といわれ，母分散 σ^2 の不偏推定量である．$$V = S/(n-1) \qquad (2)$$
標準偏差	standard deviation	分散の正の平方根を標準偏差とよび，s で表す．標準偏差は，各測定値と次元が同じであり，ばらつきの指標として利用しやすい．$$s = \sqrt{V} \qquad (3)$$
変動係数	coefficient of variation	ばらつきの大きさを相対的に表す場合には，標準偏差 s を平均値 $\bar{x}$ で割った変動係数 CV が用いられる．通常，百分率で表される．$$CV = s/\bar{x} \quad \text{または} \quad CV = (s/\bar{x}) \times 100 \, (\%) \qquad (4)$$

2.4.2 有効数字と数値の丸め

A. 有効数字

有効数字 (significant figures) とは，測定結果などを表す数字のうちで，位取りを示すだけのゼロを除いた意味のある数字のことをいう．通常は確実な位の数字 n 個とその次の不確実な位の数字までを有効数字とする．測定結果の処理過程では，数値の加減乗除が行われることが多い．有効数字の異なる値どうしでの加減と乗除では，その取扱いが異なる．有効数字 m 桁の値と n 桁の値の乗除演算による結果の値の有効数字は，m 桁，n 桁の少ないほうの桁数となる．加減演算では，有効数字 m 桁の値と有効数字 n 桁の値を加減演算（和または差）した値の有効数字の桁は，m 桁，n 桁の数値のうち，不確かな位の高いほうまでとなる．

B. 数値の丸め

有効数字を表す場合，有効な数値までの桁数に丸めるという操作が行われる．数値の丸め方については，JIS Z 8401：1999"数値の丸め方"に規定がある．"丸める"とは，与えられた数値を四捨五入などの規則により，数値を置き換えることであり，ある一定の丸めの幅の整数倍とすることである．

2.4.3 統計的検定

A. 信頼率と危険率

平均値やばらつきに差異があるかどうかをみるには，確率を判断基準とする統計的検定が用いられる．この確率には何らかの不確実さが伴い，不確実さは，通常，危険率 α （有意水準ともいわれる）で表される．全体を1とすると，そのうち α は仮定された命題から外れることを意味する．$(1-\alpha)$ は信頼率とよばれ，命題を満足する確率を示すことになる．危険率が小さい場合とは，誤りを犯しにくい状態であり，α の値は小さくなる．通常，α としては 0.01(1%)，0.05(5%) などが用いられる．

B. 検定

ある仮説をたて，その仮説が棄却できるか否かを判定することをいう．判定を行うべき仮説を帰無仮説という．

帰無仮説が $A=B$ である場合，対立仮説は，① $A \neq B$，② $A>B$ または $A<B$ のどちらかの状態，の二つが考えられる．①の場合は，A と B が等しくない，ということで，$A>B$ と $A<B$ の両方を考えておく必要がある．このため，統計量の両側に棄却域を設ける必要があり，両側検定といわれる．②の場合は，$A>B$ となるか，$A<B$ となるが

わかっており，統計量のどちらか片方に棄却域を設ければよい．このような検定を片側検定という．仮説を検定する場合，通常はある危険率を定め，その危険率に相当する限界値としてあらかじめ求められている値と測定値などから計算された統計量の値を比較して判断する．

　（ⅰ）**平均値の検定**　　通常，平均値に関する検定を行う前に，ばらつきに関する検定を行う．ばらつきに差がある場合，平均値どうしを議論すること自体に意味がなくなるためである．平均値に関する検定では，① 母平均に関する検定(基準値 μ とデータの平均値 $\bar{x}$ の差の検定)と，② 平均値の差の検定(二つの母平均の差に関する検定)に分けて考える必要がある．また，標準偏差 σ がわかっている場合と不明な場合とに分けて考える．

　一般に正規分布を用いる検定法を，正規検定または u 検定とよび，t 分布を利用して行う検定を t 検定とよぶ．求めた統計量とあらかじめ定められている表の値(正規分布表または t 分布表)を比較し，その大小により検定する．

　（ⅱ）**分散の検定**　　分散の検定では，① 母分散の検定と，② 2組(あるいはそれ以上)のサンプルの分散の違いの検定がある．母分散の検定では，母分散 σ^2 の正規母集団からランダムに n 個をサンプリングし，その平方和 S (表2.2の式(1)参照)を求めると，$\chi_0^2 = S/\sigma^2$ が自由度 $\phi = n-1$ の χ^2 分布をするとして検定する．n 個のサンプルの分散 V は，$V = S/\phi$ となるので，$\chi_0^2 = \phi \cdot V/\sigma^2$ とも表される．χ^2 表から限界値 $\chi^2(\phi, \alpha)$ を求め，統計量 χ_0^2 とその大小を比較して検定する．

　2組の分散の違いは，二つの分散 V_1 と V_2 の比 V_1/V_2 が F 分布に従うとして検定する．二つの正規母集団から，ランダムに大きさ n_1, n_2 の2組をサンプリングし，それぞれの分散を求める．$V_1 = S_1/\phi_1$, $V_2 = S_2/\phi_2$ として，$F_0 = V_1/V_2$ (ただし，$V_1 > V_2$)となり，これが，自由度 $\phi_1 = n_1-1$, $\phi_2 = n_2-1$ の F 分布に従うことを利用する．F 表から限界値 $F(\phi_1, \phi_2, \alpha)$ を求め，統計量 F_0 とその大小を比較することで検定する．

2.4.4　分散分析

　実験を行うにあたり，目的の特性値(たとえば，試料中の成分濃度)のばらつきに影響する原因のうち，実験で取り上げた原因を因子(factor)，因子を変化させる条件を水準(level)という．分散分析(analysis of variance)とは，特性値のデータのばらつきを各因子による部分と実験の偶然誤差(実験誤差)による部分に分解し，実験誤差に対して各因子がどの程度の影響度があるかを検定することである．

　実験データ全体のばらつきを全変動という．因子の水準が変わることによるばらつき

部分を級間変動(群間変動，因子間変動)，同じ水準内でのばらつき部分は，級内変動(誤差変動，群内変動)とよぶ．各データは，因子による効果と誤差に分けた式で示した構造模型で表すことが可能である．

A．一元配置の分散分析

もっとも簡単な分散分析の手法は，因子が一つの，一元配置(one way)の分散分析であり，構造模型を以下のように想定できる．すなわち，測定データの集団 x_{ij} は，データの母平均値 μ，μ に対する因子の効果 a_i，誤差 e_{ij} で表すことができる．ここで，x_{ij} は因子 A の i 番目の水準 A_i の繰返し j 番目のデータを意味する．

$$x_{ij} = \mu + a_i + e_{ij} \tag{5}$$

以下に分散分析の手順を示す．

① 全変動 S_T を求める．

$$S_T = \sum_{i=1}^{k}\sum_{j=1}^{n}(x_{ij}-\bar{x})^2 = \sum_{i=1}^{k}\sum_{j=1}^{n}x_{ij}^2 - \frac{\left(\sum_{i=1}^{k}\sum_{j=1}^{n}x_{ij}\right)^2}{kn} = \sum_{i=1}^{k}\sum_{j=1}^{n}x_{ij}^2 - \frac{T^2}{kn} = \sum_{i=1}^{k}\sum_{j=1}^{n}x_{ij}^2 - CF \tag{6}$$

ここで，$\bar{x}$ は全データの総平均を示す．また，$CF = \dfrac{\left(\sum_{i=1}^{k}\sum_{j=1}^{n}x_{ij}\right)^2}{kn} = \dfrac{T^2}{kn}$ は，修正項(CF：correction factor)である．

② 因子 A の水準間の変動(級間変動)S_A を求める．

$$S_A = \sum_{i=1}^{k}\sum_{j=1}^{n}(\bar{x}_{i\cdot}-\bar{x})^2 = \sum_{i=1}^{k}\frac{T_{i\cdot}^2}{n} - CF \tag{7}$$

$T_{i\cdot}$ は，A_i の計を示す．

③ 誤差変動 S_e を求める．

$$S_e = S_T - S_A \tag{8}$$

④ 分散分析表の作成

表 2.3 に分散分析表を示す．

⑤ 有意差の検定

分散分析の結果から誤差分散と因子効果の分散の違いを調べる．分散の違いは，分散の比を求めることで調べ，分散比が F 分布に従うことを利用して評価する．分散の比が

表 2.3 一元配置の分散分析表

要因	S(平方和)	ϕ(自由度)	V(分散)	F_0(分散比)
A	S_A	$\phi_A = k-1$	$V_A = S_A/\phi_A$	$F_0 = V_A/V_e$
e	S_e	$\phi_e = k(n-1)$	$V_e = S_e/\phi_e$	
計	S_T	$\phi_T = kn-1$		

1 に近ければ分散の大きさはほぼ等しいことになり，1 よりも大きい場合には，分散は異なることになる．F 分布表から $F(\phi_A, \phi_e; \alpha)$ の値を求め，表 2.3 の分散分析結果の F_0(分散比)と比較する．

$F_0 < F(\phi_A, \phi_e; \alpha)$ ならば，有意差なしとなり，因子の水準間に違いはないことになる．$F_0 > F(\phi_A, \phi_e; \alpha)$ ならば，有意差ありとなり，因子の水準間に違いがあることになる．なお，α は，この判断が誤りである危険率が α であることを示しており，F 分布表では，$\alpha = 0.05(5\%)$，$\alpha = 0.01(1\%)$ などで示されている．

B. 二元配置の分散分析

因子が二つの場合には二元配置となる．以下は，繰返しのない二元配置によるデータである．すなわち，測定データの集団 x_{ij} は，データの母平均値 μ，μ に対する因子 A の効果 a_i，μ に対する因子 B の効果 b_j，誤差 e_{ij} で表すことができる．ここで，x_{ij} は因子 A の i 番目，因子 B の j 番目のデータを意味する．

$$x_{ij} = \mu + a_i + b_j + e_{ij} \tag{9}$$

① 全変動 S_T を求める．

$$CF = \frac{\left(\sum_{i=1}^{k} \sum_{j=1}^{n} x_{ij}\right)^2}{kn} = \frac{T^2}{kn} \tag{10}$$

$$S_T = \sum_{i=1}^{k} \sum_{j=1}^{n} (x_{ij} - \bar{x})^2 = \sum_{i=1}^{k} \sum_{j=1}^{n} x_{ij}^2 - \frac{\left(\sum_{i=1}^{k} \sum_{j=1}^{n} x_{ij}\right)^2}{kn} = \sum_{i=1}^{k} \sum_{j=1}^{n} x_{ij}^2 - \frac{T^2}{kn} = \sum_{i=1}^{k} \sum_{j=1}^{n} x_{ij}^2 - CF \tag{11}$$

ここで，$\bar{x}$ は全データの総平均を示す．

② 因子の水準間の変動(級間変動)を求める．

$$S_A = \sum_{i=1}^{k} \sum_{j=1}^{n} (\bar{x}_{i\cdot} - \bar{x})^2 = \sum_{i=1}^{k} \frac{T_{i\cdot}^2}{n} - CF \tag{12}$$

表2.4 二元配置の分散分析表

要因	S(平方和)	ϕ(自由度)	V(分散)	F_0(分散比)
A	S_A	$\phi_A = k-1$	$V_A = S_A/\phi_A$	$F_0 = V_A/V_e$
B	S_B	$\phi_B = n-1$	$V_B = S_B/\phi_B$	$F_0 = V_B/V_e$
e	S_e	$\phi_e = (k-1)(n-1)$	$V_e = S_e/\phi_e$	
計	S_T	$\phi_T = kn-1$		

$$S_B = \sum_{i=1}^{k}\sum_{j=1}^{n}(\bar{x}_{\cdot j}-\bar{x})^2 = \sum_{j=1}^{n}\frac{T_{\cdot j}^2}{k} - CF \tag{13}$$

③ 誤差変動 S_e を求める.

$$S_e = S_T - S_A - S_B \tag{14}$$

④ 分散分析表の作成

表2.4に分散分析表を示す.

C. 枝分かれの分散分析

枝分かれの分散分析は，多元配置法において因子が対応のない変量モデルをとる場合に相当する．たとえば，標準物質の特性値を共同実験法で値付けする場合を考えてみる．因子 A：参加する試験所，因子 B：試験に用いる標準物質の入った容器，因子 C：同一容器からの試験の繰返しのような場合を考える．

この場合，因子 A の試験所間の平均または試験所の違いを考えることは意味があるものの，因子 B の各試験所に配られた試料容器の1本目，2本目，3本目について，また，配付試料の試験所全体の1本目の平均，2本目の平均，3本目の平均を考えることに大きな意味はない．また，因子 C の試験の繰返しにおいても，1回目測定，2回目測定ごとの平均を考えることに意味はない．このような場合の分散分析は，全変動 S_T を因子 A の水準間変動 S_A，因子 A の水準内における因子 B の水準間変動 $S_{B(A)}$，因子 A と因子 B の組合せによる因子 C の水準間変動 $S_{C(AB)}$ に分けることになる(図2.5)．

以下の手順で計算できる．

① 修正項 CF を求める．

$$CF = \frac{\left(\sum_{i=1}^{k}\sum_{j=1}^{m}\sum_{k=1}^{n}x_{ijk}\right)^2}{kmn} = \frac{T^2}{kmn} \tag{15}$$

② 各要因変動を求める．

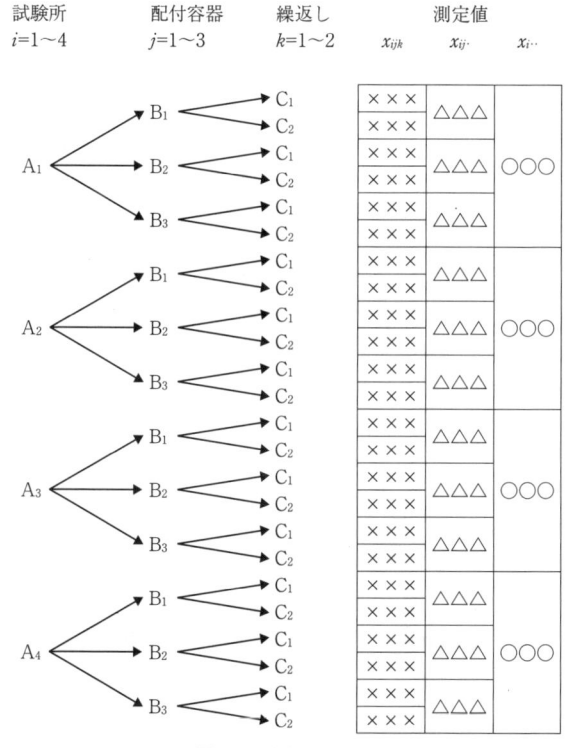

2.4 データの評価(1)：統計的手法の基礎

```
試験所         配付容器        繰返し         測定値
i=1～4         j=1～3         k=1～2        x_ijk   x_ij·   x_i··
```

図 2.5 枝分かれ実験

$$S_T = \sum_{i=1}^{k}\sum_{j=1}^{m}\sum_{k=1}^{n}(x_{ijk}-\bar{x})^2 = \sum_{i=1}^{k}\sum_{j=1}^{m}\sum_{k=1}^{n}x_{ijk}^2 - CF \tag{16}$$

$$S_{AB} = \sum_{i=1}^{k}\sum_{j=1}^{m}\sum_{k=1}^{n}(\bar{x}_{ij\cdot}-\bar{x})^2 = \sum_{i=1}^{k}\sum_{j=1}^{m}\frac{T_{ij\cdot}^2}{n} - CF \tag{17}$$

$$S_A = \sum_{i=1}^{k}\sum_{j=1}^{m}\sum_{k=1}^{n}(\bar{x}_{i\cdot\cdot}-\bar{x})^2 = \sum_{i=1}^{k}\frac{T_{i\cdot\cdot}^2}{mn} - CF \tag{18}$$

ここで，$\bar{x}$は全データの総平均を示す．また，$T_{ij\cdot}$，$T_{i\cdot\cdot}$は，それぞれ$x_{ij\cdot}$，$x_{i\cdot\cdot}$の合計を示す．

$$S_{B(A)} = S_{AB} - S_A \tag{19} \qquad S_{C(AB)} = S_T - S_{AB} \tag{20}$$

③ 分散分析表の作成

要因 A, $B(A)$, $C(AB)$ および合計について，それぞれの変動，自由度から分散を計算して分散分析表を作成する．

D．単回帰の分散分析

機器分析による校正あるいは測定においては，標準の値と機器出力値との関係が明らかである必要がある．この関係は，最小二乗法によって求めることができる．最小二乗法には，いくつかの考え方があるが，ここでは，横軸 x にはばらつきがない，縦軸 y は等精度という前提による，一次式（直線）の場合とする．

横軸 x_1, x_2, $\cdots$, x_n を測定した場合の縦軸の値として y_1, y_2, $\cdots$, y_n が得られると，回帰式 $y = a + bx$ を求めることができる $(n>3)$．

以下の手順で y 軸切片 a と傾き b を求めることができる．

$$S_{xx} = \sum_{i=1}^{n}(x_i - \bar{x})^2 \qquad (21) \qquad S_{yy} = \sum_{i=1}^{n}(y_i - \bar{y})^2 \qquad (22)$$

$$S_{xy} = \sum_{i=1}^{n}(x_i - \bar{x})(y_i - \bar{y}) \qquad (23) \qquad b = \frac{S_{xy}}{S_{xx}} \qquad a = \bar{y} - b\bar{x} \qquad (24)$$

次に，求めた回帰式（回帰直線；一次式）が，意味のあるものかどうかについて，回帰の分散分析によって検定する．

$$S_e = S_{yy} - S_{xy}^2/S_{xx} \qquad (25) \qquad S_R = S_{yy} - S_e = S_{xy}^2/S_{xx} \qquad (26)$$

$$S_{yy} = S_R + S_e \qquad (27)$$

一般的には，S_{yy} は全変動，S_R は回帰による変動，S_e は回帰からの変動とよぶ．全変動 S_{yy} は，y の変動のうち x によって説明される部分 S_R と，当てはめられた回帰直線からの残差の変動 S_e による部分とに分けられる．分散分析表は，回帰による部分（自由度：1）と，当てはめられた回帰直線からの残差（自由度：$n-2$）に分けて，それぞれの変動から分散を計算して作成する．この回帰の分散分析は，標準物質などの濃度の安定性の評価にも利用することができる．横軸 x に濃度などの測定周期，縦軸に測定された濃度をとり，濃度が時間の経過とともに明らかに変化するかどうかの判断に利用することも可能である．

2.4.5　異常値の取扱い

同一条件のもとで得られた1組の測定値のうち，ほかと著しく飛び離れた値がある場

合, これを疑わしい値とし, そのまま採用するか採用しないかを決定する必要がある. このとき, 客観的な判断で値を棄却するかしないかを決めるため, 統計的な手法が用いられ, 棄却すると判断された値は異常値とよばれる.

飛び離れた値(または疑わしい値)が, 残りの値と同一の母集団に属するかどうか統計的に検定することを棄却検定という. 棄却検定においては, 異常値と判断するかどうかをある危険率で決めるための棄却限界値が, それぞれの棄却検定の方法によって設定されている. ここで, 危険率は有意水準ともいわれ, 捨てないでよい値を誤って棄却してしまう確率であり, 通常5%あるいは1%の棄却限界値が示される. なお, 対象となる値は, 正規分布に従うという前提がある.

異常値は, 1個あるいは2個以上の場合があるが, ここでは1個の場合について, よく用いられているGrubbsの方法を紹介する.

正規分布に従うと思われる測定値, $x_1 \leq x_2 \leq \cdots \leq x_{n-1} \leq x_n$ があるとき, 最小値 x_1 または最大値 x_n が, 異常値かどうかの検定を行う. 平均値 $\bar{x}$ と分散 V を求める.

$$\bar{x} = \frac{\sum_{i=1}^{n} x_i}{n} \quad (28) \qquad V = \frac{\sum_{i=1}^{n}(x_i - \bar{x})^2}{n-1} \quad (29)$$

① 最小値 x_1 が異常値かどうかの検定の場合: $T = (\bar{x} - x_1)/\sqrt{V}$ (30)

② 最大値 x_n が異常値かどうかの検定の場合: $T = (x_n - \bar{x})/\sqrt{V}$ (31)

この T と Grubbs の検定の棄却限界値(データ数と危険率から求める)とを比較する. T の計算値が, 限界値より大きい場合, 飛び離れた値(疑わしい値)は危険率 α% で異常値と判定され, 残りの値(データ)とは母集団が異なると判断されることになる. Grubbs の検定の棄却限界値は, たとえば JIS Z 8402-2 に与えられている.

以上, 統計的手法の基礎について記したが, 概要を記述したにすぎない. より詳細な内容を知るには成書[10,11]を参照されたい.

2.5 データの評価(2): 不確かさとその求め方

商取引に伴う問題や地球環境問題などを議論する場合には, 科学的なデータが基本となるため, データを比較するという意味での用語や結果評価の表現に関して共通の見解

が求められていた．このような状況のなかで，1993年に国際文書である"計測の不確かさの表現のガイド"（Guide to the expression of Uncertainty in Measurement：GUM）[12]が，ISOから発行された（以下，"不確かさガイド"という）．これをきっかけとして，従来の"誤差(error)"に代わる新しい概念として"不確かさ"が用いられるようになった．測定結果に，ばらつきの程度，すなわち不確かさを併記することで結果のもつ意味はより明確になる．これにより，どの程度，結果が信頼できるかを示すことが可能となる．この不確かさガイドには，不確かさの求め方や表現方法のルールが示されている．

2.5.1 不確かさに関連する用語と評価手順

不確かさの正確な定義は以下のとおりであるが，概していえば，測定結果のばらつきの程度を標準偏差（定義上はパラメーターと表現されている）などで表したものである．関連する用語を表2.5に，以降に評価手順を示す[*12]．

表2.5 不確かさに関連する用語

用　語	英　語	定　義
［測定の］不確かさ	uncertainty [of measurement]	測定の結果に付随した，合理的に測定量に結び付けられ得る値のばらつきを特徴づけるパラメーター．
標準不確かさ	standard uncertainty	標準偏差で表される，測定の結果の不確かさ．
合成標準不確かさ	combined standard uncertainty	測定の結果がいくつかの他の量の値から求められるときの，測定の結果の標準不確かさ．これは，これらの各量の変化に応じて測定結果がどれだけ変わるかによって重み付けした，分散又は他の量との共分散の和の正の平方根に等しい．
拡張不確かさ	expanded uncertainty	測定の結果について，合理的に測定量に結び付けられ得る値の分布の大部分を含むと期待される区間を定める量．
包含係数	coverage factor	拡張不確かさを求めるために合成標準不確かさに乗ずる数として用いられる数値係数．
［不確かさの］Aタイプの評価	type A evaluation [of uncertainty]	一連の観測値の統計的解析による不確かさの評価の方法．
［不確かさの］Bタイプの評価	type B evaluation [of uncertainty]	一連の観測値の統計的解析以外の手段による不確かさの評価の方法．

---

* 計量関連国際ガイド文書を編集する合同委員会（Joint Committee for Guides in Metrology：JCGM）において，GUMおよびVIMの改訂作業が行われている．VIMの改訂文書であるJCGM-200はISO/IEC Guide 99-2007として発行されたが，そこでの不確かさの定義は，
"non-negative parameter characterizing the dispersion of the quantity values being attributed to a measurand, based on the information used"
である．本項で示した標準不確かさ，ほかの用語の定義もGUM第1版およびその改訂版(1995)での定義とわずかに異なるが，本質的な違いはない．

不確かさの実際の評価においては，不確かさ成分を洗い出し，その成分ごとに不確かさを標準偏差として表現し，合成標準不確かさとして，または最終的に拡張不確かさとその包含係数として表現する．この場合，"不確かさガイド"では，求められた不確かさの合成の方法として，不確かさの伝播則により合成標準不確かさを計算するとしている．不確かさを求めるということは，信頼の度合いを数値化することであり，以下のような手順で計算する．

ステップ1：測定結果を求めるまでの測定手順を具体的に書き出すか，結果を求める計算式を明確にする．

ステップ2：ステップ1を考慮して不確かさの要因を列挙する．

測定結果を求める式を書き出せる場合，少なくともその式の各項目が不確かさの要因となる．数式の形で表現できない場合は，不確かさの要因を個別に検討して列挙する．

ステップ3：不確かさ要因の分析と見積もり

列挙した要因ごとの標準不確かさ(標準偏差または相対標準偏差)を推定する．この場合，各標準不確かさを評価する方法としてAタイプ，Bタイプとよばれる二つの方法がある．

ステップ4：合成標準不確かさの計算

各要因の標準不確かさを合成した合成標準不確かさ u_c を，各標準不確かさの二乗和の正の平方根として計算する．この場合，Aタイプ，Bタイプは区別せずに合成できる．

$$u_c^2(y) = \sum_{i=1}^{n} \left[\frac{\partial f}{\partial x_i}\right]^2 u^2(x_i) \tag{1}$$

ここで，$u_c(y)$ は合成標準不確かさ，$\partial f/\partial x_i$ は感度係数，$u(x_i)$ は各標準不確かさである．

ステップ5：拡張不確かさ U の計算

合成標準不確かさのままでもよいが，合成標準不確かさに包含係数を乗じて拡張不確かさとして表現する場合が一般的である．包含係数として通常は $k=2$ (約95%の信頼の水準をもつ区間)が用いられる．

ステップ6：結果の表示

結果の平均(単位) ± 拡張不確かさ(単位)(包含係数)のように表記する．

2.5.2 不確かさと統計量

A．Aタイプの不確かさと標準偏差

n 個の測定データがある場合のデータのばらつきは，各測定値 $x_i(i=1, 2, \cdots, n)$ とその平均 $\bar{x}$ との差の二乗和を自由度 $(n-1)$ で割って計算する．次式の $s(x)$ は，実験標準偏差（experimental standard deviation）とよばれている．

$$s(x) = \sqrt{\frac{\sum(x_i-\bar{x})^2}{n-1}} \quad (2)$$

Aタイプの評価においては，実験標準偏差から平均値の実験標準偏差を求める場合が生じる．つまり，報告結果を何回かの測定結果の平均値とする場合，その平均値がどのくらいばらつくかを計算する必要がある．式で表すと，式(3)のようになる．

$$s(\bar{x}) = \frac{s(x)}{\sqrt{n}} \quad (3)$$

$s(\bar{x})$ は，平均値の実験標準偏差を示す．ここで，n は何回測定の結果を平均するかの回数である．n 回測定の平均値を結果とする場合の標準不確かさには，$s(\bar{x})$ を用いる．

B．Bタイプの不確かさと標準偏差

不確かさの評価では，実験結果以外から不確かさを評価する場合がある．Bタイプの評価といわれるもので，証明書や文献値などから得られた情報をもとに不確かさを評価する．たとえば，校正証明書に記載された拡張不確かさの値を包含係数 k の値で割って標準不確かさを計算する．また，文献値やカタログなど，信頼のおけるデータを使って，不確かさを評価する場合もある．この場合，矩形分布（rectangular distribution）や三角分布（triangular distribution）などの確率分布（probability distribution）から標準偏差を推定する．図2.6の横軸は，中心が平均値，両側は，最小値と最大値である．縦軸は，横軸の値になる確率となる．測定値が必ずこの範囲内にあるとして，最大値と平均値との差を a とすると，矩形分布の場合の標準偏差は，$a/\sqrt{3}$ で推定できる．三角分布（図2.7）の場合には，$a/\sqrt{6}$ となる．なお，$\sqrt{3}$，$\sqrt{6}$ は，確率密度関数と分散の計算から求められる値である．

2.5.3 化学分析における不確かさの要因

化学分析における基本的な手順は，試料のサンプリング，前処理，定量，計算のステッ

$$s(x) = \frac{a}{\sqrt{3}}$$

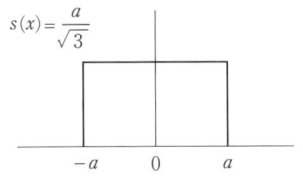

図 2.6 矩形分布(一様分布)

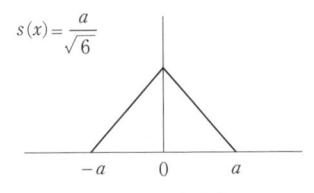

$$s(x) = \frac{a}{\sqrt{6}}$$

図 2.7 三角分布

プを踏む．これらの各ステップにさまざまな不確かさの要因がある．EURACHEM/CITAC Guide[13)]では，典型的な不確かさの要因として，サンプリング，試料の保存条件，装置のバイアス，試薬純度，測定条件，試料効果(複雑なマトリックス効果など)，コンピューターの問題(検量線作成において，二次，三次曲線で表現すべきものを直線で表示するなどの計算モデルの不適切な場合など)，ブランク補正，分析者によるバイアス(熟練度)，偶然効果，などを列挙している．

標準物質の認証値の不確かさには，純度(不純物)，安定性，均質性，値付けなどの要因を考慮する必要がある．また，標準物質を用いて試料を測定した結果の不確かさには，用いた標準物質の認証値の不確かさ，試料測定の不確かさが，最低限必要となる．

2.5.4　計算例：水中の鉛の測定の不確かさ

A．測定手順(ステップ1)

水試料中の鉛を ICP-AES を用いて 2 点検量線法により測定する．測定された鉛濃度に希釈倍率を乗じて，最終的に水試料中の鉛濃度を計算する．

（ⅰ）　測定用試料の調製(前処理)　　20 mL 全量ピペットで試料を分取し，全量フラスコ 25 mL に入れ，超高純度硝酸を必要量加えた後，超純水を加えて 25 mL とする．これを測定用試料とする．

（ⅱ）　検量線標準液(検量線作成用溶液)の調製　　中間原料標準液(Pb：10 mg L^{-1})を希釈調製するため，100 mg L^{-1} の鉛の原料標準液を 10 mL 全量ピペットおよび 100 mL 全量フラスコで 10 倍希釈する．希釈は，超高純度硝酸および超純水を用いて調製した 0.1 mol L^{-1} 硝酸溶液を用いて行う．次に，検量線標準液(Pb：0.20 mg L^{-1} および 0.50 mg L^{-1})の希釈調製を行うため，中間原料標準液(Pb：10 mg L^{-1})を 2 mL 全量ピペットおよび 5 mL 全量ピペットでとり，別々の 100 mL 全量フラスコに入れた後，0.1 mol L^{-1} 硝酸溶液を標線まで加える．

（ⅲ）　測　　定　　調製した検量線標準液を ICP-AES に導入し，検量線を作成する．

次に測定用試料を ICP-AES に導入して検量線から測定濃度を求める．

（ⅳ）水中の鉛濃度の計算　（ⅲ）で求めた鉛の濃度から式(4)により水中の鉛の濃度を計算する．

$$C = C_x \times \frac{\text{全量フラスコのメスアップ量(mL)}}{\text{全量ピペットの試料分取量(mL)}} \tag{4}$$

ここで，C は水中の鉛の濃度($\mathrm{mg\ L^{-1}}$)，C_x は，検量線から求めた測定用試料の鉛の濃度($\mathrm{mg\ L^{-1}}$)．

B．不確かさ要因の列挙（ステップ 2）

不確かさの要因は，式(4)から① 全量ピペットによる試料分取に伴う不確かさ，② 全量フラスコのメスアップに伴う不確かさ，③ 2点検量線から求めた測定用試料濃度の不確かさ，となる．また，式中に直接表れてはいないが，④ 2点検量線を作成するための標準液の不確かさも評価する．要因ごとに以下の内容について計算する．

① 全量ピペット（Vp_i）による分取の不確かさ u_{p_i}
② 全量フラスコ（Vf_i）のメスアップの不確かさ u_{f_i}
③ 2点検量線による測定濃度（C_x）の不確かさ u_{Cx}

検量線標準液（Cs）の不確かさ u_{Cs}：検量線標準液の不確かさには，原料とする標準液の不確かさ，全量ピペットによる分取，全量フラスコのメスアップの不確かさが含まれる．全量ピペット（Vp_i）による分取の不確かさ u_{pi} には，① 目盛りの不確かさ $u_{p,1}$，② 繰返しの不確かさ（熟練度）$u_{p,2}$，③ 試験室の温度の影響 $u_{p,3}$ が含まれる．また，全量フラスコ（Vf_i）のメスアップに伴う不確かさ u_{f_i} には，① 目盛りの不確かさ $u_{f,1}$，② 繰返しの不確かさ（熟練度）$u_{f,2}$，③ 試験室の温度の影響 $u_{f,3}$ が含まれる．ここで，i はピペットまたはフラスコの容量を意味する．

検量線標準液および測定用試料の測定の不確かさは，簡易的に表 2.8 の繰返しデータから計算した実験標準偏差の値を用いる．

C．要因ごとの不確かさの計算と評価（ステップ 3）

不確かさの評価では，各不確かさ要因の単位が異なる場合，また，乗除式の場合，相対的な不確かさを用いることで，感度係数を計算しなくとも合成標準不確かさを計算できるので，ここでは相対的な不確かさを用いて計算を進める．ただし，2点検量線による測定濃度の不確かさ計算では，各要因の相対的な不確かさでは計算ができないので，感度係数を用いて計算した．

（ⅰ）ガラス製体積計の不確かさ　測定用試料の調製および検量線標準液の調製に

用いる，全量ピペットおよび全量フラスコの目盛りの不確かさは，JIS R 3505 の許容差（クラス A）を利用する．ガラス製体積計の不確かさは，三角分布を仮定して評価する．

全量ピペットによる分取の不確かさおよび全量フラスコのメスアップの不確かさは，超純水の分取量およびメスアップ後の質量を測定する繰返し実験から計算した実験標準偏差の値を用いる．さらに，ガラス製体積計の校正温度と分取時や希釈時の液体の温度との違いを要因として取り上げる．ここでは，試験室の温度が 20℃ を中心に ±5℃ で変化するとし，温度変化は矩形分布を仮定する．水の体膨張率は，$2.1×10^{-4}℃^{-1}$ とする．なお，ガラス製体積計の温度の影響による不確かさは，"相対標準不確かさ = 容量 × 温度のばらつき × 体膨張率 / 容量 = 温度のばらつき × 体膨張率 = $(5℃/\sqrt{3}) × (2.1×10^{-4})=0.00061$" となり，ピペットまたはフラスコの容量が異なっても，相対標準不確かさは，0.00061 と同じ値となる．以下，全量ピペット 2 mL の場合，$u_{p2,3}/Vp_2=0.00061$，全量フラスコ 100 mL の場合，$u_{f100,3}/Vf_{100}=0.00061$ のように表している．

ガラス製体積計の目盛りの不確かさ，分取またはメスアップの不確かさを表 2.6 および表 2.7 として計算する．

（ⅱ）分取およびメスアップの不確かさ計算　　以下，表 2.6，表 2.7 の相対標準不確かさをもとに計算を進める．

（1）全量ピペットによる分取の不確かさ：20 mL 全量ピペットによる分取の相対標準不確かさは，以下のように計算する．

$$\frac{u_{p20}}{Vp_{20}}=\sqrt{\left(\frac{u_{p20,1}}{Vp_{20}}\right)^2+\left(\frac{u_{p20,2}}{Vp_{20}}\right)^2+\left(\frac{u_{p20,3}}{Vp_{20}}\right)^2}=0.00132$$

（2）全量フラスコによるメスアップの不確かさ：25 mL 全量フラスコのメスアップの相対標準不確かさは，以下のように計算する．

$$\frac{u_{f25}}{Vf_{25}}=\sqrt{\left(\frac{u_{f25,1}}{Vf_{25}}\right)^2+\left(\frac{u_{f25,2}}{Vf_{25}}\right)^2+\left(\frac{u_{f25,3}}{Vf_{25}}\right)^2}=0.00149$$

（ⅲ）検量線標準液の濃度の不確かさ

（1）原料標準液の濃度（Cs_1）の不確かさ u_{s1}：100 mg L^{-1} 鉛標準液の不確かさ u_{s1} は，証明書の記載内容（拡張不確かさ 1 mg L^{-1}（$k=2$））から $u_{s1}=(1\ \mathrm{mg\ L^{-1}})/2=0.5\ \mathrm{mg\ L^{-1}}$ とする．相対標準不確かさは，$\dfrac{u_{s1}}{Cs_1}=\dfrac{0.5\ \mathrm{mg\ L^{-1}}}{100\ \mathrm{mg\ L^{-1}}}=0.005$ となる．

表2.6 ガラス製体積計の目盛りの不確かさ

種類	容量 mL	許容差 mL	標準不確かさ mL	相対標準不確かさ（標準不確かさ/容量）
全量ピペット	2	±0.01	$0.01/\sqrt{6}$	0.0020 $(=u_{p2,1}/Vp_2)$
全量ピペット	5	±0.015	$0.015/\sqrt{6}$	0.0012 $(=u_{p5,1}/Vp_5)$
全量ピペット	10	±0.02	$0.02/\sqrt{6}$	0.00082 $(=u_{p10,1}/Vp_{10})$
全量ピペット	20	±0.03	$0.03/\sqrt{6}$	0.00061 $(=u_{p20,1}/Vp_{20})$
全量フラスコ	25	±0.04	$0.04/\sqrt{6}$	0.00065 $(=u_{f25,1}/Vf_{25})$
全量フラスコ	100	±0.1	$0.1/\sqrt{6}$	0.00041 $(=u_{f100,1}/Vf_{100})$

表2.7 ガラス製体積計の分取またはメスアップの不確かさ

種類	容量/mL	繰返しの実験標準偏差/mL	相対標準不確かさ
全量ピペット	2	0.002	0.001 $(=u_{p2,2}/Vp_2)$
全量ピペット	5	0.005	0.001 $(=u_{p5,2}/Vp_5)$
全量ピペット	10	0.01	0.001 $(=u_{p10,2}/Vp_{10})$
全量ピペット	20	0.02	0.001 $(=u_{p20,2}/Vp_{20})$
全量フラスコ	25	0.03	0.0012 $(=u_{f25,2}/Vf_{25})$
全量フラスコ	100	0.05	0.0005 $(=u_{f100,2}/Vf_{100})$

(2) 中間原料標準液の濃度（Cs_2）の不確かさ u_{s2}：検量線標準液（Pb；0.2 mg L^{-1}および0.5 mg L^{-1}）を調製するための中間原料標準液 10 mg L^{-1} は，原料標準液 100 mg L^{-1} を 10 mL 全量ピペットおよび 100 mL 全量フラスコにより 10 倍希釈する．中間原料標準液 10 mg L^{-1} の濃度の相対標準不確かさは，表2.6，表2.7 の 10 mL 全量ピペット，100 mL 全量フラスコの不確かさおよび温度変化による影響の不確かさに原料標準液の不確かさを加え，以下のようになる．

$$\frac{u_{s2}}{Cs_2} = \sqrt{\left(\frac{u_{p10,1}}{Vp_{10}}\right)^2 + \left(\frac{u_{p10,2}}{Vp_{10}}\right)^2 + \left(\frac{u_{p10,3}}{Vp_{10}}\right)^2 + \left(\frac{u_{f100,1}}{Vf_{100}}\right)^2 + \left(\frac{u_{f100,2}}{Vf_{100}}\right)^2 + \left(\frac{u_{f100,3}}{Vf_{100}}\right)^2 + \left(\frac{u_{s1}}{Cs_1}\right)^2}$$
$$= 0.00528$$

(3) 検量線標準液の不確かさ：検量線標準液 0.2 mg L^{-1} の濃度の相対標準不確かさ u_{s3}/Cs_3 は，表2.6，表2.7 の 2 mL 全量ピペット，100 mL 全量フラスコの不確かさおよび温度変化による影響の不確かさに中間原料標準液の不確かさを加え，次のようになる．

2.5 データの評価(2)：不確かさとその求め方

$$\frac{u_{s3}}{Cs_3} = \sqrt{\left(\frac{u_{p2,1}}{Vp_2}\right)^2 + \left(\frac{u_{p2,2}}{Vp_2}\right)^2 + \left(\frac{u_{p2,3}}{Vp_2}\right)^2 + \left(\frac{u_{f100,1}}{Vf_{100}}\right)^2 + \left(\frac{u_{f100,2}}{Vf_{100}}\right)^2 + \left(\frac{u_{f100,3}}{Vf_{100}}\right)^2 + \left(\frac{u_{s2}}{Cs_2}\right)^2}$$

$$= 0.00583$$

検量線標準液($0.2\ \mathrm{mg\ L^{-1}}$)の不確かさ u_{s3} は，$u_{s3} = 0.2\ \mathrm{mg\ L^{-1}} \times 0.00583 = 0.00117\ \mathrm{mg\ L^{-1}}$ となる．

検量線標準液($0.5\ \mathrm{mg\ L^{-1}}$)(Cs_4)の不確かさ u_{s4} を求める場合も，5 mL 全量ピペットおよび 100 mL 全量フラスコを用いるとし，同様に計算する．

$$\frac{u_{s4}}{Cs_4} = \sqrt{\left(\frac{u_{p5,1}}{Vp_5}\right)^2 + \left(\frac{u_{p5,2}}{Vp_5}\right)^2 + \left(\frac{u_{p5,3}}{Vp_5}\right)^2 + \left(\frac{u_{f100,1}}{Vf_{100}}\right)^2 + \left(\frac{u_{f100,2}}{Vf_{100}}\right)^2 + \left(\frac{u_{f100,3}}{Vf_{100}}\right)^2 + \left(\frac{u_{s2}}{Cs_2}\right)^2}$$

$$= 0.00561$$

求める不確かさ u_{s4} は，$u_{s4} = 0.5\ \mathrm{mg\ L^{-1}} \times 0.00561 = 0.00281\ \mathrm{mg\ L^{-1}}$ となる．

(ⅳ) 検量線から求めた濃度の不確かさ
(1) 検量線標準液および測定試料データ(表2.8)
(2) 2点検量線による測定濃度の不確かさ：式(5)は，2点検量線で測定した試料の濃度を求める式である．この場合の測定濃度の不確かさを求める．

$$C_x = \frac{(C_H - C_L) \times (A_x - A_L)}{(A_H - A_L)} + C_L \tag{5}$$

ここで，C_x は測定用試料の測定濃度，C_H は高濃度側の標準液の濃度，C_L は低濃度側の標準液の濃度，A_x は測定用試料の測定強度，A_H は高濃度側の標準液の測定強度，A_L は低濃度側の標準液の測定強度である．

式(5)について，各変数を偏微分した式より求めた感度係数と各変数の不確かさから標準不確かさを求める(表2.9)．ここでは，簡易的に，表2.8の5回の平均値を測定値，その実験標準偏差を標準不確かさとして計算に用いることとする．

表2.8 検量線標準液および測定試料のデータ

種 類	濃 度 $\mathrm{mg\ L^{-1}}$	測定強度(繰返し)					平均値	実験標準偏差
		$n=1$	$n=2$	$n=3$	$n=4$	$n=5$		
検量線標準液	0.20	598	604	594	607	615	603.6	8.1
検量線標準液	0.50	1450	1482	1437	1463	1471	1460.6	17.6
測定試料	—	662	671	654	667	675	665.8	8.2

表2.9 2点検量線の不確かさ計算結果

要因	記号	値	標準不確かさ	感度係数	標準不確かさ × 感度係数
低濃度側標準液の濃度	C_L	0.20	0.001 17	0.9274	0.001 085
高濃度側標準液の濃度	C_H	0.50	0.002 81	0.072 58	0.000 203 9
低濃度側標準液の測定強度	A_L	603.6	8.1	$-0.000\ 324\ 7$	$-0.002\ 630$
高濃度側標準液の測定強度	A_H	1460.6	17.6	$-0.000\ 025\ 41$	$-0.000\ 447\ 2$
試料の測定強度	A_x	665.8	8.2	0.000 350 1	0.002 871

$$\frac{\partial C_x}{\partial C_L} = \frac{(A_H - A_x)}{(A_H - A_L)} = 0.9274$$

$$\frac{\partial C_x}{\partial C_H} = \frac{(A_x - A_L)}{(A_H - A_L)} = 0.072\ 58$$

$$\frac{\partial C_x}{\partial A_L} = \frac{(C_H - C_L)(A_x - A_H)}{(A_H - A_L)^2} = -0.000\ 324\ 7$$

$$\frac{\partial C_x}{\partial A_H} = \frac{(C_H - C_L)(A_L - A_x)}{(A_H - A_L)^2} = -0.000\ 025\ 41$$

$$\frac{\partial C_x}{\partial A_S} = \frac{(C_H - C_L)}{(A_H - A_L)} = 0.000\ 350\ 1$$

2点検量線で求めた測定濃度の合成標準不確かさ u_{Cx} は，下記のようになる．

$$u_{Cx} = \sqrt{(0.001\ 085)^2 + (0.000\ 203\ 9)^2 + \cdots + (0.002\ 871)^2}$$
$$= 0.004\ 07\ \text{mg L}^{-1}$$

検量線から求めた濃度は，

$$C_x = \frac{(0.50 - 0.20) \times (665.8 - 603.6)}{(1460.6 - 603.6)} + 0.20 = 0.2218\ \text{mg L}^{-1}$$

となるので，検量線による測定濃度の相対標準不確かさは，下記のようになる．

$$\frac{u_{Cx}}{C_x} = \frac{0.004\ 07\ \text{mg L}^{-1}}{0.2218\ \text{mg L}^{-1}} = 0.0183$$

D．合成標準不確かさの計算（ステップ4）

要因ごとの不確かさをまとめると表2.10のようになる．

相対的な合成標準不確かさは，$\dfrac{u_c}{C} = \sqrt{\left(\dfrac{u_{p20}}{Vp_{20}}\right)^2 + \left(\dfrac{u_{f25}}{Vf_{25}}\right)^2 + \left(\dfrac{u_{Cx}}{C_x}\right)^2} = 0.0184$ となる．また，式(4)から水中の鉛の濃度は，$C = 0.2218 \times \dfrac{25}{20} = 0.277\ \text{mg L}^{-1}$ となる．したがって，$u_c = 0.0184 \times 0.277\ \text{mg L}^{-1} = 0.005\ 10\ \text{mg L}^{-1}$ となる．

表2.10 各要因の不確かさ

要因	値	不確かさ記号	相対標準不確かさ
試料分取量 Vp_{20}	20 mL	u_{p20}	0.001 32
試料メスアップ量 Vf_{25}	25 mL	u_{f25}	0.001 49
検量線による測定濃度 C_x	0.2218 mg L^{-1}	u_{Cx}	0.0183

E. 拡張不確かさの計算(ステップ5)

包含係数 $k=2$ として拡張不確かさを計算すると,$0.005\,10\,\mathrm{mg\,L^{-1}} \times 2 \fallingdotseq 0.010\,\mathrm{mg\,L^{-1}}$ となる.

F. 結果の表示(ステップ6)

水中の鉛の濃度を,拡張不確かさをつけて表すと,以下のようになる.

$0.277\,\mathrm{mg\,L^{-1}} \pm 0.010\,\mathrm{mg\,L^{-1}}\,(k=2)$

2.6 認証と認証書

標準物質において使われる"認証"という言葉は,一般の製品認証で使われる認証とは意味が異なる.ISO/IEC Guide 65 でいう認証は,"製品,方法,またはサービスが所定の要求事項に適合していることを第三者が文書で保証する手続き"をさす.これに対して標準物質の分野でいう認証とは,1.4節で述べたように,トレーサビリティの成立するプロセスにより特性値を確定して認証書を発行する手順を意味している.あくまでも"標準物質の認証"であって,略して認証とよんではいても"標準物質の"が省略されていることに留意しなければならない.

さて,その"標準物質の認証"に関しては,手順についての原則が ISO Guide 35[1] として提示されている.このガイドにもとづいて認証に必要なプロセスをあげれば,次のようになる.

① 認証プロジェクトの計画策定
② 不確かさの評価法の検討
③ 均質性試験
④ 安定性試験
⑤ 特性値の決定
⑥ データおよび不確かさの評価
⑦ 認証書の発行

ここで，①のプロセスには，健康・安全に関するリスクや有害物輸送についての規制の調査，原料物質の必要量の推算，寿命および保管期限の予測，調製技術の検討，均質性および安定性試験の条件の設定，値付け方法の選択，認証書(および認証報告書)の設計などが含まれる．③および④はその原料物質(素材)が標準物質になり得るかを決定するもっとも重要なプロセスである．固体状の組成標準物質の素材では，均質性の評価がきわめて重要となる．また，ある種の有機系純物質標準物質や生体および臨床標準物質では，安定性が懸念されるため，保管条件および保管期間の設定に十分な配慮がなされなければならない．

特性値の決定法の選択は，トレーサビリティの確立ならびに認証の可能性と密接に関係する．要件が満たされない場合は非認証の標準物質となるか，あるいは特性値の一部が認証値とはならず参考値となる．特性値決定法の詳細に関しては 2.3 節を参照されたい．

認証書に記載される情報としてはとくに以下が必要である．
① 対象となる諸特性
② 特性値
③ 特性値の不確かさ
④ 特性値の計量トレーサビリティに関する記述

値付けの手順が適切であって，かつ上記の項目について妥当な情報が与えられていれば認証標準物質とみなすことができる．

図 2.8 に認証書の一例(その一部)を示した．この例にもみられるように，通常，認証書には上記項目以外にもいくつかの情報が与えられている．掲載されることの多い情報としては，用途，形状，容器および量，純度，製造方法(原料および調製方法)，特性値(認証値および参考値)の決定方法，均質性，安定性または有効期限，保存および使用についての注意事項，製造年月日または認証年月日，生産機関および生産担当者，共同実験機関，協力機関，参考情報，問合せ先などがある．なお，認証書とは別に，当該標準物質の開発の過程を記述した資料が，開発報告書，技術資料，モノグラフなどの名称で刊行される場合がある．これらの資料には，原料の採取，調製方法，認証値の決定方法などがくわしく記されているので標準物質を使用するさいに参考にするとよい．

独立行政法人 産業技術総合研究所

計量標準総合センター 標準物質認証書

認証標準物質

NMIJ CRM 4202 - a1
No. +++

p,p'-DDE 標準液

p,p'-DDE in 2,2,4-Trimethylpentane

National Institute of Advanced Industrial Science and Technology
AIST

本標準物質は、JIS Q 0034（ISO GUIDE 34）に適合する品質システムに基づき生産されたものであり、ガスクロマトグラフ／質量分析法、ガスクロマトグラフ法、高速液体クロマトグラフ法等による塩素系農薬類の定量において、分析機器の校正に用いる他、機器の精度管理、分析方法や分析装置の妥当性確認等に用いることができる。

【認証値】
本標準物質の質量分率（Mass Fraction）の認証値は以下の通りである。認証値の不確かさは、合成標準不確かさと包含係数 $k=2$ から決定された拡張不確かさであり、約95%の信頼の水準をもつと推定される区間を示す。

成分	CAS No.	認証値 質量分率 (mg/kg)	不確かさ (mg/kg)
1,1-ジクロロ-2,2-ビス(4-クロロフェニル)エチレン (*p,p'*-DDE)	72-55-9	10.06	0.20

【認証値の決定方法】
本標準物質の認証値は、質量比混合法による調製値に成分物質の純度値を乗じて算出しており、国際単位系（SI）にトレーサブルである。成分物質である *p,p'*-DDE の純度値は示差走査熱量計（DSC）を用いた凝固点降下法及び水素炎イオン化検出器付きガスクロマトグラフ法（GC-FID）により決定した。
認証値の不確かさは、GC-FID による測定結果を統計的に解析し、日間変動、調製誤差変動及びアンプル間変動の不確かさを見積り、これに別途見積もった成分物質の純度値及び溶媒ブランク値による不確かさを合成して得られたものである。

【密度】
本標準物質の密度は、0.6918 g/mL（20 ℃、参考値）である。

【有効期限】
本標準物質の有効期限は、未開封で下記の保存条件のもとで2013年12月31日である。

【形状等】
本標準物質は、常温では無色透明の液体で、約1gずつ2mL褐色アンプルにアルゴンガス雰囲気下で封入されている。

【保存に関する注意事項】
本標準物質は、暗所で常温（15 ℃～25 ℃）にて保存すること。

【使用に関する注意事項】
開封後は、速やかに使用すること。

【その他の取り扱いにおける注意事項】
火気や換気に注意し、保護マスクや保護手袋等を着用すること。

図 2.8 認証書の例（一部を転載）

2.7 標準物質生産者の認定
2.7.1 認定の実際

　標準物質(RM)を作製し，値付けを行い，これを保存して販売にいたるまでの一連の活動を行う事業者を，国際規格上の定義として標準物質生産者(reference material producer：RMP)とよぶ．第三者がこの一連の活動の信頼性を評価し，その信頼性について承認を与える行為が"RMP の認定"である．この評価の基準として国際的に受け入れられる規格には，国際標準化機構標準物質委員会(ISO/REMCO)が作成した ISO Guide 34，ならびに ISO の適合性評価委員会(CASCO)が作成した ISO/IEC 17025 とがある．後者は RMP のための規格ではなく，試験所・校正機関一般に適用される規格であるが，RM の信頼性を担保するための機能のなかで，値付けや均一性の試験といった試験・校正ともよべる機能の信頼性を確認するために利用されている．

　認定のプロセスを図 2.9 に示す．認定機関により，あるいは運営しているプログラムによりこのプロセスにいくぶんかの差はあるものの，試験所・校正機関・RMP の認定に関して大きく変わることはない．認定を受けることを希望する事業者が認定機関に申請を行うと，認定機関は申請された分野に応じた専門家で審査チームを編成する．このチームが前述の二つの規格と付加的な要求事項を用いて審査を行う．付加的な要求事項

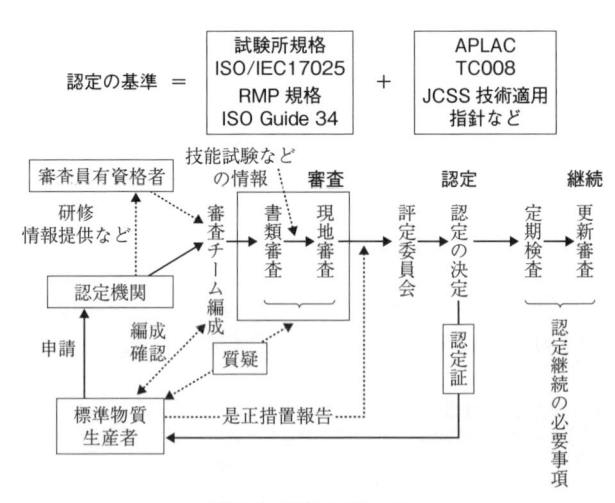

図 2.9 認定のプロセス

は，認定機関により，あるいは法規により異なるが，国際的に広く用いられているものとしてアジア太平洋試験所認定協力機構（APLAC）作成の TC 008 があり，ここには Guide 34 と ISO/IEC 17025 の適用の仕方や審査員が注意すべき点，また，複数の組織で標準物質生産の全体を行う場合の分担のあり方などが述べられている．

　この審査チームが審査結果を認定機関に報告し，この報告にもとづいて評定委員会で審議を行って認定の可否を認定機関に報告，認定機関はこれにもとづいて最終決定を行う．細部は認定機関やプログラムによりいくぶんかの差異はあるものの，審査チームから独立した認定可否の決定機能を有する点は国際的にも共通であり，認定機関の公平性，中立性を維持するための条件の一つと考えられていて，認定機関側の国際規格である ISO/IEC 17011 の要求事項である．また，認定においては継続性の確認が重視されており，2年に1回以上の現地での検査または更新審査を受ける必要がある．

　図 2.10 に，この十数年間の国内認定試験所・校正機関・RMP 数の伸びを示す．2008年秋の時点では全体で 900 弱の認定数であるが，2010 年には 1000 を超えることが予測され，第三者による信頼性評価を受けた試験機関の需要が増大していることがわかる．このうち RMP は 7 事業所で，数が少ないため図では校正機関とひとくくりで示してある．校正機関と RMP は試験所全体の計量トレーサビリティを支えるうえで重要であり，とくに RMP は化学分析を行う試験所のトレーサビリティの根幹である．しかしながら，現時点では認定された RMP が化学分析試験所のニーズを十分にカバーしている

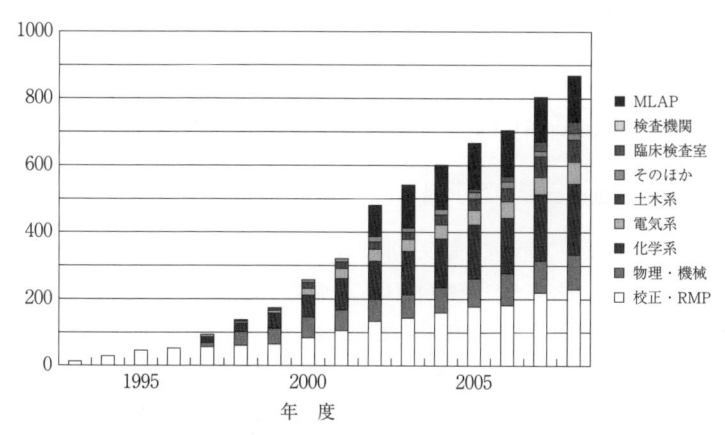

図 2.10　国内の認定試験所数の分野別推移（そのほかから物理・機械までは試験分野）
・四つの国内試験所認定機関（IAJapan，JAB，JCLA，VLAC）の認定試験所数総和
・標準物質生産者として G 34＋ISO/IEC 17025 認定を受けている事業者は 7 機関

とはいえない状況であり，今後の拡大が望まれる．

2.7.2 認定基準

前節で，認定を受けるための基本的な規格はISO Guide 34とISO/IEC 17025であることに触れた．ただし，RM生産は複数の法人にまたがる複雑な形態をとることも往々にしてあり，どの法人がどの部分を担うのかという点での整理が必要である．これを述べているのがAPLAC-TC 008であり，ここではその内容に若干触れる．

RMPとは認定を受ける組織であり，それ以外でRM生産の一部を担う組織は協力者（collaborator）として扱われる．協力者との分担のあり方は基本的に任意であるが，認定を受けるRMP自身が必ず行うべき業務として，RM生産の計画，RM特性値の付与とRM認証証の発行とが指定されている．逆にこれら以外の活動であれば協力者との契約で実施すればよいが，いくつかの条件がある．とくに重要なのは特性値の値付けや安定性・均一性の確認など，試験・校正機関の役割を担う部分であり，すでにISO/IEC 17025でRMP自らが認定されている，もしくは認定されている協力者のみを利用する場合は問題ないものの，認定されていない協力者を利用する場合には，RMPにはISO/IEC 17025によりその協力者を評価する能力，つまり認定機関に類似の能力が求められる．また，これ以外の活動，RMの製造，保管，販売といった部分については，ISO 9001認証の利用などが信頼性の保証として考慮される．

このように，RM生産の形態が多様であることに配慮した認定基準となっており，中心的に値付けを担う試験・校正機関が複数で協力するような，たとえば，学協会で生産するRMに対しても適用が可能である．これらの認定基準（ISO Guide 34およびISO/IEC 17025を除く）については，NITE認定センターウェブページ（http://www.iajapan.nite.go.jp/asnite/docs/docs.html）に掲載されているので参照されたい（無料）．

2.7.3 認定・認証と国際相互承認

2.6節で"RM認証"について，2.7.1項では"RMPの認定"について概説した．ここで，"認証"と"認定"という二つの用語は，日常的な日本語の意味としてはほとんど差がないにもかかわらず，適合性評価分野ではおおいに差のある"専門用語"として定義されている．認証の適用される範囲は広く，ISO 9000シリーズで知られている品質管理システムから工業製品などの生産物，さらには人の能力までがその対象となる．これに対して認定は，認証のような"適合性評価行為"がその対象であり，それ以外のものは対象としない．逆に，認証は"適合性評価以外の行為"に対して行われるものであり，

2.7 標準物質生産者の認定

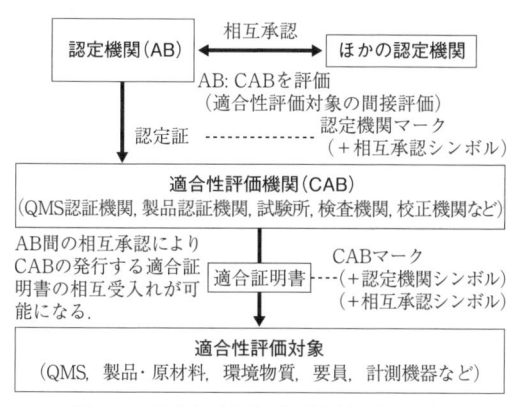

```
              相互承認
認定機関(AB) ──────── ほかの認定機関
              AB: CABを評価
              （適合性評価対象の間接評価）
    │ 認定証 ┄┄┄┄┄ 認定機関マーク
    ↓                （＋相互承認シンボル）
適合性評価機関(CAB)
(QMS認証機関, 製品認証機関, 試験所, 検査機関, 校正機関など)

AB間の相互承認により
CABの発行する適合証    CABマーク
明書の相互受入れが可  適合証明書 ┄┄（＋認定機関シンボル）
能になる.                         （＋相互承認シンボル）
    ↓
適合性評価対象
(QMS, 製品・原材料, 環境物質, 要員, 計測機器など)
```

図 2.11 認定と"狭義の"適合性評価の関係

その適用範囲は広いが，認証それ自身のような"適合性評価行為"を対象とすることはできない．このような専門用語上での区分けは，この分野の活動が貿易に影響を与えるものとしてその重要性が増してきた 1990 年代に意識され，2000 年以降に ISO 17000 "適合性評価の用語集"や ISO 17011 "認定機関に対する一般要求事項"が作成されるさいに定式化されてきた．このようすを図 2.11 に示す．諸々の規格を適用して，その規格への適合性が評価される対象に対して，1 段目の評価者が狭義の適合性評価機関であり，試験・検査・認証（認証の対象は製品，要員，品質管理システムなどさまざまである）がこれに含まれる．また，狭義の適合性評価機関を評価し，承認する機関が認定機関であり，2 段目の評価者として，国際規格のうえで定義されている．

しかしながら，現実の社会，産業での"適合性評価活動"がすべて図 2.11 のようにきれいな形で整理できているわけではなく，RMP についても認定の対象なのか認証の対象なのかについて議論があった．"標準物質生産者"を"生産"という言葉を中心に考えれば，一般的に"生産活動"は"適合性評価活動"ではない．したがって認証の対象ということで，実際に製品認証の一部として"RMP の認証"を行ってきた国も一部にある．その一方で，ISO Guide 34 で定式化された RMP は RM を評価し，その適合性に対して認証を実施する機関であるから適合性評価機関であり，認定の対象として考えるべきという議論も成立する．

とくに APLAC では 2002 年から 2003 年にかけて"RMP 認定のあり方"について議論が進められ，相互承認を行うためのルールづくりが開始された．この当時，少なくとも日米豪の 3 ヶ国においては RM に対する特性値の値付けを ISO/IEC 17025 により認

定を実施しており*，これに ISO/REMCO が作成した ISO Guide 34 を取り入れるかたちで議論が進んだ．Guide 34 にはとくに生産プロセスや保管，均一性試験や有効期限など，ISO/IEC 17025 にはない RM 特有の要求事項があるため，これを認定基準に含めたかたちで国際相互承認を行うという合意が形成されたのが 2005 年である．APLAC のメンバー内ではその実施はスムースに進み，2006 年から 2007 年にかけて日米豪中の四つの認定機関が RMP 認定相互承認に参加するための評価を受けて合格点が与えられ，2007 年の APLAC 総会において相互承認に署名した．ただし世界レベルでは，現在，国際試験所認定協力機構(ILAC)において前述の APLAC-TC 008 に対応した指針を作成している段階であり，これの合意を待って相互承認を開始することとなろう．

文　献

1) ISO Guide 35, "Reference materials-General and statistical principles for certification"(2006)；JIS Q 0035, "標準物質—認証のための一般的及び統計的な原則"(2008)．
2) 用語の定義は JIS Z 8402-1(ISO 5725-1)；"測定方法及び測定結果の精確さ(真度及び精度)-第 1 部：一般的な原理及び定義"(1999)による．
3) JIS Q 0035, "標準物質-認証のための一般的及び統計学的原則；解説", (2008)．
4) JIS G 1201, "鉄及び鋼—分析方法通則"(2001)および ISO/TC 17/SC 1(鋼/化学成分の定量方法)委員会資料文書番号 N 938(1992)．
5) ISO Guide 31, "Reference Materials—Contents of certificates and labels"(2000)；JIS Q 00031, "標準物質の認証書の内容"(1997)．
6) 日本分析化学会, "ISO/IEC ガイド 43-1 に基づく技能試験報告書　第 2 回「トレーサビリティと不確かさ」理解のための分析技能試験", 2008-09-19．
7) A. Lamberty, H. Schimmel, J. Pauwels, *Fresenius J. Anal. Chem.*, **360**, 359-361(1997)．
8) Horiba Jobin-Yvon GD-OES ユーザーセミナー, "GD-Day" 配布資料(CD)；2008-11-19．
9) 保母敏行，飯田芳男，石橋耀一，岡本研作，川瀬晃，中村利廣，中村洋，平井昭司，松田りえ子，山崎慎一，四方田千佳子，小野昭紘，柿田和俊，坂田衛，滝本憲一．分析化学, **57**(6), 363(2008)．
10) 奥野忠一, "応用統計ハンドブック", 養賢堂(1999)．
11) 藤森利美, "分析技術者のための統計的方法　第 2 版", 丸善(2000)．
12) 飯塚幸三　監修, "ISO 国際文書　計測における不確かさの表現のガイド—統一される信頼性表現の国際ルール—", 日本規格協会(1996)．
    なお，GUM 第 1 版の改訂版(1995)が ISO/IEC Guide 98-3(2008)として発行され，引き続いて GUM/Supplement 1(2008)が発行されている．
13) Eurachem/CITAC Guide, "Qualifying Uncertainty in Analytical Measurement, second edition, final draft", (2000)．

＊　日本国内では計量法に規定された校正機関認定(法律上の用語としては登録)制度である JCSS のなかで ISO/IEC 17025 による RMP 認定(登録)が行われている．ただし，国際相互承認の対象となるには ISO Guide 34 による審査も同時に受ける必要がある．

CHAPTER 3 取扱いと利用

3.1 取扱いと保存法

3.1.1 容器からの採取

　標準物質を容器から採取するときは，器具や雰囲気からの汚染（コンタミネーション：contamination）を起こさないように細心の注意が必要である．粉末や液体の標準物質を取り出すときは，ラベルを上側にして容器を傾け，ラベルを汚さないように注意する．採取器具（薬さじ，ピペットなど）は標準物質の容器に直接入れてはならない．金属分析の場合は合成樹脂製の器具を，有機分析の場合はガラスや金属製の器具を用いて，コンタミネーションを防ぐ．採取量について指示がある標準物質では，試料の均質性を確保するために最小採取量を守る．必要量より少し多めの試料を清浄な容器に分取してここからひょう量し，あまった標準物質はもとの容器に戻してはならない．分析試料の採取後はただちに密栓し，標準物質の特性値に影響を与えないよう認証書に指定された条件で保存する．酸化しやすい物質の場合は，容器内をアルゴンなどで置換することがある．

　有機標準物質から標準液を調製するときは，低温保存されていた標準物質をデシケーター内で室温まで戻したのちに分取する．これは外気の水分が標準物質の容器に水滴として付着し，水分が容器内に混入するのを防ぐためである．凍結保存された溶液を静置したまま融解すると，成分の濃度が上下方向で変化してしまうため，溶解したのちにかくはんして均質化する．そのさい，激しくかくはんすると内容物がふたなどに付着するので注意が必要である．アンプルに封入された標準物質は，開封後は一度に使い切ることが望ましい．

3.1.2 ひょう量

　適切に管理・校正されているてんびん，分銅を使用する．てんびんの校正作業を記録・

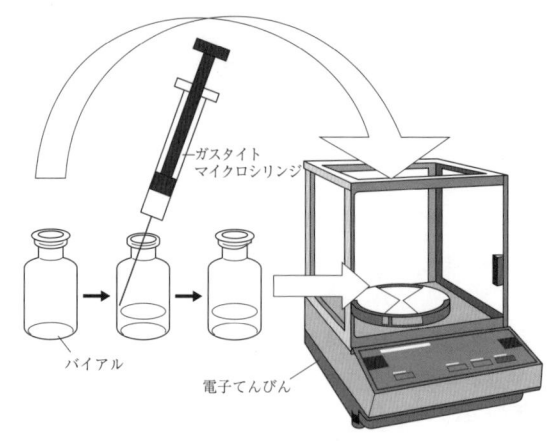

図 3.1 微量の固体または揮発性溶媒を使用するときのひょう量・希釈方法

保管し，ひょう量操作の前に確認する．てんびん内部や周辺は常に清浄に保つ．精度管理のためには，ひょう量操作の前にてんびんに内蔵された分銅による校正を行うとともに，メーカーによる定期的なてんびんの保守・校正が行われることが必要である．ひょう量時の浮力補正が必要な場合は，データブックに記載された密度を用いて計算する．浮力に起因する不確かさが十分に小さいときはこの操作は省略できる．

　無機分析用のひょう量容器としては，乾燥温度が 200℃ 以下の場合はガラス製平形はかりびん，より高温の場合は白金るつぼが一般的に用いられる．微量の固体試料をはかり取るときは，とくに静電気の影響に注意が必要である．プラスチック器具の使用をなるべく避ける，イオン銃などの静電気中和装置を用いる，容器の外側をアルミニウムはくで包む，などにより静電気の影響を軽減することができる．ひょう量時の粉末試料の飛散や溶媒の揮散を防ぐためには，図 3.1 に示すように，試料をあらかじめひょう量したバイアル（小容量のふたつきガラスびん）に取ってキャップを閉め，前後の質量差を試料のひょう量値とする方法が有効である．このバイアルに溶媒を加えて試料を溶解し，標準液を調製することにより試料の飛散や溶媒の揮散を防ぐことができる．揮発性溶液・溶媒を採取するときはガスタイトマイクロシリンジを使うとよい．

　試料や標準液のひょう量に関する不確かさの要因は，電子てんびんの不確かさ（直線性と再現性），分取・希釈操作の再現性などである．てんびんの直線性は校正証明書に記載されているが，おのおのの操作の再現性や溶媒の揮発による質量変化の影響は，実際に同一操作を行って算出する．

3.1.3 乾　　燥

　粉末や固体の標準物質では，認証値が乾燥質量を基準として表されることが多い．したがって，認証書に記載された条件で試料の乾燥を行うことが肝要である．同種の標準物質であっても温度などの乾燥条件がほかと異なる場合があるので，必ず認証書に記載された乾燥条件を確認する．無機分析用の標準物質では，水分減量を補正するため100～110℃で4時間程度の乾燥条件が多い．標準物質の加熱乾燥には，電気乾燥器や電気炉が用いられる．乾燥器内部での試料間の相互汚染，器壁からの汚染などを起こさないように注意する．加熱乾燥後はデシケーター中で放冷し，恒量になってからひょう量する．

　環境試料中の水銀のように，加熱で揮散しやすい分析対象の場合は，試料の加熱乾燥を行うことはできない．このような標準物質では，シリカゲルや五酸化二リンなどの乾燥剤を入れたデシケーター中で乾燥する場合がある．一方で，試料を乾燥させずにそのまま分析に使用し，別にはかり取った試料を所定の条件で乾燥して水分減料を求め，乾燥質量ベースの分析値を算出する場合もある．

3.1.4　標準ガスの取扱い

　標準ガスの取扱い方法は無機・有機標準物質と大きく異なるので，下記の手順に従って使用する[1]．

① 使用する標準ガスの表示事項（種類，濃度，メーカー指定の使用期限）および容器内圧力を確認する．
② 容器の設置場所は直射日光を避け，温度変化の少ない場所を選び，かつ計測器に近く，操作しやすいように配置する．容器は使用中に地震などにより転倒しないように，鎖，ロープなどを利用して柱，実験台などに固定する．
③ 標準ガスを必要な圧力で供給できるように，容器に自動圧力調整機構をもつ圧力調整器を取りつける．
④ 圧力調整器とガス分析計を配管し，接続部分からガス漏れのないことを確認する．このためには，接続部分にせっけん水，市販の発泡液などを筆で塗りつけ，泡が発生しないことを確認する．
⑤ 標準ガスを用いて，あらかじめ圧力調整器および配管内のガス置換を十分に行う．
⑥ 使用場所の火気，換気などに十分な注意を払うとともに，排ガスは安全な場所に放出できるように配管を行い，作業者の安全の確保に留意する．

⑦ ガスの使用後は，完全に容器バルブを閉める．とくに，SO_2，NO，NO_2などの吸着性および腐食性の強いガスを取り扱ったときは，配管に窒素などを流して十分に洗浄を行い，配管などを取り外すか，もしくはふたをしておく．

有効期限：種類によって濃度が経時的に変化することがあり，供給者である登録事業者は，独自に保証期間または貸与期間として有効期限を設定している．

残　圧：残圧が少なくなると，ガス濃度が変化することがあるため，高圧ガス容器詰めのものは，外圧が1 MPa程度になったら新しいものと交換することが望ましい．

関連法律・省令：高圧ガス保安法，高圧ガス保安法一般高圧ガス保安規則などがあるので，これらを遵守する．そのほか，取扱いの詳細に関しては4.3.4項を併せて参照されたい．

3.1.5　保存上の留意事項

標準物質を常に最良の状態で使用できるようにするためには，その保管状態に十分な配慮が必要である．認証値を保証するためには，認証書に記載された保存条件を厳守する．保存条件は標準物質のタイプごとに異なるが，おもなパラメーターは保管温度，湿度，遮光の有無，などである．保存中に外部からの汚染がないように，清浄な部屋または容器に保管しなければならない．

金属標準液は25℃以下で保存し，凍結させてはならない．有機標準物質と標準液は，冷蔵または冷凍（－20℃）保存する．褐色びんまたはアルミニウムはくで容器を包む遮光保存を行う．混合標準液は分解しやすいので，たとえば農薬の標準物質は，添付された認証書に従って通常－20℃以下で保存し，使用時に各成分の比を求めて分解が起こっていないことを確認する．認証書に記載された保証期間内であることを確認する．

標準物質の認証書には必ず"有効期限"と"保存に関する注意事項"が記載されている．標準物質生産機関は標準物質の開発の過程で必ず保存安定性試験を実施しており，技術資料として入手できる場合もあるので，必要に応じて問い合わせるとよい．

3.1.6　技術資料の活用

標準物質の取扱い法や保存法は標準物質ごとに異なるため，おのおのの認証書がもっとも重要な情報源である．たとえばNMIJ CRM 7501-a 白米粉末―微量元素分析用Cd レベルIでは，"使用に関する注意事項"として，乾燥方法，最小試料採取量，ひょう量時の注意などが記載されている．"保存に関する注意事項"では，室温で清浄な場所に遮光して保存することとなっている．NMIJ標準物質はISO Guide 35（JIS Q 0035）に従っ

て生産・認証されており，要求されるすべての技術データは技術資料として保管されている．認証書に示されたウェブページを参照するか，または連絡先に問い合わせるとよい．

一つの標準物質の調製から認証までを一冊にまとめたモノグラフが発行されている場合があるので，ウェブページで検索してみるとよい．たとえば NMIJ からは，"ブチルスズ分析用海底質標準物質"，"EPMA 分析用合金標準物質"，"ポリスチレン標準物質"などのモノグラフが入手できる．最近は国際誌(*Anal. Bioanal. Chem., Accred. Qual. Assur.*など)にも標準物質の調製や分析に関する論文が掲載されているので，参照するとよい．3.6 節に関連情報誌の一覧表を示した(80 ページの表 3.1 参照)．

3.2 標準物質の選び方

3.2.1 標準物質の選択における留意点

近年，試験結果の信頼性について，第三者に客観的に証明する必要性が増してきている．そのためには，どのような標準物質を用いて，どのような妥当性のある手順で試験を行ったのかを説明する必要がある．認証標準物質は，ISO Guide 34：2000(JIS Q 0034：2001) および ISO Guide 35：2006(JIS Q 0035：2008) にもとづいた要求事項のもと，物質の調製，均質性評価および安定性評価が行われ，高い精確さをもった手法によって値付けされたうえで，必要な情報を記載した認証書が添付され頒布されている．認証標準物質は高い品質を有しているが，種類が限定されており高価であることが多い．そのため，必ずしも認証標準物質の利用にこだわる必要はなく，目的を満足する標準物質を選択することが重要である．信頼性の高い測定結果を得るためにも，標準物質を選ぶうえで次の点をあらかじめ明確にしておく必要がある．

- 使用目的を満足する用途で設定されているか
- 測定対象成分について，認証値の精確さ，濃度レベル，不確かさは満足か
- 測定方法に適した形状であるか
- マトリックス成分は適切か
- 使用期間と安定性，希望する均質性に問題はないか
- 入手のしやすさや継続性，価格に問題はないか
- トレーサビリティはどこにあるのか
- どのような品質システムにもとづいて生産されたものか

標準物質の選択については，標準物質の利用に関して規定した ISO Guide 32：1997(JIS

Q 0032：1998)および ISO Guide 33：2000(JIS Q 0033：2002)も参考になる(9.2 節参照)．

3.2.2 トレーサビリティソースと品質システム

　目的に適した標準物質を選択するうえで，標準物質の用途，認証値，形状などの要素は最重要である．しかし，それらに加えて，その標準物質の認証値や特性値のトレーサビリティソース(トレーサビリティ源)がどこにあり，どのような品質システムにもとづいて開発・供給されているかを念頭におかねばならない．トレーサビリティソースを知ることは，特性値がどのような基準をもとに決められたかを知ることであり，測定結果の信頼性評価の根底をなすものである．また，開発・供給における品質システムの有無と種類は，その標準物質の総合的な品質を評価するのに役立つ．そのため，標準物質の選択における留意点，ならびにトレーサビリティソースや品質システムの情報を，測定の記録や結果の説明に活用することができる．

3.2.3 標準物質の入手

A．JCSS にもとづく標準物質

　もっとも明確で信頼性の高いトレーサビリティソースは，国家標準または国際標準である．計量法校正事業者登録制度とよばれる JCSS(Japan Calibration Service System)は，主として ISO/IEC 17025：2005(JIS Q 17025：2005)への適合性評価にもとづき運用される．この制度は，国家標準または国際標準にトレーサブルな標準物質を，比較的安価に定常的に入手可能とするものであり，JCSS 標準物質選択のメリットは大きい．JCSS にもとづく標準物質には，基本的な標準液・標準ガスの多くが網羅されており，国際相互承認協定(Global Mutual Recognition Arrangement)対応事業者と非対応事業者から入手が可能である．より詳細な技術情報は JCSS 登録事業者に，JCSS 濃度区分の情報については指定校正機関である(財)化学物質評価研究機構(CERI)に，JCSS 登録制度や登録機関全般については JCSS 認定機関である IAJapan(International Accreditation Japan)に問い合わせるとよい．

B．国家計量標準研究所(NMI)の標準物質

　JCSS にもとづく標準物質には，現在のところ，鉄鋼・非鉄，環境，臨床・食品，工業製品や先端材料などの標準物質は含まれていない．JCSS 以外でトレーサビリティソースが明確かつ品質システムが機能している標準物質は，その多くを国内外の国家計量標準研究所(National Metrology Institute：NMI)から入手できる．NMI から供給される標準物質または認証標準物質の多くは，国家または国際標準にトレーサブルといってよく，

大部分がISO Guide 34にもとづいて生産されている．そのため，品質は非常に高いが高価であることが多い．国内の場合は，(独)産業技術総合研究所計量標準総合センター(AIST/NMIJ)，およびDesignated NMIであるCERIから入手可能で，臨床検査分野では(中法)検査医学標準物質機構(旧(中法)HECTEFスタンダードレファレンスセンター)が提供する物質も有用である．海外のNMIについては，別章を参照されたい．なお，国内外のNMIに関係する標準物質の入手については，当該機関へ直接問い合わせるか，以下の代理店などが利用できる．(　)内はNMIJの取扱い品目である．

- 関東化学株式会社(高圧ガス以外)
- ジーエルサイエンス株式会社(主として有機・無機物質)
- 株式会社島津製作所(グリーン調達対応標準物質など)
- 住友金属テクノロジー株式会社(EPMA用材料標準物質など)
- 西進商事株式会社(高圧ガス以外，輸入対応可能)
- 株式会社ゼネラルサイエンスコーポレーション(高圧ガス以外，輸入対応可能)
- 創和科学株式会社(高分子，物理標準物質など)
- 株式会社巴商会(高圧ガス)
- 和光純薬工業株式会社(高圧ガス以外)

C．そのほかの標準物質

　JCSSおよびNMIからの供給では，種類や用途，価格などの面で十分でない分野も多い．そのような分野の場合，民間企業，財団法人，社団法人，NMI以外の独立行政法人などから多種類の標準物質が供給されている．このような標準物質のトレーサビリティソースは，JCSSやNMIの標準物質を基礎としたもの(つまり，国家標準または国際標準にトレーサブルなもの)，公定法を利用したり，独自に妥当性のある手法で値付けされたもの，複数の試験機関による共同実験によるものなどがある．特殊な用途の標準物質の場合は，そもそもトレーサビリティの確立が技術的にも理論的にも困難なものがあり，協定特性に類するものもある．生産者の品質システムとしては，ISO/IEC 17025やISO Guide 34を取得しているケースのほか，標準物質に直接関係する規格ではないが，ISO 9001：2008(JIS Q 9001：2008)またはISO 14001：2004(JIS Q 14001：2004)を活用している機関もある．これらの標準物質は，JCSSやNMIの標準物質より使用目的に適切であることも多い．しかし，品質は多様であるため選択や取扱いについては十分吟味したうえで利用するようにしたい．

　巻末の付表1に国内のおもな標準物質供給機関を，付表2に海外のおもな標準物質供給機関の一覧を示したので，利用されたい．

3.3 利用技術(1)：機器の校正

3.3.1 分析機器の校正

標準物質のもっとも重要な用途は分析・計測機器の校正であり，校正された機器を用いて物質・材料への値付けや環境分析を行うことができる．機器分析においては，分析機器自らでは分析値を算出することはできず，分析機器で検出した信号強度と対応する測定成分の濃度との相関を示す検量線を用いて，初めて分析値を得ることができる．このように，分析機器に測定成分の濃度に対応する目盛りづけを行うことを装置の校正（キャリブレーション：calibration）といい，たとえば楽器の調律を行って初めてメロディーを奏でることができるようなものである．ISO Guide 32 では，校正手法の違いから機器分析を以下の三つの範ちゅうに分けている．

タイプ1：検量線を必要とせず，理論的に確立された計算式にもとづき，質量，電流，温度などの国際単位(SI系)の基本単位量を測定することにより分析値を得る方法である．もっとも精確な測定方法であり，計量標準研究分野ではSIトレーサブルな認証値を得るために広く用いられている．国際度量衡委員会・物質量諮問委員会(CIPM/CCQM)では，この方法を一次標準測定法(primary method of measurement)と称し，重量法，滴定法，電量分析法(クーロメトリー)，同位体希釈質量分析法，凝固点降下法の五つの方法を規定している(2.3節参照)．

タイプ2：標準液や標準ガスを用いて分析機器の校正を行う方法である．図3.2(a)に模式図を示す．測定成分の濃度と分析機器からの信号強度とに比例関係(理想的には直線)を示す検出システムを用いて，分析試料中の含有量(濃度)を求める．すなわち，一組の濃度既知の校正試料(検量線作成用標準液，ガス)と比較し，分析試料からの信号強度を内挿して濃度を求める．この分析法が成り立つためには，校正用標準物質と分析試料との間で，組成，形態などの違い(マトリックス効果)が，与える信号強度に対して影響がないか，不確かさと比較して無視できるときである(図3.2(a)の検量線とマトリックス干渉なしの場合)．分析試料のマトリックス効果が有意であると，図3.2(a)の"あり"に示すように，濃度あたりの信号強度が小さくなるため，通常の検量線法を用いると$(B-A)$だけ低い濃度の分析値を得ることになる．試料の酸分解，主要干渉物の除去，または化学種の選択的抽出によって簡単な組成の試料溶液に変換すれば，図中の"マトリックス干渉なし"と同じ応答となり，信頼性のある分析結果を得ることができる．逆に，標準液に試料と同じ濃度の主成分を添加するマトリックスマッチングを行えば，図

3.3 利用技術(1)：機器の校正

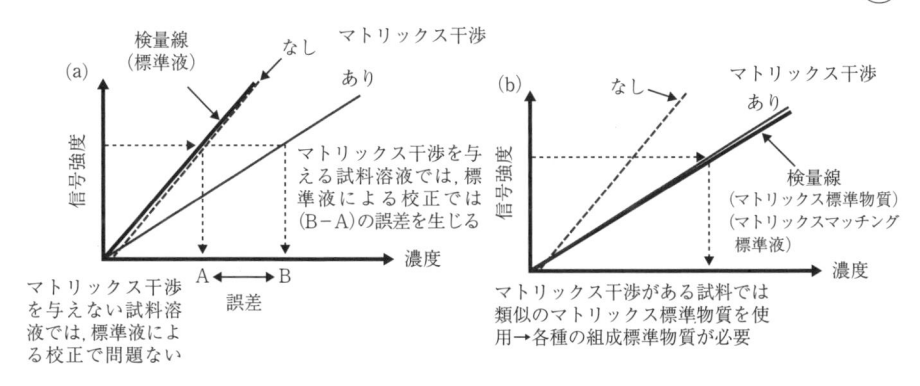

図3.2 標準液，標準ガスを検量線作成に用いることによる機器の校正

3.2(b)の"マトリックスマッチング標準液"の検量線となり，信頼性のある分析値が得られることになる．

タイプ3：検量線作成用標準物質として，図3.2(b)に示すように，複雑な組成をもつマトリックス標準物質を用いる分析法である．分析機器の検出システムは，測定対象の元素または分子の濃度に対してのみならず，主成分元素(マトリックス)の差に対しても鋭敏でなければならない．そうでない場合は，系統誤差(かたより)を生じることになる．この分析法では，適切なマトリックスの認証標準物質を使用することがもっともよい校正法である．図3.2に示すように，マトリックスが十分に類似していれば，標準物質と分析試料からの濃度あたりの信号強度は同じと考えられ，信頼性のある定量分析を行うことができる．

3.3.2 検量線の作成

機器分析により定量分析するさいには，最初に検量線の作成が必要である．検量線作成用の標準液には単成分標準液と多成分標準液とがあり，最近の多成分同時分析法の進歩により多成分標準液が広く使われるようになっている．検量線の傾きは検出システムの感度を表すので，機器の最適化を確認するうえでも役立つ．金属，陰イオン，有機化合物，標準ガスの検量線を調製するときは，出発物質として計量法トレーサビリティ制度にもとづいて供給されている JCSS 標準液，標準ガスを使用することが望ましい．これが利用できない場合はメーカー仕様の標準液，標準ガスを使用する．標準液の場合，濃度 100 または 1000 mg L^{-1} の標準液が供給されているので，これを水，酸または溶媒で適切に希釈して検量線作成用標準液を作製する．検量線の濃度は，目的成分の濃度を

内挿できるように設定する．1回の校正に要する検量線作成用標準液の数は測定方法により異なるが，直線濃度領域が狭い原子吸光法では1桁の濃度範囲に数点，直線濃度領域が広いICP発光分光分析法では1桁ごとの濃度のものを作製する．さらに精確な分析が必要な場合は，検量線の濃度の間隔を狭くする．検量線は，分析機器の応答が濃度に対して直線となる領域で作成するのが原則であるが，分析方法によっては最小二乗法でフィッティングした検量線を使用する場合もある．

現在，一般的に行われている容量比混合法による検量線作成用標準液の調製操作は，以下のとおりである．

① 標準原液の容器をよく振り混ぜた後，開封する．
② 標準原液を入れる清浄な容器を共洗いし，標準原液を必要量だけ移す．
③ 全量ピペットなどの器具を用い，②の容器から標準原液を一定量分取した後，全量フラスコなどの希釈用容器に移す．
④ 対象元素の特性や測定の目的により，水（超純水）や希釈した酸などを必要量加えて標線まで定容する．
⑤ 栓をした後，内溶液をよく振り混ぜる．
⑥ 検量線用標準液の容器に移し，名称，濃度，溶媒，作製年月日などを期したラベルをつける．

マトリックス標準物質を用いて検量線を作成する場合も多い．蛍光X線分析法や電子プローブマイクロ分析法などの非破壊分析法では，試料を固体のままで分析に用いる．装置を校正して検量線を作成するさいは，粉末，薄膜，固体の標準物質が用いられる．このとき分析試料とマトリックスがよく類似し，かつ濃度領域が近い認証標準物質を選ぶ必要がある．同じ組成で測定成分の濃度が数段階異なる標準物質が入手できるときはこれを利用する．しかし，こうした標準物質の種類は限られている．数段階の濃領域をカバーできることが望ましいが，低濃度（あるいはブランク）と高濃度の2点で検量線を作成するように開発された組成標準物質がかなりの種類利用できる．

自らマトリックス検量線用試料を作製する場合は，適切な母剤（シリカゲル，セルロースなど）に目的成分の溶液を段階的に加え，乾燥，混合後ペレットに成型して校正用試料とすることができる．

3.3.3 希　　釈

金属，陰イオン，有機標準液は100または1000 mg L^{-1}の濃度で供給されており，水，酸溶液または溶媒を用いて測定濃度付近まで希釈する．希釈方法としては，全量ピペッ

トや全量フラスコなどのガラス製体積計などを用いる容量比混合法が一般的である．てんびんを用いて質量ベースで希釈する質量比混合法では，① 質量を測定した検量線用容器に標準液を一定量入れた後，質量を測定（標準液の量），② 検量線用容器に希釈溶液を必要量加え，質量を測定する，③ 検量線作成用標準液をよくかくはん・混合した後，密度を測定する（濃度を $mg\ kg^{-1}$ から一般的な濃度単位 $mg\ L^{-1}$ に換算する）．容量比混合法による検量線作成用標準液の精確さはガラス製体積計の精確さに依存し，質量比混合法の場合には，てんびんおよび密度測定の精確さに依存する．質量比混合法は，容量比混合法に比べて精確さが高いため，計量標準分野や環境分析などで用いられているが，通常の機器分析においては，容量比混合法による希釈操作で十分な場合が多い．

希釈操作中に測定成分の沈殿や分解を起こさないように溶媒を選ぶ必要がある．金属標準液の場合は酸の種類や濃度だけではなく，対イオンについても注意が必要である．とくに，複数の標準液を混合して多元素標準液を調製するときには，おのおのの標準液に含まれていた酸の組合せにより沈殿を起こすことがある．元素のそれぞれの標準液が混合できない場合もあるので，可能な組合せに注意する．最近は信頼性が高い市販の多元素標準液が利用できるので，これを利用すれば便利である．

有機分析では標準液を調製するさいに，揮発性の高い溶媒で希釈してひょう量する場合が多い．こうした操作中の揮散の影響は大きいので一定の配慮が必要である．図3.1に示したキャップつきのバイアルを用いることにより揮散の影響を軽減することができる．

3.3.4 使用する水

現在の環境分析では $ng\ L^{-1}$ レベルの超微量分析が日常的に行われており，標準液の希釈に使用する水や酸の純度が重要となる．希釈溶媒のなかに測定対象元素などが不純物として含まれているとブランク値が高くなり，① 正確な検量線を作成することができない，② 測定成分と区別できない，という問題が生じる．また現在広く使われている多元素（成分）標準液では相互の汚染の防止に加えて，水，酸や溶媒の純度についても注意が必要である．このために希釈に用いる水や酸に含まれる不純物の情報が重要となり，測定の目的や検量線作成用標準液の濃度に合わせて希釈液の品質が求められている．現在，化学分析に用いる水の規格として，JIS K 0557：1998 "用水・排水の試験に用いる水" があり，種別および質として4種類に分けられている．多くの試験室においては，イオン交換や逆浸透膜などを利用した純水製造装置を用いて水を製造していると考えられるが，希釈に用いる水の品質を把握して，実験目的に合わせて使用することが大切で

ある．金属元素などの標準液を希釈する場合には，硝酸などの酸を水で希釈して検量線作成用標準液の希釈用溶液として用いることとなるが，酸中の不純物に関する情報の把握も重要となる．たとえば，JIS K 9901：1994"高純度試薬—硝酸"の場合には，多くの不純物が ppb オーダー未満として規定されている．また，試薬メーカーからはさらに不純物の少ない超高純度酸も供給されており，高価ではあるが試験目的に合わせて使用することが望ましい．

3.3.5　ISO Guide 32

ISO Guide 32：1997（JIS Q 0032：1998）"化学分析における校正及び認証標準物質の使い方"の序文で本ガイドが制定された経緯が述べられ，基本的考察として基本量にトレーサビリティが確保された標準物質を使う必要性を解説している．"分析手順のタイプ"の項では，化学分析における機器の校正方法の違いによって分析方法を三つのタイプに分類し，それぞれのタイプの分析法について，原理にもとづく校正法の違い，分析方法の実例，などについて紹介している．使用者は用いる測定方法の原理を理解し，適切な校正操作を行うことにより，不確かさが小さい精確な値を求めなければならない．"認証標準物質の選択"の節では，入手可能な認証標準物質のリストの調査方法を，妥当なレベルでのマトリックスの類似性とともに説明している．また，"所内標準物質の使用"の節では，試験所が自ら所内標準物質を調製して使用する場合のトレーサビリティの保証方法について述べている．

3.4　利用技術(2)：妥当性確認

妥当性確認（バリデーション：validation）とは，意図する特定の用途に対して個々の要求事項が満たされていることを調査によって確認し，客観的な証拠を用意することである．分析法の妥当性確認は，用いる分析法の基本的な要素について実施・評価するものであり，分析の信頼性確保のためにもっとも重要なことである．妥当性確認は，分析や試験あるいは製造設備が目的に合った精度や再現性などの信頼性をもつこと，あるいは設備から定常的に生産される製品が規格に合致することを科学的に立証することである．"合目的性確認"ともいわれ，目的適合性の確保ができて初めて信頼性がある分析を行うことができる．

試験所，校正機関は，規格外の方法，試験所・校正機関が設計・開発した方法，意図された適用範囲外で使用する規格に規定された方法，ならびに規格に規定された方法の

拡張および変更について，それらの方法が意図する用途に適することを確認するために妥当性確認を行うこととなっている．妥当性確認は，適用対象または適用分野のニーズを満たすために幅広く行うことが要求される．試験所・校正機関は，得られた結果，妥当性確認に用いた手順およびその方法が意図する用途に適するか否かの表明を記載しなければならない．

妥当性確認の詳細は適用分野によって異なるため，成書[2,3]を参照されたい．

3.4.1 機器の妥当性確認

製薬工場や実験室でGMPやGLPに必要とされる測定，データ収集，評価，保管，管理，配布に使用される装置・機器は，すべて妥当性確認がされていなければならない．機器の妥当性確認とは，文書化された仕様に対する検証を行うことである．すべての妥当性確認に関わる作業をまとめた妥当性確認主計画書またはその同等品を作成する．主計画書は，妥当性確認に関する基本方針を社内および査察官に示す有効な方法となる．

機器は，実試料の測定前，修理後，さらに定期的に妥当性確認をしなければならない．いくつかのモジュールから構成される装置，たとえばモジュール型HPLCはシステム全体として妥当性確認がなされなければならない．コンピューターシステムの妥当性確認の場合，ハードウェアとソフトウェアの妥当性確認が必要とされる．コンピューターソフトウェアは，開発中，開発完了時，据えつけ時，実試料の測定前，測定中，アップグレード後に妥当性確認をする．

おもな妥当性確認の項目は次のとおりである．

機器台帳：所有する機器の一覧表を作成する．試験室で使用している分析機器とソフトウェアについて，妥当性確認の状態とその機器で測定するデータの重要性についても記載する．

設計の適格性確認：使用者が要求する仕様すなわち装置の機能，性能を文書化する．この仕様にもとづいて設計の妥当性を確認する．

据えつけ時適格性確認：装置が仕様書どおりであること，正しく据えつけられたことを確認して記録する．

稼働性能適格性確認：機器の性能が定められた仕様を満たしていることを確認して記録する．

稼働時適格性確認：装置の保守，日常的な装置性能の試験，システム適合性ならびにサンプルの作製と管理図の作成を行って記録する．

3.4.2 分析法の妥当性確認

　分析法の妥当性確認とは，分析値の範囲や不確かさを与える分析能力のパラメーターについて，目的とする性能に合致しているかを確認することである．製薬関係では分析法の正確さ，検出限界，選択性，直線性，繰返し性，再現性，頑健性および共相関感度が検討すべきパラメーターである．食品分析ではパラメーターとして"マトリックスの範囲"が入っている．これらすべての項目について検証し，設定された仕様を満足して初めて分析法の妥当性が確認されたことになる．

　環境試料や食品のように複雑な試料の分析では，測定の前に試料の前処理が必要である．試料の分解，試料からの抽出，夾雑物の除去，目的成分の分離，濃縮などの操作がとられる．とくに微量分析ではこれらの操作中に，目的成分の揮散や吸着などによる損失，試薬や容器からの汚染のために大きな誤差を生じる可能性がある．前処理操作のすべてについて妥当性確認を行うこともできるが，費用や時間的な制約から現実的ではない．これに対処するために，

① 共同試験を行って提案された分析法の妥当性確認を行う．食品分析関係で広く行われている．
② 技能試験に参加して自らの分析法の妥当性確認を行う．
③ 認証標準物質を利用して前処理から測定，データ評価にいたる分析操作の妥当性確認を行う．

　図3.3に認証標準物質を用いた分析法の妥当性確認の例を模式的に示す．試料の前処理としての試料分解法，使用した酸および用いた測定法の組合せによりA，B，C，D，Eの5種類の分析法を比較，検討した．使用した認証標準物質の認証値とその不確かさが図中に示してあり，これを基準として妥当性確認を行うことができる．一般的にいって，A法とD法は分析値が認証値に近く，不確かさが認証値の不確かさのほぼ範囲内にあり，両方法は適合していると判断できる．C法は分析値とその不確かさが範囲外なので不適合である．B法とE法は分析値が認証値の不確かさの少し外側に位置するが，その不確かさは認証値の不確かさと重なっており，この二つの方法の適否は，不確かさの大きさの評価法も含めて，妥当性確認計画書に記載された仕様にもとづいて決定することになる．認証標準物質を用いた分析法の妥当性確認は，各実験室で手軽に行うことができる．また，自らの分析試料に類似したマトリックス標準物質を選んで使用できることも利点である．

　妥当性確認の実施は，常にコスト，リスクおよび技術的可能性のバランスによってい

3.4 利用技術(2)：妥当性確認

認証値 ± 不確かさ

濃度

A B C D E
分析方法

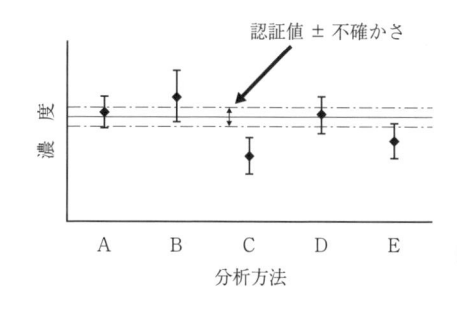

図3.3 マトリックス認証標準物質を用いた分析法の妥当性確認

る．分析法の精確さや不確かさなどに関する情報が不足する場合には，簡略化された方法で行われることも多い．

3.4.3 マトリックス効果を考慮した標準物質の選択

一般的に，機器分析は試料マトリックスの影響を受けやすいため，機器の校正手法には注意が必要である．3.3.1項で述べたように，標準液を検量線とするときは，試料を酸分解して大幅に希釈する，溶液から目的成分のみを抽出するなどマトリックス干渉の軽減には多くの時間と労力を要する．一方で，検量線にマトリックス成分を添加するマトリックスマッチング法は，添加する試薬からの汚染を引き起こしやすい．こうした影響を最小にするために，さまざまなマトリックスの組成認証標準物質の活用が必要となる．使用する認証標準物質の選択は，次の二つの必要条件を満たさなければならない．

① 認証された特性値およびその不確かさが十分に信頼できること．
② 標準物質のマトリックスが分析試料のマトリックスに十分類似していること，また存在するマトリックスの差が，要求される校正の不確かさと相容れないかたよりを結果に生じにくいこと．

適切な認証標準物質の選択にあたっては，自らの分析目的から次の点を考慮しなければならない．

① 検量線の作成を可能にするために，濃度既知の必要性がある元素(成分)は何か？ どのような濃度範囲にわたって？ どのような不確かさで？ どのような試料量に対して？
② 分析機器の応答に，化学的または物理的影響を与えるかもしれないマトリックスの種類？ 材料および主成分の種類は？
③ 分析機器の応答にかたよりを生じるのを避けるためには，試料および標準物質のどのようなほかの性質または特性が類似しているべきか？ たとえば,形態,粒度,

粘度など.

こうした条件を完全に満足する認証標準物質は,きわめて限られているのが現状である.同じタイプの標準物質(たとえば,海底質,湖底質,河川底質)は相互に利用できるが,認証書で主成分を確認する必要がある(有機物が主成分の底質標準物質もある).同じタイプであっても,主成分がかなり異なる標準物質を使用する場合は,分析法の妥当性確認が必要となる.

認証標準物質に関する情報の入手法は,3.6節に記載されている.

3.5 試験所認定と技能試験

3.5.1 試験所認定制度とその利点

試験所認定制度とは,分析や試験で得られたデータの信頼性を確保するため,認定機関が定められた認定基準に従って個別の試験所・校正機関の能力を審査し,承認する制度である.図3.4にその概念図を示した.ここでいう認定機関とは,ISO/IEC 17011[4]に規定された基準に合致する機関をさす.ISO/IEC 17011は,適合性審査に関わる従来のISO/IEC Guide 58 "校正機関及び試験所の認定システム—運営並びに承認に関する一般要求事項"に加え,ISO/IEC Guide 61 "認証機関及び審査登録機関の認定審査並びに認定機関に関する一般要求事項"およびISO/IEC 17010 "検査機関の認定を提供する機関に関する一般要求事項"を一つにまとめて,2004年に制定された規格である.一方,認定機関が試験所・校正機関を審査する基準として従来よりISO/IEC Guide 25が用いられてきた.このガイドは,1999年に規格に昇格したのち,ISO 9001:2000との整合をはかるために再改訂され,2005年度版のISO/IEC 17025[5]となった.試験所認定制度はこれら二つの規格にもとづいて運用されている国際的な仕組みである.制度の詳細については成書[6,7]を参照されたい.

現在国内には,化学試験所に対する認定を行う認定機関として,(独)製品評価技術基盤機構(National Institute of Technology and Evaluation:NITE),(財)日本適合性認定協会(The Japan Accreditation Board for Conformity Assessment:JAB),日本化学試験所認定機構(Japan Chemical Laboratory Accreditation:JCLA)がある.

NITEは工業標準化法にもとづく試験事業者登録制度(Japan National Laboratory Accreditation System:JNLA)を運用しており,JISに適合する試験を実施する機関に対して認定書を発行し登録を行っている.認定区分は,鉄鋼・非鉄金属,繊維,給水・燃焼器具,化学品,電気,土木・建築,日用品,抗菌などである.なお,NITEはJNLA以外

図3.4 試験所認定制度の概念図

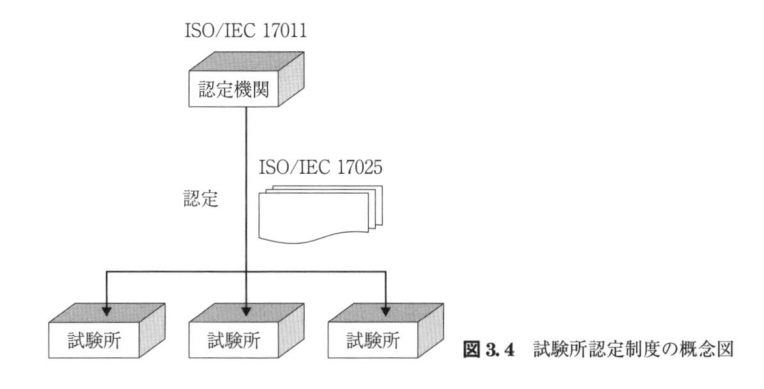

に，計量法にもとづき国家計量標準へのトレーサビリティのとれた校正を行う機関を認定する JCSS，ならびにダイオキシン類などの極微量物質の計量証明事業を行う試験所を認定する特定計量証明事業者認定制度(Specified Measurement Laboratory Accreditation Program：MLAP)の認定機関でもある．このうち，JCSS は標準ガス，標準液の供給に関わる制度として標準物質とはきわめて密接な関係にある．

JAB は電気試験や機械・物理試験を含む幅広い分野を認定対象としているが，化学試験に関しては化学分析，試験・測定方法，製品別分析試験，環境分析，有害物質の分析などがおもな対象である．また，JCLA は化学産業分野を専門として環境，化学製品，食品，おもちゃ，飲料水，鉄・非鉄・セラミックスなどの一般試験所の認定を行っている．

試験所(あるいは試験室)にとっての本制度のメリットは以下のとおりである．

(1) 試験業務の社会的評価の向上

認定を受けた試験所は，規格に規定された管理上の要求事項ならびに技術的要求事項を満足していることを，第三者によって保証される．公平性・中立性とデータの信頼性とが併せて保証されることから，顧客に対して信頼感と安心感を与えることができる．

(2) 技術レベルの確保

試験所は，分析・試験が SI 単位あるいは認証標準物質などの標準に対してトレーサビリティを確保することが要求される．また，後述する ISO/IEC Guide 43-1[8] および 43-2[9] にもとづく技能試験(proficiency testing)または試験所間比較(interlaboratry comparison)に定期的に参加しなければならない．これらによって，技術レベルを常に一定水準に維持することができる．

一方，試験所に分析・試験を依頼する顧客の側のメリットは次のとおりである．

（1） 標章つき成績書の取得

試験所は，認定を受けた範囲内で，試験証明書・成績書に認定機関の標章（ロゴマーク）を付して発行することができる．顧客は，必要な場合それを提示することによって，円滑な業務遂行に役立てることができる．

（2） ワンストップ・テスティングへの対応

貿易の国際化・グローバル化に伴い，貿易の技術的障害に関する協定（agreement on technical barriers to trade：TBT協定）にもとづく相互承認が進みつつある．また，世界貿易機関（World Trade Organization：WTO）は，ワンストップ・テスティング（one stop testing）を推奨しており，試験データの共有化が促進される状況にある．アジア太平洋認定機関協力機構（Asia Pacific Laboratory Accreditation Cooperation：APLAC）の相互承認協定への参加認定機関によって認定を受けた試験所は，自らの試験データをAPLACメンバー国のほかの試験所のデータと同等のものとして提供することができる．したがって，顧客にとっては，たとえば輸出する食料品における規制物質の濃度について，相手国で再度試験を受ける必要がなくなることになる．

3.5.2　ISO/IEC 17025 における標準物質の位置づけ

ISO/IEC 17025 は管理上の要求事項と技術的要求事項から成り立っている．前者に関しては，組織の要件，マネジメントシステム，文書管理，苦情および不適合への対応，是正および予防措置，内部監査，マネジメントレビューなどが規定されている．一方，後者に関しては，要員，施設および環境条件，試験・校正の方法，方法の妥当性確認，設備，測定のトレーサビリティ，サンプリング，結果の報告などについての要件が記載されている．これらのうち，方法の妥当性確認ならびに測定のトレーサビリティの項目は，標準物質との関わりが深い．

妥当性確認とは，ある用途に対して必要な要求事項が満たされているかを調査・確認し，客観的な証拠を用意することをいう．確認のためには，① 参照標準または標準物質を用いた校正，② ほかの方法で得られた結果との比較，③ 試験所間比較，④ 結果に影響する要因の系統的評価，のいずれか一つの方法またはこれらの組合せ法を適用する．

試験所および校正機関は，測定のトレーサビリティを確保するため，設備の校正用プログラムおよび手順をもつことが求められる．このプログラムには，① 測定標準，② 測定標準として用いる標準物質，③ 試験・校正に用いる設備の選定，使用，校正，チェック，管理ならびに保守のためのシステムが記述されていることが望ましい．なお，厳密にいえば SI へのトレーサビリティが実現できない校正が存在する．その場合は，① 信

頼できる認証標準物質の使用，② 関係者間で合意されている規定された方法および/または合意標準の使用，のいずれかが必要であり，可能であれば試験所間比較プログラムへの参加を考慮しなければならない．

　測定のトレーサビリティに関する章のなかには標準物質そのものについての規定もある．それによれば，標準物質は可能ならば SI 単位または認証標準物質に対してトレーサブルである必要があり，内部標準物質は技術的，経済的に実行可能なかぎり十分チェックして用いることが求められている．また，参照標準や標準物質は，規定された手順とスケジュールに従って中間チェックを実施し，安全性確保の観点から取扱い，輸送，保管，使用のための手順をもつこととされている．

3.5.3　技能試験と標準物質

　ISO/IEC 17025 の認定機関は，認定を受ける機関および認定取得機関に対し，技能試験への参加を必須要件としている．技能試験の多くは試験所間比較によって行われ，ほかの機関の測定値との一致の度合によって，採用した方法の妥当性，測定担当者の技能，試験・校正機関としてのシステムの機能状況などを判断することができる．

　ISO/IEC Guide 43-1[8]によれば，技能試験には次の6種類の方法が存在する．
① 測定比較スキーム(measurement comparison scheme)
② 共同実験スキーム(interlaboratory testing scheme)
③ 分割試料試験スキーム(split-sample testing scheme)
④ 定性スキーム(qualitative scheme)
⑤ 既知値スキーム(known value scheme)
⑥ 部分プロセススキーム(partial process scheme)

　化学分析の分野でもっともよく用いられるのは②の共同実験スキームであるが，トレーサビリティを重視する場合には①の測定比較スキームが利用されることもある．測定比較スキームにおいては，参照試験所によって付与された参照値との比較によって判定が行われる．ISO/IEC Guide 43-1 によれば，判定の指針とされる En 数は次式で与えられる．

$$En = \frac{(LAB-REF)}{(U_{LAB}^2 + U_{REF}^2)^{1/2}}$$

ここで，LAB は当該試験所の測定値，REF は参照試験所による参照値，U_{LAB} は当該試験所の測定値の不確かさ($k=2$)，U_{REF} は参照試験所による参照値の不確かさ($k=2$)，で

ある.

結果の評価は,$|En| \leq 1$:満足,$|En| > 1$:不満足,である.

試料が標準液の場合には参照値として重量法による調製値を用いれば,SIへの当該試験所の測定値に関するトレーサビリティの確認が可能である.試料として標準物質を用いることもできるが,認証値である付与値があらかじめ既知となる難点がある.標準物質に試験対象成分を添加するか,濃度レベルの異なる二つの標準物質をある比率で混合する,認証値未発表の段階で技能試験を実施する,などの方策が必要となる.

共同実験スキームにおいては,次のzスコアが判定指針として使用される.

$$z = \frac{(x-X)}{s}$$

ここで,xは当該試験所の測定値,Xは付与値,sは全参加試験所の測定値より求められる統計量である.

sには全参加試験所の測定値の標準偏差を用いてもよいが,その場合はあらかじめ測定値のなかから外れ値を除外しておく必要がある.通常は外れ値を除外する必要のないロバスト法を利用することが多く,以下の式で与えられる正規四分位範囲 NIQR (normalized interquartile range) をsの値として使用する.

$$NIQR = IQR \times 0.7413$$

ただし,IQRは四分位範囲(上四分位数と下四分位の差)である.

Xは全参加試験所測定値の平均値であるが,ロバスト法ではメジアン(中央値)を用いることになる.

結果の評価は,次のとおりである.

 $|z| \leq 2$:満足
 $3 > |z| > 2$:疑わしい(またはどちらともいえない)
 $|z| \geq 3$:不満足

国内で実施されている技能試験としては,認定機関が自ら行うもののほか,日本分析化学会,日本環境測定分析協会などが主催する試験がある.日本分析化学会においては,一部の技能試験を標準物質の開発と連動して行っている.図3.5はその技能試験の一例であり,電気電子機器の特定有害物の使用制限指令(Restriction of the Use of Certain Hazardous Substances in Electrical and Electronics Equipment:RoHS指令)対応の有害金属成分分析用プラスチック標準物質の開発と並行して行われた.この結果によると,

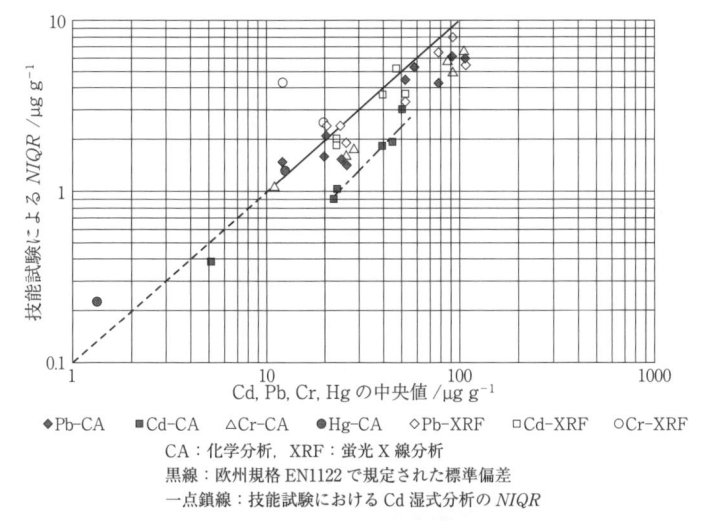

◆Pb-CA　■Cd-CA　△Cr-CA　●Hg-CA　◇Pb-XRF　□Cd-XRF　○Cr-XRF
CA：化学分析，XRF：蛍光X線分析
黒線：欧州規格EN1122で規定された標準偏差
一点鎖線：技能試験におけるCd湿式分析の$NIQR$

図3.5 技能試験における$NIQR$値と欧州規格の標準偏差との比較(RoHS指令対応プラスチック標準物質開発用共同実験試料)
［久保田正明ら，分析化学，**57**(6)，393(2008)］

カドミウム(Cd)の湿式分析について欧州規格の標準偏差の約半分程度の$NIQR$となっており，そのほかの元素についてもおおむね良好な結果が得られている[10]．

3.6　標準物質関連情報の入手

測定結果の信頼性を向上させるためには，取扱いと保存，標準物質の選択，その利用が適切でなければならない．取扱いや利用については技術的な情報を入手し，標準物質の選択のためには目的を明確化して関連する情報を入手するとともに，その試験所認定や品質システムについても考慮する必要がある．

3.6.1　国内の標準物質供給機関と標準物質総合情報システム(RMinfo)

納期や価格の面だけでなく，関連情報の入手のしやすさの点でも，国内から標準物質を調達することは多くのメリットがある．国内の標準物質供給機関の情報の多くは，認定機関であるIAJapanが運営する標準物質総合情報システム(Reference Materials total information services of Japan：RMinfo)から入手できる．巻末の付表1におもな国内の標準物質供給機関一覧を示した．RMinfoは，国内で入手可能な標準物質(RM)と認証標

準物質(CRM)の情報を提供する無料の標準物質データベースで，JCSSの登録事業者に関する情報も含んでいる．2009年2月時点で，CRMが約1300件，RMが約5400件登録されており，名称，用途，品質，生産者，入手先，認証書などに関する情報を得ることができる．標準物質情報以外にも，行政情報，海外情報，技術情報や標準物質に関係する国内外のリンクも提供しており，標準物質関連情報の入手が容易である．また，IAJapanは，JCSSの登録事業者や登録区分などJCSS制度に関する各種情報を提供している．国内の標準物質については，IAJapanや指定校正機関のCERIなどから情報を入手し，その品質情報や特性について理解したうえで適切な標準物質を利用したい．

3.6.2 海外の標準物質供給機関と国際標準物質データベース(COMAR)

海外からの標準物質の入手は，納期や継続性，情報の入手のしやすさから，国内よりメリットは小さい．しかし，海外のNMIから供給される高品質な標準物質が必要であったり，国内にない特別な種類の標準物質も多くあり，検討に値する．IAJapanが日本の国内事務局である国際標準物質データベース(COde d'indexation des MAteriaux de Reference：COMAR)は，海外のとくにNMIによって供給される認証標準物質を調べることができる．COMARは，世界25ヶ国以上で製造された総計10 000件を超える国際的なデータベースで，ISO/REMCOによって提案・支援され，現在は中央事務局(ドイツのNMIであるBAM(Bundesanstalt für Materialforschung und -prüfung))と各国コーディングセンターによって運営されている．COMARはユーザーネームとメールアドレスを登録するだけで無料で利用可能で，標準物質の特性や詳細情報，形状，生産者の連絡先，認証書などを検索することができる．図3.6にCOMAR登録件数の推移，図3.7に日本および世界主要国(2006年当時COMAR登録件数上位8ヶ国を選択した)の，2008年10月現在での分野ごとのCOMAR登録割合を示した．登録件数については，1990年で総数5000件弱であるが，右肩上がりで増えており，2009年2月現在で11 577件となっている．また，割合については，一つの物質が複数の分類に属している場合，重複してカウントしている．

COMARに登録されている以外の海外の標準物質については，RMinfoに標準物質関連機関や海外のほかのデータベースへのリンクがある．付録の付表2に海外のおもな標準物質供給機関の一覧を示した．詳細は，IAJapanのほか，標準物質の輸入を扱っている業者(付録および3.2節参照)から情報を入手することができる．

RMinfoおよびCOMARについては，図3.8の連絡先を参照されたい．

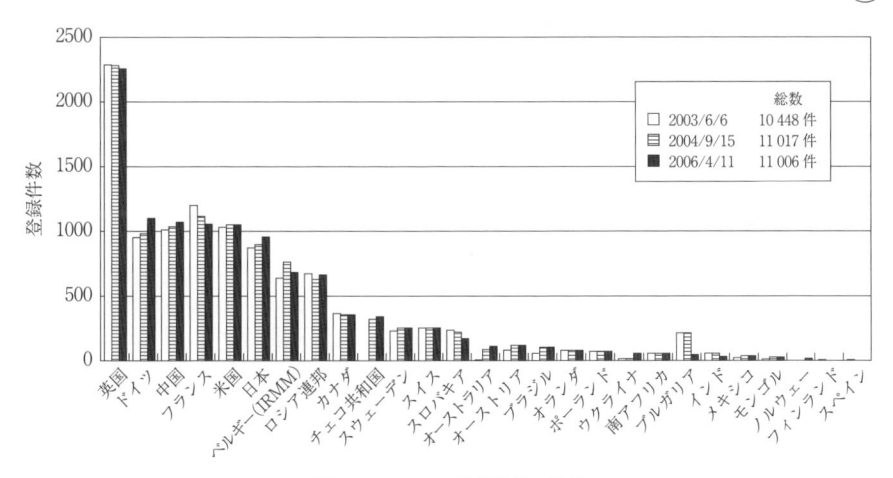

3.6 標準物質関連情報の入手

図 3.6 COMAR 登録件数の推移

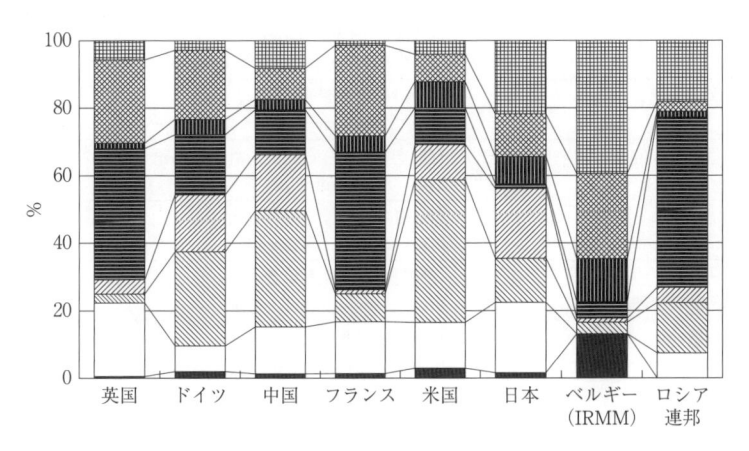

図 3.7 日本および世界主要国の分野ごとの COMAR 登録割合(2008 年 10 月現在)

```
独立行政法人製品評価技術基盤機構認定センター(IAJapan)
〒151-0066 東京都渋谷区西原 2-49-10
TEL：03-3481-1921　FAX：03-3481-1937
Email：rminfo@nite.go.jp
RMinfo の URL：http://www.rminfo.nite.go.jp/
COMAR の URL：http://www.comar.bam.de/
```

図 3.8 RMinfo, COMAR の連絡先

表 3.1 標準物質に関係する雑誌または報告書など

雑誌名または報告書名	出版社および URL
analytical chemistry	American Chemical Society http://pubs.acs.org/
Analytica Chimica Acta *Chemosphere* *Journal of Chromatography* *Talanta*	Elsevier http://www.elsevier.com/
Metrologia	Institute of Physics http://journals.iop.org
NIST Technical Publications *NIST Journal of Research*	National Institute of Standards and Technology http://www.nist.gov/
Analyst *Journal of Analytical Atomic Spectrometry*	Royal Society of Chemistry http://www.rsc.org/
Accreditation and Quality Assurance *Analytical and Bioanalytical Chemistry*	Springer http://www.springer.com/
VAM bulletin	UK National Measurement System (NMS) Chemical and Biological Metrology http://www.nmschembio.org.uk/
計測と制御	(社)計測自動制御学会 http://www.sice.or.jp/
産総研計量標準報告	(独)産業技術総合研究所計量標準総合センター http://www.nmij.jp/
環境と測定技術	(社)日本環境測定分析協会 http://www.jemca.or.jp/
計量ジャーナル 計測標準と計量管理	(社)日本計量振興協会 http://www.nikkeishin.or.jp/
日本試薬会誌	(社)日本試薬協会 http://www.j-shiyaku.or.jp/
Analytical Sciences 分析化学 ぶんせき	(社)日本分析化学会 http://www.jsac.or.jp/
JAIMA SEASON	(社)日本分析機器工業会 http://www.jaima.or.jp/
日本臨床検査標準協議会会誌	特定非営利活動法人日本臨床検査標準協議会 http://www.jccls.org/
バイオサイエンスとインダストリー	(財)バイオインダストリー協会 http://www.jba.or.jp/
標準物質協議会会報	標準物質協議会 http://www.cerij.or.jp/

3.6.3 技術情報の入手

以下に標準物質に関係する技術情報の入手について簡単に記載しておく．測定結果の信頼性は，適切な標準物質の選択・利用と，妥当性のある手順による分析・計測に依存する．認証標準物質の場合には認証書を，関連の日本工業規格(JIS)や公定法，そのほかの規格がある場合には，それらを参考にすることができる．表3.1に，標準物質に関係する雑誌または報告書を参考に示した．これらの雑誌や報告書を中心に，日々，分析技術や品質管理，標準物質に関係した情報を入手し最新の動向を知っておくことは，知識向上・測定結果の評価のためにたいへん重要であり，活用していただきたい．

文　献

1) "標準ガスの使い方"，化学物質評価研究機構化学標準部(2003)．
2) L. Huber 著，近藤直人 訳，"分析試験室のための GLP/GMP 入門"，Agilent Technologies (2000)．
3) 永田忠博 編，"食品分析の妥当性確認ハンドブック"，Science Forum(2007)．
4) ISO/IEC 17011, "Conformity assessment—General requirements for accreditation bodies accrediting conformity assessment bodies"，(2004)；JIS Q 17011，"適合性評価—適合性評価機関の認定を行う機関に関する一般要求事項"，(2005)．
5) ISO/IEC 17025, "General requirements for the competence of testing and calibration laboratories"，(2005)；JIS Q 17025，"試験所及び校正機関の能力に関する一般要求事項"，(2005)．
6) 日本分析化学会 編，"分析所認定ガイドブック"，丸善(1999)．
7) 日本分析化学会 編，"実用分析所認定ガイドブック"，丸善(2000)．
8) ISO/IEC Guide 43-1, "Proficiency testing by interlaboratory comparisons—Part 1：Development and operation of proficiency testing schemes"，(1997)；JIS Q 0043-1，"試験所間比較による技能試験　第1部：技能試験スキームの開発及び運営"，(1998)．
9) ISO/IEC Guide 43-2, "Proficiency testing by interlaboratory comparisons—Part 2：Selection and use of proficiency testing schemes by laboratory accreditation bodies"，(1996)；JIS Q 0043-2，"試験所間比較による技能試験　第2部：試験所認定機関による技能試験スキームの選定及び利用"，(1998)．
10) 久保田正明，高田芳矩，小泉清，石橋耀一，松田りえ子，松本保輔，四角目和弘，小野昭紘，坂田衛，柿田和俊，分析化学，**57**(6)，393(2008)．

CHAPTER 4 　純物質系標準物質

4.1　pH 標準

pH は水溶液の性質を示すもっとも基本的な指標(物理量)の一つである．しかし，これまでは各国の pH 標準の整合がとれておらず，同じ水溶液を測定しても各国で異なる pH 値(ΔpH～0.01 程度)が得られるという状況であった．1999 年に，ようやく各国の pH 一次標準の統一が合意され，それを受け現在日本の関係諸機関では調整を行っている．

4.1.1　pH の定義

水素イオン活量指数とよばれる pH(p は power；累乗，H は水素イオン濃度)は，水溶液の性質(酸性の強さおよび塩基性の強さ)を示すもっとも基本的な指標の一つであり，1924 年以降以下の式で定義されている[1]．

$$\mathrm{pH} = -\log_{10} a_\mathrm{H} = -\log_{10}(m_\mathrm{H}\gamma_\mathrm{H}/m^\circ)$$

ここで，a_H は水溶液中の水素イオン活量，m_H は水溶液中の水素イオン濃度(mol kg^{-1})，γ_H は水素イオン活量係数，m° は標準モル濃度(1 mol kg^{-1})である．pH は水溶液について定義された物理量の一つであり，この式からわかるように無次元量(無単位)である．また，pH とはその物理量の名前であると同時にそれを表す記号でもあり，ほかの物理量はイタリック体(斜体)で表記されるところであるが，例外的にローマン体(立体)で表記することになっている[2]．

4.1.2　実用 pH と pH 一次標準

ところで，上記の定義から導かれる水溶液の pH は，物理的および化学的方法で直接測定することはできない．すなわち，水溶液中の水素イオン活量(a_H)は直接測定できな

いのである．水素イオン活量を測定するためには，水溶液の電気的中性を保ちながら陽イオンである水素イオンの濃度のみを変化させなければならないが，それは不可能だからである．しかしながら，水素イオン活量が水溶液の性質を大きく左右していることは明らかであるので，水素イオン活量指数としての pH に近く，しかも測定可能である実用 pH という基準が定義された．この実用 pH が，すなわち pH 一次標準である(以後 pH 一次標準の表記に統一)．

この pH 一次標準の条件として，① 水素イオン活量にきわめて近い値を示すことが期待されること，② 物理的および化学的方法で再現性よく測定できること，③ 長時間にわたって安定に測定できること，④ ほかの場所や異なる時間に測定しても同一の値を示すこと，などがあげられる．そこで，各国では測定可能な pH 一次標準の定義を改めて定め，国内での統一をはかってきた．そのため，それぞれの国内では統一はとれていても，pH 一次標準が国ごとに異なるため，同じ水溶液の pH を測定した場合，国ごとに異なる pH 値(ΔpH～0.01 程度)が得られる状況にあった．この状況では国際貿易などに影響を及ぼすため，1990 年代に入り各国の pH 一次標準を改善し，統一する動きが出てきた．

4.1.3　pH 一次標準の統一と Harned セル法

1999 年 2 月に BIPM にて開かれた CIPM の物質量諮問委員会の電気化学分析ワーキンググループ(CCQM-EAWG)において，pH 一次標準は Harned セルを用いた測定法(以下 Harned セル法)からのみ求められるということで合意された．すなわち，Harned セル法が pH 一次測定法となり，Harned セル法による測定から pH 値が値付けされた pH 標準液が，pH 一次標準液であると同時に pH 一次標準となることになった．

Harned セルとは，白金黒電極と銀/塩化銀電極を液間電位差のない電池に組み込んだものである．図 4.1 に(独)産業技術総合研究所 計量標準総合センターでデザインされた Harned セルを示す．Harned セルのデザインは，各国の計量研究所ごとに異なっている．

測定のさいには，Harned セル内に測定したい pH 緩衝液を満たし，両電極間に生じる起電力から pH 値を算出する[3,4]．このとき，白金黒電極側から水素ガスを一定流量送ることで，測定緩衝液中の水素ガスが飽和状態になるようにする．この Harned セル法は，純粋な pH 緩衝液(pH 試薬のみから調製された水溶液)にしか適用できない．緩衝液中に防腐剤などの添加物が含まれる場合は，測定のさいに安定な起電力が得られないからである．

4.1 pH 標準

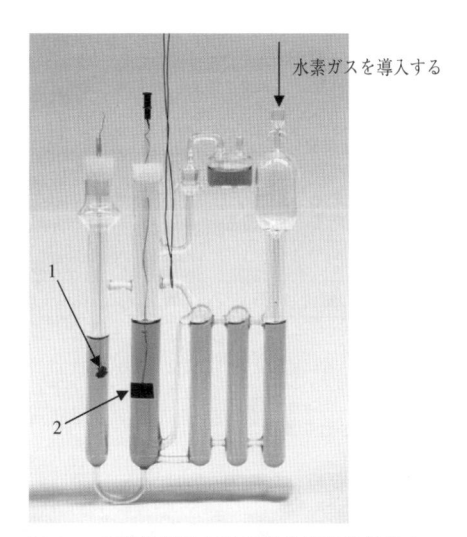

図4.1 産業技術総合研究所計量標準総合センターで使用している Harned セルの写真（例）：1．銀/塩化銀電極，2．白金黒電極，pH 標準液は透明であるが，ここでは溶液部をみやすくするために特別に着色している．

　Harned セル法の導入以来，各国の国家計量研究所間で Harned セル法から求められる pH 値が同等であることを確認するための国際基幹比較が行われている．2008 年 10 月現在までに，シュウ酸塩緩衝液，フタル酸塩緩衝液，中性リン酸塩緩衝液，ホウ酸塩緩衝液，炭酸塩緩衝液について国際基幹比較が実施された．

4.1.4　わが国での pH 一次標準の現状と問題点

　わが国においては，市販の pH 標準液における pH 値の不確かさとトレーサビリティを計量法校正事業者登録制度（Japan Calibration Service System：JCSS）や日本工業規格（Japanese Industrial Standards：JIS）で維持してきた．図 4.2 に 2009 年 4 月現在の JCSS にもとづく pH 標準液の供給体制を示す．ここで，トレーサビリティの頂点に示されている特定 pH 標準液（pH 一次標準）は，1980 年の OIML（International Organization for Legal Metrology）の勧告 OIML R 54 を大幅に取り入れて 1984 年に改正された JIS Z 8802：1984 "pH 測定法" に定められたものである．これは特定の水溶液の特定温度における pH 値を規定したものであり，1950〜1970 年にかけて NBS の Bates らが

4 純物質系標準物質

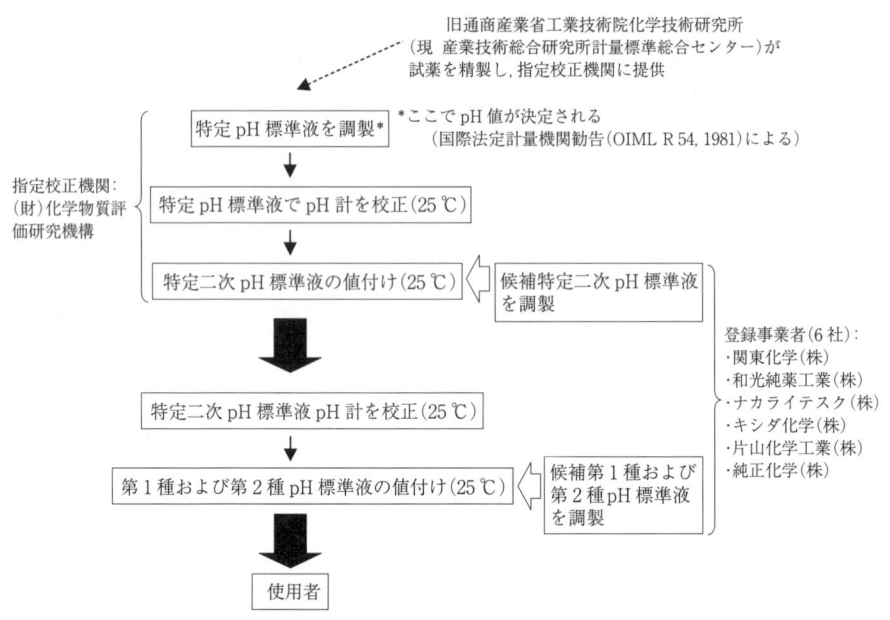

```
                              旧通商産業省工業技術院化学技術研究所
                          ┌── (現 産業技術総合研究所計量標準総合センター)が
                          │    試薬を精製し,指定校正機関に提供
                          ▼
              ┌──────────────────────┐  *ここで pH 値が決定される
              │ 特定 pH 標準液を調製* │    (国際法定計量機関勧告(OIML R 54, 1981)による)
              └──────────────────────┘
                          │
                          ▼
指定校正機関:  ┌──────────────────────────────┐
(財)化学物質評 │ 特定 pH 標準液で pH 計を校正(25℃) │
価研究機構    └──────────────────────────────┘
                          │
                          ▼
              ┌──────────────────────────────┐ ← ┌──────────────┐
              │ 特定二次 pH 標準液の値付け(25℃) │   │候補特定二次 pH 標準液│
              └──────────────────────────────┘   │を調製         │
                          │                     └──────────────┘
                          ▼                              登録事業者(6社):
                                                         ・関東化学(株)
              ┌──────────────────────────────┐         ・和光純薬工業(株)
              │ 特定二次 pH 標準液 pH 計を校正(25℃)│         ・ナカライテスク(株)
              └──────────────────────────────┘         ・キシダ化学(株)
                          │                            ・片山化学工業(株)
                          ▼                            ・純正化学(株)
              ┌──────────────────────────────┐ ← ┌──────────────┐
              │第 1 種および第 2 種 pH 標準液の値付け(25℃)│   │候補第 1 種および│
              └──────────────────────────────┘   │第 2 種 pH 標準液│
                          │                     │を調製         │
                          ▼                     └──────────────┘
                    ┌──────────┐
                    │  使用者  │
                    └──────────┘
```

図 4.2 計量法トレーサビリティ制度(JCSS)にもとづく pH 標準液の供給体系(2009 年 4 月現在)

Harned セル法を用いて測定した pH 値がそのまま勧告の pH 値となっている.しかしながら,pH 試薬の純度,それを溶かす水の質,調製法によっては OIML R 54 勧告の pH 値が必ず得られるという保証はない.

前述したように 1999 年 2 月に CCQM-EAWG において,pH 一次標準は Harned セル法からのみ求められるということで合意された.その後,IUPAC(International Union of Pure and Applied Chemistry)により Harned セル法を pH 一次測定法とした勧告が提出された[1].わが国においてはこれらの流れを認識していながらも,2009 年 4 月現在では,対応が追いついていない.したがって,現在の JCSS および JIS の pH 一次標準は,国際標準ともトレーサビリティがとれていない状況にある.加えて JCSS や JIS で用いられる pH 一次標準の pH 値は,国内での Harned セル法で確認された pH 値ではなく,1980 年の OIML 勧告の pH 値であるとの確証も依然得られていない.このままのトレーサビリティ体系では,国際的に認められる pH 値が得られないことになる.現在,JCSS 関係諸機関で調整中であり,近い将来,図 4.3 に示すような Harned セル法を組み込んだ供給体系に変わる見通しである.

4.1 pH 標準

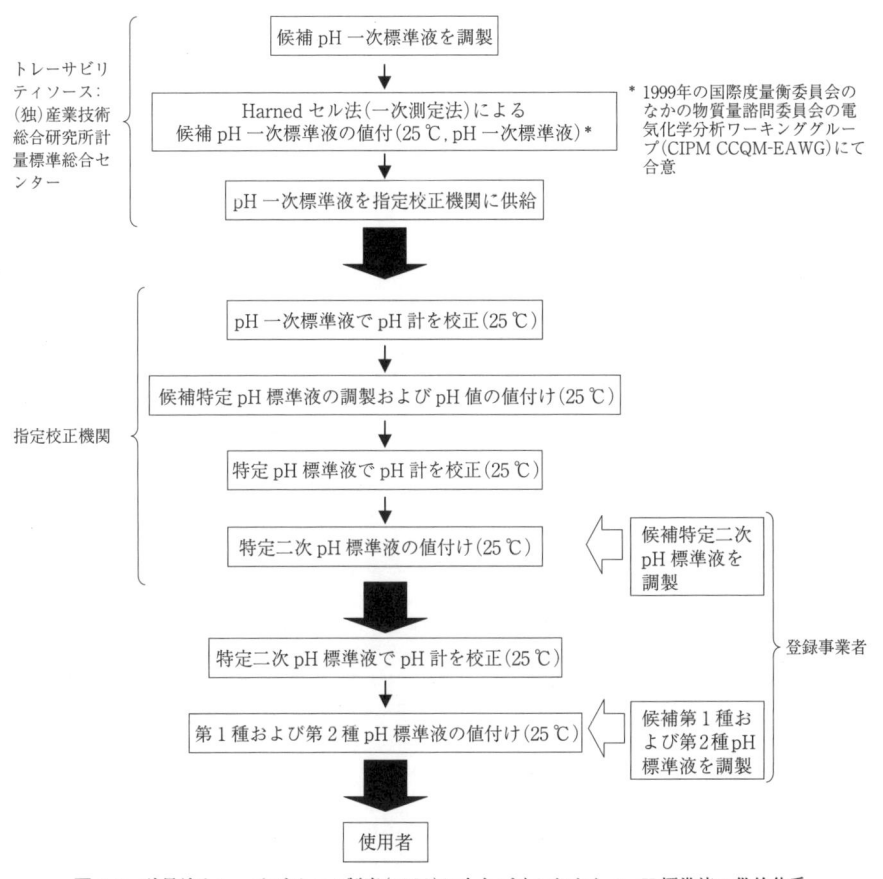

```
トレーサビリ      ┌─ 候補 pH 一次標準液を調製
ティソース：    │          ↓
(独)産業技術   ┤   Harned セル法(一次測定法)による         * 1999年の国際度量衡委員会の
総合研究所計   │   候補 pH 一次標準液の値付(25℃, pH 一次標準液)*    なかの物質量諮問委員会の電
量標準総合セ   │          ↓                              気化学分析ワーキンググルー
ンター        └─ pH 一次標準液を指定校正機関に供給          プ(CIPM CCQM-EAWG)にて
                                                       合意
                          ⇓

指定校正機関   ┌─ pH 一次標準液で pH 計を校正(25℃)
              │          ↓
              │   候補特定 pH 標準液の調製および pH 値の値付け(25℃)
              ┤          ↓
              │   特定 pH 標準液で pH 計を校正(25℃)
              │          ↓                      ┌ 候補特定二次
              └─ 特定二次 pH 標準液の値付け(25℃) ⇐│ pH 標準液を
                                                 └ 調製
                          ⇓
                                                                    ┐
                  特定二次 pH 標準液で pH 計を校正(25℃)                │
                          ↓                      ┌ 候補第1種お      │ 登録事業者
                  第1種および第2種 pH 標準液の値付け(25℃) ⇐│ よび第2種 pH   │
                          ↓                      └ 標準液を調製     │
                       使用者                                       ┘
```

図 4.3 計量法トレーサビリティ制度(JCSS)にもとづくこれからの pH 標準液の供給体系

4.1.5 JCSS と JIS にもとづく pH 標準液の供給

JCSS では，OIML 勧告(OIML R 54)に沿った表 4.1 の定義値に示すような，小数点以下 3 桁の pH 値を定義している．この定義値を保証している pH 標準液(規格 pH 標準液)が，図 4.2 に示す供給体系にもとづいて市販されている．市販 pH 標準液(規格 pH 標準液)の pH 値およびその不確かさを表 4.2 に示した．規格 pH 標準液には第 1 種および第 2 種があり，25℃ での pH 値を保証した標準液を登録事業者がユーザーに供給している．各温度における pH 値については，OIML R 54 に従った pH 値が，JIS Z 8802：1984 "pH 測定法" に示されている．

表4.1 標準液の名称，組成，定義値(OIML 勧告値)および IUPAC 勧告値

名称	組成	定義値 (OIML 勧告値, 25℃)	IUPAC 値 (25℃)
シュウ酸塩 pH 標準液	0.05 mol kg^{-1}・H$_2$O　KH$_3$(C$_2$O$_4$)$_2$・2H$_2$O	1.679	1.68
フタル酸塩 pH 標準液	0.05 mol kg^{-1}・H$_2$O　C$_6$H$_4$(COOH)(COOK)	4.008	4.005
中性リン酸塩 pH 　標準液	0.025 mol kg^{-1}・H$_2$O　KH$_2$PO$_4$ +0.025 mol kg^{-1}・H$_2$O　Na$_2$HPO$_4$	6.865	6.865
リン酸塩 pH 標準液	0.008 695 mol kg^{-1}・H$_2$O　KH$_2$PO$_4$ +0.030 43 mol kg^{-1}・H$_2$O　Na$_2$HPO$_4$	7.413	7.413
ホウ酸塩 pH 標準液	0.01 mol kg^{-1}・H$_2$O　Na$_2$B$_4$O$_7$・10H$_2$O	9.180	9.180
炭酸塩 pH 標準液	0.025 mol kg^{-1}・H$_2$O　NaHCO$_3$ +0.025 mol kg^{-1}・H$_2$O　Na$_2$CO$_3$	10.012	10.012

(注) 表中の mol kg^{-1}・H$_2$O は，溶媒 1 kg 中の溶質の質量モル濃度を示す．

表4.2　JCSS 市販 pH 標準液(規格 pH 標準液)の種類，pH 値および不確かさ

名称	pH 値(25℃)	
	第1種	第2種
しゅう酸塩 pH 標準液	1.679 ± 0.005	1.68 ± 0.015
フタル酸塩 pH 標準液	4.008 ± 0.005	4.01 ± 0.015
中性りん酸塩 pH 標準液	6.865 ± 0.005	6.86 ± 0.015
りん酸塩 pH 標準液	7.413 ± 0.005	7.41 ± 0.015
ほう酸塩 pH 標準液	――	9.18 ± 0.015
炭酸塩 pH 標準液	――	10.01 ± 0.015

化学物質評価研究機構 http://www.cerij.or.jp/

4.1.6　国外から入手できる pH 標準

　JCSS および JIS で規定されている pH 標準液以外の pH 標準を，日本国外から手に入れることも可能である．各国の国家計量研究所から購入することもでき，たとえば，米国の NIST からは粉末状の pH 標準の標準物質(standard reference material：SRM)が，ドイツの PTB(Physikalisch-Technische Bundesanstalt)からも粉末状 pH 標準の標準物質(pH-Reference Material)が頒布されている．スロバキアの SMU(Slovensky Metrologicky Ustav)からは，pH 標準液 Secondary buffers Ⅰ and Ⅱ が頒布されている．試薬会社からも購入することが可能で，たとえば Merck 社からは NIST または PTB にトレーサブルとされている pH 標準液が販売されている．

　粉末状の pH 標準の場合には，仕様書に従って精密に pH 緩衝液を調製する必要がある．保存安定性に関しては，粉末状 pH 標準のほうが pH 標準液より優れている．シュウ酸塩緩衝液を除く pH 8 以下の pH 標準液の場合，未開封(容器は高密度ポリエチレン

びん)で5℃程度の冷蔵保存(シュウ酸塩緩衝液の場合は25℃程度の室温保存が適当)であれば，1年程度またはそれ以上の期間安定なpH値が得られる．ホウ酸塩緩衝液および炭酸塩緩衝液の場合には，未開封(容器は高密度ポリエチレンびん)で，かつアルミニウム膜の両面をプラスチック膜で覆った袋(商品名：マイラーまたはラミジップ)に封入して5℃程度で冷蔵保存した場合，pH値は1年程度安定である．

4.1.7 pH標準液の利用

pH測定では，多くの場合，ガラス電極が組み込まれたpH計を使用する．pH標準液はこのpH計のガラス電極の電位を校正するために用いられる．しかしながら，通常のpH測定においては，JCSSでpH値が保証されたpH標準液をpH計の校正にかならず用いなければならないという制約はほとんどなく，環境計量証明行為におけるpH測定などの場合に限られるようである．しかし，どのようなpH標準を用いてpH計を校正し，測定を行ったかということは認識しておいたほうがよい．なぜなら，校正に用いたpH標準によって，測定されるpH値にずれを生じる可能性があるからである．

4.2 標 準 液

標準液は通常の化学分析・試験にはかならず必要となる標準物質である．とくに金属標準液や非金属イオン標準液は，金属成分や非金属イオン成分の定量分析に欠かすことができない．pH標準液と有機標準液についてはほかの節に記述があるので，本節ではとくに金属標準液や非金属イオン標準液について取り上げる．いわゆる規定液についても言及しない．また，スペシエーションのための標準液の要求も最近大きくなっているが現状では種類も少なく，ここでは取り上げないが今後の課題である．なお，かつては23種類の金属標準液や非金属イオン標準液のJISが存在したが，2007年3月に廃止された．

4.2.1 標準液の調製法

標準液は高純度物質を用いて各自で調製できるし，かつてはそれが普通であった．しかし，昨今では，簡便さが求められるようになってきたことと，トレーサビリティの客観性が求められるようになってきたことがあり，市販の標準液の利用が増えている．

標準液の調製法としては，さまざまな調製法が文献で紹介されている[5,6]．ただし，通常の場合には問題ないと思われるが，文献に記載があっても，高純度すぎる金属である

表 4.3 NMIJ における一次標準液の組成と原料物質

項 目	原料物質	酸などの組成(%は質量分率を示す)	項 目	原料物質	酸などの組成(%は質量分率を示す)
ナトリウム標準液	NaCl	なし(水)	モリブデン標準液	Mo	約1.3%塩酸, 約1.4%硝酸
カリウム標準液	KCl	なし(水)			
カルシウム標準液	CaCO$_3$	約0.4%硝酸	ストロンチウム標準液	SrCO$_3$	約0.5%硝酸
マグネシウム標準液	MgSO$_4$・7H$_2$O	なし(水)	ルビジウム標準液	RbCl	なし(水)
			タリウム標準液	TlNO$_3$	約6.3%硝酸
アルミニウム標準液	Al	約1.5%塩酸, 約0.8%硝酸	すず標準液	Sn	約10.9%塩酸
			ほう素標準液	H$_3$BO$_3$	なし(水)
銅標準液	Cu	約0.9%硝酸	セシウム標準液	CsCl	なし(水)
亜鉛標準液	Zn	約0.4%硝酸	インジウム標準液	In	約3.1%硝酸
鉛標準液	Pb	約2.4%硝酸	テルル標準液	Te	約3.7%塩酸
カドミウム標準液	Cd	約0.6%硝酸	ガリウム標準液	Ga	約3.0%硝酸
マンガン標準液	Mn	約0.8%硝酸	バナジウム標準液	V	約1.6%硝酸
鉄標準液	Fe	約1.2%硝酸	ふっ化物イオン標準液	NaF	なし(水)
ニッケル標準液	Ni	約1.3%硝酸	塩化物イオン標準液	NaCl	なし(水)
コバルト標準液	Co	約1.3%硝酸	硫酸イオン標準液	Na$_2$SO$_4$	なし(水)
ひ素標準液	As$_2$O$_3$	約0.04%塩酸	アンモニウムイオン標準液	NH$_4$Cl	なし(水)
アンチモン標準液	Sb$_2$O$_3$	約10.6%塩酸			
ビスマス標準液	Bi	約6.9%硝酸	亜硝酸イオン標準液	NaNO$_2$	なし(水)
クロム標準液	K$_2$Cr$_2$O$_7$	約0.06%硝酸	硝酸イオン標準液	KNO$_3$	なし(水)
水銀標準液	HgCl$_2$	約0.6%硝酸	りん酸イオン標準液	KH$_2$PO$_4$	なし(水)
セレン標準液	Se	約0.6%硝酸	臭物イオン標準液	KBr	なし(水)
リチウム標準液	Li$_2$CO$_3$	約0.35%硝酸	シアン化物イオン標準液	KCN	約5.6% KOH
バリウム標準液	BaCO$_3$	約0.5%硝酸			

産業技術総合研究所計量標準総合センター,標準物質カタログより抜粋.

ことや表面積の大小の問題のために,容易に溶解しないこともある.同じ元素の標準液であっても,メーカーによって元素やイオンの原料物質あるいは液性が異なる場合が少なくない.したがって,4.2.6項で後述する標準液の利用法とも関係してくるが,カタログや MSDS なども参照して自分の目的に合う標準液を選ぶということも必要になる.

多くの場合,一次標準液は高純度の原料物質を用いて質量比混合法によって調製される.そのさいに留意すべき点としては,原料純度のほか,汚染,損失,不溶解分,水,酸,ひょう量,原料の吸湿性などがある.また,浮力補正を適切に行わないと,たとえば相対値約 0.1%の誤差を見逃すことになりかねない[7].(独)産業技術総合研究所計量標準総合センター(NMIJ)における一次標準液の原料物質の種類と用いられている酸などの組成を表 4.3 に示した.一次標準液にもとづく二次標準液あるいは三次標準液には高純度原料を用いる必要はないが,ほかの金属(あるいは非金属イオン)がある程度以上共存するのは望ましくない.

4.2.2 一次標準液のトレーサビリティの確保

A. 概　　要

　一次標準液のトレーサビリティを確保する出発点は，原料の高純度物質の純度である．多くの金属標準液においては高純度金属が用いられており，ほとんどの場合に不純物の微量分析を行う，いわゆる差数法によってその純度が決定されている．その場合，軽元素などの定量しにくい元素もあるので，調製された異なる種類の金属標準液をキレート滴定によって比較し，モル（物質量）にもとづいて確認する方法の利用が可能であれば有用である．

　もちろん可能なかぎりは，主成分そのものを評価できることが望ましく，電量滴定法，重量分析法，滴定法によってそれが可能な場合がある．これらの方法はいずれも物質量諮問委員会（CCQM）において一次標準測定法（primary method of measurement）に位置づけられている方法である[8]．次項以降で具体的な事例を紹介する．

　原料の純度以外の問題としては，正確にひょう量できているか，完全に溶解したか，加熱による揮散はないか，溶解や希釈時に損失はないか，などがあげられる．その確認のために同一種類の複数の標準液を調製して比較することや，前述のように異なる種類の金属標準液をキレート滴定によって比較することも，標準液の調製がうまくできていることの確認になる．なお，溶解後に主成分を定量する場合には，原料の純度評価と同時に標準液濃度の評価になっていることも多い．

　質量比混合法を用いるとしても，たんなる希釈ではなく溶解過程を伴って調製される無機標準液にとっては，トレーサビリティの事実上の出発点は，標準液と考えられる．一般に，標準液が国際度量衡委員会レベルでの相互承認協定（CIPM-MRA）のもとで校正・測定能力（CMC）登録（4.2.7項で後述）されていることもこの辺りの事情を示している．

B. 微量分析

　とくに高純度金属の純度評価を行う場合，定性分析あるいは半定量分析に続いて主要不純物の微量分析を行って100％から差し引く，いわゆる差数法によることが多い．原子吸光法やICP質量分析法のような高感度な分析法を用いて，試料を溶解しただけで微量成分が測定できる場合もある[9]．しかし，多くの場合，何らかの分離が行われる．たとえば，鉛（Pb）やセレン（Se）[10]のような主成分を沈殿分離し，上澄み液中に残った成分を定量することができる．逆に，溶解した後に微量成分を抽出したり，カラム分離を行うこともある（Seの例[11]）．また，試料の溶解が不必要な方法であるグロー放電質量分析

法(GDMS)や放射化分析法も利用されることがある．高純度三酸化二ヒ素から調製した標準液中に存在する微量の As(V)を評価した例もある[12]．

C．重量分析

主成分の絶対的な分析手法は限られているが，重量分析法は重要な手段の一つである．たとえば，テルル(Te)を溶解した溶液からヒドラジンで還元して金属テルルを得るとともに，これを酸化物に変換して重量分析を行う手法がある[13]．また，ハロゲン化物や銀の定量のためのハロゲン化銀重量分析法やアルカリ金属などを硫酸塩に変換する一連の重量分析法も利用されており[14]，相対値0.01％の繰返し性を得ることも可能である．正確な分析のためには，ひょう量形の問題のほかに，沪液中に残存する分析対象化学種の評価が重要な場合がある．たとえば，ニトロン法による硝酸イオン[15]，フッ化塩化鉛法によるフッ化物イオン[16]がその例である．

アンチモン(Sb)に関しては，同一の三酸化二アンチモンについて後述の電量滴定[17]とともに重量分析[18]を行い，さらに Sb(III)と共存する微量 Sb(V)を評価した例[19]がある．

D．電量滴定

電量滴定法はファラデーの法則にもとづき，電気量と物質量の関係を利用する方法であり，標準液の原料の高純度物質の主成分を，ほかの標準物質を使用することなく定量することができる．精密な方法として適用できる事例は限られているが，たとえばAs(III)やSb(III)などに適用可能である[17]．これらの場合，酸化反応にもとづく純度が100％に十分満たないならば，前述のように五価の存在についての評価も重要である．硝酸を電量中和滴定し，硝酸カリウムのニトロン法重量分析での回収率を確認している例がある[15]．電量中和滴定はリン酸二水素カリウムの純度評価にも用いることができる．アンモニウムイオンは，電解生成した次亜臭素酸イオンで酸化する反応によって精密に定量することができる[20]．

E．滴　　定

滴定にはさまざまなモードがあり，反応の種類によって，キレート滴定を含む錯滴定，酸化還元滴定，中和滴定，沈殿滴定などに，また検出法の種類によって，光度滴定，pHや電位差を測定する電位差滴定などに分類される．滴定の場合は，まったく標準物質のいらない絶対法(CCQM の一次標準測定法でいう直接法にあたると思われる)ではなく，別の化学種の標準物質は必要とするが，さまざまな物質の純度や濃度の値付けに対して利用できることが多い．高純度亜鉛を基準としたキレート滴定によって，物質量にもとづいて比較して純度決定あるいは純度確認ができる[21]．ただし，選択性が十分ではないことも多く，微量分析との併用が大切な場合がある．

シアン化物イオンの原料のシアン化カリウムの純度評価のために，ニッケルとシアン化物イオンの1:4錯体の生成を利用した滴定が用いられ，相対値0.16%の拡張不確かさで純度決定が実現している[22]．また，金属指示薬を用いたキレート滴定において，広い波長範囲にわたっての吸収スペクトルを測定しながら滴定を行う分光滴定の方法がある．たとえば，キシレノールオレンジ（XO）を指示薬として用いる場合に，金属とXOの1:1錯体と2:1錯体の共存する滴定系を完全に解析することができており，Zn，Pb，Cdの各標準液の濃度が相対値0.01%のレベルで精密に比較されている[23]．分光滴定の方法では多波長のデータを利用するので，反応モデルの適不適の判断が容易であるし，また測定データの部分的な誤差の影響を受けにくく，単一波長での吸収を利用する方法[24]に比べて優れている．この精密さでの比較においては，同位体存在度が問題になることがあり，IUPACの原子量表を用いると不確かさが大きいので，同位体標準を利用して実測する場合もある（たとえば，Li，B，Pb[23]）．また，IUPACの原子量やその不確かさはときどき変更になるので注意が必要である．前述のSb（Ⅲ）の電量滴定の事例[17]では開発時には原子量の不確かさが純度の不確かさを支配していたが，その後原子量の不確かさは相当小さくなり支配的な要因ではなくなっている．

4.2.3　標準液の濃度決定法

4.2.1項で述べたように，多くの場合，一次標準液の調製は質量比混合法によらなければならない．質量比混合法による場合であっても，独立した複数の調製溶液間の比較やほかの種類の標準液との比較は有用である．一次標準液による二次標準液の濃度決定のためには，滴定法，イオンクロマトグラフ法，ICP発光分光分析法などが用いられる．滴定法では，適切な操作を行うならば，相対値0.1%以下の精確さで決定することは容易である[21,25]．

滴定法を適用しにくいアルカリ金属や非金属イオンに対してはイオンクロマトグラフ法が用いられることがある．イオンクロマトグラフ法による濃度比較ではベースラインを正確に引きにくいので，4.2.6項で後述するブラケット法が有用である．この場合，直線性も局所的な直線性で十分であるし，不確かさの見積りは単純である[26]．また，滴定法が適用できないときや混合金属標準液が対象の場合には，ICP発光分光分析法などの利用が便利なことがある[27]．

4.2.4　標準液のJCSS体系

JCSSは，校正事業者登録制度と計量標準供給制度の2本柱からなる計量法トレーサ

	1	2	3	4	5	6	7	8	9	10	11	12	13	14	15	16	17	18
1	H																	He
2	Li	Be											B	C	N	O	F	Ne
3	Na	Mg											Al	Si	P	S	Cl	Ar
4	K	Ca	Sc	Ti	*V*	Cr	Mn	Fe	Co	Ni	Cu	Zn	*Ga*	Ge	As	Se	Br	Kr
5	Rb	Sr	Y	Zr	Nb	Mo	Tc	Ru	Rh	Pd	Ag	Cd	*In*	Sn	Sb	*Te*	I	Xe
6	*Cs*	Ba	ランタノイド	Hf	Ta	W	Re	Os	Ir	Pt	Au	Hg	Tl	Pb	Bi	Po	At	Rn
7	Fr	Ra	アクチノイド															

ランタノイド	La	Ce	Pr	Nd	Pm	Sm	Eu	Gd	Tb	Dy	Ho	Er	Tm	Yb	Lu
アクチノイド	Ac	Th	Pa	U	Np	Pu	Am	Cm	Bk	Cf	Es	Fm	Md	No	Lr

A　JCSS 既存供給品
A　JCSS 開発済
A　近日 JCSS 化の予定　　　6種類のイオン　⇒　PO_4^{3-} | SO_4^{2-} | NO_3^- | NO_2^- | NH_4^+ | CN^-

図 4.4　周期表上に示した金属標準液と非金属イオン標準液の開発状況(2008 年 11 月現在)

ビリティ制度である．校正であるが，実質的には CRM としての要素も考慮されている．NMIJ は一次標準液の開発の役割を担っており，また CMC 登録（4.2.7 項参照）されたものを国内にスムーズに普及させる責務も負っている．JCSS の市販標準液では，不確かさに関連してこれまでは精度という表現が使われることもあったが，現在は不確かさの表記に移行しつつある．JCSS の市販標準液は，認定機関である NITE 認定センターの認定を受けた事業者から供給されている．金属標準液と非金属イオン標準液の現在の開発状況は図 4.4 に示したとおりであり，1000 mg L^{-1} または 100 mg L^{-1} の標準液が供給されている．それ以外にも Be，Sc，Y，Ti，Zr，W，Ag，Au，Si，Ge，ヨウ化物イオンの各標準液が開発中であり，順次 JCSS に加えられる予定である．最近まで JCSS の金属標準液や非金属イオン標準液は単成分の標準液のみであったが，最近金属 15 種混合標準液と陰イオン 7 種混合標準液が新しく加えられた（JCSS による標準液供給の詳細については 1.6 節参照）．

4.2.5　標準液の保存安定性と均質性

どのような標準物質であっても保存安定性は重要な問題であるが，とくに標準液では固体以上に保存安定性が懸念される．もちろん，シアン化物イオン[28]のように，対象成分の物質固有の安定性の問題もあるし，標準液の組成や保存条件などにも依存する．こ

こでは，共通的なこととして保存中の溶媒(水や酸など)の損失による質量減の問題のみを取り上げる．たとえば，高密度ポリエチレンびんに入った約 100 mL のアルカリ金属の標準液において，25℃で相対値約 0.15% y^{-1} の質量減，5℃で相対値約 0.02% y^{-1} の質量減が観測された例がある[26]．これらの例では，質量減に対応する濃度の上昇が観測されており，アルカリ金属イオンはそのまま溶液中に留まっており，溶媒が揮発しているということである．類似の現象はそのほかの多くの標準液についても観測されている．一般に，標準液は適切に保管したうえで，有効期限内に用いるようにしなければならない．

標準液は液体であるがゆえに固体に比べて混合しやすく，小さいロットでの均質性は一般に高いと期待される．しかし，大きいロットになってくると，混合や小分けを考えれば均質性を確保しやすいとはいえなくなる．いずれにしても，何らかの均質性の評価を避けて通るわけにはいかない．通常の標準液の濃度の不確かさの評価のさいには，均質性の要因が考慮されているはずである．なお，均質性が高いと期待される小さいロットの場合には，その不確かさの評価は分散分析をしたとしても測定不確かさにある程度支配されることになるが，たとえば高純度亜鉛を溶解して 1000 mg kg^{-1} の亜鉛標準液(1000 mL)を 6 本調製し，前述のキレート滴定法によって比較したときに，6 本の間の実験標準偏差として相対値 0.02% 以下の結果が得られており，この調製サイズでの均質性および調製再現性の程度が示唆される．

4.2.6 標準液の利用法

標準液の通常の利用法は，検量線法や標準添加法のトレーサビリティソース(トレーサビリティ源)としてである．分析値の不確かさの評価が求められることが増えてきており，検量線などから由来する不確かさも適切に見積もることが必要である[29,30]．検量線用の各標準液が一つの標準液の精密な希釈によって調製されたものであって，希釈による不確かさを無視することができるならば，標準液の濃度の不確かさは計算の最後に共通要因として算入することで十分な場合が多い．ブラケット法[26]は，試料濃度の少し上下の濃度の標準液を用意して，それらで試料を挟み込むようにしてはかる 2 点検量線法であるが，広範囲では検量線の直線性が悪いとき，直線性はよいが原点を通らないとき，測定値の一定方向への緩やかなドリフトのあるときなどに，だいたいの試料濃度が既知であれば有効に利用することができる．この方法では，不確かさの計算は容易である．

一方，トレーサビリティソースとしてのほかに，標準液は検量線法や標準添加法と併

用して内標準法を用いる場合の内標準として用いられることもある．この場合，内標準用の標準液中での分析対象成分の共存が許容できる水準以下であることを確認しておく必要がある．また，マトリックスマッチングのためのマトリックスとして標準液が用いられることもあるが，この場合にも分析対象成分の共存量を確認しておかないと，思わぬ誤差を引き起こす危険性がある．また，混合標準液の利用もされているが，単一成分の標準液を混合して自分で調製する場合にも微量の共存成分に十分配慮する必要があるし，希釈や混合による加水分解の可能性や沈殿生成の危険性にも留意する必要がある．

標準液のなかには対象成分が毒物及び劇物取締法などの法規制の対象になっているものがあるので，保管そのほかにおいて適切な取扱いが求められる．また，酸の濃度が高いために劇物にあたる標準液もあるので注意が必要である．

4.2.7 標準液のコンパラビリティ

コンパラビリティ(comparability)は同等性と訳されることがあるが，複数のものがまったく同じということではなく，たとえば，A 国の 1000 mg kg^{-1} と B 国の 1050 mg kg^{-1} を比較するとある不確かさの範囲内で 1.05 倍になっていることをいう．縦のトレーサビリティに対して横のコンパラビリティといわれることもある．トレーサビリティを主張するさいには，コンパラビリティの証拠も必要となっている．

一般論でいえば，技能試験や二者比較などがコンパラビリティの検証法となる．計量標準研究所間のコンパラビリティは標準液の国際整合性の観点から重要であり，まさしくコンパラビリティのデモンストレーションのために国際比較が行われている．CCQM ではこれまでにいくつかの国際比較(基幹比較)が実施されており，CCQM-K8 (Mg, Cu, Fe, Al の各単元素標準液)，CCQM-K29(リン酸イオン，塩化物イオンの各非金属イオン標準液)，CCQM-K59(硝酸イオン，亜硝酸イオンの各非金属イオン標準液)の結果が BIPM のデータベース(http://kcdb.bipm.org/)に収録されている(付属書 B, Appendix B)．これらのうち，CCQM-K8 の銅標準液に関する結果を図 4.5 に例示した．これらの CCQM 国際比較の結果は，CIPM MRA の付属書 C(Appendix C：http://kcdb.bipm.org/appendixC/)への CMC 登録のための証拠として重要なものである．

4.2.8 CIPM MRA につながる国際的に通用する標準液

品質管理の厳格化や欧州 RoHS 指令などに代表される規制の拡がりにつれて，トレーサビリティ要求は確実に高まってきている．そういう状況下において，NIST トレーサブルと称して市販されている標準液をどう考えるか(前述の CMC 登録への厳密なつな

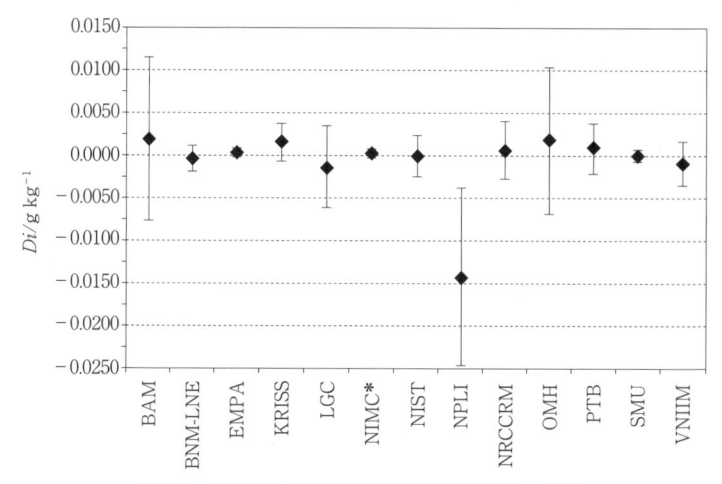

図 4.5 銅標準液に関する国際比較 CCQM-K8 の結果

基幹比較参照値 KCRV との一致の程度 D_i と縦棒で示された拡張不確かさ $U_i (k = 2)$ の単位は g kg^{-1} であり，MEASURAND は単元素標準液の銅（およそ 1 g kg^{-1}）の質量分率である．比較の時点では NMIJ は NMIC（物質工学工業技術研究所）として指名されていた．(CCQM-K8 の最終報告から BIPM の許可を得て転載：H. Felber, M. Weber, C. Rivier, *Metrologia*, **2002**, 39, *Tech. Suppl.*, 08002)

がりがあるか）は難しい問題である．品質管理用に関しては，均質性や安定性に関して実質的な障害がなければ，どのような標準物質を使っても問題はないが，分析値そのものが外部への報告や証明に使われるならば，認定機関の認定を受けた品質システム（ISO/IEC 17025 や ISO Guide 34）のもとで製造・値付けされた CRM の使用が望ましい．とくに国際的な取引に関係するような場合には，利用可能であるかぎり，CIPM-MRA のもとで国際相互承認された CRM あるいはそれらへのトレーサビリティの確保された CRM を使うことが大きな意味をもつ．JCSS の標準液などの標準物質は，この目的に合致したものであるといえる．

　海外の代表的な標準液としては NIST の元素標準液があり，SRM 3100 台のシリーズとして，主として 10 000 mg kg^{-1} である 67 種類が頒布されている．表 4.4 は液性とともに示したそれらの一覧表である．ほかに 1000 mg kg^{-1} の 6 種類の陰イオン標準液（硫酸イオン，塩化物イオン，フッ化物イオン，臭化物イオン，硝酸イオン，リン酸イオン）もある．NIST の標準液は場合によっては在庫切れとなることもあるので，急に必要になる可能性があるならば注意が必要である．

表 4.4 NIST の SRM 3100 シリーズの元素標準液(特記以外は 10 mg g^{-1})の液性

元　素	およその液性(%は質量分率)
B(5 mg g^{-1}), Si	H_2O
S	H_2SO_4 0.1%
P	HNO_3 0.3%
Ba, Cs, Li, Rb, Na	HNO_3 1%
Al, As, Be, Bi, Cd, Ca, Ce, Cr, Co, Cu, Dy, Er, Eu, Gd, Ga, In, Fe, La, Pb, Lu, Mg, Mn, Hg, Nd, Ni, K, Pr, Re, Sm, Sc, Se, Ag, Sr, Tl, Th, Tm, U, V(5 mg g^{-1}), Y, Zn	HNO_3 10%
Ho, Tb, Yb	HNO_3 16%
Sn	HNO_3 5% +HF 1%
W	HNO_3 7% +HF 4%
Sb, Ge, Hf, Nb, Ta, Ti, Zr	HNO_3 10% +HF 2%
Au, Mo, Pd, Pt, Rh(1 mg g^{-1}), Te	HCl 10%

http://www.nist.gov/から作成(2009年4月現在).

なお，2009年4月現在，前述のCIPM MRAの付属書Cに"Inorganic solutions"の名のもとで標準液の校正あるいはCRMを登録しているのは，NMIJ(日本)，NIST(米国)を含めて，NIM(中国)，LNE(フランス)，PTBとBAM(ドイツ)，KRISS(韓国)，CENAM(メキシコ)，INM(ルーマニア)，VNIIM(ロシア)，SMU(スロバキア)，LGC(英国)の11ヶ国である．

4.3 標準ガス

　ガス分析計は，一般に比較測定を行う装置であり，比較対照となる標準ガスが必要になる．標準液を利用するガス分析計もあるが，近年では，標準ガスを用いるものがほとんどである．また，捕集管などを用いる分析では，標準液がしばしば用いられるが，捕集効率や試薬の反応効率を含めた感度の校正を行うためには標準ガスが必要となる．環境大気，室内空気，自動車排ガス，工場排ガス，燃焼炉内ガス，呼気などさまざまなガス分析を行うさいに標準ガスが用いられるが，分析法，分析対象，分析対象のなかの成分とその濃度に応じて，標準ガスを選択する必要がある．また，ISOなどに準拠した品質システムによって製造を行う場合や証明事業などを行うにあたっては，適正な計測が求められ，国際単位系(SI)にトレーサブルな標準ガスの利用が求められる．本節では，標準ガスの種類，トレーサビリティ，調製方法，使用上の注意点などについて解説する．

4.3.1 標準ガスの種類

標準ガスは，成分，用途，供給形態などに応じて次のように分類される．

A．高純度ガスと混合ガス

（ⅰ）高純度ガス　　高純度酸素など，純度そのものが測定対象となる場合に用いられるものや，混合ガスの原料となる高純度標準ガスである．そのほかには，分析計のゼロ点校正や，希釈装置を用いた標準ガスの希釈に用いられる，いわゆるゼロガス（ゼロ位調整用標準ガス）がある．

（ⅱ）混合ガス　　目的成分と希釈ガスを混合して，所定の濃度にしたものである．対象成分の濃度およびその不確かさが，必要とする仕様と合致する必要がある．窒素希釈の二酸化硫黄標準ガスなどの単成分標準ガス（対象成分が1種類と希釈ガスの混合ガス）のほかに，特定の目的に応じて複数の成分を混合した標準ガスが混合標準ガスとして供給されている．混合標準ガスには，有害大気汚染物質分析用（環境省の定めた優先取組み22物質中の9種のガス成分），自動車排ガス分析用（一酸化炭素，二酸化炭素，プロパン，酸素を窒素で希釈した混合ガス，あるいはNMOGなどとよばれ，自動車排ガス中に含まれるメタンからデカン辺りまでの30種程度の炭化水素類の混合ガス），室内空気分析用（建材などから放散される有害ガス成分分析用．基準に対応して種々あり，ホルムアルデヒド，トルエンなど），悪臭物質分析用（悪臭防止法により指定されている22種類のうちのアセトアルデヒド，スチレン，トルエンなど十数種のガス成分），土壌ガス分析用（"土壌ガス調査に係る採取及び測定の方法"に関する環境省告示にある，ジクロロメタンなど，全12種類の有機物質）などの特定の用途に向けて，多成分を混合した標準ガスが市販されている．これらに関しては，ガスメーカーが開発したものが多く，国の標準にトレーサブルな標準ガスはごく限られている．

B．供給容器による分類

標準ガスは，高圧ガス容器や低圧容器に充填されて供給される．

（ⅰ）高圧容器詰め標準ガス　　高圧ガス容器は，ステンレス製など特殊なものもあるが，マンガン鋼製あるいはアルミニウム合金製のものが一般的であり，内容積が1 L，3.4 L，10 L，47 L程度のものが用いられている．使用される高圧容器は，標準ガスの種類に応じて内面の前処理を施しており，標準ガスの容器としては，一般的にはもっとも質の高いものである．次の低圧容器の場合と比べれば，濃度範囲の広さ，安定性，不確かさ，供給可能なガスの量などの点で優れているが，高圧ガス保安法が適用されるため，使用のさいは十分注意する必要がある．

（ⅱ）低圧容器詰め標準ガス　　低圧容器(缶，スプレー缶，プッシュ缶などともいう)詰め標準ガスは，さまざまな成分ガスについて高純度から数 μmol mol^{-1} 程度までの濃度範囲のものが，ガスメーカーより供給されている．容器の仕組みは，殺虫剤などのスプレー缶と同じである．精度，濃度範囲，安定性などの点で，高圧容器詰めのものと比較して性能は劣るが，軽量，簡便，安価という点では優れている．一般的には，これらの容器は，内容積 1 L 程度，充填圧 0.7 MPa 程度であり，高圧ガス保安法の適用を受けず，管理上の制約が小さい．つまり，容器を返却する必要がないことや，高圧ガス関連の免許や届け出を要せずに販売や保管が可能であるため，高圧容器と比較してより簡易な用途に広く利用されている．

（ⅲ）その他　　容器詰め以外にも，標準ガス発生装置などを利用して，その場で発生させる標準ガスがある．標準ガスの調製法のところで説明するが，パーミエーションチューブ法で用いられるパーミエーションチューブが，標準ガス関連の標準物質として供給されている．

4.3.2　標準ガスのトレーサビリティ

　標準ガスは，トレーサビリティの取り方により，次のような分類ができる．1 番目は，国あるいは国際的な機関によって SI へのトレーサビリティが直接に保証されている標準ガス．2 番目は，それらの標準ガスを基準として，ガスメーカーなどが自社の標準ガスなどに校正を行った標準ガスであり，SI へのトレーサビリティが間接的に保証されている標準ガス．3 番目は，ガスメーカーが自社内で，自身の技術により SI へのトレーサビリティを保証している標準ガス．4 番目は，たんに混合ガスとして供給されているもので，SI へのトレーサビリティは保証されていない混合ガス．より上位のものは，SI へのトレーサビリティがより確かになっているが，それぞれの機関において，品質システムの第三者認証や技能試験などへの参加による技術の検証など，トレーサビリティが具体的に確認できることが重要である．大気環境計測や自動車排ガス分析，焼却炉の運転状況の監視など公的な試験や報告などに利用される分析機器の校正に利用される標準ガスは，国の標準にトレーサブルであることが要求される．また，産業用，商取引などでは，測定データの信頼性が重要であり，そのような場合にも国の標準にトレーサブルな標準ガスが用いられる．

　国の標準にトレーサブルということは，SI にトレーサブルと言い換えることが可能であり，そのようなガスとしては，JCSS 標準ガス，産業技術総合研究所計量標準総合センター(National Metrology Institute of Japan：NMIJ)の標準ガスなどがある．NMIJ は，

JCSSに向けて高純度の標準物質を供給するとともに，JCSS以外の標準ガスも供給している．種類，数ともまだ少ないが，高純度ガス，地球温暖化ガスなどの標準ガスを認証標準物質として頒布している．例としては，六フッ化硫黄，四フッ化炭素などの温暖化ガスの標準ガスがある．ここでは，JCSS標準ガスと海外の標準ガスの例として米国国立標準技術研究所(National Institute of Standards and Technology：NIST)のSRM (standard reference material)について記述する．また，国際的な相互承認に関する活動の概要を紹介する．

A．JCSS標準ガス

JCSS標準ガスは，日本の法律である計量法にもとづいて供給される標準ガスである．図4.6に，JCSS標準ガスおよびNMIJ CRMの供給スキームの概要を示した．JCSSでは，基本的には，国の機関が最上位の標準(計量法では特定標準器とよぶ)を設定，維持管理することになっているが，(財)化学物質評価研究機構(CERI)が表4.5および表4.6に示した標準ガスに関して指定校正機関として国から指定され，計量法にもとづく特定標準ガスの維持管理とそれを用いた校正業務を行っている．

大気汚染が大きな社会的問題となった1970年代に，標準ガスの品質向上のため，標準ガス検査制度にもとづき国の基準にトレーサブルな標準ガスの供給が開始された．また，標準ガスに関するJIS規格(JIS K 0001～0007)が制定された．その後，計量法の改訂(平成5年11月)により，標準ガスの供給制度は大幅に改訂された．さらに近年，メー

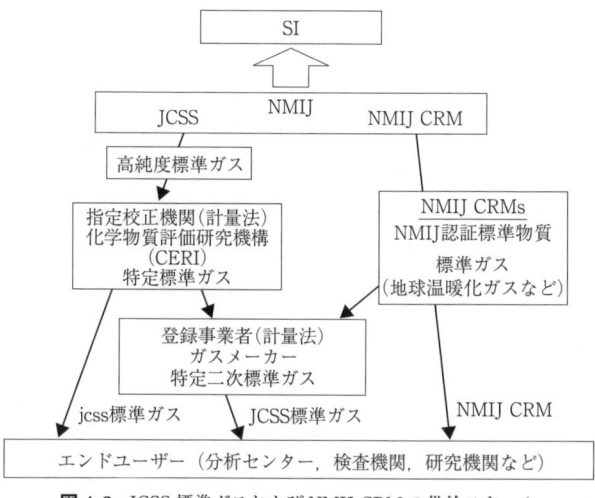

図4.6 JCSS標準ガスおよびNMIJ CRMの供給スキーム

表4.5 登録事業者から供給されている JCSS 標準ガス

種 類	濃度範囲	規格(精度,％)	
		1級標準ガス	2級標準ガス
メタン(空気希釈)	1 ppm～50 ppm	±1.0	±2.0
プロパン(空気希釈)	3.5 ppm～500 ppm	±1.0	±2.0
プロパン(窒素希釈)	150 ppm～1.5％	±1.0	±2.0
一酸化炭素(窒素希釈)	3 ppm～50 ppm 50 ppm 超～15％	±1.5 ±1.0	±2.5 ±2.0
二酸化炭素(窒素希釈)	300 ppm～16％	±1.0	±2.0
一酸化窒素(窒素希釈)	0.5 ppm～1 ppm 1 ppm 超～30 ppm 30 ppm 超～5％	— ±1.5 ±1.0	±5.0 ±2.5 ±2.0
二酸化窒素(空気希釈)	5 ppm～50 ppm	±5.0	—
酸素(窒素希釈)	1％～25％ 98％～100％	±1.0 ±0.1	±2.0 —
二酸化硫黄(窒素希釈)	0.5 ppm～1 ppm 1 ppm 超～50 ppm 50 ppm 超～1％	— ±1.5 ±1.0	±5.0 ±2.5 ±2.0

表4.6 登録事業者から供給されている JCSS 標準ガス(ゼロガス)

種 類	品 質
発生源用空気または窒素	共存成分がメタン 0.5 ppm 以下，一酸化炭素 1.0 ppm 以下，二酸化炭素 1.0 ppm 以下，二酸化硫黄 0.1 ppm 以下および窒素酸化物(一酸化窒素＋二酸化窒素)0.1 ppm 以下
環境用(空気)	共存成分が二酸化硫黄濃度 5 ppb 以下および窒素酸化物濃度(一酸化窒素＋二酸化窒素)5 ppb 以下のもの

トル条約にもとづく国際的な相互承認(International Committee of Weights and Measures, Mutual Recognition Arrangement：CIPM MRA)に対応すべく SI へのトレーサビリティ制度として整備されてきた．現在，JCSS の供給体系は，計量法のもとにつくられた制度に加えて，MRA に必要な要件を盛り込んだ複雑な体系となっている．

図4.6に示したとおり，国の指定した指定校正機関が標準ガスの最上位に位置する特定標準ガスを調製保持し，これを基準に JCSS 制度に登録されている登録事業者が調製した特定二次標準ガスの校正を行う．登録事業者は，自社で調製した実用標準ガスの校正を特定二次標準ガスを用いて行い，これをユーザーに供給する．SI への直接のトレーサビリティは，高純度物質および精密な分銅で実現されるが，NMIJ より供給される高純度物質および分銅がこの役割を担っている．さらに，NMIJ および指定校正機関は，

認定機関である(独)製品評価技術基盤機構(NITE)より，ISO/IEC 17025(JIS Q 17025)およびISO Guide 34(JIS Q 0034)にもとづく品質システムの認定を受けているとともに，物質量諮問委員会(CCQM)が行う国際比較に参加することにより，校正能力の証明を行うことが義務づけられている．登録事業者も，やはりそれぞれが維持管理している品質システムがISO/IEC 17025に適合していることをNITEより認定されている．JCSSにより供給される標準ガスの確からしさの表記方法に関して，2008年現在で，精度表示から不確かさ表示への移行期間中である．今後は，各社が認定機関に申請し認定された不確かさをつけたものに変わっていく．さらには，登録事業者についても，ISO Guide 34にもとづく品質システムの認定を受けるようになり，安定性を含めた不確かさ表示へと変わっていく予定である．

現在の標準ガスの供給体系では，標準ガスが経時変化しやすいものであることなどを考慮して，登録事業者の値付けした標準ガスを，指定校正機関が濃度のチェックを行う濃度信頼性試験を行っている．これは，以前の検査制度を引き継いだ形である．濃度信頼性試験は，1級については全数，2級については1/3の抜き取りとなっている．このような体系にもとづいて供給されている標準ガスにはJCSSのロゴ入り証明書がついており，規定にもとづき，ガスの種類，ガスメーカーによる分析結果の値(3ないし4桁表示)，値付けを行った日付，およびガス種ごとに決められた精度などが記載されている．

表4.5および表4.6には登録事業者より供給されている標準ガスを示したが，これら以外にも，低濃度一酸化窒素，低濃度二酸化硫黄，アンモニア，エタノール，ベンゼンなどの揮発性有機化合物(24種類，単成分および混合ガスで各成分の濃度は，0.1 ppmあるいは1 ppm)が指定校正機関からjcssつき(スモールjcss，本来は特定二次標準につくロゴマーク)標準ガスとして供給されている．

B．NISTの標準ガス

NISTは，SRMとNTRM(NIST traceable reference material)の2種類の標準ガスを供給している．これら以外にも，標準ガスメーカーに対して校正サービスを行うことにより，種々の標準ガス供給を行っている．

SRMはNISTが直接販売している標準物質であり，標準ガスメーカーが製造したバッチ(50〜100本程度の均一な標準ガスのセット)に対して，NISTが一次標準ガス(primary reference material：PRM)を用いて値付けを行ったものである．PRMの不確かさ，SRMへの値付けの不確かさ，SRMの安定性，SRMバッチ内の均一性などを不確かさ要因として考慮している．NISTでは，質量比混合法で調製した成分ごとにある濃度範囲のPRMのセットを維持しており，複数の独立した標準ガスどうしを比較するなど，

多くのチェックを行うことにより，PRM のセット全体の信頼性を担保している．

NTRM は，ガスメーカーが調製した 10〜100 本程度の標準ガスのバッチから数本(2本以上)を抜き取り，NIST が値付けを行うことにより，バッチ全体に値付けを行う制度である．ガスメーカーは，NIST が行う NTRM プログラムに参加することにより，技術的な指導と確認を受けている．SRM のみでは，多くの需要に応え切れないためにつくられた制度であり，JCSS と共通するところがある．

C．国際整合性

BIPM の基幹比較データベースには，相互承認協定(mutual recognition arrangement : MRA)の対象として登録されている校正能力(認証標準物質の供給も含む)が掲載されており，標準ガスに関して NMIJ および CERI から多数の登録がなされている．登録の要件として，ISO/IEC 17025 および ISO Guide 34 にもとづく品質システム，国際比較への参加，定期的なピアレビューの実施が必要であり，NMIJ および CERI では，これらへの対応を行っている．1993 年から 2008 年末までに完了あるいは進行中の標準ガスに関する国際基幹比較は約 30 件ある．これらのうち 24 件に日本は参加している．内訳は，CERI が 15 件，NMIJ が 9 件(CERI との共同が 2 件)である．これらの国際比較への参加とその結果や校正能力の登録状況については，BIPM のウェブページでみることが可能であり，日本の結果は概して良好である．

4.3.3 標準ガスの調製法

標準ガスの調製法は，大きく分けると，静的方法と動的方法に分けられる．静的発生法とは，高圧容器，フラスコ，テドラーバックなどに，一定量の成分(ガスあるいは液体)を入れて，これを希釈ガスで希釈し，必要な量の標準ガスを調製する方法である．成分の濃度は，それぞれの成分の量から計算で求めることができる．このさいに，各成分の量をどのように測定するかで，質量比混合法，圧力比混合法，容量比混合法などに分類される．一方，動的な発生法の種類は多いが，パーミエーションチューブ法，拡散管法，シリンジ注入法，飽和蒸気圧法などが代表的である．これらは一定の速度で成分を供給し，一定流量の希釈ガスで希釈する方法や，ある条件下で気液間あるいは固液間で特定の成分濃度が平衡状態(飽和蒸気圧)になることを利用して，一定濃度の成分ガスを得る方法である．そのほかにも，化学反応を利用する方法が知られている．また，高圧容器詰めの標準ガスをさらに希釈することにより，さまざまな濃度の標準ガスを調製する方法も広く用いられている．複数のキャピラリーを用いて複数の希釈率が選択できる希釈器や，サーマルマスフローコントローラーを用いた希釈装置が市販されている．とくに

低濃度の標準ガスの調製や，分析計の直線性を評価するために複数の濃度での測定を行う場合などでよく利用される．

これらのうち，質量比混合法(ISO 6142：2001)，フラスコ法(ISO 6144：2003，静的な容量法による校正ガスの発生方法)，動的な容量法(ISO 6145-1：2003)，定量ポンプ法(ISO 6145-2：2001，容量可変式のピストンを複数備えた装置による)，シリンジ注入法(ISO 6145-4：2004，シリンジポンプを用いた連続注入法)，キャピラリー法(ISO 6145-5：2001)，クリティカルオリフィス法(ISO 6145-6：2003)，サーマルマスフロー方式(ISO 6145-7：2001，サーマルマスフローコントローラーを用いた希釈法)，飽和蒸気法(ISO 6145-9：2001，水分標準ガス発生に用いられ，市販品もある．圧力を変えることによりさまざまな濃度がつくり出せる)，パーミエーションチューブ法(ISO 6145-10：2002)がISO規格に取り上げられている．以下に，おもな二つの手法の概要を紹介する．

A. 質量比混合法

質量比混合法は，精密なてんびんを用いて高圧容器などの容器に成分ガスをはかり取り，モル質量と質量より成分ガスの濃度を計算する方法である．2成分の場合の調製の概要は，空の高圧容器の準備(前処理，真空引きなど)，空容器のひょう量，量の少ない成分ガスの充塡，容器のひょう量，量の多い成分ガス(希釈ガス)の充塡，容器のひょう量，混合，安定化，調製濃度の確認といったものである．調製濃度 X_i は，次のように充塡された各成分のモル質量とはかり取った質量より計算される．

$$X_i = \frac{\sum_{A=1}^{P}\left(\dfrac{x_{i,A} \cdot m_A}{\sum_{i=1}^{n} x_{i,A} \cdot M_i}\right)}{\sum_{A=1}^{P}\left(\dfrac{m_A}{\sum_{i=1}^{n} x_{i,A} \cdot M_i}\right)}$$

ここで，X_i は i 番目の成分の混合ガス中の濃度($i=1, 2, \cdots, n$)，P は原料ガスの数，n は混合ガス中の成分の総数，m_A は A 番目の原料ガスのはかり取られた質量($A=1, 2, \cdots, P$)，M_i は i 番目の成分のモル質量($i=1, 2, \cdots, n$)，x_{iA} は A 番目の原料ガス中の i 番目の成分の濃度($i=1, 2, \cdots, n, A=1, 2, \cdots, P$)である．

この式はやや複雑な印象があるが，原料ガスの純度や希釈ガス中のバックグラウンドなどを想定しているためである．質量比混合法における調製の不確かさの要因としては，各成分の純度，希釈ガス中の不純物，はかり取った質量，高圧容器における吸着，安定性などによる不確かさがある．はかり取った質量の不確かさには，用いた分銅，て

んびんの直線性，浮力（気温，気圧，湿度，高圧容器のガス充填に伴う膨張などによる），高圧容器外面への水分吸脱着（気温・湿度の変化による），高圧容器への配管の脱着による口金の摩耗，高圧容器外面のシールや塗装などの脱落，バルブなどにおけるガスの漏れなどの要因がある．質量測定では，浮力や水分の吸脱着による影響を軽減するため，参照用の高圧容器（調製用と同ロットの容器が望ましい）と，調製用の高圧容器を交互に質量測定し，その差分を求めるタラ法を用いる．タラ法による高精度のてんびん（最大ひょう量 15～30 kg で，最小読み取り 1 mg）でのはかり取りでの不確かさは，2～10 mg 程度となる．

この方法は，もっとも高精度で信頼できる一次標準ガスの調製法として知られており，内容積 10 L の高圧容器を用いて 100 倍程度の希釈を行った場合の不確かさは，相対不確かさで 0.1％程度である．国際比較などの場合には，不確かさがさらに小さくなるよう注意深く調製する．低濃度の標準ガスでは中間濃度のガスを調製し，これをさらに希釈して調製する．高い希釈精度が必要ない場合や，量の少ない成分のひょう量に小型の容器を使う場合には，1 回あたりの希釈率を大きくして，希釈回数を少なくすることが可能である．調製の精度には，容器内部での吸着や反応などによる初期変化や経時変化も影響するので，事前の調査，安定性試験などにより精度が確保できることを確認する必要がある．また，計算どおりの濃度になっているかを確認するため，独立に調製した複数の標準ガスの濃度の比較や，移充填を行って容器内の吸脱着による濃度変化の評価などを行う必要がある．

B．パーミエーションチューブ法，拡散管法

ISO 6145-10 は，パーミエーションチューブ法（浸透管法）による校正用ガスの発生方法に関するものである．また，JIS K 0226 では，1～10 ppm の範囲の水分測定器の校正を行うための水分校正用ガスを発生させる方法として，拡散管（ディフュージョンチューブ）式の発生装置を規定している．これらの方法は，発生させる成分の液体を小さな容器（パーミエションチューブあるいは拡散管）に入れ，これを一定温度・一定圧力の容器内に置き，浸透あるいは拡散してくる成分を希釈ガスにより希釈する方法である．

対象成分の発生濃度 x は，次の式で計算される．

$$x = 22.4(D/M)/f$$

ここで，D は浸透速度あるいは拡散速度（g min^{-1}），M は対象成分のモル質量，f は標準状態に換算した希釈ガスの流量（L min^{-1}）である．

代表的なパーミエーションチューブは，長さ 10 cm 程度のフッ素樹脂製の管に液体あ

るいは液化ガスを封じ入れたものであり，内部のガスが管壁を浸透して外部に浸み出すようにしたものである．浸透速度は，成分，温度によって変わるが，一定の条件下では一定の浸透速度を得ることができる．浸透速度 D は，あらかじめ一定温度の気流中に保っておいたパーミエーションチューブの質量変化を一定の時間間隔で測定して求める．複数の温度において浸透速度を測定したものが市販されており，決められた条件下で用いれば，標準ガスとして使用可能である．パーミエーションチューブ法は，計量法では取り上げられていないが，標準ガスの発生法としてしばしば用いられる．アンモニア，アセトアルデヒド，水，二酸化硫黄，塩素，塩化ビニル，トルエンなどさまざまなものが市販されており，ppb から数十 ppm 程度の濃度範囲に適用可能である．

拡散管は，小さな容器の上部に管状の首をつけたもので，下の容器部分に少量の液体成分を入れ，一定の条件下におくことで，一定の速度で対象成分の蒸気を発生させるものである．対象成分ガスの発生速度は管状部分での拡散によりほぼ決まる．拡散速度 D は次式より計算できるが，実際には一定時間ごとの質量変化を測定して拡散速度を求め濃度を計算する．

$$D = (D_0 \cdot P \cdot M \cdot A)/(R \cdot T_0^2 \cdot L) \cdot T \cdot \ln\{P/(P-p)\}$$

ここで，D_0 は 0 ℃，1 気圧での拡散係数，P はガス全圧，M は成分ガスのモル質量，A は拡散管断面積，R は気体定数，T_0 は 273 K，L は拡散管長，T は拡散管温度，p は成分液体蒸気圧である．

この方法は，常温で液体となる成分であれば水以外にも適用可能であるが，あまり蒸気圧の低いもの，あるいは高いもの，反応性のあるものなどには適用できない．使用者自身が必要なガスを発生できる点では自由度が高い．

4.3.4　標準ガスの使用上の注意

高圧ガスとしての取扱いについては，高圧ガス保安法による厳密な決まりがあるので，そちらを参照していただきたい．実施については，各都道府県や各事業所において多少の違いがあるので要注意である．ただし，もっとも基本的に注意すべき点は，1ヶ所の貯蔵所あたりの高圧ガスの総量が 300 m³ を超えた時点で，都道府県知事への届け出が必要な第 2 種貯蔵所となることである．ここでは，標準ガスの使用にあたっての，基本的技術的な注意点について述べる．

A．基本的な量

（ⅰ）濃度あるいは純度　　SI における物質量の単位はモル（mol）であり，濃度を表

す場合は物質量分率(mol mol^{-1})を用いるが，単位体積あたりの質量(kg m^{-3})や体積分率で表すことも多く，たとえば国際的な規格である ISO でのガスの濃度表示は体積分率である．体積分率の場合，"% vol"などのように表示されることが多い．体積分率の意味は，各ガス成分の混ぜる前の純粋なガスの体積の比率である．理想気体であれば，物質量分率と体積分率は同じ値になるが，実際は，理想気体からのずれのため，成分によってずれの程度はさまざまであるが，わずかながら異なった値となる．かつて，二酸化硫黄標準ガスに関して，体積分率での表示をしていたことがあり，物質量分率で換算すると表示値よりも約 2.2% 高くなる．正確な換算は難しいが，ISO 14912(Gas analysis. Conversion of gas mixture composition, 2003)に換算表が載っている．体積分率の場合，百分率(%)，百万分率(ppm)，十億分率(ppb)，一兆分率(ppt)などの表記が，よく用いられている．標準ガスの場合，体積分率で表記してある場合も，理想気体を想定して，物質量分率と同じ値をつける場合が多く，注意が必要である．たとえば，質量比混合法で調製された場合の濃度は物質量分率になるが，体積分率で表示されることも多い．

（ⅱ）不確かさ　標準ガスの濃度の不確かさは，原料純度，調製方法，使用時温度，残圧，均一性，安定性などの要因を考慮してあらかじめ決定されるが，これらは，一定の保管条件や使用条件を想定して見積もられており，決められた条件から外れることにより不確かさが増大する可能性がある．使用上でとくに気をつける必要があるのは，使用温度，残圧，安定性である．蒸気圧の低い成分，たとえば常温で液体の成分では，低温下では濃度が下がる可能性がある．残圧は，0.5〜1.5 MPa 以上で使用するように指定されており，それ以下では，濃度が上昇したり，水分など余分な成分の濃度が増加したりする可能性がある．反応性や吸着性の高い成分は安定性が悪く，有効期限が短く半年程度になる．安定性を保証する有効期限は，日本国内で製造されたものは，長いものでも 1 年程度となっている．容器を含めた経済性，安全性などの観点から，1 年程度の有効期限が設定されていると考えられる．実際は，さらに有効期限を長くすることも可能であり，たとえば，米国 NIST の SRM では 3〜8 年，短くとも 2 年以上の有効期限が設定されている．気象機関が用いる標準ガスでは，長期の気候変動を観測するため，標準ガスに対して 10 年以上の安定性が見込まれている．

B．利用法および注意点

高圧容器詰めのガスを利用する場合は，減圧弁などの弁を用いて安全に取り出して利用する．とくに標準ガスについては，専用の減圧弁を用い，さらにガス種ごとに専用のものを用いることが望ましい．少なくとも，反応性の高いガスや酸素は専用のものを用いる必要がある．減圧弁や配管には，成分の濃度変化や汚染の可能性の小さい材質，た

とえば JIS G 3459 の SUS 304・SUS 316 などのステンレス鋼やフッ素樹脂などが適している．また配管はできるかぎり短く，滞留部分をなくす．減圧弁内の空気や水分を追い出すため，加圧—排気を何度か繰り返すなど，十分なパージをする．減圧弁内の空気や水分は十分パージしないと濃度や測定値が安定しない．フッ素樹脂製配管は大気中の水分や酸素が浸透する．大気中に存在する成分が測定対象の場合には，減圧弁や配管に残留しているガスが取れにくい場合があるので十分にパージするとともに，漏れ込みにも注意する必要がある．

マトリックスの違いが感度や分離の仕方に影響する場合があるので，次のような場合は希釈ガスの組成にも注意する．ガスクロマトグラフ法では，クロマトグラムの形状に主成分となる希釈ガスのピークの位置や形状が大きく影響する場合がある．また，保持時間が，マトリックスによって微妙に異なってくることもある．さらに，ガスクロマトグラフ法によく用いられる水素炎イオン化検出器(flame ionization detector：FID)や光イオン化検出器(photoionization detector：PID)などの検出器も，いわゆる酸素干渉により，対象成分に対する感度が変化することがある．空気希釈の可燃性ガスの標準ガスなどを酸素干渉のある計測器の校正に用いて高精度の分析を行う場合では，希釈ガスの酸素濃度にも注意する．非分散赤外分光法(nondispersive infrared analysis：NDIR)などの分光的手法でも，マトリックスによってわずかであるが感度が異なる場合がある．

C．保管，返却などの管理

高圧ガス容器は，0～40℃の範囲で，雨風や直射日光を避けて，風通しのよい場所で保管する．保管あるいは使用のためにどのような設備などが必要かは，ガス種や使用場所によって変わってくるので，高圧ガスの納入業者などにくわしく聞くのがよい．毒性ガス，可燃性ガス，酸素などは，シリンダーキャビネット，ガス漏れ警報機などが必要になる場合がある．そのほか，鎖などの転倒防止用の固定具は高圧ガス容器の保管と使用のさいにかならず必要である．

高圧容器の肩付近には，再検査年月，容器製造者符号，容器所有者登録記号番号，充塡ガスの名称，容器記号番号，製造年月，容器内容量(V に続く数字)，容器質量(W に続く数字)，耐圧試験圧力(TP に続く数字)，最高充塡圧(FP に続く数字)が刻印されている．容器記号番号によって，高圧容器は 1 本ずつ特定されている．容器所有者登録記号番号は，容器の所有者を示すものである．通常，高圧ガス容器はガスメーカーが所有者であり，使用後はガスメーカーに返却することになっており，ユーザーが勝手に処分することはできない．また，返却のさいは，高圧ガス容器を完全に空にせず，残圧を残し，口金キャップ，高圧ガス容器のキャップを取りつけたうえで返却することが望ましい．

D. 使用上の安全に関する事柄

減圧弁の口金のねじは，ガス種ごとに異なっていることがあり，合わないねじを無理矢理ねじ込んではいけない．また，口金のパッキングは，ごみがつかないよう常にきれいにしておく必要がある．素手で拭くことは脂がつく可能性がある．また，パッキングは消耗品であり，安全のため指定されているものを定期的に交換して使用する．取扱いにおいては，乱暴に扱ったり，高温にさらしたり，表面を腐食させたりすることは禁止されている．使用後は，バルブを完全に閉め，口金キャップを取りつけ，保護キャップをつける．ボンベにガスが逆流するおそれのある作業・使用方法は絶対にしてはいけない．以上，おもな注意点を紹介したが，くわしくはガスメーカーなどのウェブページを参照されたい．

4.4 容量分析用

容量分析は分析の目的物質に，その物質と反応する物質の既知量を含む溶液を加え，反応が終了するまでに加えた体積を測定して目的物質の量を知る方法であり，滴定(titration)ともよばれる．一般に原子吸光分析や誘導結合プラズマ発光分光分析(ICP-AES)などの機器分析に比べると，分析時間や検出感度では劣るが，測定精度の点では優れている．それゆえ容量分析では，その測定精度に見合った不確かさの付与された標準物質を基準として用いる必要があり，多くの場合，それは高純度物質または高純度物質から調製された溶液である．

4.4.1 容量分析に利用される標準物質

容量分析では利用する反応の種類に応じてさまざまな高純度物質が基準として用いられる（表4.7）．こうした高純度物質はNIST(米国)，SMU(スロバキア)，BAM(ドイツ)，NIM(中国)，NMIJ(日本)などの標準研究所などから，そのトレーサビリティを明記した認証書とともに，認証標準物質として供給されている．とくに定量値のトレーサビリティが問題になる場合には，こうした認証標準物質の利用が望ましい．また，日本で広く用いられてきた標準物質として，JISで規定された容量分析用標準物質(JIS K 8005)がある．表4.8にその品目および乾燥条件を示す．これらの物質には(独)製品評価技術基盤機構(NITE)による認証書が添付されており，認証値とともに，用途，使用方法，分析方法および保存方法などが明記されている．

表4.7 容量分析で基準に用いられる高純度物質の例

用　途	高純度物質
中和滴定	フタル酸水素カリウム 炭酸ナトリウム アミド硫酸 安息香酸 ホウ酸
酸化還元滴定	酸化ヒ素(Ⅲ) 二クロム酸カリウム シュウ酸ナトリウム ヨウ素酸カリウム
沈殿滴定	塩化カリウム 塩化ナトリウム フッ化ナトリウム
キレート滴定	亜鉛 銅

表4.8 容量分析用標準物質の乾燥条件(JIS K 8005：2006)

品　目	乾燥方法
亜　鉛	塩酸(1+3)，水，エタノール(99.5)及びジエチルエーテルで順次洗った後，直に減圧デシケーターに入れて，デシケーター内圧2.0 kPa以下で数分保った後，減圧下で約12時間保つ．
アミド硫酸	めのう乳鉢で軽く砕いた後，減圧デシケーターに入れ，デシケーター内圧2.0 kPa以下で約48時間保つ．
塩化ナトリウム	600℃で約60分間加熱した後，デシケーターに入れて放冷する．
酸化ひ素(Ⅲ)	105℃で約2時間加熱した後，デシケーターに入れて放冷する．
しゅう酸ナトリウム	200℃で約60分間加熱した後，デシケーターに入れて放冷する．
炭酸ナトリウム	600±10℃で約60分間加熱した後，デシケーターに入れて放冷する．
銅	塩酸(1+3)，水，エタノール(99.5)及びジエチルエーテルで順次洗った後，直に減圧デシケーターに入れて，デシケーター内圧2.0 kPa以下で数分保った後，減圧下で約12時間保つ．
二クロム酸カリウム	めのう乳鉢で軽く砕いたものを150℃で約60分間加熱した後，デシケーターに入れて放冷する．
フタル酸水素カリウム	めのう乳鉢で軽く砕いたものを120℃で約60分間加熱した後，デシケーターに入れて放冷する．
ふっ化ナトリウム	500℃で約60分間加熱した後，デシケーターに入れて放冷する．
よう素酸カリウム	めのう乳鉢で軽く砕いたものを130℃で約2時間加熱した後，デシケーターに入れて放冷する．

(注) デシケーターおよび減圧デシケーターの乾燥剤は，JIS Z 0701に規定するシリカゲルA形1種を用い，過熱後のデシケーター中の放冷時間は，30〜60分間である．

4.4.2 容量分析用標準物質の使用における注意点

標準物質の利用においては，認証書に指定されている保存方法や使用方法(乾燥条件)などに厳密に従う必要がある．容量分析で利用するためには，高純度物質を溶液化する必要があるが，そのさいには損失や汚染がないように十分注意しなければならない．トレーサビリティ確保の観点からいえば，そうした調製の不確かさを見積もることも必要である．一般的に，メスフラスコなどの定容器具を用いずに，すべてをひょう量によって調製するほうが溶液調製の不確かさを小さくできるが，そのさいには空気中での浮力補正などを忘れずに行う必要がある．また，多くの場合，認証標準物質によってその認証値が保証されるのは，厳密にいえば，その標準物質を開封するまでであることも留意する必要がある．

4.5 有機分析用

有機分析用の標準物質(濃度標準)に分類されるものには，比較的高純度の有機化合物の純度を認証した高純度標準物質と，溶液中の有機化合物濃度を認証した標準液がある．これらの標準物質は一般的には，国際単位系(SI)に計量学的にトレーサブルな分析値を得るために，おもに分析機器の校正に使用される．また，分析機器の精度管理あるいは分析方法や分析操作の妥当性確認に用いることもできる．一方，とくに校正機関においては，標準液の調製原料あるいは実用レベルの標準液や組成型標準物質の校正(値付け)に使用される場合もある．

現在までに多種類の標準物質が，多数の国家計量機関によって開発し供給されている．このうち，臨床化学分析での使用を目的とした標準物質については7.1節に譲り，本節ではそのほかの標準物質について国内外のおもな計量機関における整備状況を紹介する．

4.5.1 計量法 JCSS 制度による標準物質

計量法にもとづく JCSS 制度において，揮発性有機化合物(VOCs)，アルキルフェノール類など，およびフタル酸エステル類の特定標準物質(国家計量標準)が指定されるとともに(表4.9)，これにトレーサブルな標準液の供給体制が整備されている．このうち揮発性有機化合物23種混合標準液については，指定校正機関である CERI が特定標準物質を製造(調製)し，これを用いて登録事業者である試薬メーカーが調製する特定二次標

表4.9 計量法にもとづくJCSS制度における有機分析用の特定標準物質

(揮発性有機化合物)

ジクロロメタン標準液	クロロホルム標準液
四塩化炭素標準液	トルエン標準液
1,1-ジクロロエチレン標準液	cis-1,2-ジクロロエチレン標準液
1,1,1-トリクロロエタン標準液	1,1,2-トリクロロエタン標準液
cis-1,3-ジクロロプロペン標準液	ベンゼン標準液
o-キシレン標準液	m-キシレン標準液
p-キシレン標準液	トリクロロエチレン標準液
テトラクロロエチレン標準液	1,2-ジクロロエタン標準液
trans-1,3-ジクロロプロペン標準液	trans-1,2-ジクロロエチレン標準液
ブロモジクロロメタン標準液	ジブロモクロロメタン標準液
トリブロモメタン標準液	1,2-ジクロロプロパン標準液
1,4-ジクロロベンゼン標準液	ホルムアルデヒド標準液
揮発性有機化合物23種混合標準液[a]	

(アルキルフェノール類など)

4-t-ブチルフェノール標準液	4-t-オクチルフェノール標準液
4-n-ヘプチルフェノール標準液	ビスフェノールA標準液
4-n-ノニルフェノール標準液	2,4-ジクロロフェノール標準液
アルキルフェノール類6種混合標準液	アルキルフェノール類5種混合標準液[b]

(フタル酸エステル類)

フタル酸ジエチル標準液	フタル酸ジ-n-ブチル標準液
フタル酸ジ-2-エチルヘキシル標準液	フタル酸ブチルベンジル標準液
フタル酸ジ-n-ヘキシル標準液	フタル酸ジシクロヘキシル標準液
フタル酸ジ-n-ペンチル標準液	フタル酸ジ-n-プロピル標準液
フタル酸エステル類8種混合標準液	

a) ホルムアルデヒドを除く23種類の揮発性有機化合物の混合標準液.
b) ビスフェノールAを除く5種類のアルキルフェノール類などの混合標準液.

準物質を校正している.登録事業者は,特定二次標準物質によって校正した実用標準物質(メタノール溶液,各成分の濃度は1000 mg L^{-1})をユーザーに販売している.この標準液にはJCSSのロゴマークつき証明書がつけられている.一方,現在までに登録事業者が存在しないほかの標準液については,CERIが特定二次標準物質を調製し,直接ユーザーに供給している(各成分の濃度は100 mg L^{-1}または1000 mg L^{-1}).この標準物質にはjcssのロゴマークつき証明書がつけられている.

なお,指定校正機関が特定標準物質を製造(調製)するさいには,産業技術総合研究所計量標準総合センター(AIST/NMIJ)が純度を評価した高純度の有機化合物が原料物質として使用されている.

4.5.2 産業技術総合研究所計量標準総合センター(AIST/NMIJ)が供給する標準物質

NMIJ は，おもに VOCs や残留性有機汚染物質の認証標準物質を整備中であり，開発した認証標準物質は NMIJ CRM として頒布されている（表 4.10 および表 4.11）。

高純度標準物質の原料には，試薬級の有機化合物などをさらに蒸留や再結晶によって精製したものを用いている。また，特性値（純度）は原則として凝固点降下法によって決められており，このため特性値は，物質量分率（>0.997 mol mol^{-1}）で与えられている。

表 4.10 NMIJ が供給する有機分析用の高純度標準物質

CRM 番号	名 称	CRM 番号	名 称
4001-a	エタノール	4020-a	ブロモジクロロメタン
4002-a	ベンゼン	4021-a	エチルベンゼン
4003-a	トルエン	4022-b	フタル酸ジエチル
4004-a	1,2-ジクロロエタン	4030-a	ビスフェノール A
4011-a	o-キシレン	4036-a	ジブロモクロロメタン
4012-a	m-キシレン	4039-a	1,4-ジクロロベンゼン
4013-a	p-キシレン	4040-a	アクリロニトリル
4019-a	ブロモホルム（トリブロモメタン）		

表 4.11 NMIJ が供給する有機分析用の標準液

CRM 番号	名 称	認証値と不確かさ[a] mg kg^{-1}
4201-a	p,p'-DDT 標準液	9.74 ± 0.65
4202-a1	p,p'-DDE 標準液	10.06 ± 0.20
4203-a1	γ-HCH 標準液	10.05 ± 0.12
4206-a1	PCB28(2,4,4'-トリクロロビフェニル)標準液	10.04 ± 0.17
4207-a1	PCB153(2,2',4,4',5,5'-ヘキサクロロビフェニル)標準液	10.13 ± 0.17
4208-a1	PCB170(2,2',3,3',4,4',5-ヘプタクロロビフェニル)標準液	9.96 ± 0.20
4209-a1	PCB194(2,2',3,3',4,4',5,5'-オクタクロロビフェニル)標準液	9.99 ± 0.16
4210-a1	PCB70(2,3',4',5-テトラクロロビフェニル)標準液	9.93 ± 0.18
4211-a1	PCB105(2,3,3',4,4'-ペンタクロロビフェニル)標準液	9.69 ± 0.23
4213-a	ベンゾ[a]ピレン標準液	99.2 ± 3.9
4214-a	p,p'-DDT, p,p'-DDE, p,p'-DDD, γ-HCH 混合標準液	p,p'-DDT 9.85 ± 0.14 p,p'-DDE 10.01 ± 0.09 p,p'-DDD 10.06 ± 0.08 γ-HCH 10.02 ± 0.07
4215-a	燃料中硫黄分分析用標準液	0.98 ± 0.02[b]

a) 約 95% の信頼水準をもつと推定された区間を示す拡張不確かさ。
b) 硫黄分として。

凝固点降下法はCIPM/CCQMが定めた一次標準測定法の一法であり，この方法によって得られた特性値はSIにトレーサブルといえる．なお，アクリロニトリル(NMIJ CRM 4040-a)については，ガスクロマトグラフィーやカールフィッシャー滴定法によって不純物を定量して主成分の純度を算出する，差数法によって特性値を算出している．

一方標準液は，認証成分の原料物質と希釈溶媒とを質量既知で混合することによって調製される．そのさい，混合における希釈濃度を原料物質の純度で補正して算出した調製値を特性値(濃度)としている．なお，原料物質の純度評価にも凝固点降下法や差数法などが適用されており，特性値のSIへのトレーサビリティが確保されている．

4.5.3 米国国立標準技術研究所(NIST)が供給する標準物質

NISTはSRMの呼称で多種類の認証標準物質を開発している．このうち，環境分析での使用を目的とした認証標準物質を表4.12にまとめる．今日の有機分析は，クロマトグラフィーなどによって複数の対象成分を同時に定量することが主流となっているが，これに対応してSRMには多成分濃度が認証された標準液が多種類ある．これらの標準物質の多くでは，認証値は標準液の調製における調製値(原料化合物の純度によって補正している)とクロマトグラフ分析の結果から算出している．そのため，認証値は質量分率で与えられているが，その場合でも溶液の密度によって換算して求められた容量あたりの濃度も認証値として付与されているか，または溶液の密度が参照値として与えられている．なお，表4.12に示した認証成分以外にも参照値が提供されている成分も多数あるので，くわしくは認証書を参照されたい．このほかに，4,4′-DDT(RM 8469)や4,4′-DDE(RM 8467)，γ-HCH(RM 8466)の高純度品が標準物質(reference material)として供給されている．

環境分析用以外にも，エタノール濃度を認証したエタノール-水標準液が10種類あり(SRM 2891～SRM 2900)，このうちエタノール濃度が0.02～0.3%(質量分率)にある6種類の溶液を血中アルコール検査用(SRM 1828b)として，また2～25%(質量分率)にある3種類の溶液を呼気アルコール検査用(SRM 1847)としてセットで供給している．また，高速液体クロマトグラフィーにおけるカラムの選択性を評価するためのSRM 869bやSRM 870，キラル分離能を評価するためのSRM 877，ガスクロマトグラフィー/質量分析法の検出能力を評価するためのSRM 1543があり，それぞれが分析装置の適格性評価などに使用可能である．

表 4.12 NIST が供給する有機環境物質分析用の標準液

SRM 番号	認証成分	SRM 番号	認証成分	SRM 番号	認証成分
1491a	メチル化 PAHs[a][18]	2269	PAHs[a] の d 標識化合物[5]	3064	エンドタール
1492	塩素系農薬類[14]	2270	PAHs[a] の d 標識化合物[6]	3067	トキサフェン
1493	PCB[b] 同族体[20]	2273	DDT と代謝物[7]	3068	クロルダン類（総量）
1494	脂肪族炭化水素類[20]	2274	PCB[b] 同族体[11]	3071	グリホサート
1584	フェノール類[c][10]	2275	塩素系農薬類[9]	3072	ジクアトジブロミド一水和物
1586	四塩化炭素，ベンゼン，クロロベンゼン[c][10] とその [13]C または d 標識化合物	2276	PCB[b] 同族体 (ノンオルソ体)[3]	3074	フタル酸エステル類[6]
1587	ニトロ化 PAHs[a][6]	3000	ベンゼン	3075	アロクロール 1016[d]
1596	ジニトロピレン異性体[3], 1-ニトロピレン	3001	トルエン	3076	アロクロール 1232[d]
1614	2,3,7,8-テトラクロロジベンゾ-p-ジオキシン (2,3,7,8-TCDD) とその [13]C[12] 標識化合物	3002	エチルベンゼン	3077	アロクロール 1242[d,e]
		3003	o-キシレン	3078	アロクロール 1248[d,e]
		3004	m-キシレン	3079	アロクロール 1254[d,e]
		3005	p-キシレン	3080	アロクロール 1260[d,e]
1639	ハロゲン化炭化水素 (ハロカーボン) 類[7]	3006	四塩化炭素	3081	アロクロール 1016[d]
		3008	ジクロロメタン	3082	アロクロール 1232[d]
		3009	1,2-ジクロロプロパン	3083	アロクロール 1242[d]
1647e	PAHs[a,c][16]	3010	テトラクロロエテン (テトラクロロエチレン)	3084	アロクロール 1248[d]
2260a	芳香族炭化水素類[36]			3085	アロクロール 1254[d]
2261	塩素系農薬類[14]	3011	1,1,1-トリクロロエタン	3086	アロクロール 1260[d]
2262	PCB[b] 同族体[28]	3012	1,2-ジクロロエタン	3090	アロクロール 1016, 1232, 1242, 1248, 1254, 1260 (SRM 3075-3080 のセット)[d,e]
2264	ニトロ化芳香族炭化水素類[11]	3014	1,2,3-トリクロロプロパン		
2265	ニトロ化 PAHs[a][16]	3015	イソプロピルベンゼン		
2266	ホパン類[3], ステラン類[4]	3016	sec-ブチルベンゼン	3091	アロクロール 1016, 1232, 1242, 1248, 1254, 1260 (SRM 3081-3086 のセット)[d]
2267	d-レボグルコサン	3063	2,3,7,8-テトラクロロジベンゾ-p-ジオキシン (2,3,7,8-TCDD)		
2268	[13]C[6]-レボグルコサン				

認証成分が複数ある場合は，その数を [ ] 内に示す．
a) PAHs：多環芳香族炭化水素類
b) PCB：ポリクロロビフェニール
c) 米国環境保護局 (EPA) が定めた優先汚染物質
d) ポリクロロビフェニールの製品名
e) 変圧器油中の濃度を認証

4.5.4 EU 標準物質・計測研究所(IRMM)が供給する標準物質

　IRMM は IRMM 認証標準物質のほか，BCR や ERM の商標を付した認証標準物質を供給している．このうちダイオキシン類分析用の標準液である BCR-614 は，ポリクロロジベンゾジオキシン同族体 7 種とポリクロロジベンゾフラン 10 種，およびそれらの ^{13}C 標識化合物などが混合した機器校正用の標準液(6 濃度レベル)と，内標準として分析試料に添加するための ^{13}C 標識化合物の混合標準液がセットになったものであり，ユーザーにとって使い勝手がよい．各同族体の認証値(濃度)は，溶液調製における調製値と各原料物質の純度から算出している．なお，純度測定は複数の分析機関によって行われ，ガスクロマトグラフィーや高速液体クロマトグラフィーなどによる差数法が適用されている．このほかにも，多環芳香族炭化水素類(PAHs)に関して 44 種類の高純度標準物質や，ニトロ化 PAHs(BCR-305～BCR-312)および含酸素 PAHs(BCR-337～BCR-343)の高純度標準物質が，またポリクロロビフェニル(PCB)に関して 7 同族体の高純度物質(BCR-289～BCR-298)および 8 同族体濃度を認証した標準液(BCR-365)が開発されている．さらに，食品分析用の標準液として，7 種類のかび毒(ERM-AC057～ERM-AC060，ERM-AC699，IRMM-315，IRMM-316；ほかに BCR-423(RM)がある)と，貝毒であるサキシトキシン(BCR-626)の標準液が提供されている．

4.5.5 韓国標準科学研究所(KRISS)が供給する標準物質

　水質分析用の標準液としてトリハロメタン標準液(CRM 109-01-001)，トリハロメタンおよびベンゼン標準液(CRM 109-01-004)，BTEX 標準液(CRM 109-01-002)，ダイアジノンなど 5 種類の農薬標準液(CRM 109-01-003)があり，PCB 分析用として 4 種類の同族体の標準液(CRM 105-05-001)が供給されている．また，ポリブロモジフェニルエーテル同族体の認証標準物質などを開発中である．

　以上のように国家計量機関によって多種類の有機分析用の標準物質が開発されているものの，実際の化学分析おいて測定対象となっている有機化合物のすべてを包含しているとはいえない．また，ISO Guide 34(JIS Q 0034 "標準物質生産者の能力に関する一般要求事項")などに準拠していない市販試薬(標準品)が，実質的な標準となっている場合もある．たとえば，ダイオキシン類の公定分析法である JIS K 0311 "排ガス中のダイオキシン類の測定方法" や JIS K 0312 "工業用水・工場排水中のダイオキシン類の測定方法" では，国家計量標準にトレーサブルまたは国家計量標準機関が認めた標準物質の使

用が求められているが，実際にはほとんどの分析機関は Wellington Laboratories や Cambridge Isotope Laboratories が製造する試薬(標準品)を使用している．そこで，NMIJ はこれらの試薬についてトレーサビリティ体系を評価してその妥当性を確認したうえで，JIS 法における "国家計量標準機関が認めた標準物質" であることを示している．

4.6 安定同位体

安定同位体とは，元素の原子核が放射性壊変を起こさない安定な同位体をいう．放射能を有しないため一般の試薬と同様に取り扱うことができる．

安定同位体の種類・用途は大きく 2 種類に分けることができる．一つは同位体比測定用同位体標準物質であり，水素，炭素，窒素，酸素などの元素の同位体組成のわずかな変化を測定することにより，地球規模での物質の循環を議論するために用いられる[31]．もう一つは濃縮同位体であり，自然同位体組成をもつ元素に対して，ある特定の同位体の濃縮率を高めたもので，同位体希釈分析用として試料中の微量元素濃度を正確に求める場合[32]や，同位体標準物質が入手できない場合のある種の同位体標準として用いられる．この 2 種類の安定同位体の用途・入手方法について述べる．なお，ライフサイエンス用のトレーサーとしての標識化合物，安定同位体標識ガスは取り扱わない．

4.6.1 同位体比測定用同位体標準物質

物質循環の議論において，異なる試料間での同位体比の変動をみる場合は，それぞれの試料中の元素の同位体比が，基準となる同位体標準物質の同位体比に対して，どのくらい違うかを比較する．すなわち，試料の同位体比(R_{sam})の同位体標準物質の同位体比(R_{std})に対する相対的なずれとして千分率 δ_{sam} で表す．

$$\delta_{sam} = \left(\frac{R_{sam}}{R_{std}} - 1\right) \times 1000 \quad (単位はパーミル‰)$$

同位体比を測定するのに用いる同位体の組合せは，軽元素の場合，通常，自然同位体組成のもっとも大きい同位体を分母に，2 番目に大きい同位体を分子にとる．たとえば，炭素 ^{13}C の同位体比の変動をみるには，

4.6 安定同位体

表 4.13 各機関から販売されている同位体標準物質(一部)

元素	同位体標準物質	同位体比の認証値(一部)	取扱い先
H	VSMOW 2(水)	^{2}H/^{1}H=0.000 155 76	IAEA, NIST
Li	LSVEC(NIST RM 8545)	^{6}Li/^{7}Li=0.0832	NIST, IAEA
	IRMM-016a	^{6}Li/^{7}Li=0.082 121	IRMM
B	NIST SRM 951	^{10}B/^{11}B=0.2473	NIST
	IRMM-011	^{10}B/^{11}B=0.247 26	IRMM
C	VPDB(矢石化石)	^{13}C/^{12}C=0.011 237 2	NIST
N	NSVEC(大気)	^{15}N/^{14}N=0.003 676	IAEA
O	VSMOW 2(水)	^{18}O/^{16}O=0.002 005 2	IAEA, NIST
	VPDB	^{18}O/^{16}O=0.002 067 2	NIST
Mg	NIST SRM 980	^{25}Mg/^{24}Mg=0.126 63	NIST
	IRMM-009	^{25}Mg/^{24}Mg=0.126 63	IRMM
Si	IRMM-018a	^{29}Si/^{28}Si=0.050 827 2	IRMM
S	VCDT(FeS)	^{34}S/^{32}S=0.045 005	NIST
Cl	NIST SRM 975	^{35}Cl/^{37}Cl=3.1279	NIST
Ca	ERM-AE701 series	^{41}Ca/^{40}Ca=1.0114*10^{-6} − 1.0524*10^{-13}	IRMM
Cr	NIST SRM 979	^{53}Cr/^{52}Cr=0.113 39	NIST
	IRMM-012	^{53}Cr/^{52}Cr=0.113 39	IRMM
Fe	IRMM-014	^{57}Fe/^{56}Fe=0.023 096	IRMM
Ni	NIST SRM 986	^{58}Ni/^{60}Ni=2.596 061	NIST
Cu	NIST SRM 976	^{63}Cu/^{65}Cu=2.2440	NIST(out of sale)
Zn	IRMM-007 series	^{67}Zn/^{64}Zn=0.021 337-1.136 83	IRMM
Ga	NIST SRM 994	^{69}Ga/^{71}Ga=1.506 76	NIST
Br	NIST SRM 977	^{79}Br/^{81}Br=1.027 84	NIST
Rb	NIST SRM 984	^{85}Rb/^{87}Rb=2.593	NIST
Sr	NIST SRM 987	^{87}Sr/^{86}Sr=0.710 34	NIST
Ag	NIST SRM 978a	^{107}Ag/^{109}Ag=1.076 38	NIST
Pt	IRMM-010	^{194}Pt/^{195}Pt=0.973	IRMM
Tl	NIST SRM 997	^{205}Tl/^{203}Tl=2.387 14	NIST
Pb	NIST SRM 981	^{207}Pb/^{206}Pb=0.914 64	NIST

$$\delta^{13}C_{sam}=\left(\frac{(^{13}C/^{12}C)_{sam}}{(^{13}C/^{12}C)_{std}}-1\right)\times 1000$$

を測定する．なお地球化学の分野では，重元素の同位体比の変動を評価することが多く，この同位体変動は軽元素の場合に比べてきわめて小さいため，万分率 ε_{sam} が用いられて

いる.

$$\varepsilon_{\text{sam}} = \left(\frac{R_{\text{sam}}}{R_{\text{std}}} - 1\right) \times 10\,000$$

入手可能な市販の同位体標準物質の一部を表 4.13 に示す. 国際原子力機関(IAEA), EU における標準物質計測研究所(IRMM), 米国国立標準技術研究所(NIST)などから頒布されている. 水素, 酸素の同位体標準である海水標準(SMOW)は現在入手が困難であり, 代わりに VSMOW(VSMOW 2)が国際的な標準海水として用いられている. これは IAEA, NIST から入手できる.

4.6.2 濃縮同位体

同位体希釈法は, 測定元素が自然同位体組成をもつ未知試料と, 濃度が既知の濃縮同位体とを質量比混合し, 測定元素の同位体比の変化から未知試料中の測定元素濃度を求める分析法である[32]. 未知試料と濃縮同位体(通常は溶液化)の質量と混合物の同位体比だけで元素濃度(C_x)が求められることから, SI 単位にトレーサブルな一次標準測定法とみなされている[33]. ただし, トレーサビリティを厳密な意味で確立するためには, 濃縮同位体の濃度(C_y)を, 濃度既知の金属標準液を用いた逆同位体希釈法で決定しておく必要がある.

$$C_x = C_y \cdot \frac{m_y}{m_x} \cdot \frac{K_b \cdot R_b \cdot A_f(\text{mass } B, y) - A_f(\text{mass } A, y)}{A_f(\text{mass } A, x) - K_b \cdot R_b \cdot A_f(\text{mass } B, x)}$$

ここで, 添え字 x, y, b はそれぞれ試料, スパイク, 試料とスパイクの混合物を表す. C はモル濃度, m は質量, R は測定同位体比で, K は測定同位体比の補正係数, A_f はある同位体の同位体存在度を表す. mass A と mass B は同位体比を測定する同位体のペアである.

重元素の濃縮同位体は, 大型の質量分析装置を使った分離濃縮法により製造されるので, コストが非常に高いものが多い. 金属や酸化物などの固体形状で販売されることが多いが, 同位体希釈用に溶液化して販売されているものもある.

濃縮同位体は, 米国オークリッジ国立研究所(ORNL), 米国ケンブリッジ同位体研究所(CIL), フランス原子力庁(CEA)サクレー研究所にある Euriso-top 社, カナダの Trace Sciences International, 米国 ISOTEC(Sigma-Aldrich)などが数多くの元素を扱っている. IAEA, IRMM, NIST も種類は限られているが頒布している.

4.6.3 入手方法，取扱い方

同位体標準物質や濃縮同位体は，上述の研究機関から直接入手，あるいは代理店を通して入手することができる．ほとんどの試薬は輸入品となるので，納期は1～2ヶ月を要する．代理店および標準物質の詳細な内容は，巻末付録1の国内および海外のおもな標準物質供給機関一覧を参照していただきたい．

固体状の安定同位体は少量びんに入っているため，液体のものに比べて取り扱いやすいが，ひょう量・溶液化する場合には，外部環境からの汚染を防ぐように注意しなければならない．液体状の安定同位体はアンプルに封入されている場合が多く，アンプルの先端を割る場合には，同じく外部からの汚染が起こらないよう注意する．1回で使い切らなかった溶液は，別びんに速やかに移して密封し，冷暗所に保存する．

4.7 放 射 能

放射能(radioactivity)とは，もともと放射線を放出する現象 radio と，その強度を表す activity が一緒になった言葉で，その単位 Bq(ベクレル)は単位時間あたりの壊変数(壊変毎秒)を表している．壊変に伴い α 線や β 線が放出され，余分のエネルギーは電磁波，すなわち γ 線として放出される．放射能の応用は，壊変に伴い放出されるこれらの放射線を用いるもので，微量分析などの研究用から医学利用，さらにはエネルギーまで幅広い．ただし，放射線は人間の五感では感じられず，その反面，わずかな汚染でも比較的容易に検出され，社会的問題に発展する場合がある．したがって，放射能を安全に取り扱うには，正確なひょう量管理が重要で，そのためには，指標となる標準，いわゆる標準線源が必要となる．

さて，α 線や β 線は，荷電粒子で測定しやすい反面，空気中での飛程は α 線がせいぜい 4～5 cm 程度，β 線でも数十 cm 離れると検出は難しい．そのため，汚染検査などの一般的な測定は，もっとも透過力のある γ 線が測定の対象となり，取り扱いやすい密封標準 γ 線源が，比較校正用の"分銅"の役割で用いられる．一方，医療や生物の分野では，γ 線を放出しない純 β 線放出核種や α 線放出核種が用いられるケースが多く，また，物質の表面に付着した極微量の放射能を検出するような場合には，表面から放出される α 線や β 線を直接測定する必要がある．これら荷電粒子測定では，線源表面から放出される荷電粒子の数を値付けた標準面線源との比較や，放射能標準溶液を用いて比較用線源を作成し，直接校正するなどが行われている．

4.7.1 放射能標準とトレーサビリティ

放射能核種は，物理的な半減期や壊変様式がそれぞれ異なるため，厳密にいえば，すべての核種について標準線源が必要である．しかしながら，たとえば PET (positron emission tomography) に用いられる ^{18}F は半減期がわずか2時間弱であり，脳疾患などの診断に幅広く使われている ^{99m}Tc は約6時間の半減期である．したがって，同じ核種で標準線源をつくることはかならずしも実質的ではなく，測定対象となる放射線の種類とエネルギーが近く，半減期の長い核種を選んで，標準線源が作成される．ただし，このような放射能標準線源を入手・使用するには，その強度と目的にもよるが，ほとんどが "放射性同位元素等による放射線障害の防止に関する法律" の規制対象であり，法規制に従った使用許可の取得と管理が求められる．なお，同法は，2005年6月に，国際免除レベルの概念を取り入れ，規制基準の変更が行われている．表4.14に，代表的核種の国際免除レベルを示した．この表の数量以下であれば，原則特段の許可を必要とせずに使用可能であるが，それ以上の放射性物質を取り扱う場合は，厳しい条件があるので，購入にさいしてかならず日本アイソトープ協会(以下，RI協会)などの放射性物質を販売する許可を得ている事業者と十分に打ち合わせておく必要がある．

わが国の放射能標準に関するトレーサビリティでは，NMIJ において $4\pi\beta$-γ 同時測定という特殊な手法により，^{60}Co や ^{214}Am など，いくつかの代表的な核種について放射能の絶対測定が行われ，一次標準としての供給が実施されている．NMIJ では，さまざまな放射性核種の壊変様式に対応して，このほかにもいくつかの測定手法と測定機器を用

表4.14 わが国の法令に取り入れられた代表的核種の国際免除レベル

核種名	数量/MBq	濃度/Bq g^{-1}
^{3}H	1000	1×10^{6}
^{35}S	100	1×10^{5}
^{32}P	0.1	1000
^{63}Ni	100	1×10^{5}
^{125}I	1	1000
^{60}Co	0.1	10
^{137}Cs	0.01	10
^{90}Sr	0.01	100

(注) くわしくは，文部科学省の放射線安全に関するホームページ：http://www.mext.go.jp/を参照のこと．

いており，これらを"放射能絶対測定装置群"として管理し，国家標準の維持・供給を行っている．現在，JCSS 校正事業者登録制度において，RI 協会は放射能分野で唯一の登録事業者である．RI 協会が頒布する放射能標準はすべて NMIJ にトレーサビリティが保証されており，必要に応じて JCSS 証明書つきの標準線源が頒布されている．

4.7.2 γ線核種放射能標準

γ線は，比較的透過力が高く，線源は取り扱いやすい密封線源が一般的である．RI 協会から，簡単な届け出で使用可能な 2.5 cm 直径の円盤状線源で 1～100 kBq 程度の標準密封 γ 線源や，環境放射能測定用の標準体積 γ 線源が頒布されている．これらの線源には，半減期の短い核種が含まれるため，RI 協会では年に 3 回，定期的に標準線源を作成して頒布している．届け出使用の線源の取扱いは，特段の防護措置を必要としないが，保管にさいしてはかならずケースに戻し，かつケースは施錠のできる耐火金庫に常時保管することが望ましい．また，減衰して使えなくなった標準線源は，製造業者に引取りを依頼し，常に必要最小限度の線源保管に努めるべきである．

4.7.3 放射能面線源

放射能を取り扱う管理区域から物品を搬出するにあたっては，放射能面密度が α 線放出核種では $0.4\,\mathrm{Bq\,cm^{-2}}$ 以下，β 線放出核種でも $4\,\mathrm{Bq\,cm^{-2}}$ 以下であることを確認しなければならない．このため，サーベイメーターやハンドフット・クロスモニターなどで測定が行われるが，その確かさを確認するため，放射能面密度標準線源が利用される．β 線は，そのエネルギーにより検出効率が大きく異なるため，エネルギーの異なるいくつかの線源が製作されている．一般に，その施設で使用されるもっとも低いエネルギーの β 線放出核種，あるいはそれ以下のエネルギーの β 線放出核種の標準線源を用いて測定結果を確かめるのが安全である．これらの標準面線源は，前述の標準 γ 線源と同様，特段の取扱い規制はないが，表面の保護膜はきわめて薄く，取り扱うには手袋を使用し，表面を傷つけぬよう，使用後は保護ケースに必ず戻して保管するように心がけることが重要である．

4.7.4 放射能標準溶液

化学分離を伴う測定など，放射性溶液を直接扱うケースでは，放射能溶液の標準が必要となる．現在，RI 協会から約 30 核種が放射能標準溶液として，ガラスアンプルに封入された状態で頒布されている．また，代表的な九つの γ 線放出核種を混合した標準溶

液も供給されており,体積線源などは自分で濃度調整して,実際に近い状態で校正を行うことも可能である。ただし,これらの放射能溶液は,非密封放射能の扱いであり,表4.14の免除レベル限度以上の放射能溶液を扱う場合は,厳しい使用・保管の規制を受けるため,あらかじめ使用許可を確認し,RI 協会と購入する核種,放射能とその濃度,納入希望時期などに関してくわしく打ち合わせる必要がある。

文　献

1) R. P. Buck (Chairman), S. Rondinini (Secretary), A. K. Covington (Editor), F. G. Baucke, C. M. A. Brett, M. F. Camoes, M. J. T. Milton, T. Mussini, R. Naumann, K. W. Pratt, P. Spitzer, G. S. Wilson, *Pure Appl. Chem.*, **74**(11), 2169 (2002).
2) I. Mills, T. Cvitas, K. Homann, N. Kallay, K. Kuchitsu, "Quantities, Units and Symbols in Physical Chemistry", Blackwell Science (1993), p. 59.
3) 大畑昌輝, 産総研計量標準報告, **3**(4), 657 (2005).
4) I. Maksimov, M. Ohata, S. Nakamura, A. Hioki, K. Chiba, P. Spitzer, *Accred. Qual. Assur.*, **13**, 381 (2008).
5) 無機応用比色分析編集委員会編, "無機応用比色分析", 第1巻〜第6巻, 共立出版 (1974).
6) "地質調査所化学分析法—地球科学的試料の化学分析法", 付録, 通商産業省工業技術院地質調査所 (1979), pp. 18-32.
7) 日置昭治, ぶんせき, **7**, 348 (2001).
8) M. J. T. Milton, T. J. Quinn, *Metrologia*, **38**, 289 (2001).
9) 札川紀子, 日置昭治, 久保田正明, 川瀬晃, 分析化学, **35**, T62 (1986).
10) E. Toda, A. Hioki, *Anal. Sci.*, **11**, 115 (1995).
11) E. Toda, A. Hioki, M. Kubota, *Anal. Chim. Acta*, **333**, 51 (1996).
12) 鈴木俊宏, 大畑昌輝, 三浦勉, 日置昭治, 日本分析化学会第57年会, B3001 (2008).
13) T. Suzuki, A. Hioki, *Anal. Chim. Acta*, **555**, 391 (2006).
14) 高木誠司, "定量分析の実験と計算 改訂版", 第1巻, 共立出版 (1967), pp. 246-248.
15) A. Hioki, T. Watanabe, K. Terajima, N. Fudagawa, M. Kubota, A. Kawase, *Anal. Sci.*, **6**, 757 (1990).
16) 日置昭治, 久保田正明, 分析化学, **43**, 355 (1994).
17) A. Hioki, M. Kubota, A. Kawase, *Analyst*, **117**, 997 (1992).
18) A. Hioki, *Anal. Sci.*, **20**, 543 (2004).
19) A. Hioki, *Anal. Sci.*, **24**, 1099 (2008).
20) A. Hioki, M. Kubota, A. Kawase, *Talanta*, **38**, 397 (1991).
21) 日置昭治, 札川紀子, 久保田正明, 川瀬晃, 分析化学, **38**, T149 (1989).
22) T. Suzuki, A. Hioki, M. Kurahashi, *Anal. Chim. Acta*, **476**, 159 (2003).
23) T. Suzuki, D. Tiwari, A. Hioki, *Anal. Sci.*, **23**, 1215-1220 (2007) ; **24**, 178 (2008).
24) A. Hioki, N. Fudagawa, M. Kubota, A. Kawase, *Talanta*, **36**, 1203 (1989).
25) 鈴木俊宏, 日置昭治, 倉橋正保, 分析化学, **48**, 441 (1999).
26) Y. Yamauchi, A. Hioki, *Accredit. Qual. Assur.*, **13**, 415 (2008).
27) M. L. Salit, G. C. Turk, A. P. Lindstrom, T. A. Butler, C. M. Beck II, B. Norman, *Anal. Chem.*, **73**, 4821 (2001).

28) 鈴木俊宏, 日置昭治, 倉橋正保, 分析化学, **52**, 51(2003).
29) 日本分析化学会 編, "分析化学実験の単位操作法", 朝倉書店(2004), pp. 209-212.
30) 日置昭治, ぶんせき, **3**, 114(2001).
31) 日高洋, 赤木右, ぶんせき, **325**(1), 2(2002)
32) 河口広司, 中原武利 編, "プラズマイオン源質量分析", 学会出版センター(1994), p. 137.
33) W. Richter, *Accred. Qual. Assur.*, **2**, 354(1997).

CHAPTER 5 産業用組成標準物質

5.1 鉄　　鋼

　ここでは鉄鋼業の製造，研究開発に関連する分析評価に必要な，日本および海外の鉄鋼標準物質(標準試料)について述べる．日本での鉄鋼標準試料の歴史は古く，1929年に官営八幡製鉄所が製造に着手し，1933年に11品種，1940年に22品種の鉄鋼標準試料を(社)日本鉄鋼協会から頒布したのが始まりである．現在は，(社)日本鉄鋼連盟標準化センターから日本鉄鋼認証標準物質(Japanese Iron and Steel Certified Reference Materials：JSS)として約370品種が登録されている．海外ではNIST(米国)，BAS(英国)，BAM(ドイツ)，IRSID(フランス)，JK(スウェーデン)，CMSI(中国)，EURONORM(ヨーロッパ)などから鉄鋼標準試料が頒布されている．

5.1.1　日本の鉄鋼分析用標準物質[1〜11]

A. JSSの役割

　JSSを使用する必要性は，それぞれの分析所の分析者による分析結果が認証値(標準値)と一致することで，併行分析した鉄鋼製品分析や鉄鋼製造工程管理分析，研究開発分析などの分析結果の信頼性確保と品質保証を確保するためである．

　また，分析者の熟練度の評価や新規に開発した分析方法の適否判定にも使用される．さらに，各種の機器分析の装置校正や検量線作成用試料としても広く用いられている．

　このように，JSSが鉄鋼製造での品質保証や分析方法の標準化，新鉄鋼品種開発などにおいて鉄鋼分析技術の発展に寄与した役割は大きい．わが国の鉄鋼業は世界トップの生産技術，製品研究開発，製品品質レベルを保持しているが，その隆盛の基礎的役割を担ってきたともいえる．国際的にも(社)日本鉄鋼連盟は鉄鋼分析国際規格(ISO規格)制定の幹事国，議長国を長年務めてきており，JSSはISO分析法の検討時の国際共同実

験試料としての役割を果たしてきた.また,鉄鋼原料などの商取引における価格決定分析値の保証にも JSS の分析結果が使用されている.

B. JSS の製造体系

JSS の製造は日本鉄鋼連盟標準化センター鉄鋼標準試料委員会が行っている.この委員会は 1954 年に日本鉄鋼協会鉄鋼標準試料委員会として発足し,50 年以上の歴史を踏まえて現在にいたっている.JSS の製造は委員会規程,内規および細則の制定によって体系化されている.細則には素材製造方法,調製作業,分析成分と分析担当箇所,分析作業方法,分析結果の表示けた,認証値の決定方法および成績表とラベルの作成方法などが規定されている.認証値の決定の分析には,鉄鋼各社,大学・公的研究機関(東北大学金属材料研究所,(独)物質・材料研究機構(旧金属材料技術研究所))などが参加している.

(ⅰ) 製造工程の概要

(1) 素材製造:素材は,年間製造計画に従ってあらかじめ品種ごとに定められた鉄鋼各社で製造を担当する.鋼の場合は品種によって異なるが,100~300 kg の素材または別途溶製鋼で用意され,主成分とサルファープリント(硫黄分の検査用紙のこと)で偏析調査を実施し,偏析箇所を取り除く.化学分析用はブロック状に,機器分析用は鍛造工程を経て丸棒状に成型して試料調製工程へ送付される.機器分析用は各種成分含有率を変化させた 6~8 種を 1 組として製造する.

(2) 試料調製:試料調製は品質管理の徹底している試料調製会社に委託している.鋼の化学分析用チップ試料の作成は,素材の偏析部や表面酸化層などを取り除き,シェーパーで平面切削する.ステンレス製乳鉢で粉砕し,ステンレス鋼製の標準ふるいで,250~190 μm に粒度調整し,さらに二分器で混合する.次に,チップはインクリメント縮分しながら清浄なガラスびんに 150 g 詰め,シリカゲルを入れた密閉容器に保存する.びん詰め作業の 1/4,1/2,1/4 工程から認証値決定用および瓶間変動試験用の分析試料を抜き取る.機器分析用は丸棒を 21±0.5 mm に切断して,刻印と切断面の仕上研磨を行い全面に防錆用ニスを塗布する.認証値決定のためのチップ試料は丸棒の 1/4,1/2,1/4 工程部位から調製する.また,試料間変動試験用試料を抜き取り,機器分析で試料間の変動を調べ,認証値決定後に検量線の乗り具合(直線性,相関性)をチェックする.

(3) 分析の実施:JSS は共同実験方式で認証値が決定されている.委員会メンバーから 10~11 機関が選ばれ,原則として JIS に規定されている湿式化学分析法(化学量論的な方法),あるいは正確さが十分であると委員会で認められた方法が用いられる.JIS に規定された方法のなかでも真値が直接得られる絶対法(重量法や容量法)を指定する

か，吸光光度法や原子吸光法，誘導結合プラズマ発光分光分析法(ICP-AES)を採用するときは，トレーサビリティを確保するために標準試薬で検量線を作成すること，硫黄定量での燃焼法は基準試料(湿式分析法で硫黄基準値を求めた試料)で検量線を作成すること，窒素定量では湿式分析法での分析を行うことなどの限定条件を定めている．依頼された分析所では，熟練した分析者が組成の類似した試料で十分練習したのち，認証標準物質を併行分析しながら独立2回分析を行う．

（4）認証値の決定：報告された分析値と分析方法を集計して各分析所の確認を行ったのち，JIS Z 8402"分析試験の許容差通則"に従って統計解析する．次に棄却検定を行い，異常値は棄却するかまたは再分析する．さらに，室間精度の変動係数を求め，同じ品種の先代試料のデータや成分ごとに過去のデータを累積した基準と比較し，基準を外れた場合は，各分析所の適用した分析方法の技術的妥当性を委員会で検討して，認証値ではなく参考値とするか全面的に分析のやり直しを行う．分析結果に問題のない場合は，統計的に集計した結果を認証値として採用する．

（5）分析成績表と頒布：認証値が決定すると分析成績表を作成し，委員長の署名をもって有効とする．成績表は英文を併記し，また素材の化学組成，定量方法，不確かさなども記載する．認証標準物質の保管管理・頒布は委託会社が行う．

（ⅱ）JSSの具備すべき要件　JSSは国際的にも多くの国や多くの機関で使用されている．JSSの信頼性を保つために，以下に述べるような要件を具備するよう製造技術，製造管理体制を整備している．

① 製造期間が公的あるいは一般に認められた期間で，製造，認証，頒布の一貫品質管理体制が確立している．

② 真度(正確さ)の高い認証値であること．最適な基準分析法あるいは国家的レベルでチェックされ，該当する品種の材料に適合した分析法を用い(トレーサビリティの確保)，認証値決定用の分析を行うにふさわしい分析所(分析所の認定)のよく訓練された分析者によって分析が行われ，その結果を分析技術的に定められた統計手法で解析し認証値を決定している．

③ 使用目的に合致した化学成分組成や金属組織(とくに機器分析用)で変質劣化しない．

④ 試料形状は使用目的によって粉状，粒状あるいは塊状(ブロック状)であること．

⑤ 試料全体で均質性が保たれ(均質性の確保)，粒度区分ごと，びんごとや試料はかり部分ごとの成分変動が十分に小さい．

⑥ できるだけ長期間使用可能な量を確保しており，継続的な使用供給が行えるもの

であること.
⑦ 分析成績表や製造技術書の入手が容易である.
⑧ 標準物質の容器が破損したり，試料の汚染や変質の原因にならないことと，現品確認が容易なラベルが貼ってある.
⑨ 適切な価格で在庫切れがなく購入が容易である.
⑩ 標準物質についての最新情報が入手しやすい.

JSS 使用者や関係者が JSS の信頼性を高めることを目的に，上記の要件を踏まえて，これまでに培ってきた具体的な製造技術の蓄積を集約整理し技術書としてまとめたものが"日本鉄鋼標準試料の製造に関する技術報告書"(1985)[2]と"日本鉄鋼標準試料の製造に関する技術報告書(第2部)"[4](1994)である.

C. JSS の特徴

（i）高純度鉄シリーズ　　高純度鉄シリーズの頒布は 1982 年に開始し，1992 年には全不純物が約 $20\,\mu\mathrm{g\,g^{-1}}$ の JSS 001-3 を頒布した.現在は JSS 001-6 と JSS 003-5 の 2 種類が頒布されており，不純物が極低レベルの高純度鉄は常時在庫が確保できる体制になっている.これらの高純度鉄は，湿式化学分析を行うさいのブランク値決定や検量線作成時の試薬ブランク値の決定，極微量分析時の基準値決定などに有効活用されている.

高純度酸化鉄は 1984 年に JSS 009-1 を頒布して現在は JSS 009-3 が頒布されており，鉄鉱石の化学分析や蛍光 X 線分析の検量線作成に有効活用されている.

（ii）専用鋼シリーズ　　単元素分析用の鉄鋼標準物質で，鉄鋼分析において定量が必要な成分，または分析機器校正など使用頻度が高い成分を選んで製造している.鋳物用銑鉄 1 種類，微量炭素専用鋼 4 種類，炭素専用鋼 4 種類，リン専用鋼 2 種類，硫黄専用鋼 6 種類，ケイ素専用鋼 1 種類，アルミニウム専用鋼 3 種類，ホウ素専用鋼 3 種類，窒素専用鋼 4 種類などがある.このなかでは鉄鋼にとって重要な炭素専用鋼は認証値の信頼性を確保するために，認証値決定法としては燃焼-赤外線吸収法や導電率法は ISO 9556 に準拠した基準物質による検量線作成法とした.微量リンの鉄鋼製品に対応するために P 0.069％濃度のものを，微量炭素専用鋼では C 濃度 0.0005〜0.018％のものを頒布している.

（iii）耐熱超合金鋼シリーズ　　耐熱超合金は高圧容器用の材料分析に必要であり，最初の素材は日本原子力研究所核燃料・炉材等分析委員会より提供された.その後 NCF 800 などを対象に鍛造割れを防ぐためリン，硫黄を低濃度にしてマグネシウムを添加し，13 成分の認証値をつけて 2 品種が頒布されている.

（ⅳ）そのほかの鋼標準物質シリーズ　低合金シリーズ6種類，強靱鋼シリーズ3種類，肌焼鋼シリーズ4種類，工具鋼シリーズ4種類，高速度鋼シリーズ4種類，ステンレス鋼シリーズ6種類，耐熱鋼シリーズ1種類などがある．

（ⅴ）鉄鉱石シリーズ　日本は海外からの輸入が100％を占める．これらの鉄鉱石の購入検定分析や品位検定分析などに鉄鉱石認証標準物質を併行分析で用いている．現在11銘柄が頒布されている．銘柄の内訳は赤鉄鉱4種類，磁鉄鉱1種類，褐鉄鉱1種類，砂鉄1種類，ペレット鉱石3種類，焼結鉱1種類である．日本で使用されている代表的な品種がほぼそろっている．

（ⅵ）鋼中ガス分析用標準試料　5 mmφ×230 mm の棒状で，使用のさいは切断，表面研磨，洗浄の操作が必要である．酸素，窒素，水素の特性値がついている．酸素と水素は合意値で窒素は認証値として表記している．分析成績表には，併行分析許容差と室内再現許容差を記載し，分析機器の測定値の変動が許容差内に管理できるようにしている．

（ⅶ）機器分析用シリーズ　最近の高純度鋼に対応可能なように，鋼精錬工程の製造管理分析に対応できる機器分析用標準物質として，微量元素シリーズ8種類が製造された．そのほかは化学分析用とほぼ同様の品種のものが製造頒布されている．機器分析用標準物質の形状は，ブロック状で35 mmφ×30 mm のものが6組1セットでケースに入れて頒布されている．種類としては炭素鋼シリーズ，低合金鋼シリーズ，微量元素シリーズ，肌焼鋼シリーズ，工具鋼シリーズ，高速度鋼シリーズ，ステンレス鋼シリーズ，機器用高純度鉄2種類がある．

機器分析用としては，蛍光X線分析の励起吸収の補正係数(鉄鋼分析の場合はdj補正係数)を求めるための鉄基2元系合金14種類，鉄基3元系合金12種類の166個のディスク状標準試料があるが，現在は在庫1セットのみなので貸出制度で運用している．この蛍光X線分析用の吸収励起補正係数を求めるための鉄基2元系合金14種類，鉄基3元系合金12種類の試料は貴重な試料で，共同実験に参加した主要製鉄所・研究所はこの試料を保有している．

（ⅷ）鋼中非鉄介在物抽出分離定量用専用鋼　鋼中非鉄介在物は，鋼の物性や品質に大きな影響を与えるとともに，新製品開発研究時にはその挙動の詳細を解析する必要がある．これらの解析のために，鋼中炭化物系介在物分科会での鋼中介在物・析出物の抽出分離定量法の体系化のなかで作成された認証標準物質である．種類としては炭化物系シリーズが5種類，硫化物系試料が6種類ある．形状は18 mmφ×60 mm の棒状で，非水溶媒系の定電位電解抽出用の試料である．この試料は世界に類のない貴重な認証標

準物質である．

（ix）　そのほかの標準物質　　鋼以外としては，高炉用スラグの認証標準物質が 5 種類作成されたものの，現在は在庫が 1 種類のみである．高炉スラグや焼結鉱の管理はそれぞれの高炉や焼結工場ごとに操業条件などが異なるため，自家製の標準物質を用いて蛍光 X 線分析による操業管理分析を行っているのが実態である．

そのほかの JSS としては，フェロアロイシリーズ 8 種類，鉱石シリーズ（マンガン鉱石，クロム鉱石），ほたる石シリーズなどがある．

代表的な JSS の品種と認証値一覧を表 5.1 に示す．

（x）　鉄鋼標準物質の選び方と使用上の注意点　　鉄鋼標準物質の種類は非常に多いので，その使用目的にもっとも適した標準物質を選んで用いる必要がある．

① 分析方法：化学分析用，機器分析用，ガス分析用，介在物分析用があるので，各分析方法に指定された試料を用いる．機器分析用の試料を切削して化学分析用に用いてはならない．標準物質は頒布された形状での標準値を保証している．

② 分析対象試料：分析対象試料の成分組成に近似した（マトリックス組成の同じレベル）ものを選ぶ．これは共存元素の影響を避けるために必要である．市販のものでどうしても同じ組成の標準物質がない場合は，自家製のマトリックス組成の同じ標準物質を準備し，化学量論的な化学分析法（JIS 法など）で自家製標準物質のトレーサビリティを確保し，そのうえで使用する必要がある．とくに機器分析に用いる標準物質は，マトリックス組成や組織の影響が大きいので注意が必要である．基本的には，機器分析の場合は自家製の標準試料を用いるが，それを補完する目的で JSS の認証標準物質を用いる例が多い．

③ 分析試料の組織：固体発光分光分析（スパーク放電発光分光分析）では，熱履歴（冶金履歴）が異なる試料はスパーク放電状態が異なる（選択放電現象など）ために，定量値がばらつくことがある．このような分析では，検量線の作成には同じ金属組織（冶金履歴）の標準物質を準備する必要がある．

④ 分析成分濃度：分析成分の予想含有率にもっとも近い標準物質を選んで用いる．標準物質で作成した検量線の外挿範囲での定量は，分析精度，正確さを低下させるので，定量操作は検量線の内挿範囲で行う必要がある．

⑤ 標準試料粒度：銑鉄のチップ試料は，粉化して遊離炭素分を剥離しやすい．また，試料粒度別に成分偏析が起こりやすく炭素定量値が保証できなくなるため，振動や取扱いに十分注意が必要である．

表 5.2 に JSS の種類と品種をまとめたものを示す．

5.1 鉄　鋼

表 5.1 代表的な JSS の品種と認証値

(単位: wt%)

品種	JSS No.	用途	元素名と認証値
高純度鉄	001-6	化学分析	C 0.00024, Si 0.00010, Mn 0.000003, P 0.00005, S 0.00015, Ni 0.000002, Cr <0.00006, Mo <0.00002 Cu 0.000036, W 0.00001, V <0.00003, Co 0.000032, Ti <0.00002, Al <0.0001, As <0.0003, Sn 0.00003 B 0.00002, N 0.00021
高純度鉄	003-5	化学分析	C 0.00046, Si 0.0049, Mn 0.0027, P 0.00043, S 0.0002, Ni 0.00004, Cr 0.0001, Mo 0.00007 Cu 0.00154, W 0.00004, V <0.00003, Co 0.00022, Ti <0.0001, Al 0.0027, As <0.00002, Sn 0.00049 B 0.00002, N 0.00078
炭素鋼	023-8	化学分析	C 0.112, Si 0.22, Mn 0.48, P 0.020, S 0.0067, Cu 0.010, Al 0.015, N 0.0037
炭素鋼	030-7	化学分析	C 0.196, Si 0.24, Mn 0.75, P 0.024, S 0.0076, Cu 0.024, Al 0.023, N 0.0033
炭素鋼	050-6	化学分析	C 0.38, Si 0.19, Mn 0.50, P 0.013, S 0.0057, Cu 0.008, Al 0.023, N 0.0029
炭素鋼	057-7	化学分析	C 0.522, Si 0.231, Mn 0.726, P 0.0159, S 0.0125, Cu 0.0096, Al 0.0338, N 0.0043
低合金鋼	150-16	化学分析	C 0.475, Si 0.219, Mn 0.137, P 0.0346, S 0.0296, Ni 3.98, Cr 0.298, Mo 0.201 Cu 0.003, V 0.0195, Al 0.023
低合金鋼	151-16	化学分析	C 0.393, Si 0.103, Mn 1.697, P 0.0297, S 0.0174, Ni 2.92, Cr 0.101, Mo 0.0540 Cu 0.0969, V 0.0503, Al 0.0279

つぎへ

表 5.1 代表的な JSS の品種と認証値（つづき）

(単位：wt%)

品種	JSS No.	用途	元素名							
低合金鋼	152-12	化学分析	C 0.277	Si 0.387	Mn 0.440	P 0.0174	S 0.0056	Ni 1.98	Cr 0.584	Mo 1.010
			Cu 0.500	V 0.100	Al 0.0212					
強靱鋼	501-6	化学分析	C 0.318	Si 0.246	Mn 0.738	P 0.0232	S 0.0129	Ni 0.063	Cr 1.039	Mo 0.218
			Cu 0.1034	V —	Ti 0.0210	Al 0.0322	N 0.0058			
強靱鋼	502-6	化学分析	C 0.43	Si 0.25	Mn 0.70	P 0.018	S 0.0097	Ni 0.049	Cr 1.01	Mo 0.17
			Cu 0.067	V 0.004	Ti —	Al 0.026	N 0.0049			
ステンレス鋼	651-14	化学分析	C 0.046	Si 0.67	Mn 1.19	P 0.025	S 0.0058	Ni 9.03	Cr 18.26	Mo 0.11
			Cu 0.12	Co 0.17	Al 0.002	N 0.0426				
ステンレス鋼	652-14	化学分析	C 0.0358	Si 0.624	Mn 1.177	P 0.0315	S 0.00135	Ni 10.60	Cr 16.88	Mo 2.06
			Cu 0.177	Co 0.143	Al 0.002	N 0.0426				
耐熱超合金	680-3	化学分析	C 0.051	Si 0.44	Mn 0.95	P 0.0009	S 0.0018	Ni 32.80	Cr 20.96	Cu 0.20
			Co 0.40	Ti 0.42	Al 0.51	Fe 43.2	Mg —			
耐熱超合金	683-2	化学分析	C 0.049	Si 0.39	Mn 0.32	P 0.0008	S 0.0013	Ni 73.43	Cr 15.82	Cu 0.051
			Co 0.011	Ti 0.013	Al 0.12	Fe 9.66	Mg 0.013			

種類	番号	分析								
高速度鋼	606-8	機器分析	C 0.76	Si 0.28	Mn 0.31	P 0.016	S 0.0008	Ni 0.065	Cr 4.00	Mo 0.58
			Cu 0.027	W 17.16	V 0.83	Co 0.12	N 0.0290			
高速度鋼	607-8	機器分析	C 0.78	Si 0.30	Mn 0.35	P 0.026	S 0.0031	Ni 0.052	Cr 3.97	Mo 0.54
			Cu 0.025	W 17.48	V 0.84	Co 4.95	N 0.0270			
高速度鋼	608-8	機器分析	C 0.80	Si 0.36	Mn 0.33	P 0.025	S 0.0028	Ni 0.044	Cr 3.99	Mo 0.41
			Cu 0.017	W 17.03	V 0.99	Co 9.09	N 0.0320			
ガス専用鋼	GS-1d	鋼中ガス分析 (μg g^{-1})	O 35.4	N 200	H 1.6					
ガス専用鋼	GS-12a	鋼中ガス分析 (μg g^{-1})	O 4.8	N —	H —					
ガス専用鋼	GS-5e	鋼中ガス分析 (μg g^{-1})	O 144	N 31.2	H —					

表5.2 日本鉄鋼認証標準物質の種類と品種

種 類	品種と形状	品種数
化学分析用	純鉄・鉄鋼のチップ試料	94
	フェロアロイ粉末試料	8
	鉄鉱石・スラグ粉末試料	22
機器分析用	発光分光分析・蛍光X線分析用ディスク試料(9シリーズ)	56
	蛍光X線分析用二元系,三元系ディスク試料(リース制)	166
ガス分析用	鋼中ガス分析管理用棒状または球状	5
介在物抽出用	鋼中炭化物・硫化物抽出用棒状	21
	合　計	372

日本分析化学会からも極微量酸素分析用鉄鋼標準物質が頒布されている。酸素認証値 $3\pm0.4(\mu g\ g^{-1})$ の円柱状鉄鋼試料 JSAC 0111(軸受鋼)である。

5.1.2 海外の鉄鋼分析用標準物質

海外の主要国でもそれぞれ自国の鉄鋼分析用標準物質の整備を進めている。主要な頒布機関(または標準物質名)は次のとおりである。

NIST(米国): National Institute of Standards and Technology.

BAS(英国): Bureau of Analysed Samples Ltd.

BAM(ドイツ): Bundesanstalt für Materialforschung und-prüfung.

IRSID(フランス): Institut de Recherches de la Sideruregie.

JK(スウェーデン): Jerunkontorets Analysormmaler; Institutet for Metallforsking.

CMSI(中国): China Metallurgical Standardization Research Institute.

EURONORM(EU): European Certified Reference Materials.

炭素鋼,低合金鋼,ステンレス鋼などの標準物質の成分濃度は,いずれも JSS と大差がない。特徴的なものを表5.3に示す。

表5.3以外に,フランス国立計量局(NBM)ではディスク(円盤)状の高純度鉄を頒布している。

表5.4に各国で製造されている鉄鋼認証標準物質の品種一覧を示す。

現在の世界主要国の鉄鋼標準物質の国際標準物質データベース(COMAR)への登録件数(1999年9月時点)は,日本:351,米国:166,英国:517,フランス:193,ドイツ:105,中国:226,ロシア:175 など全世界では 1911 件である。以上に述べてきたように,鉄鋼標準物質は世界各国でさまざまな機関によって製造され頒布されている。

5.1 鉄 鋼

表5.3 特徴的な海外鉄鋼標準物質

NIST	40元素を表示した低合金鋼(化学分析用；316～365, 機器分析用；661～665), 機器分析用銑鉄(製鋼用銑鉄；1144a, 銑鉄 C1137, C1145, C1146, C1150), 高合金銑鉄(C1290～C1292), ダクタイル鉄(C2423～C2425),
BAS	高マンガン鋼(Mn 12～16%；491～495) Al-Co-Ni-Cu 磁石(365～398)
BAM	高リンスラグ(826～827), 高アルミ合金鋼(Al；0.2%～0.9%；128～191), 高チタン鋼(Ti；0.9%；128)
IRSID	低品位鉄鉱石(T. Fe<50%；7品種)
JK	球形酸素分析用鋼(3種類)
CMSI	レアアース入り銑鉄(1551～1557), 球形水素分析用鋼(3011～3016)球形酸素・窒素分析用鋼(3032～3035)

表5.4 世界各国の鉄鋼認証標準物質一覧

国 名	日本 民間団体	米国 商務省	英国 民間会社	フランス 国立研究所	ドイツ 民間団体	中国 民間団体	スウェーデン 国立研究所
名 称	JSS	NIST	BAS	IRSID	BAM	CMSI	JK
化学分析用							
鉄 鋼	94	73	112	55	49	308	16
鉄鉱石	30	19	33	30	14	60	14
機器分析用							
鉄 鋼	222	74	97	47	0	139	4
ガス分析	5	10	2	0	1	27	4
介在物用	21	0	0	0	0	0	0
合 計	372	176	244	132	64	534	38

　鉄鋼標準物質は古い歴史があり，その国々の鉄鋼産業の発展と密接な関係を有している．今後もそれぞれの国の鉄鋼業の発展に伴いさまざまな鉄鋼標準物質の製造が行われると想定される．

　ISOに関連してトレーサビリティ体系の整備も必要になる．物理量と違って鉄鋼標準物質の化学組成の認証値決定には，さまざまな要因や技術的な側面が多く含まれる．JSSのような共同実験方式による現在の認証値決定のプロセスがもっとも妥当性のある決定法と思われるが，熟練分析技術者の確保や共同実験参加事業者の確保，製造コストの問題などの課題もある．日本鉄鋼連盟は，品質に優れ世界各国からも評価の高い鉄鋼認証標準物質を継続的に製造頒布する体制を確立しているが，国によっては継続的な製造体制に問題の出ている分野もあり，今後はさらに国際的な協調体制を確立することが望まれる．

5.2 非鉄金属

　非鉄金属には，銅(Cu)，アルミニウム(Al)，ニッケル(Ni)，チタン(Ti)などがあるが，ここでは，AlおよびAl合金の標準物質作製例を取り上げて，作製の経緯を紹介する．

　日本工業規格(JIS)は，工業標準化法にもとづき，日本工業標準調査会の審議を経て，経済産業大臣が制定・改正する国家規格である．実際の制定・改正作業は，委託を受けた業界の協会が担当することになる．JIS の"アルミニウム及びアルミニウム合金の分析方法"の制定・改正を長年担当してきたのは，(社)日本アルミニウム協会[旧(社)軽金属協会]の分析委員会である．制定・改正は JIS 成分規格の元素を中心に行われてきたが，ISO で追加制定された成分についても検討の必要があった．また，JIS がない成分や，JIS の適用範囲よりさらに微量の元素などを定量する目的で，軽金属協会規格(Light metals Industrial Standards：LIS)の制定を行ってきた．

　周知のように，JIS 分析方法は同一成分について複数の方法がある．古くは重量分析，容量分析であり，その後吸光光度法や原子吸光分析法が加わるようになり，現在では誘導結合プラズマ(inductively coupled plazma：ICP)発光分光分析法が主流となりつつある．ICP 発光分光分析法は大手企業ではごく一般的になったが，中小企業ではそうともいえない場合がある．そのため，複数の分析方法が必要であった．

　同一試料の同一成分なら，どの方法で分析しても同一の分析値が得られ，しかもその値が許容範囲内で真値に近くなければならない．ところがかならずしもそうはならず，かたよりのあるのが普通である．この問題を解決するには，分析方法の標準化が必要であり，そのためには標準物質が不可欠である．標準物質は均一で，その表示値が精確でなければならない．そして，検量線のチェックには，実際試料と組成が類似し目的成分量が異なった多数のものが必要である．

　一次標準物質や二次標準物質は，一般的には入手困難あるいは非常に高価である．そこで，共通試料を作製し技術水準の高い測定機関に配布して複数の方法で分析を行い，分析結果の整合性にもとづいて値付けを実施する．以下，日本アルミニウム協会の分析委員会による実用標準物質の作製の経過を例にして述べる．

5.2.1 試料の偏析とサンプリング

A. 金属試料の偏析

金属は溶融状態から固化する過程で偏析現象が起こり,鋳塊では合金成分および不純物は均一にならない[12].しかし,純アルミニウムの場合は不純物が非常に少ないので,合金ほど問題にはならない.

一般に金属が固化する場合,鋳塊の内部と外部,上部と下部では冷却速度が異なるため,速く固化する外部と上部には融点の高い成分が集まりやすく,鋳塊の部分によって化学成分を異にすることになる.この現象が偏析である.偏析には,結晶の内部と外部での偏析を対象としたミクロ偏析と,鋳塊内での成分のかたよりを対象としたマクロ偏析があるが,分析にあたって考慮すべきはマクロ偏析である.マクロ偏析は,上述した正常偏析と逆偏析および重力偏析とに大別することができる.

金属溶湯の固化は外周から始まり,内部に向かうので,融点の低い成分は内部に集まりやすい.合金の種類によっては逆に後期に固化するはずの成分が鋳塊の周辺に多くなることがあり,これを逆偏析とよんでいる.アルミニウム合金の場合,Mg, Zn, Cuなどが逆偏析を起こしやすく,とくにAl-Mg-Zn合金では逆偏析が著しい[13].

重力偏析は溶湯中の成分の比重差により,下部に比重の大きい成分がより多く集まることから生じる偏析である.融点付近における溶体の粘性は一般に大きいので,急速に固化すれば重力偏析はある程度避けることができる.アルミニウム合金の場合,とくに鉛などが重力偏析を起こしやすいが,添加量の多い場合にはSi, Ti, Cu, Fe, Crそのほか多くの金属が重力偏析を起こす[13].

B. 標準物質用試料の作製

当委員会では,1980年から4年間にわたり,JIS 1000系アルミニウム No.5 および 5052系アルミニウム合金 No.52-A1 を作製し,共同実験によって表示値を決定した[14].

(i) 標準物質 No.5　純度99.6%に相当する地金材料を融解してビレット*を鋳造し,表面を水酸化ナトリウム溶液で洗浄後,熱間押出し法によって長さ約10 mの丸棒を成形した[14,15].さらに,丸棒の表面2〜3 mmを切削して逆偏析のおそれのある部分を除去し,直径45 mmとした.丸棒の両端30 mmずつを切断し,残りを10等分して10本の小丸棒とした.各小丸棒の両端30 mmずつを図5.1のように切り出して計22個のディスクを作製し,押出し頭部から順に1〜22番の刻印を付して試験片とした.

---

* billet. とくに表面が密でなく,粗雑な鋳塊.表面を洗浄し再溶融する.

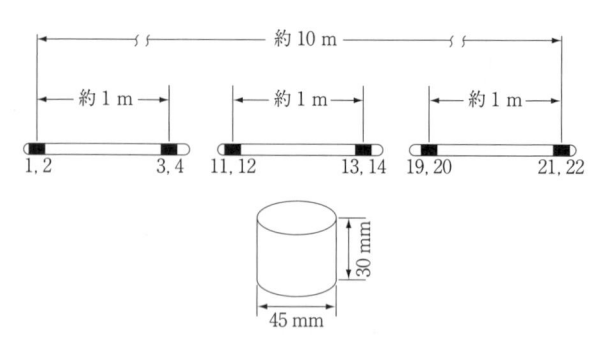

図 5.1 均質性試験用試料の例（標準物質 No.5）

（ⅱ）標準物質 No.52-A1　JIS の 5052 材を用い，（ⅰ）と同じようにして長さ約 5.5 m の丸棒に成形し，表面を切削して直径を 50 mm とした．その丸棒の両端約 25 mm を切断除去し，残りを 5 等分した後，その一端 25 mm ずつを切り出して試験片とした．合計 6 個のディスク状試験片に，押出し頭部から 1～6 番の刻印を付した．

C．均質性（均一度）試験

均質性試験の方法は，相対的な比較分析でよいと考えられるので，蛍光 X 線分析法あるいは発光分光分析法を用いて検討する．

（ⅰ）標準物質 No.5　5.2.1 項 B(ⅰ)で作製した 22 個のディスク試験片の表面を平滑に仕上げ，試験片の中央部に X 線を照射して Si, Fe および Mg の蛍光 X 線分析を行った．その結果によれば，長さ方向の偏析があるとはいえなかった．次に，ディスク試験片 22 個から 5 個を抜き取り，それぞれ図 5.2(a)の 5 ヶ所について 2 点ずつ発光分光分析を行って平均値を算出した．Si, Fe, Mg の分析結果を表 5.5 に示す．

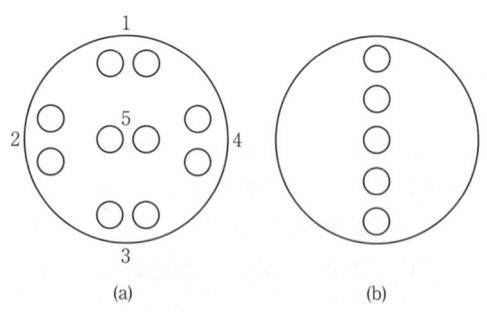

図 5.2 発光分光分析によるディスク試料の均質性試験位置

表 5.5 発光分光分析による標準物質 No.5 の均質性試験結果(%)

	Si	Fe	Mg
平均値	0.065(0.065)	$0.124_3(0.123_8)$	$0.009_8(0.009_7)$
範囲の平均, $\bar{R}$	0.006(0.003)	$0.004_6(0.003_7)$	$0.001_8(0.001_8)$
ディスク内標準偏差 $\sqrt{V_E}$	0.003(0.001)	$0.002_2(0.001_6)$	$0.000_7(0.000_7)$
ディスク間標準偏差 $\sqrt{V_{L/n}}$	$0.001(0.000_7)$	$0.001_3(0.001_1)$	$0.001_3(0.001_2)$

(注) 測定値の数は 25, ただし,( )内は 1 番および 22 番の試験片を除いて計算した場合であり,測定値の数は 15.

不純物や合金成分の偏析は,外周部と中心部に起こりやすい[13,16].5 個のディスク試験片の周辺部 4 ヶ所,合計 20 の測定値と,中心部の 5 測定値について,ディスク内とディスク間の分散の違い(F 検定)およびかたより(t 検定)の検討を危険率 5% で行ったが,いずれも有意な差があるとはいえなかった.ディスク内のばらつきは,アルコア社の標準物質の場合も表 5.5 の結果とほぼ同じ傾向が認められた.したがって,そのばらつきは発光分光分析の測定条件によるものではないかと考えられる.すなわち,発光分光分析の場合,1 ヶ所に放電するとその周囲が蓄熱する.冷却しないうちに放電すると,元素によっては高値(あるいは低値)を与えることがあるからである.

これとは別に,丸棒の押出し頭部および尾部,すなわち 1 番と 22 番の測定値を除き,測定数 15 で計算したところ,表 5.5 の( )内に示すように,Si および Fe における標準偏差が,とくにディスク内で若干改善された.これらの結果から,1 番と 22 番を除くディスク試料を共同分析に供することにした.

(ⅱ) 標準物質 No.52-A1 5.2.1 項 B(ⅱ)で得た 6 個のディスク試験片について発光分光分析を行った.発光の位置は図 5.2(b)で示す 5 ヶ所とし,合計 30 ヶ所について 1〜30 の通し番号を付し,乱数表を用いて決定した試験順序で測定を行った.分析結果は,元素ごとに 6 試料片の外周部と内周部を各 2 点ずつ,中心部を 1 点ずつにまとめて集計処理した.結果を次ページの表 5.6 に示す.

外周,内周,中心についてそれぞれ分散分析[17]し,ディスク内とディスク間の F 検定および t 検定を行った.Si の外周と内周のディスク間精度は,危険率 5% で違いがあるといえるが,1% では違いがあるとはいえないという結果を得た.そのほかはいずれも 5% で,有意な差は認められなかった.協議の結果,これらのディスク試料が実用上問題になるような偏析はないと判定した.

5.2.2 表示値決定のための共同実験

標準物質 No.5 は 2〜21 番のディスク試料を,標準物質 No.52-A1 は 5.2.1 項 C(ⅱ)

表5.6 発光分光分析による標準物質 No.52-A1 の均質性試験結果

測定位置	Si			Fe			Mg		
	外側	内側	中心	外側	内側	中心	外側	内側	中心
測定数	12	12	6	12	12	6	12	12	6
最大値(%)	0.110	0.112	0.111	0.192	0.195	0.192	2.36	2.35	2.35
最小値(%)	0.102	0.108	0.109	0.177	0.187	0.187	2.28	2.25	2.28
平均値(%)	0.108	0.110	0.110	0.188	0.190	0.190	2.34	2.31	2.30
ディスク内標準偏差 $\sqrt{V_E}$	0.0022	0.0016	—	0.0042	0.0024	—	0.028	0.025	—
ディスク間標準偏差 $\sqrt{V_{L/n}}$	0.00088	0.00024	0.00040	0.0016	0.00083	0.00080	0.008	0.016	0.012

で切断した小丸棒を 25 mm ずつ輪切りにした試料を表示値決定のための共同実験用試料として配布した．共同実験に参加した分析所は 15 機関である．

配布されたディスク試料は各所で切削し，十分洗浄[13]したのち，指定された 10 元素 (No.5) あるいは 11 元素 (No.52-A1) について，複数の化学分析法により併行測定 ($n=2$) を行い，JIS Z 8401 "数値の丸め方" に従って所定の有効数字に丸めた二つずつの測定値を報告した．

5.2.3 結果と解析

A. 棄却検定

各所より報告された元素ごとの測定値 ($n=2$) を集計し，範囲 (R_i) と平均値 ($\bar{x}$) を求めた．R_i は上方管理限界 $D_4 R_i$ を超えるかどうかを調べたが，本共同実験は併行測定のために $\bar{R}$ が非常に小さく，この判定はあまり意味をもたないと考えられた．したがって，ここでは異常値と判定できる測定値も含めて解析することにした．所内平均値(以下，平均値という)を小さい順に並べ，ほかのデータと著しく離れているときは，その値を統計的に棄却検定した．

棄却検定法としては，JIS Z 8402-2 "測定方法及び測定結果の精確さ(真度及び精度)第 2 部：標準測定方法の併行精度及び再現精度を求めるための基本的方法" が Dixon 法 (D)，Grubbs 法 (G) および Pearson と Stephens 法を採用している．また，鉄鋼標準試料[18]では，x_2 が $\bar{x} \pm 2\sigma_x$ の範囲内にない測定値を棄却している．一方，国際原子力機関 (International Atomic Energy Agency：IAEA) の主催による水中の微量元素の共同分析[19,20]では，D 法，G 法，S 法 (coefficient of skewness，ゆがみ係数法)，および K 法

表 5.7 4種の検定方法による棄却検定結果

標準物質	元素	測定数	平均値 (%)	標準偏差 (%)	検定した値 (%)	検定結果			
						D	G	S	K
No.5	Mn	17	0.00152	0.00019	0.0020	+	+	−	+
		16	0.00149	0.00015	0.0011	+	+	−	+
		15	0.00151	0.00013	0.0018	−	+	−	+
		14	0.00149*	0.00008*					
	Zn	15	0.00321	0.00054	0.0050	+	+	+	+
		14	0.00309*	0.00023*					
	Ti	14	0.00328	0.00030	0.0040	+	−	−	−
		13	0.00322⁺	0.00022*					
No.52-A1	Si	15	0.1123	0.0046	0.102	+	−	−	−
		14	0.1130*	0.0038*					
	Fe	20	0.1910	0.0053	0.206	+	+	+	+
		19	0.1902	0.0041	0.180	+	−	−	+
		18	0.1907	0.0033	0.200	+	+	+	+
		17	0.1902	0.0025	0.196	+	−	−	−
		16	0.1898*	0.0020*					
	Mg	22	2.348	0.054	2.49	−	+	+	−
		21	2.341*	0.045*					
	Cr	25	0.1974	0.0056	0.214	+	+	−	+
		24	0.1967	0.0045	0.184	+	−	−	+
		23	0.1972*	0.0036*					

(注) D：Dixon 法，G：Grubbs 法，S：ゆがみ係数法，K：とがり係数法．−：危険率5％で捨てられない，+：危険率5％で捨てられる，*：最終平均値および最終標準偏差．

(coefficient of kurtosis，とがり係数法)の四つの検定方法を危険率5％で用いている．そこでは，1組の測定値のなかでもっともかけ離れた測定値1個を検定し，いずれかの方法で捨てられるならそれを捨て，次に残りの測定値のなかでもっとも離れているものをさらに4方法で検定する．この手順を繰り返して，どの方法によっても捨てられる測定値がなくなるまで検定を行い，残りの測定値から平均値を算出するのがもっともよいと結論づけている．委員会では，このIAEAの検定方法を採用し，元素ごとに各測定値を検定した．

標準物質 No.5 の Cu，Si などの7元素および No.52-A1 の Cu，Mn などの7元素は，それぞれ疑わしい測定値がなかったので検定は行わず，平均値を計算した．そのほかの元素の測定値を4方法で検定した過程を表5.7に示す．棄却検定の進行とともに，平均値および標準偏差がどのように変化するかがわかる．

表5.7の結果だけからすれば，S法の棄却力が弱く，D法の棄却力が強いようにみえ

る．しかし，No.52-A1 の Mg における疑わしい測定値 2.49% は，D 法では捨てられず，S 法では棄却された．もし，この 2.49% が捨てられないとすると，平均値は 2.348%，標準偏差は 0.054% となる．そのときは後述する理由によって，Mg の表示値は 2.3% にしなければならなくなる．すなわち，どちらの棄却力が大きいともいえない．

B．各種分析方法の比較

（ⅰ）化学分析法　　5.2.3 項 A の棄却検定で残った測定値を分析法ごとにまとめ，方法間の相対的な測定精度およびかたよりを調べた．

参考として標準物質 No.52-A1 についての結果(平均値 ± 標準誤差)を表 5.8 に示した．かっこ内の数字は測定数(l)であり，標準誤差とは，平均値の分布の標準偏差($\sigma/\sqrt{l}$)である．分析結果は各方法間でかなりよく一致している．

各方法の不偏分散および平方和を求め．元素ごとに二つの方法ずつを組み合わせて分散の違い(F 検定)および平均値間のかたより(t 検定)を危険率 5% で調べた．F 検定では No.52-A1 の Si における重量法(J-G1)と吸光光度法(J-A2)の間に有意差が認められた．これは，J-G1 の測定数が 3 と少なく，しかもばらつきがあったためである．t 検定では No.52-A1 の Mg における原子吸光法(J-AA)と重量法(J-G2)の間にかたよりが認められた各分析法のいろいろな組合せについて，146 ページの表 5.9 に示すような試みの計算を行い，それぞれ仮の表示値を算出してみた．

No.52-A1 の Mg の表示値で最大は J-G2 の 2.4%，最小は J-AA の 2.3_1% であり，これら 2 方法の結果を除く J-T1 と ICP では 2.3_5% が得られている．これらの結果について，真の値がわからない以上，J-G2 および J-AA のどちらも捨てられないとのテクニカルジャッジ[20]を行い，21 の測定値全部を含めることにした．

（ⅱ）発光分光分析法　　発光分光分析法では，各分析所で所有する標準物質を検量線作成用標準物質として使用し，分析値を得ている．用いる標準物質は各分析所でまちまちであり，使用した標準物質により値は変動する．したがって，発光分光分析による分析値は表示値の計算には用いず，参考値として扱うことにした．

C．表示値の決定

化学分析結果を統計処理し，147 ページの表 5.10 および表 5.11 にまとめた．相対標準偏差は No.5 の Cr の 14.3% を最高値として，いずれもそれ以下であった．母平均の 95% 信頼区間は，$t(l-1, 0.05) \times$ 標準誤差によって求めており，信頼区間は標準誤差の 2 倍強の数値になる．

測定結果の有効数字は，分析方法の精度を標準偏差で表したとき，その 1/3 の値の桁数にするのが一般的である[21]．表 5.10 および表 5.11 の平均値はだいたいこれに従って

表5.8 標準物質 No.52-A1 による化学分析法の比較(平均値±標準誤差)

元素	分析法*	各方法による結果(%)	全方法による結果(%)
Cu	J-A1	0.0248 ± 0.0004(6)	0.0247 ± 0.0002(22)
	L-A1	0.0249 ± 0.0004(4)	
	J-AA	0.0249 ± 0.0003(8)	
	ICP	0.0238 ± 0.0002(3)	
Si	J-A2	0.1129 ± 0.0008(9)	0.1130 ± 0.0010(14)
	J-G1	0.1100 ± 0.0032(3)	
Fe	J-A3	0.1896 ± 0.0009(8)	0.1898 ± 0.0005(16)
	J-AA	0.1903 ± 0.0007(5)	
Mn	J-A4	0.0729 ± 0.0009(8)	0.0720 ± 0.0006(20)
	J-AA	0.0711 ± 0.0007(7)	
	ICP	0.0693 ± 0.0020(3)	
Mg	J-T1	2.344 ± 0.014(8)	2.341 ± 0.010(21)
	J-G2	2.368 ± 0.025(5)	
	J-AA	2.307 ± 0.013(6)	
Zn	J-AA	0.0179 ± 0.0002(12)	0.0178 ± 0.0002(15)
	ICP	0.0173 ± 0.0003(3)	
Ti	J-A5	0.0299 ± 0.0003(12)	0.0297 ± 0.0002(16)
	ICP	0.0292 ± 0.0005(4)	
V	J-A6	0.0109 ± 0.0002(12)	0.0108 ± 0.0002(15)
	ICP	0.0103 ± 0.0003(3)	
Cr	J-A7	0.1975 ± 0.0019(6)	0.1972 ± 0.0008(23)
	J-T2	0.1950 ± 0.0011(6)	
	J-AA	0.1984 ± 0.0013(8)	
	ICP	0.1980 ± 0.0010(3)	
Ga	L-A2	0.0140 ± 0(3)	0.0133 ± 0.0002(15)
	L-AA4	0.0130 ± 0.0004(6)	
	L-F	0.0133 ± 0.0003(3)	
	ICP	0.0133 ± 0.0003(3)	
Ni	J-A8	0.00543 ± 0.00012(3)	0.00509 ± 0.00007(17)
	J-AA	0.00508 ± 0.00010(6)	
	ICP	0.00495 ± 0.00013(4)	

* ( )内の数値は測定数
J-A1：DDTC 抽出吸光光度法(JIS H 1354：1972)
J-A2：モリブデン黄吸光光度法(JIS H 1352：1972)
J-A3：1,10-フェナントロリン吸光光度法(JIS H 1353：1972)
J-A4：過硫酸アンモニウム酸化吸光光度法(JIS H 1355：1972)
J-A5：ジアンチピリルメタン吸光光度法(JIS H 1359：1972)
J-A6：BPHA 吸光光度法(JIS H 1362：1972)
J-A7：ジフェニルカルバジド吸光光度法(JIS H 1358：1972)
J-A8：ジメチルグリオキシム吸光光度法(JIS H 1360：1972)
L-A1：Zn-DBDC 抽出吸光光度法(LIS AO16-3-1078)
L-A2：ローダミン B 抽出吸光光度法(LIS AO5-4-1976)
J-G1：重量法(JIS H 1352：1972)
J-G2：リン酸マグネシウム重量法(JIS H 1357：1972)
J-T1：EDTA 滴定法(JIS H 1357：1972)
J-T2：過硫酸アンモニウム酸化過マンガン酸カリウム滴定法(JIS H 1358：1972)
J-AA：原子吸光法(JIS H 1306：1974)
L-AA4：MIBK 抽出原子吸光法(LIS AO5-5-1983)
L-F：MIBK 抽出炎光光度法(LIS AO5-2-1982)
ICP：ICP 発光分光分析法

表5.9 標準物質 No.52-A1 における Mg 分析結果の各種分析法による表示値の比較

分析方法	測定数	平均値 (%)	標準偏差 (%)	表示値 (%)
J-T1	8	2.344	0.040	2.3_4
J-G2	5	2.368	0.055	2.4
J-AA	6	2.307	0.029	2.3_1
J-T1 と ICP	10	2.348	0.038	2.3_5
J-G2 を除く	16	2.333	0.039	2.3_3
J-AA を除く	15	2.355	0.044	2.3_6
全部含める	21	2.341	0.045	2.3_4

(注) 分析法の記号は表5.8参照.

いる.標準物質の表示値の有効桁数は,上記の方法で算出した平均値より,さらに1桁厳しくするのが妥当と考えられる.なお,標準偏差の2倍の最初の数字が5を超えない桁までを有効とするが,その最初の数字が5を超えたときは,その桁を下付き数字で示すこととしている.

表5.10のNo.5のZnの表示値は,上記の方法で表示すれば0.0031%となるが,相対標準偏差がCuのそれに近いことを考えて0.003_1%とした.TiおよびVは,上記方法ではそれぞれ0.0032,0.006_8%とすべきであるが,Tiの全測定値数13のうち11が,またVの全測定値数14のうち13が,同一分析方法を用いており,分析方法固有の偏差が完全に除去されているとはいいにくい.そこで,表示値はそれぞれ0.003_2および0.007%と厳しくすることにした.

以上,アルミニウムおよびアルミニウム合金の標準物質の作製過程を中心に記述した.アルミニウム系以外の非鉄金属も含め,国内の標準物質供給機関が頒布しているおもな標準物質を148ページの表5.12に示した.詳細は各団体に問い合わせされたい.

なお,海外の標準物質については,文献[22~24]を参照するか,付表2の注記にある取扱い商社に問い合わせるとよい.

5.2 非鉄金属

表 5.10 化学分析法の統計処理結果（標準物質 No.5）

パラメーター	Cu	Si	Fe	Mn	Mg	Zn	Ti	V	Cr	Ga	Ni
報告された測定値数	17	14	23	17	15	15	14	14	14	22	17
棄却検定後の測定値数	17	14	23	14	15	14	13	14	14	22	17
平均値(%)*	0.00368	0.0633	0.125	0.00149	0.0084	0.00309	0.00322	0.00681	0.00105	0.0108	0.00509
標準偏差	0.00032	0.0024	0.004	0.00008	0.0010	0.00023	0.00022	0.00029	0.00015	0.0006	0.00027
相対標準偏差(%)	8.7	3.8	3.3	5.4	12.0	7.4	6.8	4.3	14.3	5.4	5.3
標準誤差	0.00008	0.0006	0.001	0.00002	0.0003	0.00006	0.00006	0.00008	0.00004	0.0001	0.00007
相対標準誤差(%)	2.2	1.0	0.6	1.3	3.1	1.9	1.9	1.2	3.8	1.1	1.3
95%信頼区間(%)	0.0002	0.0014	0.002	0.00005	0.0006	0.00013	0.00013	0.00017	0.00009	0.0003	0.00015
表示値(%)	0.003$_7$	0.063	0.12$_5$	0.0015	0.008	0.003$_1$	0.003$_2$	0.007	0.0010	0.011	0.005$_1$

* これらは IAEA の推奨法[19]により，危険率 5% で棄却検定後計算した．

表 5.11 化学分析法の統計処理結果（標準物質 No.52-A1）

パラメーター	Cu	Si	Fe	Mn	Mg	Zn	Ti	V	Cr	Ga	Ni
報告された測定値数	22	15	20	20	22	15	16	15	25	15	17
棄却検定後の測定値数	22	14	16	20	21	15	16	15	23	15	17
平均値(%)*	0.0247	0.1130	0.1898	0.0718	2.341	0.0178	0.0297	0.0108	0.1972	0.0133	0.00509
標準偏差	0.0009	0.0038	0.0020	0.0028	0.045	0.0007	0.0010	0.0008	0.0036	0.0007	0.00027
相対標準偏差(%)	3.6	3.4	1.8	3.9	1.9	3.8	3.2	7.1	1.8	5.4	5.3
標準誤差	0.0002	0.0010	0.0005	0.0006	0.010	0.0002	0.0002	0.0002	0.0008	0.0002	0.00007
相対標準誤差(%)	0.7	0.9	0.3	0.9	0.4	1.0	1.2	1.8	0.4	1.4	1.3
95%信頼区間(%)	0.0003	0.0022	0.0011	0.0013	0.021	0.0004	0.0005	0.0004	0.0016	0.0004	0.00015
表示値(%)	0.025	0.11$_3$	0.190	0.07$_2$	2.3$_4$	0.018	0.030	0.011	0.19$_7$	0.013	0.005$_1$

* 表 5.10 に同じ．

5 産業用組成標準物質

表 5.12 国内の供給機関によるおもな非鉄金属・合金標準物質

供給機関	標準物質名	認証対象元素	形状	備考（関連 JIS）
(社)日本アルミニウム協会	Al 分析用標準試料 JLMA CRM No. 5	Cu, Si, Fe, Mn, Mg, Zn, Ti, V, Cr, Ga	D	5.2 節参照
	Al 合金分析用標準試料 No. 1-A	Si, Fe, Cu, Mn, Mg, Cr, Zn, Ti	D	
	Al 分析用標準試料 No. 2	Si, Fe, Cu	D	
	Al 分析用標準試料 No. 3	Si, Fe, Cu	D	
	Al 分析用標準試料 No. 4-A	Si, Fe, Cu	D	
	Al 合金分析用標準試料 No. 11	Si, Fe, Cu, Zn, Bi, Pb	D	
	Al 合金分析用標準試料 No. 24	Si, Fe, Cu, Mn, Mg, Cr, Zn	D	
	Al 合金分析用標準試料 JLMA CRM No. 52-A1	Cu, Si, Fe, Mn, Mg, Zn, Ti, V, Cr, Ga, Ni	D	5.2 節参照
	Al 合金分析用標準試料 JLMA CRM No. 52-B	Cu, Si, Fe, Mn, Mg, Zn, Ti, V, Cr, Ga	D	
	Al 合金分析用標準試料 JLMA CRM No. 52-C	Cu, Si, Fe, Mn, Mg, Zn, Ti, V, Cr, Ga	D	
	Al 合金分析用標準試料 No. 83	Si, Fe, Cu, Mn, Mg, Cr, Zn, Ti	D	
	Al 合金分析用標準試料 No. 61-A	Si, Fe, Cu, Mn, Mg, Cr, Zn, Ti	D	
	Al 合金分析用標準試料 No. 601	Si, Fe, Cu, Mn, Mg, Cr, Zn, B, Ti	D	
	Al 合金分析用標準試料 JLMA CRM No. 63-A1	Cu, Si, Fe, Mn, Mg, Zn, Ti, Cr, Ni	D	
	Al 合金分析用標準試料 JLMA CRM No. 63-B	Cu, Si, Fe, Mn, Mg, Zn, Cr	D	
	Al 合金分析用標準試料 JLMA CRM No. 63-C	Cu, Si, Fe, Mn, Mg, Zn, Cr	D	
	Al 合金分析用標準試料 ZM-A	Si, Fe, Cu, Mn	D	
	高純度アルミニウムはく	(Fe), (Cu), (Mn), (Mg), (Cr), (Ni), (Zn), (Bi), (Pb)	F	
(社)日本アルミニウム合金協会	ダイカスト用 Al 合金地金 AD12.1 分析用標準試料	(Cu), (Si), (Mg), (Zn), (Fe), (Mn), (Ni), (Sn), (Pb), (Ti), (Cr), (Al)	D	H 1305, H 2118
(財)中法軽金属製品協会試験研究センター	Al 陽極酸化被膜厚さ測定管理用標準板	被膜厚さ 0, 10, 15, 25 μm	P	被膜厚さ測定用
	陽極酸化処理 Al 合金ダイカスト (ADC 12 材)標準試験片		P	表面処理方法開発用
日本伸銅協会	リン脱酸銅 1 種 C 1220	Cu, P, Fe, Pb	P	H 3100
	ベリリウム銅 C 1720	Cu, Be, Co, Si, Fe	P	H 3130

表 5.12 国内の供給機関によるおもな非鉄金属・合金標準物質(つづき)

供給機関	標準物質名	認証対象元素	形状	備考(関連 JIS)
日本伸銅協会	黄銅 1 種　C 2600	Cu, Pb, Fe, Sn	P	H 3100
	黄銅 3 種　C 2801	Cu, Pb, Fe	P	H 3100
	快削黄銅 2 種　C 3604	Cu, Pb, Sn	C	H 3250
	快削黄銅 13 種　C 3713	Cu, Pb, Fe, Sn	P	H 3100
	ネーバル黄銅 1 種　C 4621	Cu, Pb, Fe, Sn	P	H 3100
	リン青銅 2 種　C 5191	Cu, Sn, P	P	H 3110
	アルミニウム青銅 2 種　C 6191	Cu, Al, Fe, Ni, Mn	C	H 3270
	高力黄銅 2 種　C 6782	Cu, Al, Pb, Fe, Mn	C	H 3250
	復水器用黄銅 2 種　C 6871	Cu, Al, As, Si, Pb, Fe	P	H 3300
	ばね用洋白　C 7701	Cu, Ni, Mn, Fe, Pb, Co	P	H 3300
	黄銅 1 種　C 2600	Cu, Pb, Fe, (Sn)	D	H 3250
	黄銅 2 種　C 2700[BS-23B]	Cu, Pb, Fe,	D	H 3250
	黄銅 2 種　C 2700[BS-25B]	Cu, Pb, Fe	D	H 3250
	黄銅 2B 種　C 2720	Cu, Pb, Fe,	D	H 3250
	黄銅 3 種　C 2800[BS-32C]	Cu, Pb, Fe	D	H 3250
	黄銅 3 種　C 2800[BS-33C]	Cu, Pb, Fe	D	H 3250
	快削黄銅棒特 1 種　C 3601B	Cu, Pb, Fe, Sn, Cd	D	H 3250
	快削黄銅棒　C 3605B	Cu, Pb, Fe, Sn, Cd	D	H 3250
	鍛造用銅棒特 1 種　C 3712B	Cu, Pb, Fe, Sn, Cd	D	H 3250
	鍛造用銅棒特 2 種　C 3771B	Cu, Pb, Fe, Sn, Cd	D	H 3250
(社)日本チタン協会	Ti 標準物質(水素, 酸素, 窒素定量用) TAS-106	H, O, N	B	H 1620, 1619, 1612
	Ti 標準物質(水素, 酸素, 窒素定量用) TAS-107	H, O, N	B	H 1620, 1619, 1612
	Ti 標準物質(窒素, 鉄, 炭素定量用) TAS-108	N, Fe, C	C	H 1612, 1614, 1617
	Ti 標準物質(窒素, 鉄, 炭素定量用) TAS-109	N, Fe, C	C	H 1612, 1614, 1617
	Ti 標準物質(水素, 酸素, 窒素, 鉄, 炭素定量用) TAS-110	H, O, N, Fe, C	D	H 1619, 1620, 1612, 1614, 1617
	Ti 標準物質(水素, 酸素, 窒素, 鉄, 炭素定量用) TAS-111	H, O, N, Fe, C	D	H 1612, 1610, 1614, 1611, 1617, 1619, 1620
	高純度 Ti 標準物質(Chip) (High Purity Titanium) TAS-112	(Fe), (Ni), Cr, Mn, (Co), Cu, Al, (U), (Th)	C	M 8402, 8403 H 1610, 1611, 1612, 1614, 1617, 1621, 1622, 1624, 0321
	高純度 Ti 標準物質(Chip) TAS-113	Fe, Ni, Cr, (Mn), (Co), (Cu), Al, (U), (Th)	C	同上
	高純度 Ti 標準物質(Disk) TAS-114	Fe, Ni, Cr, (Mn), (Co), (Cu), Al, (U), (Th)	D	同上

(注)　B:ロット(棒), C:チップ, D:ディスク(円盤), F:はく(箔), P:シート(板)

5.3 核燃料・原子炉材料

5.3.1 核燃料分析用標準物質

核燃料分析用標準物質は EU 標準物質・計測研究所 (Institute for Reference Materials and Measurement：IRMM) および米国の NBL (New Brunswick Laboratory) から頒布されている．IRMM は同位体比測定用に U(UF_6：IRMM-019〜029, U solution：IRMM-183〜187, IRMM-3183〜3187, IRMM-073〜075, U_3O_8：IRMM-171), Pu (IRMM-290), Th (IRMM-035〜036) の同位体標準物質を頒布している．NBL からは鉱石 (ピッチブレンド：CRM 101-A〜105-A, モナズ石：CRM 106〜110), U (金属：CRM 112-A, U_3O_8：CRM 123, CRM 124) のほか，同位体比測定用として U 同位体，Pu 同位体標準物質が頒布されている．

5.3.2 原子炉材料

核燃料被覆管に用いられるジルカロイ (Zr に Sn, Fe, Cr を添加した合金) 標準物質が IRMM, NIST から頒布されている．IRMM が頒布している BCR 275, BCR 276 では C, N, O 濃度が，NIST の SRM 360b では C, N, Al, Mn, Hf, Cu, Ni, Cr, Ti, Sn, Fe が認証されている．いずれも，ジルカロイの機械特性，腐食耐性や原子炉特性に影響を与える元素の化学分析用認証標準物質である．

5.3.3 環境放射能分析用標準物質

原子力発電所，核燃料サイクル施設などの原子力関連施設周辺の安全確保や過去の核爆発実験の影響を調査するため，環境中の放射線量測定，放射性核種分析が実施されている．精確な放射性核種分析を実施するためには，国家標準にトレーサブルな放射性核種標準液で測定器を校正するだけでなく，分析対象試料と組成が類似し放射性核種濃度が認証された標準物質を分析して，試料分解，抽出，化学分離法の妥当性を確認することが必要である．NIST および IAEA は，試料中の放射性核種濃度が認証された標準物質を開発・頒布している．なお，放射性核種はその半減期に従い減衰するので，認証書には減衰補正の基準となる基準時間が記載されている．

NIST では放射性核種計量学国際委員会 (International Committee for Radionuclide Metrology：ICRM) 所属機関および十分な経験をもつ分析機関が参加する国際共同分析により認証値を決定し，IAEA は自ら行っている技能試験 Analytical Quality Control

Services で用いた試料の分析結果から認証値を決定している．一例として，以下に NIST SRM 4356 Ashed Bone の認証にいたる経過を紹介する[25]．

骨は長半減期核種のもっとも重要な生物学的なシンクであり，骨中の精確な放射性核種存在量の測定は，生体中の放射性核種の挙動の把握や被曝線量評価上，重要である．ICRM と NIST は，骨中の放射性核種濃度を認証した標準物質を開発・認証するために，ICRM 所属機関と放射性核種分析に十分な経験をもつ機関による国際共同分析を実施した．汚染された人骨4%と牛骨96%を混合し均質化した試料，15g入りボトル5本ずつ計80本を，16機関に配布した．参加機関には NIST から異なる内部標準物質の使用による不確かさの影響を除去するために，^{229}Th，^{232}U，^{243}Am，^{242}Pu 標準液が試料と同時に配布され，それぞれ，Th，U，Am，Pu の各同位体測定における内部標準物質として使用することが求められた．9機関からの全報告値が米国東部標準時1995年12月31日午前12時に減衰補正された．NIST では，各機関で認証に必要な複数の試料分解法，化学分離法が行われたことを確認し，報告値の外れ値の除去を含む統計的評価を行って，^{90}Sr，^{226}Ra，^{230}Th，^{232}Th，^{234}U，^{235}U，^{238}U，^{238}Pu，$^{239+240}$Pu，$^{243+244}$Cm 放射能濃度(mBq g^{-1})の認証値を算出した．一方，^{40}K，^{210}Po，^{228}Ac，^{228}Ra のほか，^{210}Pb，^{228}Th，^{241}Am は ^{228}Ra，^{241}Pu の測定が不十分であること，^{222}Rn とその壊変生成物のびん内における長期間の挙動についての知識が不足していることから，^{210}Pb，^{228}Th，^{241}Am を参考値とした．また，本試料では体内における生物学的プロセスにもとづく元素分別と，試料調製に用いた混合物に起因すると考えられる放射非平衡が，^{234}U-^{230}Th-^{226}Ra-^{210}Pb-^{210}Po および ^{232}Th-^{228}Ra-^{228}Th 壊変系列で確認された．

NIST，IAEA ではこのような国際共同分析を行って，環境放射能分析用標準物質の開発・認証を継続的に実施している．

A．環境組成標準物質（土壌，堆積物，海水）

環境組成標準物質としては NIST から SRM 4353A Rocky Flats Soil Number Ⅱ，SRM 4350B Columbia River Sediment，SRM 4354 Freshwater Lake Sediment，SRM 4357 Ocean Sediment が開発・頒布されている．SRM 4353A は Rocky Flats 核兵器製造工場周辺で採取された土壌であり，Pu などは約10%が酸不溶性画分に含まれている．また参考値で示されている ^{240}Pu/^{239}Pu 同位体比は0.056を示し，大気圏内核実験に伴う放射性降下物における ^{240}Pu/^{239}Pu 同位体比の 0.18[26] より低値を示すことが特徴である．一方，IAEA からは IAEA-312 Soil，IAEA-375 Soil，IAEA-313 Stream Sediment，IAEA-314 Stream Sediment，IAEA-SL-2 Lake Sediment，IAEA-315 Marine Sediment，IAEA-385 Irish Sea Sediment，IAEA-384 Fangataufa Sediment，IAEA-381 Irish Seawater が

頒布されている．IAEA-381，IAEA-384 はアイリッシュ海から採取された海水および堆積物であり，セラフィールド核燃料再処理工場からの放出を反映した認証値を示している．IAEA-384 は核爆発実験が行われた地域から採取された堆積物であり，核爆発実験に起因する放射性核種が検出・認証された．IAEA-384 中の Pu は，同位体比および放射能比から試料採取地点で実施された核爆発実験起源であると考えられている[27]．

B．生物・植物・食品組成標準物質

生物・植物・食品組成標準物質として NIST から SRM 4351 Human Lung，SRM 4352 Human Liver，SRM 4356 Ashed Bone，SRM 4359 Seaweed が，IAEA から IAEA-MA-B-3-RN Fish Flesh，IAEA-414 Fish，IAEA-156 Clover，IAEA-372 Grass，IAEA-A-12 Animal Bone，IAEA-152 Milk Powder，IAEA-154 Whey Powder，IAEA-321 Milk Powder が開発・頒布されている．IAEA-152, -154, -321 にはチェルノブイリ原子力発電所事故時に放出された ^{134}Cs，^{137}Cs が含まれている．

C．年代測定用標準物質

^{14}C 年代測定法に用いる標準物質が NIST，IAEA から頒布されている．^{14}C 年代測定法では NBS しゅう酸を基準とする合意があり，この分野では欠くことができない標準物質である．NBS しゅう酸は NIST SRM 4990C に更新されており，現在は SRM 4990C を基準とする合意がなされている[28]．

5.4 セラミックス・ガラス・セメント

セラミックスとは，人為的な熱処理によって製造された非金属無機質固体材料の総称であり，ガラスやセメントもセラミックスの範ちゅうに含まれる．本節では工業材料として重要な窯業原料，耐火物，ガラス，セメントに加えて，現代のハイテク社会を支えるになくてはならない材料であるファインセラミックス(FC，ニューセラミックスともいう)の標準物質を取り上げる．セラミックスは概して難分解性の材料が多く，その化学分析は難しい．しかも 2007 年問題として騒がれたように，熟練した化学分析技術者が減少していく厳しい現状にある．また，近年は EU の RoHS 指令(電気・電子機器特定有害物質使用制限に関する EU 指令)や REACH 規制(化学物質管理規制)にみられるように，環境に悪影響を及ぼすおそれのある成分に対する規制が厳しくなり，多数の試料を迅速に分析することが求められるようになってきている．そのため，蛍光 X 線分析法(XRF)などの機器分析に対する需要が高くなっている．機器分析で精確な分析結果を得るには，試料に対応した標準物質が必要不可欠である．また，化学分析においても，

5.4 セラミックス・ガラス・セメント

分析方法の開発や分析結果の信頼性評価のために，適応する標準物質は重要である．ここでは，わが国の学会や業界団体，政府機関が頒布するものに加えて，信頼性が高く比較的入手しやすい米国のNISTとドイツのBAMの標準物質に絞って記述する．

5.4.1 窯業用天然原料の標準物質

(社)日本セラミックス協会から，窯業用天然原料認証標準物質として焼成ボーキサイト3種類，シリマナイト，ムライト，石英粉，ケイ石粉2種類，ジルコンサンド2種類，蛙目粘土，カオリン，ばん土頁岩，曹長石粉，カリ長石粉，陶石，ろう石粉2種類，タルク粉3種類が頒布されている．このうち，石英粉とけい石粉2種類はCOMAR(国際標準物質データベース)に登録されている．これらは焼成ボーキサイトやシリマナイト，ムライトがJIS M 8856 "セラミックス用高アルミナ質原料の化学分析方法"，石英粉とけい石粉がJIS M 8852 "セラミックス用高シリカ質原料の化学分析方法" など，いずれもこれら材料の化学分析方法のJISもしくは日本セラミックス協会規格(JCRS)制定のさいの共同分析試料として開発されたもので，分析方法規格と表裏一体をなすものである．したがってJISもしくはJCRSに従って関連する材料を分析するさいには，検量線の作成や分析結果の信頼性評価などにきわめて使いやすい．すべての試料に共通な項目としてLOI(強熱減量)，Al_2O_3，Fe_2O_3，SiO_2，TiO_2の値が認証されている．そのほか，CaO，Cr_2O_3，K_2O，MgO，MnO，Na_2O，P_2O_5，S，ZrO_2(試料によってはZrO_2+HfO_2)の含有量が示されている．次ページの表5.13にこれら標準物質の認証値を示す．このほか，(独)産業技術総合研究所からも，長石や石灰岩などの認証標準物質が頒布されているが，これらは地質標準物質であるので，ここでは省略する．

海外ではNISTからセラミックス原料として用い得る天然原料認証標準物質として，陶土質石灰，カリ長石2種類，ドロマイト質石灰，長石の5標準物質が，粘土ではフリントクレー(硬質粘土)，可塑性粘土，れんが用粘土の3種類が頒布されている．これらには成分濃度としてAl_2O_3やSiO_2，Na_2O，K_2O，Fe_2O_3などのほかにRbやGa，いくつかの希土類元素などについても含有量が表示されている．また，カリ長石標準物質のSRM 607ではRbとSrのみが認証されており，Srでは^{87}Srと^{86}Srの同位体比も表示されている．

日本セラミックス協会やNISTの標準物質にはLOIが表示されている．しかし，LOIには注意を要する．たとえばケイ石粉に適用するJIS M 8852に規定された強熱温度は1025℃であり，これにもとづく日本セラミックス協会の標準物質は，当然この温度でのLOIが表示されているのに対し，NISTのたとえば陶土質石灰では1200℃でのLOIが，

表 5.13 日本セラミックス協会(JCRM)の

	焼成ボーキサイト			シリマナイト	ムライト
	R 301	R 302	R 303	R 304	R 041
LOI	0.35	0.22		4.26	
Al_2O_3	87.5	90.6	89.49	55.94	70.18
CaO	0.03	0.02	0.012	0.427	0.059
Cr_2O_3					
Fe_2O_3	1.40	1.76	1.51	0.585	0.598
K_2O	0.04	0.02		0.329	0.174
MgO	0.02	0.03	0.006	0.451	0.190
MnO			0.007	0.007	0.004
Na_2O	0.03	0.02		0.273	0.197
P_2O_5	0.07	0.05	0.064	0.072	0.136
S					
SiO_2	7.24	3.45	5.55	35.90	28.11
TiO_2	2.90	3.17	2.93	1.33	0.185
ZrO_2	0.13	0.30	0.110	0.105	0.058
ZrO_2+HfO_2					

	カオリン	ばん土頁岩	曹長石	カリ長石	陶石
	R 605	R 651	R 702	R 703	R 751
LOI	13.90	0.59	0.23	0.36	2.73
Al_2O_3	35.64	71.7	19.64	17.93	14.15
CaO	0.004	0.19	0.546	0.095	0.033
Fe_2O_3	0.283	1.48	0.058	0.082	0.340
K_2O	(0.008)	0.65	0.137	11.02	(3.00)
MgO	0.004	(0.10)	0.103	0.040	0.049
MnO			0.004	0.003	0.003
Na_2O	0.032	0.03	11.31	3.32	0.121
P_2O_5	0.105	0.19	0.139	0.008	0.009
S	(0.023)				(0.010)
SiO_2	49.77	21.74	67.69	66.99	79.32
TiO_2	0.068	3.15	0.030	0.005	0.010
ZrO_2		0.18			

(注) 認証値と参考値のみを表示,( )内は参考値,単位:*をつけたものは質量分率($mg\ kg^{-1}$),

フリントクレーや可塑性粘土の LOI は 1100 ℃ での強熱による減量値が表示されているなど,材料によって強熱温度が異なっている.LOI は加熱する温度によって異ってくることがあるので,認証書に表示された測定方法に注意しなければならない.また,測定前の試料の乾燥も,わが国では 110 ℃ で 2 時間と指定されたものが多いが,NIST では陶土質石灰とれんが用粘土の乾燥温度は 105 ℃,フリントクレーや可塑性粘土では 140 ℃ など,試料の取扱い方法も異なっているので,認証書に記載されている種々の事項に十分に注意する必要がある.

窯業用天然原料の認証標準物質

石英粉	ケイ石粉		ジルコンサンド		蛙目粘土
R 404	R 405	R 406	R 501	R 502	R 604
0.00	0.13	0.97	0.11	0.26	13.37
11*	1.07	1.31	0.39	5.87	35.37
0.2*	0.029	0.016			0.216
(<0.2*)	2*	8*			
0.6*	0.053	0.102	0.06	0.10	1.357
(0.4*)	0.71	0.13			0.468
(<0.1*)	0.023	0.005			0.251
	0.002	0.002			0.006
(1*)	0.060	0.029			0.083
					0.020
	(0.00)	0.23			(0.014)
>99.99	97.78	96.71	32.6	32.8	47.88
6*	0.022	0.565	0.16	0.24	0.865
			66.5	60.4	

ろう石粉		タルク粉		
R 802	R 803	R 901	R 902	R 903
6.0	4.40	6.14	6.64	8.23
32.3	23.95	0.924	0.115	2.447
0.04	0.033	0.438	0.342	0.998
0.23	0.047	1.224	0.091	0.564
0.06	2.32	0.004	0.003	0.007
0.004	0.017	31.22	31.97	31.84
	0.0014	0.004	(0.002)	(0.003)
0.09	0.165	0.054	0.006	0.029
0.050	0.018	0.195	0.046	0.051
	0.02			
60.7	68.52	59.77	60.77	55.76
0.185	0.104	0.019	0.004	0.075

それ以外は質量分率(%).

5.4.2 耐火物標準物質

　わが国の耐火物技術協会から粘土質2系列,ケイ石質1系列,高アルミナ質1系列,マグネシア質1系列,クロム-マグネシア質1系列,ジルコン-ジルコニア質1系列,アルミナ-ジルコニア-シリカ質1系列,アルミナ-マグネシア質1系列,炭素-炭化ケイ素質1系列の計10系列の耐火物分析用認証標準物質系列が頒布されている.炭素-炭化ケイ素質系列以外はXRF分析用標準物質で,各系列で認証値と参考値を合わせてそれぞ

れ9～14成分を対象とし，成分組成の異なる10～15種類の試料がセットされていて，それを用いてXRFの検量線が作成できるようになっており，きわめて便利である．炭素-炭化ケイ素質標準物質は炭素分析装置校正用として，炭素と炭化ケイ素の組成比の異なる9種類の耐火物試料に，全炭素と遊離炭素の認証値が付与されている．

NISTからはアルミナ-シリカ系耐火物3種類，二酸化チタン1種類，シリカれんが2種類の認証標準物質が頒布されている．二酸化チタン標準物質以外は，Al_2O_3やCaOなどそれぞれ含有する10成分程度が認証値として付与されている．一方，二酸化チタン標準物質では認証されているのは99.591％と高濃度のTiO_2量のみであるが，そのほかにグロー放電質量分析法(GD-MS)による微量71成分に関する情報が参考値として記されている．

5.4.3 ガラス標準物質

日本セラミックス協会から，ホウケイ酸ガラスブロック認証標準物質1種類(JCRM R 102)が頒布されている．これはJIS R 3105 "ほうけい酸ガラスの分析方法" を制定したさいに行った共同分析実験によって値付けされたものであり，SiO_2, Al_2O_3, Fe_2O_3, TiO_2, ZrO_2, Na_2O, K_2O, B_2O_3, Clの9成分の含有量が表示されている．158ページの表5.14に認証値を示す．

NISTからはガラス原料粉や鉛ガラス，ソーダガラス，ホウケイ酸ガラスなど，種々のガラス認証標準物質が頒布されている．試料形態も粉末や板状，ディスク状などさまざまである．表5.14に各成分の認証値を併せて示す．このほか，NISTからは主成分は同じであるが，FeやPb, Sr, Th, Uなどの含有量がそれぞれ約500 mg kg^{-1}，約50 mg kg^{-1}，約5 mg kg^{-1}，さらにそれ以下という4系列のガラス認証標準物質も頒布されている．ウェハーの厚みが3 mmのものと1 mmのものが用意されており，それぞれ異なった標準物質番号がつけられている．

BAMからはガラス認証標準物質として，表5.14に記すS 004とS 005の2種類が頒布されている．S 004は全CrとCr^{6+}のみが認証値として，主成分のSiO_2以下12成分が参考値として示されており，RoHS指令などで指定された環境影響成分であるCr^{6+}の分析に有用であると思われる．一方，S 005はXRF分析用として開発されたディスク状のソーダガラス標準物質で，AsやBa, Cl, SO_3など，微量22成分の認証値に加えて，SiO_2やNa_2Oなど6主成分の参考値が表示されている．S 005にはAとBの2種類があるが，同じロットから作製されたもので，一部成分の認証値と不確かさにわずかな違いがあるのみなので，表5.14にはS 005Bだけを記載している．

5.4.4 セメント標準物質

わが国では，(社)セメント協会からポルトランドセメント粉末と高炉セメント粉末それぞれ1種類の認証標準物質が頒布されている．認証値は JIS R 5202 "ポルトランドセメントの化学分析方法"の附属書(ISO 680 を翻訳したもの)ならびに JIS R 5204 "セメントの蛍光 X 線分析方法"にもとづいて値付けされており，化学分析のさいの検量線の作成や分析結果の信頼性評価，XRF による分析のさいの検量線の検定に用いることができる．両試料の認証値と参考値を 160 ページの表 5.15 に示す．なお，この値は 975 ℃で強熱して恒量になった試料(強熱試料)における質量分率であるので，注意が必要である．同協会からは認証標準物質以外に，化学分析用 1 種類と XRF 分析用として 3 種類の標準物質，XRF 分析のさいの検量線作成用として組成の異なる 15 試料をセットにした 1 系列の標準試料も頒布されている．実用上，非常に有用と思われる．

NIST からは XRF 分析法や化学分析法による成分分析用セメント認証標準物質として，ポルトランドセメント粉末 9 種類，アルミン酸石灰セメント粉末 2 種類が頒布されている．表 5.15 にこれら 11 種類の標準物質の認証値を示す．NIST からはこのほかにエーライト(ケイ酸三カルシウム)やビーライト(ケイ酸二カルシウム)など，セメント中の主要構成化合物の質量分率を認証した相分析用のポルトランドセメントクリンカー 3 種類も頒布されている．なお，これらにも成分濃度が記載されているが参考値にとどまっている．

5.4.5 ファインセラミックス材料の標準物質

天然原料を用いる伝統的セラミックスと異なり，高度に精製された人工原料を用いるファインセラミックス(FC)は，添加剤や含有する微量成分が材料全体の機能や性能を大きく支配するため，原料中の微量不純物成分分析は，材料の特性評価において重要な項目となっている．難分解性の試料が多く，化学分析が難しいために標準物質の需要も高い．わが国では日本セラミックス協会と産業技術総合研究所から FC 認証標準物質が頒布されている．この分野はわが国が世界をリードしており，BAM と NIST からそれぞれ頒布されている炭化ケイ素と窒化ケイ素微粉末を除いて，わが国で開発された標準物質が世界中で大きなウエイトを占めている．

A. 日本セラミックス協会の FC 標準物質

日本セラミックス協会の FC 標準物質の開発の歴史は古く，同協会で開発された窒化ケイ素微粉末標準物質 JCRM R 001 と 002 はおそらく世界で最初に開発された FC 標準

5　産業用組成標準物質

表5.14　日本セラミックス協会(JCRM)，

	JCRM						NIST	
	R 102	81a	89	92	93a	165a	620	621
LOI			0.32	(0.42)				
Si								
SiO_2	80.5		65.35	(75.0)	80.8		72.08	71.13
Al								
Al_2O_3	2.27	0.66	0.18		2.28	0.059	1.80	2.76
As_2O_3			0.03				0.056	0.030
As_2O_5			0.36					
B								
B_2O_3	12.7			0.70	12.56			
Ba								
BaO			1.40					0.12
Ca								
CaO			0.21	(8.3)	0.01		7.11	10.71
CdO								
CeO_2								
Cl	0.057		0.05		0.060			
CoO								
CuO								
Cr								
Cr_2O_3		46*				(1*)		
Cr^{6+}								
Fe								
FeO					0.016			
Fe_2O_3	0.033	0.082	0.049		0.028	0.012	0.043	0.040
K								
K_2O	0.029		8.40	(0.6)	0.014		0.41	2.01
Li								
Li_2O								
Mg								
MgO			0.03	(0.1)	0.005		3.69	0.27
MnO			0.088					
Mn_2O_3								
MoO_3								
Na								
Na_2O	3.99		5.70	(13.1)	3.98		14.39	12.74
NiO								
P								
P_2O_5			0.23					
PbO			17.50					
SO_3			0.03				0.28	0.13
Sb_2O_3								
Se								
SnO_2								
Sr								
SrO								
Ti								
TiO_2	0.011	0.12	0.01		0.014	0.011	0.018	0.014
V_2O_5								
ZnO				(0.2)				
Zr								
ZrO_2	0.032	0.034	0.005		0.042	0.006		0.007

(注)　認証値と参考値のみを表示，( )内は参考値，単位：＊をつけたものは質量分率$(mg\ kg^{-1})$，そ

NIST, BAM のガラス認証標準物質

1411	1412	1413	1830	1831	1834	2696	BAM S004	BAM S005B
						(2.114)		
58.04	42.38	82.77	73.07	73.08	20.19	95.61	(70.9)	(71)
					20.71			
5.68	7.52	9.90	0.12	1.21		0.2080	(2.15)	(1.1)
								132*
					(1.1)			
10.94	4.53				0.062			
5.00	4.67	0.12					(1.2)	115*
					0.095			
2.18	4.53	0.74	8.56	8.20		0.426	(9.4)	(10.5)
	4.38							62*
								105*
								247*
								49.4*
					(0.02)		(0.04)	112*
							471*	
							(0.07)	15.2*
							94*	
					0.32			
			0.032	0.025				
0.050	(0.031)	0.24	0.121	0.087		(0.005)	(0.06)	422*
					0.42			
2.97	4.14	3.94	0.04	0.33		0.655	(0.16)	(0.7)
	(4.50)				(4.6)			
					0.088			
0.33	(4.69)	0.06	3.90	3.51		0.235	(0.90)	(2.3)
								124*
						0.0299		
								343*
					(0.14)			
10.14	4.69	1.75	13.75	13.32		(0.129)	(14.5)	(13.7)
								59.0*
					0.152			
						(0.0863)		
	4.40							202*
			0.26	0.25			(0.17)	1942*
								132*
								19.6*
								100*
					0.153			
0.09	4.55							151
					1.11			
0.02			0.011	0.019				163*
								349*
3.85	4.48					0.051	(0.33)	203*
					(0.047)			
								842*

れ以外は質量分率(%).

表 5.15 日本セメント協会(JCA)

	JCA					
	CRM-1	CRM-2	634a	1880a	1881a	1882a
LOI	(0.63)	(0.47)	1.66	1.32	(1.59)	(0.20)
CaO	65.21	56.33	65.07	63.83	57.58	39.29
SiO_2	20.99	25.66	20.493	20.31	22.26	4.01
Al_2O_3	5.26	8.94	5.015	5.18	7.060	39.14
Cl				0.004	0.013	
Cr_2O_3			0.0114	0.007	0.0588	0.113
F				(0.06)	(0.09)	
Fe_2O_3	2.67	2.08	3.362	2.81	3.09	14.67
K_2O	0.56	0.31	0.3572	0.92	1.228	0.051
MgO	2.13	3.05	1.0057	1.72	2.981	0.51
MnO	0.06	0.15				
Mn_2O_3			0.0229	0.127	0.1042	0.060
Na_2O	0.26	0.24	0.0842	0.19	0.199	0.021
P_2O_5	0.28	0.07	0.1767	0.22	0.1459	0.070
S(強熱前)		(0.32)				
SO_3	2.05	(2.59)	2.780	3.25	3.366	
SO_3(強熱前)		(1.91)				
SrO	0.05	0.07	0.0735	0.083	0.036	0.024
TiO_2	0.35	0.50	0.2463	0.25	0.3663	1.786
ZnO			0.0222	0.005	0.0489	0.004
合計				(100.31)	(100.18)	(99.95)

(注) 認証値と参考値のみを表示,( )内は参考値,単位:質量分率(%).

物質であると思われる.これは,同協会で JIS R 1603 "窒化けい素粉末の分析方法"を作成したさい,共同分析を行って値付けされたものである.現在は新たにつくられた JCRM R 003-005 が頒布されている.その後,同協会からは JIS や JCRS がまとめられるたびに,共同分析で値付けされた標準物質が開発されてきた.現在,同協会から頒布されている FC 認証標準物質は,上述の窒化ケイ素以外に炭化ケイ素微粉末,ジルコニア(酸化ジルコニウム)がある.これ以外にアルミナ(酸化アルミニウム)も開発されたが,現在は頒布されていない.同協会ではその後継のアルミナ微粉末標準物質の開発を検討しているとのことなので,近いうちに新たな標準物質が頒布されると思われる.

同協会の標準物質は分析方法規格に記された手法を用い,FC 材料の分析を業務としているベテランの技術者たちが報告した分析値を用いて値付けされており信頼性が高い.また,FC 生産現場における分析方法と同一の手法で値付けされているので,きわめて使いやすい標準物質であるといえる.しかし,認証標準物質に必須のトレーサビリティが必ずしも確立されておらず,不確かさに関する記述も十分ではない.しかし,補充も含めて今後新たに開発される標準物質については,これらの不備は解消されていく

と NIST のセメント認証標準物質

	NIST						
	1883a	1884a	1885a	1886a	1887a	1888a	1889a
	(0.35)	(1.06)	(1.68)	(1.56)	(1.43)	(1.75)	(3.28)
	29.52	62.26	62.39	67.87	60.90	63.23	65.34
	0.24	20.57	20.909	22.38	18.637	21.22	20.66
	70.04	4.264	4.026	3.875	6.202	4.265	3.89
		0.0037	0.0040	0.0042	0.0104	0.0036	0.0019
	0.006	0.0166	0.0195	0.0024	0.009	0.0186	0.0072
		(0.11)	(0.13)	(0.02)	(0.09)	(0.11)	(0.05)
	0.078	2.695	1.929	0.152	2.861	3.076	1.937
	0.014	0.997	0.206	0.093	1.100	0.526	0.605
	0.19	4.475	4.033	1.932	2.835	2.982	0.814
	(0.003)	0.0853	0.0478	0.0073	0.1186	0.1256	0.2588
	0.30	0.2161	1.068	0.021	0.4778	0.1066	0.195
	(0.003)	0.1278	0.1220	0.022	0.306	0.080	0.110
		2.921	2.830	2.086	4.622	2.131	2.69
	0.019	0.2984	0.638	0.018	0.322	0.082	0.042
	0.020	0.186	0.195	0.084	0.2658	0.263	0.227
		0.0101	0.0029	(0.001)	0.0667	0.107	0.0048
	(100.78)	(100.25)	(100.18)	(100.12)	(100.21)	(100.03)	(100.09)

ものと期待される．

B．産業技術総合研究所の FC 標準物質

　産業技術総合研究所からは 2009 年 4 月現在，炭化ケイ素微粉末 2 種類と窒化ケイ素微粉末 3 種類の FC 標準物質が頒布されている．これらの値付けにあたっては，前述の窒化ケイ素や炭化ケイ素の化学分析方法の JIS を参考にしつつもそれにとどまらず，種々の手法を用いて分析が行われている．主成分は重量分析法や容量分析法などの基準分析法によって値付けされているが，微量金属成分については原理の異なる二つの分解法（加圧酸分解法とアルカリ融解法）にて試料を分解し，基準分析法である同位体希釈質量分析法（IDMS），参照分析法である誘導結合プラズマ発光分光分析法（ICP-AES），誘導結合プラズマ質量分析法（ICP-MS）を用いて測定を行っている．認証値については双方の分解法を用いて得た複数の定量値が存在する場合にかぎり認証値とし，複数の定量値が得られても分解法が単一の場合には参考値にとどめるなど，信頼性を高めている．また，たとえば窒化ケイ素中の全窒素については，後述する BAM の窒化ケイ素認証標準物質を同じ手法で測定し，分析値と認証値との差を不確かさに組み込むなど，トレー

5　産業用組成標準物質

表 5.16　産業技術総合研究所(NMIJ), NIST, BAM の

		NMIJ			
		炭化ケイ素		窒化ケイ素	
		(α形) 8001-a	(β形) 8002-a	(直接窒化合成 I) 8003-a	(直接窒化合成 II) 8004-a
結晶形	β相分率 SiC-6 H SiC-15 R SiC-4 H				
炭化ケイ素					
全ケイ素		68.31 ± 0.58%	68.01 ± 0.46%	58.897 ± 0.163%	59.226 ± 0.187%
遊離 SiO_2					
遊離 Si					
全窒素				37.891 ± 0.208%	38.485 ± 0.219%
全炭素		29.80 ± 0.15%	29.93 ± 0.24%		
遊離炭素総量		(0.53 ± 0.14%)	(1.51 ± 0.16%)		
550℃燃焼遊離炭素		(0.49 ± 0.08%)	(0.37 ± 0.04%)		
850℃燃焼遊離炭素		(<0.11%)	(0.94 ± 0.24%)		
Al		83.2 ± 7.2	189 ± 19	825.4 ± 13.0	739.7 ± 18.0
B					
Ba				5.263 ± 0.204	(6.26 ± 0.58)
Ca				105.5 ± 5.0	72.7 ± 4.6
Cl		(160 ± 42)	(18 ± 12)		
Co				(3.859 ± 0.324)	(5.985 ± 0.302)
Cr		(1.98 ± 0.52)	61.9 ± 9.4	16.083 ± 0.238	(9.696 ± 0.360)
Cu		(0.47 ± 0.17)	11.5 ± 2.6	(1.618 ± 0.100)	(0.714 ± 0.280)
F		(700 ± 160)	(750 ± 54)	(5.91 ± 0.96)	(2.96 ± 0.92)
Fe		46.7 ± 7.8	130 ± 7.4	347.7 ± 10.4	196.9 ± 6.0
La		(0.71 ± 0.32)	(0.37 ± 0.098)		
Mg				15.079 ± 0.336	10.29 ± 0.40
Mn		(0.53 ± 0.092)	1.60 ± 0.34	7.099 ± 0.172	2.987 ± 0.136
Mo			109 ± 14	15.86 ± 0.80	(2.589 ± 0.324)
Na					
Ni		(1.52 ± 0.22)	(4.43 ± 0.80)	(4.472 ± 0.102)	2.485 ± 0.172
O		(0.62 ± 0.06%)	(0.80 ± 0.03%)	(2.029 ± 0.056%)	(1.267 ± 0.059%)
S		(32 ± 12)	(370 ± 54)		
Sr				1.279 ± 0.042	(0.846 ± 0.066)
Ti		6.37 ± 0.68	47.7 ± 3.0	13.787 ± 0.312	8.519 ± 0.256
V					
W					
Y		0.31 ± 0.066	0.58 ± 0.070	49.93 ± 1.62	(28.80 ± 1.70)
Zr				(2.238 ± 0.306)	2.146 ± 0.102

(注)　認証値±不確かさで表示，(　)内は参考値，単位：%表示したものは質量分率(%)，それ以外

5.4 セラミックス・ガラス・セメント

ファインセラミックス微粉末認証標準物質

(イミド分解合成) 8005-a	NIST		BAM	
	炭化ケイ素	窒化ケイ素	炭化ケイ素	窒化ケイ素
	112b	8983	BAM-S003	ERM-ED101
				7.43 ± 0.09%
			(89.2 ± 0.2%)	
			(6.1 ± 0.2%)	
			(4.7 ± 0.2%)	
59.406 ± 0.151%	97.37 ± 0.20%			
38.703 ± 0.209%		(39.23 ± 1.06%)	(600 ± 148)	38.1 ± 0.2%
	29.43 ± 0.08%	(0.107 ± 0.015%)	(481 ± 223)	0.162 ± 0.024%
	0.26 ± 0.03%		(93 ± 22)	
			29.89 ± 0.07%	
			493 ± 79	
(3.64 ± 0.82)	0.44 ± 0.02%		372 ± 20	469 ± 12
			63 ± 7	
	0.04 ± 0.01%		29.4 ± 1.8	14.1 ± 0.5
(66.2 ± 5.4)				
				43.5 ± 0.8
2.270 ± 0.274			3.5 ± 0.4	
(0.0876 ± 0.0220)			1.5 ± 0.4	
(56.8 ± 4.2)				
10.05 ± 0.94	0.33 ± 0.01%		149 ± 10	79.5 ± 1.3
			6.3 ± 0.6	4.3 ± 0.4
0.1421 ± 0.0310			1.44 ± 0.17	
0.0947 ± 0.0128				
			17.7 ± 0.8	7.59 ± 0.27
(0.877 ± 0.142)			32.9 ± 2.7	
(1.161 ± 0.044%)		(1.20 ± 0.14%)	910 ± 35	(1.91 ± 0.07%)
(16.56 ± 1.42)				
			79 ± 4	
			41.4 ± 2.8	
				41.3 ± 1.3
			25.2 ± 2.0	

は質量分率(mg kg^{-1}).

サビリティを確保しつつ不確かさについても厳密な算出がなされている.

表5.16に産業技術総合研究所のFC標準物質の認証値と参考値を示す.これらの値は,たとえば窒化ケイ素では110℃で2時間乾燥した試料を用い,全ケイ素は0.3 g,全窒素で0.15 g,酸素は0.015 g,そのほかの成分は0.5 gの試料を採取し分析して得られた値を示しているので,それより少ない試料量を用いたときの成分濃度は必ずしも保証されない.これらの乾燥方法や試料採取量は認証書に記載されているので,標準物質を用いるさいにはそれらを考慮する必要がある.なお,産業技術総合研究所では引き続きアルミナの標準物質を開発中である.

C. BAM, NISTのFC標準物質

ドイツのBAMから,炭化ケイ素(BAM-S 003)と窒化ケイ素(ERM-ED 101)の二つのFC認証標準物質が,米国のNISTから炭化ケイ素(SRM 112b)と窒化ケイ素(RM 8983)が開発され頒布されている.これらの標準物質の認証値を表5.16に併せて示す.BAMの二つの標準物質は,わが国を含む世界各国の公的機関や企業の国際共同分析実験により,種々の手法を用いて値付けされたものである.BAMの両標準物質には,結晶形に関する値も記載されている.また,炭化ケイ素標準物質には粒子径に関する情報も付与されている.NISTの炭化ケイ素はFCというよりは耐火物であり,炭化ケイ素と全炭素,遊離炭素,Fe,Al,Ca量が認証されている.窒化ケイ素は認証標準物質(CRM)ではなく標準物質(RM)であり,窒素,全炭素,酸素についての参考値のみが付与されている.NISTにはこのほかに炭化物として炭化タングステンがあり,全炭素量が認証値として,遊離炭素,酸素,窒素量が参考値として表示されている.

D. 日本分析化学会LSI用標準物質

上記のほかに,(社)日本分析化学会からLSI用二酸化ケイ素認証標準物質3種類が頒布されている.これはLSI基盤中に微量に存在し,核崩変を起こすとLSIの機能や性能に大きな影響を及ぼすUとThの分析に資することを目的に開発されたものである.認証値はUで$0.12 \sim 9.4$ ng g^{-1},Thは$0.21 \sim 8.7$ ng g^{-1},形状は粉末である.また,セラミックスではないが,目的を同じくする高純度アルミニウム認証標準物質3種類も頒布されている.ほかに,同学会からはダイオキシン類分析用のフライアッシュ認証標準物質2種類も頒布されている.

以上,セラミックスの範ちゅうに含まれる材料の標準物質について,わが国のものとNISTとBAMのものに絞って紹介した.セラミックス関連の標準物質には英国セラミックス協会のものや中国のものもあるが,それらについては成書[29,30]を参考にしてい

ただきたい．

　近年，材料についても環境に悪影響を及ぼす成分に対する規制が厳しくなってきており，規制に対処すべく，日本セラミックス協会では使用量の多いアルミナ，炭化ケイ素，窒化ケイ素について，環境影響成分の化学分析方法規格を作成している．これに伴い，規制対象成分である Hg や Cd，Cr^{6+} などを含む認証標準物質の作製の要望が高いが，このような成分をある程度の高濃度で含有する試料の入手が難しく，現時点では実現にいたっていない．今後，こうした要望に対する標準物質が早急に整備されることが期待される．

5.5　岩石・鉱物

　岩石・鉱物(鉱石)を分析するさいに問題となるのは，これらの試料が多数の元素を高濃度に含有する特有のマトリックスをもっていることである．とくに，鉱物(鉱石)はいくつかの元素が濃集した特殊な組成をもっており，精度のよい分析を行うには試料ごとに分解法と分析法を検討する必要がある．このような場合にもっとも重要なのは，試料固有のマトリックスの影響を最小限に抑えることで，そのためには類似したマトリックスをもった元素濃度既知の標準物質が不可欠である．この種の標準物質は通常の分析のほか，岩石・鉱物(鉱石)の日常の分析精度の確認や，新しい分析法を開発する場合のチェックにも使用される．

5.5.1　岩石の標準物質

　岩石の標準物質は 1949 年に米国地質調査所(USGS)によって最初に W-1(輝緑岩)，G-1(花こう岩)が作製され，世界各地の主要な実験室で共同分析が行われたのがはじめである．この後カナダやフランス，日本，南アフリカなどの各国で岩石標準物質が作製され，1970 年代以降その数は急速に増加した．現在，岩石標準物質の総数は数百にのぼり，1992 年には英国の Potts らにより世界 35 機関の 493 個の岩石・鉱物・堆積物の標準物質のデータが収集され出版されている[31]．また，1994 年にはフランスの Govindaraju により岩石標準物質の専門誌である Geostandards Newsletter 誌に 383 個の岩石標準物質のデータがまとめられている[32]．岩石・鉱物の標準物質については文献[33]に詳細に解説されている．また，各種の標準物質の詳細とデータ処理法，利用法などに関する総合的な解説書[34]があるので参照されたい．

　岩石標準物質の種類には花こう岩，ハンレイ岩，流紋岩，安山岩，玄武岩，閃長岩，

石灰岩，ドロマイト，頁岩，粘板岩，カンラン岩などがある．測定には，できるだけ同じ種類の組成の似通った標準物質を用いるべきであるが，通常の組成の岩石どうしであれば相互に標準物質として用いることは可能である．ただし，大きく組成や性質が異なる岩石を測定する場合は，できるだけ組成の類似した標準物質を注意深く選ばないと正確な分析値を得ることができない．表 5.17 に現在供給 (発行) されている岩石の標準物質を示した．発行機関を太字で表示し標準物質をその後に示した．なかでもカナダ CANMET，日本 GSJ，中国 GBW，米国 USGS, NIST，南アフリカ MINTEK などが多種類の標準物質を発行している．国別では米国，カナダ，フランス，日本，南アフリカ，英国，ロシア，中国，ドイツ，ベルギーなどで数多くの標準物質が作製されている．

5.5.2 鉱物（鉱石）の標準物質

鉱物および鉱石の標準物質は地球化学の研究などの目的のために研究室で用いられるほか，とくに鉱山や精錬所・工場などで探鉱や鉱石の品位評価などの目的で用いられることが多い．鉱物（鉱石）にはセッコウ，長石，蛍石，ボーキサイト，鉄鉱床，菱苦土石，ウラン鉱石，金鉱石，マンガン鉱石，マンガンノジュール，亜鉛鉱石，銅鉱石などがある．この分野で精力的に多くの標準物質を整備しているのが米国 NIST，カナダ CANMET，中国 GBW，英国 BCS，南アフリカ MINTEK などである．168 ページの表 5.18 に鉱物および鉱石の標準物質を示した．ウラン鉱石や金鉱石，クロム鉱石，長石，タングステン鉱石，ボーキサイト，マンガン鉱石などが数多く開発・供給されていることがわかる．

170 ページの表 5.19 に鉱物および鉱石の標準物質の発行機関を示した．標準物質の主要な発行機関のほかにブラジルなどの鉱物資源に富んだ国が積極的に開発・供給しているのが特徴である．

5.5.3 標準物質の調製法

試料の調製法としては，採取した源岩石を大型のハンマーや切断機で 5〜10 cm の塊にした後，ジョークラッシャーで 1〜2 cm まで粗砕する．土壌・底質などは採取後，水分量の変化がなくなるまで広げて乾燥する．これをハイアルミナまたはチャート内張りの大型のボールミルに入れる．粉砕を行うために，ボールとよばれる被粉砕岩と同一岩の鶏卵大からこぶし大の塊またはフリントボールを同時に入れて 1〜数日間静かに回転させる．この粉末を 100 メッシュのふるいを通過させた後，よく混合し約 100 g を容器に詰め，均質性をチェックした後，標準物質とする．

表 5.17 岩石の標準物質

和名	英名	標準物質
安山岩	Andesite	**GSJ** (JA-1〜3, JA-1a), **GBW** (07110, 07104), **USGS** (AGV-2)
角閃石岩	Hornblendite	**GSJ** (JH-1), **NCS** (DC73377), **VS** (2113-81)
花こう岩	Granite	**GSJ** (JG-2), **IGI** (SG-1a, 3), **GUW** (GM), **GBW** (07103) **MINTEK** (1, 48), **NCS** (DC73376), **VS** (3333-85, 520-84n)
花崗閃緑岩	Granodiorite	**GSJ** (JG-1, 1a, 3), **USGS** (GSP-2), **GBW** (07111), **VS** (2125-81)
滑石	Talc	**JCRM** (R901〜903), **BCS** (203a)
カンラン岩	Dunite	**USGS** (DTS-2B), **MINTEK** (6), **DH** (1001, 1002), **IGI** (SDU-1), **VS** (2112-81, 4233-88)
カンラン石	Olivine	**DH** (4909〜4912)
カンラン岩	Peridotite	**CANMET** (WPR-1), **GSJ** (JP-1), **VS** (2111-81)
輝緑岩	Diabase	**CANMET** (TDB-1), **VS** (2115-81), **USGS** (W-2)
キンバーライト	Kimberite	**MINTEK** (39), **VS** (2114-81)
頁岩	Shale	**GBW** (03104, 07107), **GUW** (TS), **JCRM** (R651), **MINTEK** (41), **USGS** (SCO-1, SGR-1)
玄武岩	Basalt	**GSJ** (JB-1b, 2, 3), **GBW** (07105), **GUW** (BM), **NIST** (688) **USGS** (BCR-2, BHVO-2, BIR-1), **VS** (MO12〜15, 2116-81)
粗粒玄武岩	Dolerite	**MINTEK** (50), **USGS** (DNC-1)
黒曜岩	Obsidian	**NIST** (278)
砂岩	Sandstone	**VS** (2887-84〜2889-84), **GBW** (07106)
シスト	Schist	**MINTEK** (44), **USGS** (SDC-1), **UNS** (MI)
紫そ輝石ハンレイ岩	Norite	**MINTEK** (4)
斜長岩	Anorthosite	**VS** (MO10, MO11, 2120-81)
蛇紋岩	Serpentinite	**MINTEK** (47), **GUW** (SW)
石灰岩	Limestone	**GSJ** (JLs-1), **BCS** (393, 513), **GBW** (03105〜03108, 07108, 07214〜07215a) **GUW** (KH〜KH3), **IPT** (35, 44), **NCS** (DC14017a, 73375), **NIST** (1c, d, 88b)
石灰岩/ドロマイト	Limestone and Dolomite	**CERAM** (2CAS6, AN34), **GBW** (07216A〜07217A), **IGI** (SI-2) **IPT** (122), **IRSID** (702-1), **NIST** (88b), **VS** (K4)
閃緑岩	Diorite	**CANMET** (SY-4), **IGI** (SKD-1)
閃長岩	Syenite	**GSJ** (JSy-1), **MINTEK** (2), **GBW** (07109), **USGS** (STM-1)
閃長岩	Nepheline Syenite	**BCS** (201a), **GBW** (03124, 03125), **VS** (1345-78)
チャート	Chert	**GSJ** (JCh-1)
超塩基性岩	Ultrabasic Rocks	**GBW** (07101, 07102)
超苦鉄質岩	Ultramafic Rocks	**CANMET** (UM-2, UM-4)
ドロマイト	Dolomite	**GSJ** (JDo-1), **BCS** (512), **DH** (0907〜9, 11), **IGI** (SI-3), **IPT** (122) **GBW** (07114, 07216a, 07217a), **NCS** (DC14020a)
粘板岩（スレート）	Slate	**GSJ** (JSl-1, 2)
ハンレイ岩	Gabbro	**CANMET** (WGB-1, WMG-1), **GSJ** (JGb-1, 2), **GBW** (07112), **IGI** (SGD-1a, 2) **VS** (2117-81〜2119-81, 521-84n, 521-88n, MO7〜9)
流紋岩	Rhyolite	**GSJ** (JR-1〜3), **GBW** (07113), **USGS** (RGM-1)
リン灰岩	Phosphate Rock	**BCR** (32), **GBW** (07210〜07212), **IPT** (18B), **MINTEK** (32, 120c, 694), **NIST** (120c, 694)

表 5.18　鉱物（鉱石）の標準物質

亜鉛鉱石	Zn Ore	**CANMET**(KC-1A, MA-1b), **GSJ**(JZn-1), **BCR**(26～31, 108～110), **GBW**(07237)
アンチモン鉱石	Sb Ore	**CANMET**(CD-1), **NCS**(DC70012, DC70013)
ウラン鉱石	U Ore	**CANMET**(BL-2a, 4a, 5, CUP-1, 2, RL-1), **GBW**(04128～04130), **IAEA**(RGU-1)
ウラン/トリウム鉱石	U/Th Ore	**CANMET**(BL-1, 2, 3, 4, DH-1a, DL-1a), **IAEA**(RGTh-1)
カーボナタイト	Carbonatite	**USGS**(COQ-1), **MINTEK**(40)
貴金属鉱石	Noble Metal Ore	**NCS**(DC90006), **CANMET**(PTA-1, PTC-1a, PTM-1a, UMT-1, WMG-1, WMS-1A, WPR-1)
		GBW(07208, NCS DC73355～73357, 73397), **MINTEK**(64, 66, 76)
希土類鉱石	REE Ore	**CANMET**(OKA-2), **NCS**(DC86309～86312), **GBW**(07158～07161), **UNS**(TRV)
金鉱石	Au Ore	**CANMET**(MA-1b～3a, CH-4, GTS-2), **IGI**(SZR-2), **MINTEK**(53, 56)
		NCS(DC73390～73396, 73501～73506), **UNS**(AuM), **USGS**(DGPM-1)
金紅石	Rutile	**NIST**(670, DH 5802), **MINTEK**(61, IGS 32)
クロム鉱石	Cr Ore	**BCS**(308), JSS(870-2), **MINTEK**(8, 9), VS(P14/2)
クロム菱苦土石	Chrome Magnesite	**BCS**(369, 370, 396), **CERAM**(AN11, AN21A), **GBW**(07201, 07202)
		NCS(HC13815, HC13816), **NH**(8-4-01～02, 95～97), **VS**(K5)
ケイ線石	Sillimanite	**BCS**(309), **JCRM**(R304), **CERAM**(2CAS12, CAS15)
ジルコニウム鉱石	Zr Ore	**NCS**(DC86307, 86308), **GBW**(07156, 07157)
ジルコン	Zircon	**MINTEK**(62)
スズ鉱石	Sn Ore	**NCS**(DC70014, 70015), **BCR**(10)
硬セッコウ	Anhydrite	**GUW**(AN)
セッコウ	Gypsum	**DOMTAR**(GYP A～D, TIG-1), **GBW**(03109a～03111a), **NCS**(DC62106)
閃亜鉛鉱	Sphalerite	**IAEA**(NBS123)
タングステン鉱石	W Ore	**CANMET**(BH-1, CT-1, MP-2, TLG-1), **GBW**(07240, 07241, IGS 27)
		NCS(DC70017), **NIST**(277, 2430), **VS**(1710-90～1715-79, 2039-81～2042-81)

5.5.4　認証値の決定法

　標準物質の作製から認証値の決定法については ISO Guide 34 "標準物質の生産のための品質システム指針"と ISO Guide 35 "標準物質の認証――一般的及び統計学的原則"に定めがあり，現在ではそれに則って標準物質が作製され，複数の分析機関による共同分析により特性値(標準値)を定めることが多い．認証値決定までの流れとしては，調製された候補標準物質を各分析機関に送って指定された方法で共同分析を行う．このような

5.5 岩石・鉱物

表 5.18 鉱物(鉱石)の標準物質(つづき)

タンタル鉱石	Ta Ore	**CANMET**(TAN-1), **NCS**(DC86305, 86306), **GBW**(07154, 07155)
チタン鉱石	Ti Ore	**BCS**(355), **DH**(6701, 6702, 6704), **NCS**(DC19012), **MINTEK**(59)
長石	Feldspar	**BCS**(375/1), **CERAM**(CAS8), **GBW**(03116, 04411), **GUW**(FK), **IPT**(53, 72) **GSJ**(JF-1, 2), **NIST**(70a, 99a, 607), **UNS**(ZK), **VS**(811-89)
銅鉱石	Cu Ore	**CANMET**(HV-2), **GBW**(07233, 07234), **GSJ**(JCu-1), **IMN**(MR1〜3), **NIST**(330, 331)
鉛鉱石	Pb Ore	**BCS**(362), **GBW**(07235, 07236)
ニオブ鉱石	Nb Ore	**CANMET**(OKA-1), **DH**(X1801〜1804)
ニッケル鉱石	Ni Ore	**CANMET**(SU-1A)
白金鉱石	Pt Ore	**MINTEK**(7, 64, 65)
ヒ素鉱石	As Ore	**NCS**(DC70010, DC70011)
ホウ素鉱石	Borate Ore	**CERAM**(AN30), **NIST**(1835)
ボーキサイト	Bauxite	**BCS**(394, 395), **CERAM**(2CAS2, AN29), **JCRM**(R301〜303), **NIST**(600, 696〜698, 69b)
蛍石	Fluorite	**IGS**(39), **IPT**(95), **UNS**(FM), **NCS**(DC62003), **NIST**(79a)
蛍石鉱石	Fluorspar	**BCS**(392), **GBW**(07250), **JK**(D), **MINTEK**(14, 15), **NCS**(DC14022a, 14024a, 14026a)
マンガンノジュール	Manganese Nodule	**GSJ**(JMn-1), **USGS**(NOD-A-1, NOD-P-1), **VS**(5373-90〜5376-90)
マンガン鉱石	Mn Ore	**BAM**(633-1), **BCS**(176/2), **DH**(4301〜4305), **IGS**(29), **IPT**(52) **NM**(662), **MINTEK**(16, 17), **NIST**(25d), **VS**(5404-90, P12, 13)
モリブデン鉱石	Mb Ore	**GBW**(07239, 07238), **NCS**(DC70018)
リチウム鉱石	Li Ore	**NCS**(DC86303, DC86304), **GBW**(07152, 07153)
菱苦土石	Magnesite	**BCS**(319/1, 369, 370, 389/1, 396), **CERAM**(AN9, AN10, AN36, AN37) **IGI**(SOP-002〜006), **NH**(8-3-01, 92), **MINTEK**(43), **UNS**(MK)

共同分析により得られた値を統計処理したのち, 認証値を決定する. この方法は信頼できる認証値が得られるが元素数が限定されることが多く, 通常は一度決定された値は改訂されない. また, 米国の NIST のように単独の機関で標準値を決定して発行する機関もある.

ISO に従った認証値の決定手法が一般化する前は, 標準物質の値の設定法にはいくつかの方法があり, 個別の機関の判断で行われていた. たとえば地質調査所では, 当時岩石標準物質では一般的であった方法, すなわち報告された値, または収集したデータに

表 5.19 岩石および鉱石標準物質の生産者とコード

BAM	Budesanstalt für Materialprufung und-Prufung, Germany (http://www.bam.de/en/fachthemen/referenzmaterialien/zrm.htm)
BCR(IRMM)	Community Bureau of Reference, Belgium
BCS	Bureau of Analysed Samples Ltd, England
CANMET	Canada Centre for Mineral and Energy Technology Energy, Mines and Resources, Canada
CERAM	CERAM Research, England
DH	Dillinger Laboratory, Germany
DOMTAR	A. S. O. Design Inc., Canada
GBW	State Bureau of Technical Supervision, China (http://www.gbw114.com/class_list.asp)
GUW	GUW(ZGI), Germany
IAEA	International Atomic Energy Agency, Austria (http://www-naweb.iaea.org/nahu/nmrm/nmrm2003/index.htm)
IGI	Institute of Geochemistry, Russia
IGS	Institute of Geological Sciences, England
IMN	Institute of Non-Ferrous Metals, Poland
IPT	Instituto de Pesquisas Tecnologicas de Estado de Sao Paulo, Brasil
IRSID	Institut de Recherches de la Siderurgie Francaise Research Institute of Iron and Steel Works Industry, France
GSJ	地質調査総合センター　Geological Survey of Japan (http://riodb02.ibase.aist.go.jp/geostand/welcomej.html)
JCRM	日本分析化学会　The Japan Society of Analytical Chemistry (http://www.jsac.or.jp/srm/srm.html)
JK	Jernkontorets Analysnormales, Swedish Institute for Metal Research
JSS	日本鉄鋼連盟　Iron and Steel Federation of Japan (http://www.jisf.or.jp/business/standard/jss/index.html)
MINTEK	South African Bureau of Standards
NCS	Central Iron and Steel Institute, China
NH	New Metallurgical Works, Czech Republic
NIST	National Institute of Standard and Technology (http://ts.nist.gov/measurementservices/referencematerials/index.cfm)
NM	National Metallurgical Laboratory, India
UNS	Institute of Mineral Raw Materials, Czech Republic
USGS	USGS, United States Geological Survey, USA (http://minerals.cr.usgs.gov/geo_chem_stand/)
VS	Association of Reference Materials Producers, USSR

もとづいて外れ値を削除したのち，統計計算を行い平均値を求める方法をとっていた．この方法は数十元素に及ぶ幅広い元素の値を決めることができる大きな利点があるが，信頼できる値の決定までに長期間を要し，また得られた値はたんなる統計値で場合によっては精度に問題があることもある．ただし，このような値は，認証値に準じた参考値として使用することができる．参考として，表5.20に代表的な岩石・鉱石の標準物質の化学組成を示した．数値は各機関が示す推奨値であるが，＊印がついた値は十分に確

表 5.20 岩石・鉱石標準物質の化学組成(推奨値，＊印は参考値)

	GSJ JG-1 花こう閃緑岩	USGS BCR-2 玄武岩	GSJ JCu-1 銅鉱石		GSJ JG-1 花こう閃緑岩	USGS BCR-2 玄武岩	GSJ JCu-1 銅鉱石
SiO_2	72.3	54.1	28.68	F	498	440*	
TiO_2	0.26	2.26	0.013	Hg	16.5		
Al_2O_3	14.24	13.5	0.29	La	22.4	25	
Fe_2O_3	0.38			Li	86.6	9*	2.9
FeO	1.61			Mn		1520	
MnO	0.063		0.59	Mo	1.75	248	
MgO	0.74	3.59	2.13	Nb	12.4		
CaO	2.2	7.12	23.5	Ni	7.47		425
Na_2O	3.38	3.16	0.052	Pb	25.4	11*	
K_2O	3.98	1.79	0.015	Rb	182	48	1.9
P_2O_5	0.099	0.35		S	10.9		7.00
Ag	0.034			Sc	6.53	33	
As	0.33		173	Sn	3.6		
B	6.87			Sr	184	346	75
Ba	466	683	3.5	Th	13.2	6.2	
Bi	0.5			U	3.47	1.69	
Cd	0.04		3.6	V	25.2	416	9
Ce	45.8	53		W	1.58*		
Co	4.06	37	324	Y	30.6	37	
Cr	53.2	18	10	Zn	41.1	127	679
Cu	2.52	19*	37300	Zr	111	188	

(注) 単位は SiO_2 から P_2O_5 までが%，それ以外は mg kg^{-1}，Hg は μg kg^{-1}．

定していないことを示す参考値である．

また，表 5.19 には標準物質の発行機関のリンク先も示した．現在利用できる標準物質と分析値を探すには，米国の Brammer Standard 社が同社のカタログとして世界中の 2000 個以上の標準物質とその組成値一覧表をホームページ上で公開しており，利便性が高い (http://www.brammerstandard.com/)．また，この Brammer 社のカタログはデータベース機能ももっており，必要な標準物質と標準値を検索して探すのに便利である．各種の標準物質の情報を調査・検索できるデータベースとしては，(独)製品評価技術基盤機構の標準物質総合情報システム (RMinfo) および国際標準物質データベース (COMAR) がある (詳細は 3.6 節参照)．このほか，オーストリアの IAEA が整備しているデータベースは世界中の標準物質とその化学組成が発行機関ごとに登録されており汎用性が高い (http://www-naweb.iaea.org/nahu/nmrm/nmrm2003/index.htm)．また，ドイツのマックスプランク研究所が GeoReM という標準物質のデータベースを整備しており，世界の標準物質と同位体の標準物質を検索することができる (http://georem.mpch-mainz.gwdg.de/)．製品評価技術基盤機構のホームページに全世界の多数の標準

物質発行機関のホームページとデータベースのリンク先があるので参照されたい (http://www.rminfo.nite.go.jp/link/link.html).

5.5.5 価格と入手法

試料量はほとんどの場合が50〜100 gであるが,用途などにより25 gや400 gなどという場合もある.価格は日本円で1万円前後のものが多いが,数千円〜5万円以上まで大きな幅がある.入手方法については,岩石・鉱物(鉱石)いずれの場合も標準物質の代理店を通して購入する方法が一般的である.主要な岩石標準物質,鉱物・鉱石標準物質は商業的に販売していることが多く,国内の代理店である西進商事,ゼネラルサイエンスコーポレーションなどから入手することができる(巻末付表2の脚注参照).それ以外の標準物質は直接発行機関に問い合わせて入手するしかないが,このような標準物質は少量の生産か特殊な用途が多く,価格は無料か安価な場合が多い.

5.6 石油・石炭・フライアッシュ

この分野では時代の要請に合わせて環境対策や代替燃料の開発などが行われており,燃料に求められる質も変化している.また,原料の性状を保証する以外に,質を評価するための新しい標準物質も開発・供給されている.基本的には工業規格(日本:JIS,米国:材料・試験協会規格 ASTM,EU:欧州標準化機構(CEN)の欧州規格 EN)で品質と試験方法,試験装置などが規定されている.認証標準物質の国際整合性を確保する取組みの例として,EUの共同研究センター IRMM の認証を紹介する.軽油中全硫黄含有量を認証した標準物質 ERM-EF 674a の認証には同位体希釈 ICP-MS 法が用いられている.機器の校正には NIST の SRM 3154 を用い,これにトレーサビリティをとっている.回収率は NIST の重油中全硫黄分標準物質 SRM 2723a を用いて確認し,よい一致をみたとしている.また,新たに採用した高周波加熱分解炉の使用にさいしては,分析方法の妥当性評価として NIST の重油中全硫黄分標準物質 SRM 2724b および SRM 2723a を用いて評価し,結果についてピアレビュー報告書を発行している[35].近年,標準物質を認証する機関では,この例のように国際比較以外の方法でも国際整合性が確保されるよう配慮されている.

5.6.1 石油製品

石油製品の評価に用いられる標準物質には,成分試験用と物性試験用がある.JISで

は国際規格(ISO)との整合性を確認しつつさまざまな試験方法を規格化している．一般的な規格として JIS K 2536, 2536-1～-6 "石油製品—成分試験方法" と JIS K 2541-1～-7 "原油及び石油製品—硫黄分試験方法"，JIS K 2601 "原油試験方法" などがある．

(社)石油学会は認証団体として JIS の試験法に対応する認証標準物質を生産(東京化成工業(株)が調製)し，東京化成販売(株)が頒布している．値付けには JIS 法を用い，分析機関間の共同分析で求めた値を認証値としている．また，(社)日本エネルギー学会では JIS 法による石炭，重油，木材などの分析試験を行っている．この分野の JIS では試験に用いる物質の純度決定方法や，日常校正を行うための実用標準物質についても規格化している．石油学会の認証標準物質は ISO Guide 34 と ISO Guide 35 の要件に準じている．米国では NIST が標準物質(standard reference materials：SRM)を，EU では IRMM が EU 標準局(European Commission joint research center)の認証標準物質(bureau of certified reference：BCR)を供給している．このほか IRMM が認証した標準物質(IRMM と ERM)も頒布している．日本で供給されている標準物質の概要を以下に示し，NIST と IRMM が供給している標準物質との対応を次ページの表 5.21 にまとめた．試験法間の整合性の例では，IRMM が認証した ERM-EF211(軽油，認証値：全硫黄含有量)の 2007 年の認証書に，EN ISO 20846 と ASTM D5453-04，IP-532/05 の方法で得られた結果とが同等であると説明している．

A．軽油硫黄分標準物質

石油学会の軽油硫黄分標準物質は，1996 年に第 1 ロットが設定された．認証値は JIS K 2541-2 "軽油及び石油製品—硫黄分試験方法第二部" を用いて共同分析により認証値を決定している．認証書には一般性状の密度，引火点，動粘度，流動点，目詰まり点，残留炭素分(10%残油)，炭素/水素質量比が参考値として記載されている．硫黄分の異なる数種類の軽油を混合して調製しているが，軽油硫黄分標準物質(S0316)硫黄分 0% は減圧蒸留後脱硫した軽油を原料としている．

B．重油硫黄分標準物質

石油学会の重油硫黄分標準物質は，1972 年に供給が開始され，在庫が切れたものから順次再生産され，2005 年に第 31 ロット(1%レベル)，2007 年に第 32 ロット(0.5%レベル)と第 33 ロット(3%レベル)が供給されている．認証値は JIS K 2541-3 "原油及び石油製品—硫黄分試験方法第三部" を用いて共同分析により決めている．原料は硫黄分の異なる数種類の重油を混合して調製し，一般性状(参考値)として密度，引火点，動粘度，流動点，残留炭素分，灰分が記載されている．

表 5.21 石油製品標準物質

認証団体 認証物質	石油学会	NIST 認証物質番号/認証レベル	IRMM
硫黄分(ガソリン)		SRM 2298　5 ppm SRM 2299　10 ppm	EF213　10 ppm EF212a　20 ppm EF211　50 ppm
硫黄分(灯油)		SRM 1616b　10 ppm SRM 1617a　0.2%	
硫黄分(軽油)	S0526　10 ppm S0527　20 ppm S0528　50 ppm S0432　100 ppm S0433　200 ppm S0434　500 ppm S0435　800 ppm S0316　0%	SRM 2723a　10 ppm SRM 2770　40 ppm SRM 2724b　400 ppm (水銀 1 ppm) SRM 1617a　0.4 % RM 8771　0 % RM 8590(High)	EF674a　10 ppm EF673a　50 ppm EF672　200 ppm EF671　500 ppm EF104　1 % BCR-105　0.4% BCR-106　0.5% BCR-107　1 %
硫黄分(重油)	S0369　0.1% S0245　0.2% S0225　0.5% S0226　1 % S0227　2 % S0266　3 % S0317　4 %	SRM 1623c　0.3 % SRM 1619b　0.7 % (Hg 35 ppm) SRM 1621e　1 % SRM 1622e　2 % SRM 2717a　3 % SRM 1620c　4 %	
硫黄分, 水銀(原油)		SRM 2721　1.6 % (Hg 40 ppm) SRM 2722　0.2 % (Hg 130 ppm)	
窒素分(重油)	S0250　0.05% S0251　0.1 % S0252　0.3 % S0253　0.5 %		
ニッケル, バナジウム (重油, 原油)	S0264 Ni　　10 ppm V 　　30 ppm	SRM 1634c Ni　20 ppm V　30 ppm	
	S0265 Ni　　20 ppm V 　　50 ppm	RM 8505 V　400 ppm	
原油		SRM 1582 組成	

C. 重油窒素分標準物質

石油学会の認証標準物質は，JIS K 2609 "石油製品窒素分試験方法"のマクロケルダール法を用い，共同分析により認証値を決めている．1975年に設定され，2002年に窒素分0.2%の重油が第12ロットとして供給された．標準物質の調製には5種類の性状の異なる原料が用意され，濃度に応じてこれらを混合している．一般性状として密度，引火点，動粘度，流動点，残留炭素分と灰分が参考値として記載されている．

D. 重油ニッケル分，バナジウム分標準物質

石油学会の認証標準物質 S0264（低濃度）および S0265（高濃度）は，ISO Guide 34 に準じて生産され，認証値は石油学会の JPI-5S-59-99 "舶用燃料油—バナジウム分，ニッケル分試験法"を用いて共同分析により決定している．1979年に設定され，2006年に第5ロットに移行した．原料油の一般性状（参考値）として密度，引火点，動粘度，流動点，灰分，残留炭素分，硫黄分，鉄分，ナトリウム分と炭素/水素質量比が記載されている．

E. 成分試験用標準ガソリン

石油学会の認証標準物質 S0429 は，ガソリンに純度99%以上のメタノール，エタノール，メチル-t-ブチルエーテル（MTBE），トリデカンおよびテトラデカンを加えて調合・作製され，ガソリン中のメタノール，エタノール，MTBE，ベンゼン，灯油の値（容量%）が認証されている．JIS K 2536 "石油製品—成分試験方法"に規定された測定方法の試験に用いられる．1996年に設定され2003年にエタノールが追加された．なお，NISTからは含酸素化合物を含むガソリンの標準物質として SRM 1829, 1837～1839, SRM 2286～2291, 2293～2297 が頒布されている．

5.6.2 石油製品物性測定用標準物質

物性測定のための試験法の規格が定められており，そのなかで試験に用いる溶液の調製方法なども規定されている．また，規格に対応する標準物質の供給も行われている．代替燃料やバイオ燃料などの新しい要求に対応して燃料の試験法を規定したり，試験法に対応する標準物質の供給が行われている．

A. 蒸留試験用

石油製品の蒸留試験法（JIS K 2254）では ISO 3405（常圧法），ISO 3924（ガスクロマトグラフ法）に加えて減圧蒸留法を採用している．用いる標準物質は表5.22に示す成分を混合して調製され，ガソリン留分程度と軽油留分程度の2種類がある．用いる試薬はJIS試薬の特級またはそれに準じるものとされているが，JIS試薬の規格がないものもありトレーサビリティはとれていない．

表 5.22 蒸留試験用標準物質の混合割合（単位：mL）

成　分	ガソリン留分	軽油留分
ヘキサン	20	
ヘプタン	20	
トルエン	20	
キシレン	20	20
2-エチルヘキサノール	10	20
テトラリン	10	20
α-メチルナフタレン		20
ヘキサデカン		20

JIS K 2254 表 7 を引用．

B．引火点試験用

引火点試験としては JIS K 2256 "原油及び石油製品―引火点試験方法" が規定されている．引火点の測定用として 2007 年から石油学会が 3 種類の認証標準物質を供給している（S0554：デカン，S0555：ヘキサデカン，S0556：C10 テトラマー）．試験方法にはタグ密閉法，迅速平衡法，ペンスキーマルテンス密閉法，クリーブランド開放法があり，用いる方法により値が異なるので，方法ごとに標準値が決められている．トレーサビリティは確保されていない．

C．オクタン価，セタン価測定用

石油製品―燃料油―オクタン価およびセタン価試験方法ならびにセタン指数算出方法が JIS K 2280 に規定されている．標準物質は供給されていないが，試験に用いる標準物質の調製方法が規定されている．

オクタン価は火花点火式エンジン用燃料のアンチノック性を表す尺度である．正標準燃料としてイソオクタン，ヘプタン，イソオクタンとヘプタンの混合液およびイソオクタンとテトラエチル鉛の混合液がある．オクタン価 100 以下の標準はイソオクタン（オクタン価 100）とヘプタン（オクタン価 0）を混合してイソオクタンの容量％で表す．オクタン価 100 を超える標準はイソオクタンに混合したテトラエチル鉛量から換算して求める．JIS K 2280 の付属書 1 にヘプタンとイソオクタン中微量鉛分の試験方法が，付属書 2 にはガスクロマトグラフ（差数法）によるヘプタンとイソオクタンの純度決定の方法が示されている．それぞれの純度は 99.75％以上とし，JIS では不純物測定のためにシクロヘキサンに対する水素炎イオン化検出器の相対感度表が用いられている．トルエン系副標準燃料はトルエンとイソオクタンの混合液である．このトルエンについては純度 99.5％以上（JIS K 2435-2）を用いることとされている．SI にトレーサブルな標準物質として NIST からイソオクタン純物質（SRM 1816a）とヘプタン純物質（SRM 1815a），

IRMMからイソオクタン純物質(IRMM 442)とヘプタン純物質(IRMM 441)が供給されている.

セタン価はセタン(セタン価100)とα-メチルナフタレン(セタン価0)を混合し,セタンの容量%で表す.いずれもトレーサビリティのとれた標準物質は供給されていない.

D. 軽油流動点

石油類の性状として流動点や粘度の試験項目がある.流動点標準物質は石油学会がJIS K 2269 "原油及び石油製品の流動点並びに石油製品曇り点試験方法" に沿って共同分析を行い,認証値を決定し供給している(S0465:-5℃,S0466:-20℃).

E. 粘　　度

粘度計の校正に用いる粘度計校正用標準液の規格(JIS Z 8809)があり,これに沿って動粘度2.5から160 000 $mm^2 s^{-1}$(20℃)の標準物質13種類が日本グリース(株)から供給されている.これらの標準物質については,産業技術総合研究所 計量標準総合センターがISO/IEC 17025の認定を取得し,国際整合性を確保して,動粘度,密度,粘度の値を決定,校正証明書を発行している.トレーサビリティが確保され,JCSSでの供給の準備が整った.米国では同様の標準物質をCANNON社が頒布している.

F. 熱量標準物質

熱量計(calorimeter)を校正するための熱量標準物質として安息香酸が用いられている.JCSSの熱量標準安息香酸は(財)日本品質保証機構(JQA)が供給し国際熱量標準にトレーサブルである.JIS K 2279 "原油及び石油製品発熱量試験方法及び計算による推定方法" の試験に用いられる.この試験方法はISO 8217(C重油),ISO 3648(ナフサ,灯油)の試験法に整合している.NISTの安息香酸(SRM 39j)の発熱量は標準ボンベ条件下で求められている.

G. 蛍光指示薬吸着法(FIA)用標準物質

石油学会の標準物質は1984年に供給が開始された.石油製品—成分試験法(JIS K 2536)を用いて共同分析により認証値を決定している.認証値は芳香族分,オレフィン分,飽和分の容量%である(S0333:オレフィン5 vol%,S0334:オレフィン15 vol%が売り切れ25 vol%を準備中).

そのほかの石油関連標準物質として,有害化学物質分析用にPCB含有絶縁油などが頒布されているが,これらについては6.8節を参照されたい.

5.6.3 石炭・フライアッシュの標準物質

A. 石炭・コークスの標準物質

原料・材料中の硫黄分，窒素分，灰分などの原材料としての評価を行うためのものと，燃焼時に大気中に揮散されてしまう微量成分を評価するための環境試料用標準物質がある．

JISではJIS M 8810"石炭類及びコークス類—サンプリング，分析並びに試験方法の通則"，M 8811"石炭類及びコークス類—サンプリング及び試料調製方法"，M 8812"石炭及びコークス類—工業分析方法"，M 8813"石炭及びコークス類—元素分析方法"があるが，これに対応する標準物質は現在国内では供給されていない．NISTとIRMMからは表5.23に示す標準物質が供給されている．

表5.23　石炭，コークスの標準物質

認証機関：NIST

原料	標準物質番号	認証物質
Green Petroleun Coke	SRM 2718	微量元素
Calcined Petroleum Coke	SRM 2719	微量元素
Coal(Bituminous)	SRM 1632c	微量元素
Coal(Subbituminous)	SRM 1635	微量元素
Subbituminous Coal	SRM 2682b	硫黄，水銀，塩素
Bituminous Coal	SRM 2683b	硫黄，水銀
Bituminous Coal	SRM 2684b	硫黄，水銀
Bituminous Coal	SRM 2685b	硫黄，水銀，塩素
Bituminous Coal	SRM 2692b	硫黄，水銀，塩素
Bituminous Coal	SRM 2693	硫黄，水銀，塩素
Foundry Coke	SRM 2775	硫黄
Furnace Coke	SRM 2776	硫黄

認証機関：IRMM

原料	標準物質番号	認証物質
Gas Coal	BCR-180	元素，灰分，総発熱量
Coking Coal	BCR-181	元素，灰分，総発熱量
Steam Coal	BCR-182	元素，灰分，総発熱量
Steam Coal	BCR-331	硫黄
High Volatile Industrial Coal	BCR-332	硫黄
Coking Steam Coal	BCR-333	硫黄
Anthracite	BCR-334	硫黄
Flame Coal	BCR-335	硫黄
High Volatile Steam Coal	BCR-336	硫黄
Coal	BCR-460	フッ素

B. フライアッシュ

廃棄物の有害性評価を行うために，ダイオキシンやコプラナー PCB 含有量を認証したフライアッシュの標準物質が頒布されている(6.8節参照)．また，環境分析用として含有元素を認証した標準物質が NIST(SRM 1633b, 2689, 2690, 2991)，IRMM(BCR 038)から供給されている．

このほかには岩石標準試料として産業技術総合研究所のコールフライアッシュ(JCFA-1)，粒径分布測定用として(社)日本紛体工業技術協会の JIS Z 8901 試験用紛体1と2などがある．

5.7 樹脂(有害物質分析用)

プラスチックなどの樹脂材料は，その製造過程で，さまざまな添加剤を加えて最終製品となる．添加剤のなかには，人体に対して有害な場合もあることから，EU 諸国では1990 年代頃より，樹脂中の有害物質に対する規制が行われてきた．とくに，2003 年に制定された RoHS 指令(Restrictions of the Use of Certain Hazardous Substances in Electrical and Electronic Equipment, 電気・電子機器特定有害物質使用制限に関するEU 指令；Directive 2002/95/EC)を機に，樹脂中の有害成分の分析の需要が急速に高くなり，その流れのなかで有害成分分析用のプラスチック標準物質の頒布も行われるようになった．RoHS 指令の対象となっているのは，Cd, Pb, Cr(Ⅵ), Hg, 特定臭素系難燃剤(ポリ臭素化ビフェニルおよびポリ臭素化ジフェニルエーテル)であることから，ほとんどの標準物質がこれらの有害成分の分析用であり，その多くは，RoHS 指令の公布以後に頒布が開始されている．また，対象となる電子・電気機器製品の品目が膨大であるため，一次スクリーニングとして蛍光 X 線分析(X-ray fluorescence spectrometry：XRF)が広く利用されていることから，蛍光 X 線分析用の標準物質の種類が多いのも特徴である．

5.7.1 プラスチック

表5.24 および表5.25 に現在頒布されている有害成分分析用プラスチック標準物質の一覧を示す．IRMM では，RoHS 指令の制定以前よりプラスチック標準物質の開発を行っており，1993 年に Cd 含有量を保証した4種のポリエチレン標準物質(VDA 001-004)[36]を，2001 年に As, Br, Cd, Cl, Cr, Hg, Pb, S の含有量を保証した2種のポリエチレン標準物質(BCR-680, 681)[37~39]を頒布した．BCR-680, 681 は，2004 年に ERM-

表5.24 IRMMおよび産業技術総合研究所プラスチック標準物質

供給・頒布機関	名称	マトリックス	形状	認証成分	用途	備考
IRMM	ERM-EC 680k	PE	ペレット	As, Br, Cd, Cl, Cr, Hg, Pb, S, Sb, (Sn, Zn)*	化学分析用	低濃度
	ERM-EC 681k	PE	ペレット	As, Br, Cd, Cl, Cr, Hg, Pb, S, Sb, (Sn, Zn)*	化学分析用	高濃度
	VDA 001-004	PE	ペレット	Cd	化学分析用	4水準 (Cd：40.9〜407 mg kg^{-1})
	ERM-EC 590	PE	ペレット	tetra-, penta-, hexa-, hepta-, octa-, deca-BDEs, deca-BB, Br, (Sb)*	化学分析用	
	ERM-EC 591	PP	ペレット	tri-, tetra-, penta-, hexa-, hepta-, octa-, deca-BDEs, deca-BB, Br, (Sb)*	化学分析用	
	BCR-712	PET		toluene, phenol, limonene, Mentol, phenylcyclohexane, benzophenone	化学分析用	
産業技術総合研究所	NMIJ 8102-a	ABS	チップ	Pb, Cd, Cr	化学分析用	低濃度
	NMIJ 8103-a	ABS	チップ	Pb, Cd, Cr	化学分析用	高濃度
	NMIJ 8112-a	ABS	チップ	Pb, Cd, Cr, Hg	化学分析用	低濃度
	NMIJ 8113-a	ABS	チップ	Pb, Cd, Cr, Hg	化学分析用	高濃度
	NMIJ 8133-a	PP	チップ	Pb, Cd, Cr, Hg	化学分析用	高濃度
	NMIJ 8105-a	ABS	ディスク	Pb, Cd, Cr	XRF用	低濃度
	NMIJ 8106-a	ABS	ディスク	Pb, Cd, Cr	XRF用	高濃度
	NMIJ 8115-a	ABS	ディスク	Pb, Cd, Cr, Hg	XRF用	低濃度
	NMIJ 8116-a	ABS	ディスク	Pb, Cd, Cr, Hg	XRF用	高濃度
	NMIJ 8108-a	PS	ディスク	DeBDE	化学分析用	低濃度 (DeBDE：317±14 mg kg^{-1})
	NMIJ 8110-a	PS	ディスク	DeBDE	化学分析用	高濃度 (DeBDE：886±28 mg kg^{-1})

PE：polyethylene　PET：polyethylene terephthalate　PP：polypropylene　PS：polystyrene　ABS：acrylonitrile-butadiene-styrene co-polymer　DeBDE：decabromodiphenylether　( )*：参考値．

5.7 樹脂(有害物質分析用)

表 5.25 有害物質分析用プラスチック標準物質

供給・頒布機関	名称	マトリックス	形状	認証成分	用途	備考
日本分析化学会	JSAC 0601-2	ポリエステル	チップ	Pb, Cd, Cr, Hg	化学分析用	低濃度
	JSAC 0602-2	ポリエステル	チップ	Pb, Cd, Cr, Hg	化学分析用	高濃度
	JSAC 0611-0615	ポリエステル	ディスク	Pb, Cd, Cr	XRF用	5水準
	JSAC 0621-0625	ポリエステル	ディスク	Hg	XRF用	低濃度
	JSAC 0631	ポリエステル	ディスク	Pb, Cd, Cr, Hg	XRF用	低濃度
	JSAC 0632	ポリエステル	ディスク	Pb, Cd, Cr, Hg	XRF用	高濃度
	JSAC 0651-0655	ポリエステル	ディスク	Br	XRF用	5水準
JFEテクノリサーチ	JSM P 700-1	PE	チップ	Cd, Pb, Hg, Cr, As, (Br, Cl, S)*	化学分析用	低濃度
	JSM P 700-2	PE	チップ	Cd, Pb, Hg, Cr, As, (Br, Cl, S)*	化学分析用	低濃度
	JSM P 710-1(a-g)	PE	シート	Cd, Pb, Hg, Cr, As, Br*	XRF用	7水準
PANalytical	TOXEL SRM 1-4	PE	ディスク	Cr, Ni, Cu, Zn, As, Br, Cd, Ba, Hg, Pb	XRF用	4水準
SIIナノテクノロジー	環境規制用標準物質 PE blank PE 25, PE 50, PE 100, PE 200 PE 500, PE 1200, PE 100/1000	PE	ディスク	Cd, Pb, Cr	XRF用	8水準
	環境規制用標準物質 PVC blank PVC 25, PVC 50, PVC 100, PVC 200 PVC 500, PVC 1200, PVC 100/1000	PVC	ディスク	Cd, Pb, Cr	XRF用	8水準
	環境規制用ハロゲン標準物質 PE-Cl-Br 250, PE-Cl-Br 500, PE-Cl-Br 750, PE-Cl-Br 1000	PE	ディスク	Cl, Br	XRF用	4水準(管理試料)
住化分析センター	PVC-5E6	PVC	ディスク	Cd, Pb, Hg, Br, Cr	XRF用	6水準
	PE-5E6	PE	ディスク	Cd, Pb, Hg, Br, Cr	XRF用	6水準
	PVC-5E2	PVC	ディスク	Cd, Pb, Hg, Br, Cr	検量線校正用	2水準(管理試料)
	PE-5E2	PE	ディスク	Cd, Pb, Hg, Br, Cr	検量線校正用	2水準(管理試料)
	PE-1E6	PE	ディスク	Cl	XRF用	6水準(管理試料)

つづく

表 5.25 有害物質分析用プラスチック標準物質（つづき）

供給・頒布機関	名称	マトリックス	形状	認証成分	用途	備考
環境保全研究会	HDPE DeBDE 0.1%	PE	シート	DeBDE	化学分析用	管理試料
	ABS DeBDE 0.1%	ABS	シート	DeBDE	化学分析用	管理試料
	ABS DeBDE 1%	ABS	シート	DeBDE	化学分析用	管理試料
	ABS DeBDE 10%	ABS	シート	DeBDE	化学分析用	管理試料
	PVC 00, 31-36	PVC	シート	Cd, Pb, Br, Cr	XRF用	7水準（管理試料）
	PVC 00, 41-46	PVC	シート	Hg	XRF用	7水準（管理試料）
	ABS 00, 31-36	ABS	シート	Cd, Pb, Br, Cr	XRF用	7水準（管理試料）
	ABS 00, 41-46	ABS	シート	Hg	XRF用	7水準（管理試料）
	PVC-Cd & Pb 標準試料	PVC	シート	Cd, Pb	XRF用	5水準（管理試料）
	PE-Cd & Pb 標準試料	PE	シート	Cd, Pb	XRF用	5水準（管理試料）
ARMI	PE-H-09A, PE-L-09A, PE-02A	PE	ディスク	Cd, Pb, Hg, Br, Cr	XRF用	3水準（管理試料）
	PVC-H-06A, PVC-L-07A, PVC-01A	PVC	ディスク	Cd, Pb, Hg, Br, Cr	XRF用	3水準（管理試料）
Analytical Service, Inc.	PL(PE)3-5E(P)1-3	PE	粉末	Br, Cd, Cr, Hg, Pb	化学分析, XRF用	3水準（管理試料）
	PL(PE)9-5E(P)1-9	PE	粉末	Br, Cd, Cr, Hg, Pb	化学分析, XRF用	9水準（管理試料）
	PL(PE)3-5E(D)1-3	PE	ディスク	Br, Cd, Cr, Hg, Pb	化学分析, XRF用	3水準（管理試料）
	PL(PE)9-5E(D)1-9	PE	ディスク	Br, Cd, Cr, Hg, Pb	化学分析, XRF用	9水準（管理試料）
	PL(PVC)3-5E(P)1-3	PVC	粉末	Br, Cd, Cr, Hg, Pb	化学分析, XRF用	3水準（管理試料）
	PL(PVC)9-5E(P)1-9	PVC	粉末	Br, Cd, Cr, Hg, Pb	化学分析, XRF用	9水準（管理試料）
	PL(PVC)3-5E(D)1-3	PVC	ディスク	Br, Cd, Cr, Hg, Pb	化学分析, XRF用	3水準（管理試料）
	PL(PVC)9-5E(D)1-9	PVC	ディスク	Br, Cd, Cr, Hg, Pb	化学分析, XRF用	9水準（管理試料）
Flaxana	PLX-PVC 1-3	PVC	ペレット	Pb, Cd, (Ca, Zn)*	化学分析, XRF用	3水準
KRISS	KRISS CRM 113-01-P01～P05	PP	ペレット	Cd, Cr, Hg, Pb, As, Ba, Zn	化学分析用	5水準
	KRISS CRM 113-01-D01～D05	PP	ディスク	Cd, Cr, Hg, Pb, As, Ba, Zn	XRF用	5水準

PE : polyethylene　　PVC : polyvinyl chloride　　PP : polypropylene　　ABS : acrylonitrile-butadiene-styrene copolymer　　（　）* : 参考値．

5.7 樹脂(有害物質分析用)

表 5.26　塗料標準物質

供給・頒布機関	名　称	形　状	認証成分	用　途
NIST	SRM 2579a(2570-2575)			
	SRM 2570(blank)	フィルム(0.04 mmt)	Pb：＜0.001 mg cm^2	可搬型 XRF 用
	SRM 2571	フィルム(0.04 mmt)	Pb： 3.58 ± 0.39 mg cm^2	可搬型 XRF 用
	SRM 2572	フィルム(0.04 mmt)	Pb：1.527 ± 0.091 mg cm^2	可搬型 XRF 用
	SRM 2573	フィルム(0.04 mmt)	Pb： 1.04 ± 0.064 mg cm^2	可搬型 XRF 用
	SRM 2574	フィルム(0.04 mmt)	Pb：0.714 ± 0.083 mg cm^2	可搬型 XRF 用
	SRM 2575	フィルム(0.04 mmt)	Pb：0.307 ± 0.021 mg cm^2	可搬型 XRF 用
	SRM 2576	フィルム(0.04 mmt)	Pb： 5.59 ± 0.59 mg cm^2	可搬型 XRF 用
	SRM 2580	粉末	Pb： 4.34 ± 0.01％	化学分析用
	SRM 2581	粉末	Pb：0.449 ± 0.011％	化学分析用
	SRM 2582	粉末	Pb：208.8 ± 4.9 mg kg^{-1}	化学分析用
	SRM 2589	粉末	Pb： 9.99 ± 0.16％	化学分析用
	RM 8680	シート (10.2×15.2×1.3cmt)	Pb(試料ごとに Pb の値が付与　1～2 mg cm^{-2})	化学分析用
RTC	CRM 017-020	粉末	Pb：7418 mg kg^{-1}	化学分析用
	CRM 050-020	粉末	Pb：＜0.01 mg kg^{-1}	化学分析用
	CRM 006-050	塗料スラッジ	Al, Ba, Ca, Cd, Cr, Fe, K, Mg, Na, Pb, Zn, (B, Cu, Mn, Ni, Se, Sn, Sr, Ti, Tl)*	化学分析用
	CRM 013-050	塗料片	Cd, Cr, Pb	化学分析用

(　)*：参考値.

EC 680, 681 と名称を換え，2007 年に新しいロットとして，上記の成分に加え，新たに Sb, Sn, Zn(Sn, Zn については参考値)を含有した ERM-EC 680k, 681k を頒布している．このほか，臭素系難燃剤 DeBDE(デカブロモジフェニルエーテル)などを保証した ERM-EC 590, 591 や，トルエン，フェノールなどの有機成分を保証した PET 樹脂標準物質 BCR-712 も頒布されている．

　産業技術総合研究所からは，ABS 樹脂標準物質として，NMIJ 8102-a, 8103-a, 8112-a, 8113-a(チップ)[40]と NMIJ 8105-a, 8106-a, 8115-a, 8116-a(ディスク)，ポリプロピレン標準物質として NMIJ 8133-a(チップ)，ポリスチレン標準物質として NMIJ 8108-a, NMIJ 8110-a(ディスク)がそれぞれ頒布されている．日本分析化学会からは，Cd, Cr, Pb の含有量を保証したポリエステル標準物質 JSAC 0611-0615(ディスク)[41,42]や Cd, Cr, Hg, Pb を保証した JSAC 0601-2, 0602-2(チップ)[43]，JSAC 0631, 0632(ディスク)[44]，Hg を保証した JSAC 0621-0625(ディスク)[45]，Br を保証した JSAC 0651-0655 (ディスク)[46]を頒布している．また，臭素系難燃剤成分を含む標準物質についても現在

開発中である．

　上記の標準物質供給機関以外にも，海外では，米国の ARMI (Analytical Reference Materials Corporation)，Analytical Service Inc.，ドイツの Flaxane，や韓国の KRISS (Korea Research Institute of Standards and Science)，日本国内では，JFE テクノリサーチ(株)，PANalytical(パナリティカル)，エスアイアイ・ナノテクノロジー(株)，(株)住化分析センター，環境保全研究会などでも有害物質分析用のプラスチック標準物質の開発・頒布を行っている．

5.7.2　ペイント・塗料

　NIST からは，Pb の含有量を保証したフィルム状の標準物質 SRM 2579a (SRM 2570-2575 の 6 枚で 1 セット)，SRM 2576 や，粉末状の標準物質 SRM 2580，2581，2582，2589 が頒布されている．RTC (Resource Technology Corporation) からは，CRM 017-220，050-020(粉末)，CRM 006-050，013-050(ペイントスラッジ)が頒布されている(表 5.26)．

文　献

1) 日本鉄鋼協会 編，日本鉄鋼標準試料の歩み(1977)．
2) 日本鉄鋼協会 編，日本鉄鋼標準試料の製造に関する技術報告書(1985)．
3) 日本鉄鋼協会 編，日本鉄鋼標準試料委員会規程 改定第 3 版(1985)．
4) 日本鉄鋼協会 編，日本鉄鋼標準試料の製造に関する技術報告書(第 2 部)(1994)．
5) 成田貴一，鉄と鋼，**72**，24(1986)．
6) 稲本勇，佐伯正夫，鉄と鋼，**75**，1824(1989)．
7) 佐伯正夫，稲本勇，鉄と鋼，**81**，1780(1991)．
8) 佐伯正夫，稲本勇，鉄と鋼，**81**，N595(1995)．
9) 稲本勇，鉄と鋼，**77**，70(1995)．
10) 日本鉄鋼協会標準試料委員会常任委員会 I/V 回提出資料，JSS 高純度鉄シリーズ分析方法 (1990)．
11) 日本鉄鋼協会 編，鉄鋼の製造のための分析解析技術(2002)．
12) 吉森孝良，軽金属，**30**，273(1980)．
13) 軽金属協会分析委員会 編，"アルミニウム中の微量成分の分析方法"，軽金属協会(1978)，p.10．
14) 藤沼弘，軽金属，**39**，216(1989)．
15) 服部只雄，分析化学，**14**，276(1965)．
16) 間宮真佐人，ぶんせき，**1983**，802．
17) 橋谷博，ぶんせき，**1984**，121．
18) 日本鉄鋼協会鉄鋼標準試料委員会 編，"日本鉄鋼標準試料の歩み"日本鉄鋼協会(1977)，p.133．
19) R. Dybczynski, A. Tugsavul, O. Suschny, *Analyst*, **103**, 733(1978)．
20) 多田格三，橋谷博，ぶんせき，**1982**，138．

21) 藤森利美, "分析技術者のための統計的方法", 日本環境測定分析協会(1986), p. 36.
22) 中村靖, ぶんせき, **1996**, 120.
23) 中村靖(久保田正明 編), "標準物質", 化学工業日報社(1998), p. 168.
24) 日本分析化学会 編, "分析化学便覧 改訂5版", 丸善(2001), p. 599.
25) Z. Lin, K. G. W. Inn, T. Alizitzoglou, D. Arnold, D. Cavadore, G. J. Ham, M. Korun, H. Weeshofen, Y. Takata, A. Young, *Appl. Radiat. Isot.*, **49**, 1301(1998).
26) J. M. Kelly, L. A. Bond, T. M. Beasley, *Sci. Total Environ.*, **237/238**, 483(1999).
27) P. P. Povine, M. K. Pham, Report on the intercomparison run IAEA-384 Radionuclides in fangataufa lagoon sediment, IAEA/MEL/68, (2000).
28) L. A. Currie, *J. Res. Natl. Inst. Stand. Technol.* **109**, 185(2004).
29) 栗田学(久保田正明 編), "標準物質", 化学工業日報社(1998), p. 179.
30) 柳澤雅明(日本分析化学会 編), "分析化学便覧 改訂5版", 丸善(2001), p. 602.
31) P. J. Potts, A. G. Tindle, P. C. Webb, "Geochemical reference material compositions," Whittles Publishing, (1992), p. 313.
32) K. Govindaraju,, *Geostand. Newsl.*, **18**, 1(1994)
33) 今井登, 地球化学, **34**, 1(2000).
34) 久保田正明 編, "標準物質", 化学工業日報社(1998).
35) R. Heam, P. Evans, "Plasma Source Mass Spectrometry：Application and Emerging Technologies," eds. J. G. Holland, S. D. Tanner, the Royal Society of Chemistry(2003), p. 185-192.
36) J. Pauwels, A. Lamberty, P. De Bièvre, K. H. Grobecker, C. Bauspies, *Fresenius J. Anal. Chem.*, **349**, 409(1994).
37) W. Van Borm, A. Lamberty, P. Quevauviller, *Fresenius J. Anal. Chem.*, **365**, 361(1999).
38) A. Lamberty, W. Van Borm, P. Quevauviller, *Fresenius J. Anal. Chem.*, **370**, 811(2001).
39) P. Quevauviller, *Trend Anal. Chem.*, **20**, 446(2001).
40) 大畑昌輝, 倉橋正保, 日置昭治, 分析化学, **57**, 417(2008).
41) K. Nakano, K. Tsuji, M. Kozaki, K. Kakita, A. Ono, *Adv. in X-Ray Anal.*, **49**, 280(2006).
42) 中野和彦, 中村利廣, 中井泉, 川瀬晃, 今井眞, 長谷川幹男, 石橋耀一, 稲本勇, 須藤和冬, 古崎勝, 鶴田暁, 本間寿, 小野昭紘, 柿田和俊, 坂田衛, 分析化学, **55**, 501(2006).
43) 中野和彦, 中村利廣, 中井泉, 川瀬晃, 今井眞, 長谷川幹男, 石橋耀一, 稲本勇, 須藤和冬, 古崎勝, 鶴田暁, 小野昭紘, 柿田和俊, 坂田衛, 分析化学, **55**, 799(2006).
44) 中野和彦, 中村利廣, 中井泉, 川瀬晃, 今井眞, 長谷川幹男, 石橋耀一, 稲本勇, 須藤和冬, 古崎勝, 鶴田暁, 坂東篤, 小野昭紘, 柿田和俊, 滝本憲一, 坂田衛, 分析化学, **56**, 363(2007).
45) K. Nakano, T. Nakamura, I. Nakai, A. Kawase, M. Imai, M. Hasegawa, Y. Ishibashi, I. Inamoto, K. Sudou, M. Kozaki, S. Turuta, A. Ono, K. Kakita, M. Sakata, *Anal. Sci.*, **22**, 1265(2006).
46) 中野和彦, 中村利廣, 中井泉, 川瀬晃, 今井眞, 長谷川幹男, 石橋耀一, 稲本勇, 須藤和冬, 古崎勝, 鶴田暁, 坂東篤, 小野昭紘, 柿田和俊, 滝本憲一, 坂田衛, 分析化学, **57**, 469(2008).

CHAPTER 6 環境および食品分析用標準物質

6.1 大気(エーロゾル)

　エーロゾルは気体中に浮遊している固体,液体,およびその混合粒子である.エーロゾルの発生源は,工場などのばい煙や粉じん発生施設,自動車,土壌,海洋など多岐にわたる.そのため,その化学組成は複雑である.化学組成を調べるさいには,都市大気粉じんや室内ダスト,ハウスダストの化学分析を対象として作製された標準物質(表6.1)を用いて分析法の妥当性を検証することが重要である.自動車排出粒子,ディーゼル粒子,焼却炉ばいじん,黄土および黄砂粒子などのエーロゾルの発生源を対象とした標準物質も,エーロゾルの化学分析を行うさいに有用である.

6.1.1 エーロゾルの化学分析用環境標準物質

A. 都市大気粉じん

　都市大気粉じんの標準物質は,EU標準物質・計測研究所(IRMM),日本の国立環境研究所(NIES),米国国立標準技術研究所(NIST)で作製・頒布されている.BCR-605はトリメチル鉛の,NIES CRM No. 28, NIST SRM 1648a, NIST SRM 2783は複数の元素の,NIST SRM 1649bは複数の多環芳香族炭化水素(PAH),PCB類,塩素系農薬の認証値をもっている.大半の都市大気粉じん標準物質は粉体がびん詰めされた形で頒布されているが,NIST SRM 2783はポリカーボネートのメンブランフィルター上に,NIST RM 8785は石英繊維フィルター上に,粒子状物質を付着させた形で頒布されている.

　都市大気粉じん標準物質を選択するさいに,その化学組成が分析対象のエーロゾルと似ていることが理想的である.都市大気粉じん標準物質の化学組成は,物質によって若干異なる.その理由は,原料の採取地点が異なるからである.日本や中国などの北東アジア地域の都市エーロゾルの化学組成にもっとも近い組成をもつ標準物質はNIES

表 6.1 大気粉じんの化学分析に使用可能な標準物質

コード	種 類	頒布機関	認証成分	形 状	粒 径
A. 都市大気粉じん					
BCR-605	Urban dust	IRMM	トリメチル鉛	粉体	—
NIES CRM No. 28	都市大気粉じん	NIES	18 元素	粉体	10 μm 以下：99%（個数） 10 μm 以下：87%（体積） 体積モード径：7 μm
NIST SRM 1648a	Urban particulate matter	NIST	24 元素	粉体	30.1 μm 未満：90%（体積） 体積モード径：おおむね 15 μm
NIST SRM 1649b	Urban dust	NIST	23 PAH 13 PCB 類 4 塩素系農薬	粉体	体積平均粒径：17.9 μm
NIST SRM 2783	Air particulate on filter media	NIST	18 元素	大気粉じんを付着させたポリカーボネートメンブランフィルター	モード径：3.2 μm
NIST RM 8785	Air particulate matter on filter media	NIST	—	NIST SRM 1649a 中の微小粒子を付着させた石英繊維フィルター	PM$_{2.5}$（期待値）
B. 室内ダスト・ハウスダスト					
NIST SRM 2583	Trace elements in indoor dust Nominal 90 mg kg^{-1} lead	NIST	5 元素	粉体	—
NIST SRM 2584	Trace elements in indoor dust Nominal 1% lead	NIST	5 元素	粉体	—
NIST SRM 2585	Organic contaminants in house dust	NIST	33 PAH 30 PCB 類 4 塩素系農薬 15 PBDE 類	粉体	—

6.1 大気(エーロゾル)

表 6.1 大気粉じんの化学分析に使用可能な標準物質(つづき)

コード	種 類	頒布機関	認証成分	形 状	粒 径
C. 自動車排出粒子					
NIES CRM No. 8	自動車排出粒子	NIES	16 元素	粉体	―
D. ディーゼル粒子					
NIST SRM 1650b	Diesel particulate matter	NIST	30 PAH 6 ニトロ PAH	粉体	0.33 μm 未満： 90％(体積) 体積平均粒径： 0.18 μm
NIST SRM 1975	Diesel particulate extract	NIST	8 PAH 4 ニトロ PAH	ディーゼル粒子のジクロロメタン抽出液	―
NIST SRM 2975	Diesel particulate matter (industrial forklift)	NIST	11 PAH	粉体	110 μm 未満： 95％(体積) 体積平均粒径： 31.9 μm
E. 焼却炉ばいじん					
BCR-490	Flyash	IRMM	12 ダイオキシン類	粉体	―
BCR-615	Flyash	IRMM	17 ダイオキシン類	粉体	―
JSAC 0501	フライアッシュ	JSAC	39 ダイオキシン類	粉体	―
JSAC 0502	フライアッシュ	JSAC	39 ダイオキシン類	粉体	―
JSAC 0511	焼却炉ばいじん	JSAC	39 ダイオキシン類	粉体	―
JSAC 0512	焼却炉ばいじん	JSAC	39 ダイオキシン類	粉体	―
NIES CRM No. 24	フライアッシュ II	NIES	27 ダイオキシン類	粉体	―
F. 黄土・黄砂粒子					
NRCEAM CJ-1	China loess	NRCEAM	13 元素	粉体	―
NRCEAM CJ-2	Simulated Asian mineral dust	NRCEAM	13 元素	粉体	―
G. その他					
BCR-545	Welding dust loaded on a filter	IRMM	Cr(IV) Total leachable Cr	溶接時に発生する粒子を付着させたガラス繊維フィルター	
BCR-723	Road dust	IRMM	3 元素	粉体	―

＊：頒布機関名は略称で記載(正式名称は本文および巻末の略語表参照)．

表 6.2 都市大気粉じん標準物質と北京のエーロゾル中の各元素の Al 含有量に対する比

元 素	NIES CRM No. 28	NIST SRM 1648a	NIST SRM 2783	北京エーロゾル ($n=46$)	
				中間値	範 囲
Na	0.16	0.12	0.08	0.19	0.13〜0.26
Mg	0.28	0.24	0.37	0.33	0.18〜0.43
K	0.27	0.31	0.23	0.42	0.27〜0.71
Ca	1.3	1.7	0.6	1.4	0.7〜2.3
Ti	0.058	0.12	0.064	0.053	0.047〜0.061
V	0.0015	0.0037	0.0021	0.0017	0.0014〜0.0022
Mn	0.014	0.023	0.014	0.017	0.012〜0.030
Fe	0.58	1.1	1.1	0.63	0.50〜0.75
Ni	0.0013	0.0024	0.0029	0.0021	0.0006〜0.0037
Cu	0.0021	0.018	0.017	0.067	0.005〜0.21
Zn	0.023	0.14	0.077	0.046	0.015〜0.11
As	0.0018	0.0034	0.0048	0.0035	0.0025〜0.0047
Sr	0.0093	0.0063	n. d.	0.010	0.004〜0.015
Cd	0.000 11	0.0021	n. d.	0.000 58	0.000 16〜0.0013
Ba	0.017	n. d.	0.014	0.020	0.013〜0.036
Pb	0.008 0	0.19	0.014	0.021	0.005〜0.050

n. d.：認証値なし．

CRM No. 28 である(表 6.2)．

物質の粒径分布も分析対象のエーロゾルと近いことが理想的である．NIES CRM No. 28，NIST SRM 1648a，NIST SRM 1649b については，認証書に粒径分布が公表されている．このうち，NIES CRM No. 28 の粒径がもっとも小さく，粒径分布が実エーロゾルの分布にもっとも近い．NIST SRM 2783 と RM 8785 は，$PM_{2.5}$(粒径が 2.5 μm 以下の粒子)の捕集を目標とした分級操作が作製過程に含まれているが，認証書に粒径分布は記載されていない．

B．室内ダスト・ハウスダスト

室内ダストやハウスダストの標準物質が NIST から頒布されている．NIST SRM 2583 と 2584 は複数の元素の，NIST SRM 2585 は複数の PAH，PCB 類，塩素系農薬，PBDE 類の認証値をもっている．

C．自動車排出粒子

自動車排出粒子の標準物質 NIES CRM No. 8 が NIES によって頒布されている．NIES CRM No. 8 は 16 元素の認証値をもっている．

D．ディーゼル粒子

ディーゼル粒子の標準物質は NIST から 3 種類頒布されている．いずれも PAH の認

証値をもっている．NIST SRM 1650b および 2975 については，粒径情報が認証書に記載されており，前者の体積平均粒径は $0.18\,\mu m$，後者は $31.9\,\mu m$ である．NIST SRM 1650b および 2975 の形状は粉体であるが，NIST SRM 1975 はディーゼル粒子のジクロロメタン抽出液である．

E．焼却炉ばいじん

焼却炉ばいじんの標準物質は IRMM と(社)日本分析化学会(JSAC)，NIES により頒布されている．いずれもダイオキシン類の認証値をもっている(ダイオキシン類分析用ばいじん標準物質については 6.8 節参照)．

F．黄土・黄砂粒子

黄砂現象が観測される北東アジア地域のエーロゾルを分析する場合，黄土や黄砂粒子の標準物質も有用である．黄土および黄砂粒子の標準物質は中国の National Research Center for Environmental Analysis and Measurement(NRCEAM)から頒布されている．両物質とも 13 種類の元素の認証値をもっている．

G．そ の 他

上記以外の標準物質でエーロゾルの化学分析に有用と考えられるものは，BCR-545 (溶接粉じん)と BCR-723(道路粉じん)である．どちらも IRMM より頒布されている．

6.1.2　化学分析時の注意点

NIES CRM No.8(自動車排出粒子)と No.28(都市大気粉じん)，NRCEAM CJ-2(Simulated Asian mineral dust)については，分析時の分解処理に注意を要することが報告されている．NIES CRM No.8 は，炭素含有量が高いため，硝酸/過塩素酸/フッ化水素酸を使って分解することが推奨されている[1]．NIES CRM No.28 と NRCEAM CJ-2 は，ケイ酸塩を含むため，フッ化水素酸を用いた混酸分解もしくはアルカリ溶融法にて試料を溶液化することが勧められている[2,3]．CJ-2 の化学組成と非常に似た化学組成の NRCEAM CJ-1(China loess)についても同様の配慮が必要である．

6.2　水　　　質

環境水の分析は，地球科学などの研究目的で，また，新しい分析手法を環境分析に応用するさいの第一歩目として行われている．また，水質汚濁防止法にもとづく行政的な必要から，全国の自治体で定期的に分析を継続するモニタリングとして，環境水分析は日常的に行われている．また分析対象成分は，pH や電気伝導率，各種イオン濃度，

BOD，CODなど，一般項目といわれているものから，金属元素，農薬，揮発性有機化合物(VOC)，PCB，ダイオキシン類濃度など，多岐にわたる．したがって，年間にわが国で行われている環境水の分析件数は膨大なものになると考えられる．

環境水と一言でいっても，海水，河口付近の汽水，河川水，湖沼水，地下水，雨水などの天然起源の水から，工場排水，下水処理水，廃棄物埋立て処分場からの浸出水など人間の産業・生活活動に由来したいわゆる汚染水まで幅が広い．これらには分析対象成分の濃度レベルや共存する成分の濃度・種類などの点できわめて多様な試料が含まれることになる．さらに，ごく一般的にいうならば，環境水中の成分濃度は低いので，精確な分析値を出すことは容易でない場合も多い．こうした分析の信頼性を評価するには，水質認証標準物質(以下，水質CRM)を分析試料と同じ方法で前処理・測定して，その結果を認証値と比較するのがもっとも実用的な方法である．

6.2.1 水質認証標準物質

環境水の分析の信頼性評価を行うために利用可能な，環境水のマトリックスをもつCRMを表6.3に一覧した．この表で示したように，多くの機関から水質CRMが頒布されている．認証対象成分はほとんどが微量元素で，硝酸，硫酸，ケイ酸，フッ素などのイオン濃度や一般成分(pH，電気伝導率，溶存有機・無機炭素など)を認証したものもあるほかは，日本分析化学会がダイオキシン類濃度を認証した排水のCRMがあるのみである．とくに微量元素濃度を認証したCRMは，種類数も多いうえ，どのCRMも比較的多くの元素数について認証されているという特徴がある．したがって，環境水中の微量元素やイオン濃度の測定のさいに利用できるCRMは多いが，VOCや農薬など，それ以外の成分の分析にあたり，その信頼性を評価することは困難な状況である．こうした有機汚染物は，環境水中での安定性に欠けることが多く，水質CRMを調製することが困難なものと考えられる．

マトリックスの観点からみると，湖水，河川水などの淡水マトリックスのCRMが多く，海水は比較的少ない．

6.2.2 水質認証標準物質の使用法

A．基本的な使用方法

もっとも基本的なCRMの使用法は，未知試料を分析するさいに，CRMも未知試料同様に前処理・測定し，結果を認証値と比較する，というものである．前処理〜測定まで併行して行う複数の未知試料に，操作ブランク(たとえば精製水を試料として扱う)，

6.2 水　質

表6.3 代表的な機関が頒布する水質認証標準物質(2008年現在入手可能なもの)

供給機関	名　称	マトリックス	認証成分	認証成分数	参照値など成分数
NRCC	SLRS-4	河川水	微量元素	22	
	SLEW-3	河口水	微量元素	11	3
	ORMS-4	河川水	Hg	1	
	NASS-5	海水	微量元素	11	3
	CASS-4	海水	微量元素	12	1
	MOOS-1	海水	イオン	4	
NIST	SRM 1643e	模擬淡水	微量元素	29	
IRMM	BCR-408	模擬雨水	イオン	6	2
	BCR-409	模擬雨水	イオン	9	
	BCR-480	模擬淡水	硝酸塩	1	
	BCR-505	河口水	微量元素	4	9
	BCR-579	海水(沿岸)	Hg	1	
	BCR-609	地下水	微量元素	5	1
	BCR-610	地下水	微量元素	5	1
	BCR-611	地下水	Br	1	
	BCR-612	地下水	Br	1	
	BCR-616	模擬地下水	微量元素・イオン	8	
	BCR-617	模擬地下水	微量元素・イオン	8	
	BCR-713	排水(流入)	微量元素	10	
	BCR-714	排水(流入)	微量元素	10	
	BCR-715	工場排水(放流)	微量元素	10	
NWRI	AES-05	酸性雨水	イオン・一般成分	11	3
	BURTAP-90	飲料水	イオン・一般成分	16	5
	HAMILTON-20	湖水	イオン・一般成分	18	3
	HURON-98	湖水	イオン・一般成分	16	5
	ION-915	湖水	イオン・一般成分	16	5
	ION-96.3	河川水	イオン・一般成分	16	5
	Miramichi-02	河川水	イオン・一般成分	16	2
	ONTARIO-99	湖水	イオン・一般成分	14	7
	PERADE-20	河川水	イオン・一般成分	15	6
	RAIN-97	酸性雨水	イオン・一般成分	13	6
	TM-15	湖水(希釈)	微量元素(添加)	24	2
	TM-23.3	湖水(希釈)	微量元素	22	5
	TM-25.3	湖水(希釈)	微量元素(添加)	25	1
	TM-26.3	湖水(希釈)	微量元素(添加)	23	6
	TM-28.3	湖水(希釈)	微量元素(添加)	26	1

つづく

6　環境および食品分析用標準物質

表6.3　代表的な機関が頒布する水質認証標準物質(つづき)

供給機関	名　称	マトリックス	認証成分	認証成分数	参照値など成分数
NWRI	TMDA-51.3	湖水(希釈)	微量元素(添加)	25	4
	TMDA-52.3	湖水(希釈)	微量元素(添加)	26	3
	TMDA-61	湖水(希釈)	微量元素(添加)	23	4
	TMDA-70	湖水(希釈)	微量元素(添加)	24	3
	TM-DWS.2	湖水(希釈)	微量元素(添加)	25	3
	TM-DWS.3	湖水(希釈)	微量元素(添加)	25	3
	ARD-01	鉱山廃水	微量元素	23	10
日本分析化学会	JSAC 0311	排水	ダイオキシン類	26 異性体 TEQ	
	JSAC 0301-3	河川水	微量元素	15	3
	JSAC 0302-3	河川水	微量元素(添加)	20	
産業技術総合研究所	7201-a	河川水	微量元素	18	
	7202-a	河川水	微量元素(添加)	19	

NRCC：National Research Council of Canada(カナダ国立研究所).
NIST：National Institute of Standards and Technology(米国国立標準技術研究所).
IRMM：Institute for Reference Materials and Measurements(EU 標準物質・計測研究所).
NWRI：National Water Research Institute(カナダ国立水質調査研究所).

CRM をそれぞれ一つずつ加えて1バッチとして分析を進める，というやり方がもっとも一般的であろう．実際にはこうしたバッチ作業を複数回繰り返すので，ブランクやCRM の分析数は多くなり，分析期間全体を通しての真度や精度，検出下限などを算出することができる．

B．CRM を標準液として使用する方法

　微量元素濃度を認証したいくつかの水質 CRM は，天然の環境水(したがって元素濃度は低い)を"低濃度"，それに目的元素を添加したものを"高濃度"として頒布しているものがある(たとえば，カナダ国立水質調査研究所 NWRI TM シリーズ，日本分析化学会 JSAC 0301；0302，(独)産業技術総合研究所 7201-a；7202-a など)．こうした CRM は，同じマトリックスをもち，目的成分濃度のみ異なるので，これらを低濃度用・高濃度用標準液とみなして，認証値を濃度とした検量線を作成することができる．これによって，環境水の分析のさいに，マトリックスからの干渉をキャンセルすることができる．いわば，天然のマトリックスマッチングである．用いた CRM と同様の主成分組成をもつ環境水試料ならば，原理的にはこれで精確な値を求めることができる．ただし，検量線用 CRM と同じ主成分組成をもつ試料でないと厳密な意味でマトリックスマッチングにはならないことには注意が必要である．海水であれば主成分組成はかなり類似し

ているケースも多いので，この方法は適用可能なことが多いと推測されるが，今のところ海水マトリックスで低濃度・高濃度のペアの頒布が行われている CRM はない．天然レベルの元素を含む海水 CRM に，自分で既知量の標準液を添加し，海水マトリックスをもつ"高濃度"試料を作製し，無添加の海水 CRM と併せて検量線を作成する，という方法も考えられる．

濃度レベルの異なる CRM を用いて装置を校正する場合，CRM の認証値を調製標準液の濃度とみなすわけであるが，CRM の認証値に付与されている不確かさの幅は，通常の手順で調製する検量線用標準液濃度の不確かさに比して大きいのが普通であるから，結果的には不確かさの大きな分析値が得られることになる点も考慮が必要であろう．

6.2.3 水質認証標準物質の使用上の注意

一般的には水質 CRM 中の目的元素濃度は低いので，CRM の取扱い上もっとも注意が必要なのは開封時あるいは開封後保存中の汚染である．開封にあたっては，一般実験室での作業は避け，できればクリーンルーム，なければ卓上の簡易クリーンブースなどのなるべく清浄な雰囲気のもとで開封し，必要量を分取する．分取に用いる容器類はあらかじめ徹底的に洗浄した石英やポリテトラフルオロエチレン，プラスチック製のものを用い，清浄な手袋をして作業するのはいうまでもない．これらはとくに微量元素濃度が認証された，天然レベルの海水，河川水の CRM を取り扱う場合に必須である．

ポリびんなどに入って頒布されている水質 CRM を開封した後は，密栓し，ポリエチレン袋などに2重，3重に入れたうえで冷蔵庫に保管する．決して冷凍してはならない．適切な保存条件にしておけば，比較的長期に安定ではあるが，保存中にもポリびんの壁を通してわずかずつではあるが水分の蒸発が続き，徐々に濃縮が起こる．とくに，残りの量が減りびんのヘッドスペースが大きくなると水分の蒸発も顕著になってくるので，あまりぎりぎりまで使用しないほうがよい．使用のたびにびんごと重量を正確にはかって記録しておき，次回使用するさいに再度重量を測定して，保存中の水分蒸発による濃縮をモニタし，必要に応じて水分蒸発による濃縮を補正するとよい．

アンプルに封入されて頒布されている CRM は，アンプル開封後は認証値が保証されないのが普通である．この場合は決して使い残しを保存して使用してはいけない．

水質 CRM の認証値は，$mg\,L^{-1}$ など容量ベースで付与されているものが主である．なかには $mg\,kg^{-1}$ などと重量ベースで与えられているものがある．環境水中の微量元素を測定する研究目的では，メスフラスコ，ピペットなどガラス製計量器具（しばしば汚染源となる）の使用が避けられ，より精確さに優れた測定ができる重量ベースで分析する

ことも多いので，重量ベースで分析した CRM の分析値を容量ベースの認証値と比較するためには，用いた CRM の密度($g\ mL^{-1}$)を考慮して換算する必要がある．認証書に密度が明記されているものもあるが，ない場合には各自が測定する必要がある．モニタリングなどのルーチン分析では容量ベースが主であるので，重量ベースの認証値と比較する必要があるさいには同様に密度を知る必要がある．

6.3 底　　　質

底質は水環境における物質循環においてキーとなるコンポーネントの一つであり，環境汚染物質のシンクとも考えられている．また，汚染物質による水棲生物への影響評価の観点からも重要なため，水環境のモニタリング媒体として多くの分析例がある．こうした需要を反映してか，これまでに数多くの認証標準物質が開発・供給されてきた媒体でもある．

表 6.4 には代表的な機関における分析成分ごとの認証標準物質数を示した．2008 年現在，主要な 8 機関から合計 51 種の底質 CRM が入手可能である．底質の分類からみると，海底質が 22 種，湖が 13 種，河口域が 6 種，河川が 9 種である(不明 1 種)．主要・微量元素に関する認証値/参照値が与えられている CRM がもっとも多い(25 種類)が，芳香族炭化水素やダイオキシン，PCB および有機塩素系農薬(DDT，クロルデンなど)などの，いわゆる残留性有機汚染物質(POPs)関係のものも比較的多く入手可能である．

表 6.4 供給機関，認証対象成分ごとの底質認証標準物質数(2008 年現在入手可能なもの)

供給機関＼成分	主要・微量元素	ダイオキシン，PCB	芳香族炭化水素(PAH)	有機塩素系農薬	有機金属(有機スズ)	放射能・放射性核種	その他	合計数*
NIST	4	2	2	2		3		8
NRCC	3				3			5
IRMM	6	1	1		3**		1(リン)	11
IAEA	3	3	3	3	1**	4	3(アルカンなど)	10
NWRI	6							6
日本分析化学会		4						4
国立環境研究所	1				1			1
産業技術総合研究所	2	2	1	2	1			6
計	25	12	7	7	9	7	4	51

* 一つの CRM が複数種類の成分について認証値/参照値を付与している場合があるので，成分ごとの CRM 数の合計は合計数と一致しない場合がある．
** メチル水銀を含む．

1990年代の有機スズ海洋汚染問題を受け,多くの機関が有機スズに関する底質CRMを頒布している.

6.3.1 底質認証標準物質の種類と選択

底質分析の精度管理にあたり,どのCRMを選択するかは,対象とする底質が海底質か湖沼・河川などの淡水底質かの種別,分析対象成分の種類と予測される濃度レベル(あるいは汚染底質かどうか)などを基準として,もっとも類似したものを選択することが望ましい.幸いにも表6.4にも示したように,多種類の底質CRMが入手可能なので,目的に適したCRMを選択できる可能性が高い.

A. 汎用性の高いCRM

一つのCRMが多種類の成分を認証しているものがあるので,こうしたものを選択すると適用範囲が広く,経済的である.たとえばNIST SRM 1944 New York/New Jersey Waterway Sedimentは,認証されている成分として,芳香族炭化水素(PAH)が24種類,PCBの異性体が29種,有機塩素系農薬が4種,主要・微量元素が9種であり,さらに参考値(reference value/information value)が与えられている成分は,PAHがメチル体中心で28種,有機塩素系農薬が7種,主要・微量元素が27種,ダイオキシン(Co-PCBを除く)異性体17種および総TEQとなっている.そのほか総有機炭素(TOC),ソックスレー(ジクロロメタン)抽出物含量,粒径分布まで情報が与えられている.環境汚染物質の分析のためにきわめて汎用性の高いCRMである.

B. 特定の前処理にもとづく認証値の付与されたCRM

その一方で,ある特定の前処理法にもとづく認証値/参照値が与えられているCRMがある.BCR-701 SedimentのCd, Cr, Cu, Ni, Pb, Zn濃度の認証値は,① 0.11 mol L^{-1}酢酸,② 0.5 mol L^{-1}ヒドロキシルアミン水溶液,③ 過酸化水素水(8.8 mol L^{-1})/1 mol L^{-1}酢酸アンモニウム水溶液,を用いた逐次抽出による各ステップで溶出される微量元素濃度として与えられている.また,3ステップ後の残渣を王水分解したさいの値が参照値として与えられている.これは,BCRが開発した土壌・底質・廃棄物などの汚染評価のための逐次溶出法である.これら以外にも,NWRI(National Water Research Institute,カナダ国立水質調査研究所)の底質CRMには,全量分解による主要・微量元素濃度の認証値のほかに,参考値として硝酸のみの加熱分解(recoverable),酸を用いた加熱しない溶出(leachable)による分析値が与えられている.ところで,わが国には底質の公的な分析法として底質調査法(環境庁,1988)があり,そこでの微量元素分析法は王水分解法である.わが国で行政的に行われる多くの底質,土壌の有害金属類の"含有量"

測定は底質調査法にもとづいて行われているが，現時点で底質調査法による分析値を認証値/参照値としたCRMは頒布されていない．

　IRMM (Institute for Reference Materials and Measurements, EU標準物質・計測研究所)のBCR-684はさまざまな前処理(濃塩酸処理, 1 mol L^{-1} NaOH抽出, 1 mol L^{-1}塩酸抽出)によるリンの溶出量および有機・無機リン含有量を認証した河川底質CRMである．

　有機汚染物質の分析には，対象物質を底質から抽出する過程が必ず含まれ，ここでの抽出条件は分析値に大きな影響を及ぼす可能性がある．とくに抽出溶媒，抽出装置(ソックスレー，高速溶媒抽出装置，超音波抽出装置など)とその組合せにはさまざまなバリエーションがあり得る．認証に用いられた分析法と分析者が使用予定の分析法が同一の結果をもたらすことがあらかじめわかっていないかぎり，CRMを使用する意義が減じることには注意が必要である．とくに，公定法による分析は，合理的な行政的理由から必ずしも含有量を求めることを念頭においていない場合もある一方で，計量関係の機関が発行するCRMの認証/参照値はあくまでも含有量を追及したものが多い．したがって，CRMを選択するさいに，認証に使用された分析法(とくに抽出条件やクリーンアップ法などの前処理法)を確認しておくことは必須である．また，分析者が用いる分析法が認証に使用された分析法と異なり，なおかつCRMの分析値が認証値と有意に異なる場合，その違いが分析法そのものに由来するのかどうかを見極めることは重要である．参考までに，わが国における底質ダイオキシン類の環境省公定分析法(平成20年3月改定)における抽出法(トルエン/ソックスレー)は，日本分析化学会のCRM (JSAC 0431；0432，JSAC 0451；0452)，NIST SRM 1944における分析法と同等である．一方，PAHの公的な分析法(ベンゾ[a]ピレンのみ，平成10年外因性内分泌攪乱化学物質調査暫定マニュアル)における抽出法は，アルカリ分解/ヘキサン抽出であり，これと厳密に同等な方法で認証されたCRMはない．わが国における有機スズの公的分析方法は塩酸酸性/ヘキサン/振とう抽出(平成10年外因性内分泌攪乱化学物質調査暫定マニュアル)で，現在頒布されているCRMは，ほぼすべてこれと同様な抽出法を含む共同分析による分析値にもとづいた認証値が付与されている．

C．特定の分析を念頭においたCRM

　NIST SRM 2703 Sediment for Solid Sampling (Small Sample) Analytical Methodは，底質試料中主要・微量元素の固体直接分析などのためのCRMで，10 mg以下の少量試料の分析の精度管理に使用される．通常CRMは均一性確保の観点から最小分析重量として200 mg程度以上を指定することが多いのに対し，NIST SRM 2703はユニークな

CRM である．固体直接分析のみならず，時間分解能が高い底質コア試料など，少量だけ利用可能な貴重な底質試料の分析の際に有用であろう．

6.3.2 底質認証標準物質の取扱い

底質 CRM は，実際の海底質，河川・河口底質，湖沼底質などを原料とし，それを乾燥し，粒径をそろえ，均一化し，滅菌した試料であり，ガラスびんあるいはポリエチレンびんに入れて頒布されている．多くの場合 as received (受け取ったままの状態)で 5% 程度未満の水分含有量であり，開封後も比較的安定な試料である．堅く栓をし，デシケーターなどのなかで保管すれば，室温でも比較的長期間安定と考えられる．なお，IRMM の底質 CRM は 4℃での保管が指定されている．

認証値は乾燥重量あたりで与えられているので，as received 状態の水分含有量を認証書に指定された方法で求め，分析値を補正する必要がある．主要・微量元素用の CRM であれば 105～110℃，2～3 時間程度の加熱乾燥が一般的である(個別の CRM の水分含有量測定法は認証書を参照すること)．なお，開封後の水分含有量は保管環境によって変動し得るので，分析のたびに水分含有量も測定し，分析成分濃度の補正をするのがもっとも望ましい．

実際の底質分析では，乾燥状態ではなく湿泥を対象とする場合も多くある．そのさいには，分析に供する湿状態の試料量と水分含有量に合わせ，精度管理用に用いる CRM 分取量も考慮しなければならない．底質は湿状態と乾燥状態の水分含有量が非常に大きく異なる環境試料であるから，この点はきわめて重要なポイントである．

6.4 土　　壌

土壌は地殻表面を覆っている自然物質であり，人の生活圏と密接な関係がある．そのため，土壌中の規制対象成分の公定法では，人の健康や動植物への摂取・蓄積を考慮して，含有量だけでなく溶出量についても規定されている．たとえば，日本では，底質調査法(1988 年)，環境庁告示 46 号(1991 年．以下，環告 46 号と略す)，環境省告示 18 号や 19 号(いずれも 2003 年．以下，環告 18 号，環告 19 号と略す)，およびその改定法などがある．したがって，分析手法や分析結果の評価に役立つ土壌標準物質にも，含有量のみならず溶出量やイオン交換容量を認証したものがある．

土壌の種類はもととなる岩石・鉱物の種類が多いのと同じく非常に多く，その化学組成は千差万別である．そのため，実分析においては分析対象土壌と性状が似ている標準

表 6.5 含有量が認証されている土壌標準物質例(無機成分)

	SRM 2586	BCR-142R	JSAC 0401	BAM-U110	SO-3	No. 7001	JSO-1	
	鉛汚染土	砂質土	褐色森林土	沖積土	灰褐色ラビソル土	砂質土	黒ボク土	
	NIST (米国)	IRMM (EU)	日本分析化学会	BAM (ドイツ)	CANMET (カナダ)	CMI (チェコ)	産業技術総合研究所	
Al					3.06±0.11 %		Al_2O_3	17.99±0.06 %
As	8.7±1.5		10.62±0.65	15.8±1.4		12.3		
Ba					296±39			
Be			5.28±0.35			3.32±0.26		
Ca					14.63±0.40 %		CaO	2.56±0.05 %
Cd	2.71±0.54	0.34±0.04	4.25±0.41	7.3±0.6		0.32±0.05		
Co		12.1±0.7		16.2±1.6	8±3	9.66±0.61		
Cr	301±45		50.4±5.1	230±13	26±3	89.6±4.2		
Cu		69.7±1.3	15.3±1.3	263±12	17±1	30.8±0.9		
Fe					1.51±0.06 %		全Fe_2O_3	11.49±0.07 %
Hg		0.067±0.011		51.5±4.1	0.017±0.007	0.087±0.006		
K					1.16±0.05 %		K_2O	0.34±0.01 %
Mg					4.98±0.10 %		MgO	2.11±0.01 %
Mn		970±16	266±9	621±20	0.052±0.002%	540±20	MnO	0.202±0.003%
Na					0.74±0.04 %		Na_2O	0.66±0.01 %
Ni		64.5±2.5	18.9±1.3	101±5	16±3	31.9±1.6		
P					0.048±0.005%		P_2O_5	0.48±0.02 %
Pb	432±17	40.2±1.9	26±4	197±14	14±3	43.8±3.7		
Rb					39±3			
Se			0.27±0.05					
Si					15.86±0.19 %		SiO_2	38.28±0.27 %
Sr					217±29			
Ti					0.20±0.02 %		TiO_2	1.23±0.01 %
V			65±2.6		38±6	58.7±6.3		
Zn			66.8±2.7	1000±50	52±3	120±7		

(注) %表記されていない値の単位は mg kg^{-1}．

物質を適宜選定することが大事である．COMAR 登録されている土壌標準物質は 2008 年で 89 試料あり，そのうち無機成分を対象としたものが 61 試料と非常に多い．

　無機成分の含有量を認証している土壌標準物質を表 6.5 に例示する．EU 各国では土壌調査において王水抽出法が規定 (ISO 11466, 1995 年) されているため，王水抽出値が含有量と併せて認証されているものがいくつかある．表 6.5 中の BCR-142R[4]，BAM-U110，No. 7001 の王水抽出値/含有量値の比 (王水抽出率) を表 6.6 にまとめた．同じ砂質土 (Light Sandy Soil) であり含有量もあまり違わない Cd, Pb について，BCR-142R の王水抽出率は Cd (73.2%)，Pb (63.9%)，No. 7001 のそれは Cd (90.6%)，Pb (55.0%) である．同種の土壌試料であっても抽出率に差が出る場合があることに留意する必要がある．

表6.6 含有量に対する王水抽出率(%)

	BCR-142R IRMM(EU)	BAM-U 110 BAM(ドイツ)	No. 7001 CMI(チェコ)
As		82.3	84.6
Be			30.7
Cd	73.2	95.9	90.6
Co		89.5	94.7
Cr		82.6	80.2
Cu		99.6	93.8
Hg		95.7	97.7
Mn		93.4	88.7
Ni	94.7	94.7	99.7
Pb	63.9	93.9	55.0
V			88.6
Zn		99.0	90.0

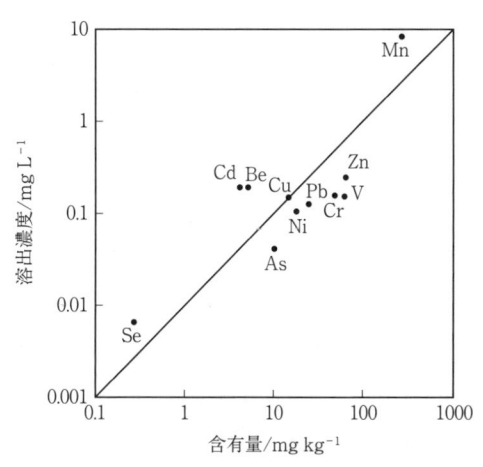

図 6.1 JSAC 0401 中に含まれる各元素の含有量と水溶出濃度
含有量 Cr は全クロム,水溶性 Cr は Cr^{6+} である.

　日本では環境分野において,土壌試料からの水溶出試験方法が環告46号および環告18号,1モル濃度の塩酸による酸溶出試験方法が環告19号で規定されている.JSAC 0401[5]は,この告示法による水溶出濃度が認証された土壌標準物質であり,Cd, Pb, As, Be, Cu, Ni, Cr の各塩類が原料土壌に添加作製されている.その認証値および参考値の両方について,含有量と水溶出濃度(試料量の10倍量の水中に溶出した各元素濃度で

ある．10倍すれば含有量単位に概算可能)の関係を図6.1に表した．添加した7元素は溶出目標濃度が $0.2\,\mathrm{mg\,L^{-1}}$ となるよう調製されているが，Ni$(0.11\,\mathrm{mg\,L^{-1}})$，Pb$(0.13\,\mathrm{mg\,L^{-1}})$，As$(0.043\,\mathrm{mg\,L^{-1}})$，ほか4元素は $0.15\sim0.2\,\mathrm{mg\,L^{-1}}$ の水溶性濃度値が認証値あるいは参考値として与えられている．土壌に水溶性の高い金属塩を添加しても溶出による回収率は元素によって異なり，土壌試料の固液化学平衡はそう単純でないことがうかがえる．環告19号に対応する酸溶出試料としてJSAC 0402, 0403がある[6]．いずれもJSAC 0401と類似の原料に環告19号の対象元素(Cd, Cr^{6+}, Hg, Pb, As, F, B)を添加し作製したものである．なお，環告19号の1モル濃度の塩酸溶出法は，試料(6 g以上とする)と溶媒を重量体積比で3%の割合で混合することと規定されており，環告46号で規定されている重量体積比10%よりも溶媒の比率が高い．地下環境への汚染の広がりのみならず，汚染土壌によるヒトの直接体内摂取にも考慮した方法となっている．

農薬類，PAH類，ダイオキシン類およびPCB類を対象とした土壌標準物質がCOMARに多数登録されている．たとえば，ダイオキシン類について認証値がある土壌標準物質にBCR 529, JSAC 0421, JSAC 0422がある．BCR 529は工業地帯の砂質土が原料であり，JSACの両標準物質[7]は廃棄物焼却場周辺土壌の表層土が原料である．もっとも毒性の高い2,3,7,8-TeCDDおよび1,2,3,7,8-PeCDDの認証値を比較すると，それぞれ，BCR 529$(4.5\,\mathrm{pg\,g^{-1}}$ と $0.44\,\mathrm{pg\,g^{-1}})$，JSAC 0421$(1.46\,\mathrm{pg\,g^{-1}}$ と $9.0\,\mathrm{pg\,g^{-1}})$，JSAC 0422$(4.51\,\mathrm{pg\,g^{-1}}$ と $25.3\,\mathrm{pg\,g^{-1}})$ であるように，BCRとJSACの試料は組成がだいぶ異なる．日本では，ダイオキシン類による大気汚染，水質汚濁および土壌の汚染に関わる環境基準(環告68号，1999年．2002年に改正)が2,3,7,8-TeCDD毒性換算値で定められており，土壌にあっては $1000\,\mathrm{pg\text{-}TEQ\,g^{-1}}$ (ただし，250 pg-TEQ以上の土壌は要調査対象)である．JSAC 0421の毒性換算値は $37.6\pm3.5\,\mathrm{pg\text{-}TEQ\,g^{-1}}$, JSAC 0422は $111.4\pm9.6\,\mathrm{pg\text{-}TEQ\,g^{-1}}$ と環境基準値よりもだいぶ低い．

農薬類やPAH類の土壌標準物質は多くない．ERM(BAM)シリーズには，HCH(hexachlorocyclohexane, BHCと同じ)やDDT(dichlorodiphenyltrichloroethane)，PCP(pentachlorophenol)を対象とした標準物質があるほか，ベンゾ[a]ピレンなど13種類のPAH類を認証したものがある．RTC(米国)のCRM 847-050では17種類の農薬，CRM 837-050では9種類の有機リン系農薬について認証値が与えられている．日本では，シマジン汚染土壌とディルドリン汚染土壌を原料にしたJSAC 0441およびJSAC 0442(両者は混合濃度比が異なる)を日本分析化学会が作製した[8]．シマジンは第3種特定有害物質に指定されている農薬であり，環告46号で土壌環境基準(溶出濃度で $0.003\,\mathrm{mg\,L^{-1}}$)とその測定方法が定められている．そのため，表6.7中のJSAC 0441では，シマジ

6.4 土壌

表 6.7　農薬類が認証されている土壌標準物質例

	ERM-CC 007	CRM 847-050	JSAC 0442
	工業地域土壌	埋壌土	農地土壌
	BAM (ドイツ)	RTC (米国)	日本分析化学会
α-HCH	32 ± 6		
β-HCH	386 ± 40		
p,p'-DDE	56 ± 6		
o,p'-DDT	36 ± 7		
p,p'-DDT	153 ± 15		
4,4'-DDD		228 ± 50.0	
4,4'-DDE		218 ± 46.8	
4,4'-DDT		172 ± 79.9	
アルドリン		115 ± 33.3	
α-BHC		225 ± 52.2	
β-BHC		92.4 ± 18.4	
δ-BHC		67.6 ± 17.2	
γ-BHC(リンデン)		340 ± 73.3	
ディルドリン		125±40.4	221 ± 24
エンドスルファンI		160 ± 44.1	
エンドスルファンII		233 ± 62	
エンドスルファン サルフェート		270 ± 95.6	
エンドリン		377±136	
エンドリン アルデヒド		49.3 ± 17.2	
ヘプタクロル		109 ± 40.6	
ヘプタクロル エポキシド(β)		98.7 ± 28.1	
メトキシクロル		172 ± 87.1	
シマジン			28.2 ± 5.0

（注）　単位は $ng\ g^{-1}$.

ンの含有量が $92±14\ ng\ g^{-1}$，溶出濃度が $0.00496±0.00036\ mg\ L^{-1}$ と認証されている．ディルドリンは，"残留性有機汚染物質に関するストックホルム条約"(POPs条約，2004年発効)で意図的な製造および使用の禁止となった9対象物質に含まれている物質である．日本では現在使用されていないが，残留性が高く国内土壌中でまだ検出されることがある．

　上記のほかに次のような標準物質もある．IRMMの6種類の土壌標準物質(IRMM-443-1, -2, -3, -4, -5, -7)では，土壌pHおよびアトラジンと2,4-Dの2種類の農薬についてフレンドリッヒ吸着係数(20〜25℃)を認証している．中国の国家認証標準物質(GBW)には，イオン交換容量を認証したGBW 07412〜07417や塩類濃度を認証したGBW 070031，中国と日本が共同製作した中国黄土成分分析標準物質(GBW 08305)などがある．

6.5 生　　体

　生体標準物質に分類される標準物質には，① 動物由来の血液，血清，尿，頭髪，臓器，油脂，骨粉などと，② 魚貝類由来の魚肉，貝組織，臓器，油脂などから調製されたものとがあり，有害金属などの微量元素分析，PCB，塩素系農薬などの有機汚染物質分析，残留物あるいは栄養素などの食品分析，臨床検査分析用など，その種類も多岐に及ぶ．本節では，食品および臨床標準物質との重複をできるだけ避けるため，微量元素分析および有機汚染物質分析用生体標準物質に限定して記述する．

6.5.1　動物由来試料

　2008年度時点で入手可能な微量元素分析および有機汚染物質分析用血液，血清，尿，頭髪，臓器，油脂および骨粉標準物質のうち，ISO Guide 34 に準拠して認証された標準物質およびそれと同等の質を有する CRM に関して，認証項目，参照情報ほか，前バッチからのおもな変更点を表 6.8 にまとめるとともに，以下にマトリックスごとに特徴などを解説する．なお，最近 10 年間に開発された，もしくはロット更新された NIST SRM は，NIST における認証値付与の基準(複数分析法による妥当性確認など)に満たないものの，信頼性の高い分析値が参考値(reference value)としてその不確かさとともに付与されており，複数方法による分析値の不一致などにより信頼性にやや乏しい参考情報(information value，不確かさ付与なし)と区別しているため，表 6.8 および後述の表 6.9 においても参考値(ref.)および参考情報(inf.)を区別した．NIST SRM 以外の CRM に関しては，参考値等の標記は各認証書に従った．

A．血液および血清

　血液 CRM はいずれも微量元素分析用(メチル水銀を含む)であり，IAEA-A-13 ウシ血液を除き，抗凝固剤(EDTA 塩)が添加されており，NIST SRM 955c ヤギ血液および 966 ウシ血液は凍結，ERM-CE 194, 195, 196 ウシ血液および BCR-634, 635, 636 ヒト血液は凍結乾燥粉末の状態でそれぞれ供給されている．いずれの場合も，解凍もしくは純水添加によって液状に戻した状態での保存安定性は保証されていないことから，調製後はただちに使用する必要がある．同一マトリックスおよび認証項目で認証項目濃度レベルが異なる物質がセットになっている．一方，IAEA-A-13 は，抗凝固剤無添加かつ線照射滅菌されているため純水などに不溶であり，濃度レベルも 1 種のみである．

　各物質の認証項目濃度レベルは，ドナー投与(SRM 955c のみ)あるいは試料採取後の

6.5 生体

表6.8 微量元素分析用および有機汚染物質分析用動物由来標準物質一覧

機関および名称	認証項目	参考値ほか	前バッチからのおもな変更など
血液			
NIST SRM 955c ヤギ血液	Pb(濃度4段階)	Ref.：Cd，総Hg	As, Cd, Hg, MeHg, EtHgも投与されている(追認証の可能性あり).
NIST SRM 966 ウシ血液	Cd, Pb, 総Hg(濃度2段階)	Ref.：無機Hg，MeHg	前バッチなし
ERM-CE 194, 195, 196 ウシ血液	Cd, Pb(濃度3段階)	なし	BCR-194, 195, 196の名称変更. Pb認証値を改訂再認証.
BCR-634, 635, 636 ヒト血液	Cd, Pb(濃度4段階)	なし	前バッチなし
IAEA-A-13 動物血液	Br, Ca, Cu, Fe, K, Na, Rb, S, Se, Zn	Mg, Ni, P, Pb	前バッチなし
血清			
NIST SRM 1598a 動物血清	Cd, Co, Cs, Cu, Fe, Mn, Ni, Rb, Sb, Se, V, Zn	Ref.：Al, Ca, Cr, Hg, Mo Inf.：As, K, Na, P, S, Tl	認証項目変更.
NIST SRM 1589a ヒト血清	PCB(27同族体)，塩素系農薬(3種)，PBDE(4同族体)	PCB(27同族体)，塩素系農薬(6種)，PBDE(3同族体)，脂質(4種＋総量)，ダイオキシン類(18種)	総量から同族体別に項目変更. 2006年にPBDEを現行ロットに追認証.
BCR-637, 638, 639 ヒト血清	Al, Se, Zn(濃度3段階)	なし	前バッチなし
尿			
NIST SRM 2670a ヒト尿	Sb, Cd, Cs, Co, I, Pb, Hg, Mn, Mo, Pt, Se, Ta, Th, U(濃度2段階)	Ref.：Ca, Ng, K, Na, As, Cu, Mn, Se, Sn, Zn Inf.：Al, As, Ba, Be, Cr, Cu, Mo, Ni, Sn, W, V	認証項目変更.
NIST SRM 2672a ヒト尿	Hg(濃度2段階)		とくに変更なし.
NIES No. 18 ヒト尿	総As, Se, Zn, アルセノベタイン, メチルアルシン酸	Cu, Pb	前バッチなし
頭髪			
NIES No. 13 ヒト頭髪	MeHg, Hg, Cd, Cu, Pb, Sb, Se, Zn	Al, Ag, As, Ba, Ca, Co, Fe, Mg, Mn, Na, S, V	認証項目変更. MeHgの認証値を新たに付与.
BCR-397 ヒト頭髪	Cd, Hg, Pb, Se, Zn	なし	前バッチなし
IAEA-085, 086 ヒト頭髪	MeHg, 総Hg, Fe, Zn	Ca, Cu, Mg, Mn, Sc, Se	前バッチなし

表6.8 微量元素分析用および有機汚染物質分析用動物由来標準物質一覧(つづき)

機関および名称	認証項目	参考値ほか	前バッチからのおもな変更など
臓器,油脂ほか NIST SRM 1400 骨灰	Ca, Mg, P, Fe, Pb, P, Sr, Zn	Si, Na, Al, As, Cd, Cu, F, Mn, Se, 水分含量, 強熱減量	前バッチなし
NIST SRM 1486 骨粉	Ca, Mg, P, Fe, Pb, P, K, Sr, Zn	Si, Na, C, Al, As, Cd, Cu, F, Mn, Se, 水分含量, 強熱減量	前バッチなし
NIST SRM 1577b ウシ肝臓	Cl, P, K, Na, S, Cd, Ca, Cu, Fe, Pb, Mg, Mn, Mo, Rb, Se, Ag, Sr, Zn	As, Al, Sb, Br, Hg, Co, V	認証項目数減. 次バッチ開発中.
BCR-185R ウシ肝臓	As, Cd, Cu, Mn, Pb, Se, Zn	なし	前バッチなし
BCR-430 ブタ油	塩素系農薬(9種)	なし	前バッチなし
ERM-BB 444, 445, 446 ブタ油	PCB(7同族体), 総PCB	なし	前バッチなし
BCR-665, 666 肺組織	アモサイト＋クロシドライトアンソフィライト(直閃石)	なし	前バッチなし

添加によって調整されている.また,NIST SRM 955c は,認証値および参考値項目以外にも As,メチル水銀,エチル水銀がドナー投与されており,それら項目が将来追認証などされる可能性がある.

　血清 CRM は,NIST SRM 1598a 動物血清および 1589a ヒト血清が凍結,BCR-637,638,639 ヒト血清は凍結乾燥粉末の状態でそれぞれ供給されている.NIST SRM 1589a 以外は微量元素分析用であり,異なる濃度レベルを有する物質セットは,試料採取後の添加によって調製されている.一方,NIST SRM 1589a は PCB,農薬およびダイオキシン類分析用に開発されており,各化合物とも調製時に添加などはされていない.また,2006 年に現行ロットのまま臭素系難燃剤である PBDE の認証値と参考値が追加されている.

　血液,血清試料とも,表6.8 にまとめた CRM 以外に,臨床検査分析などに利用することを目的とした微量元素分析用標準物質(RM)が SERO 社(ノルウェー),MEDI-CHEM 社(ドイツ),Bio-Rad 社(米国)などの生体関連試薬メーカーより数多く市販されている.なかでも SERO 社の Sernorm シリーズは,血液,血清とも保証値および参考値合わせて 50 元素以上の値が付与されており,分析法開発などの研究目的での利用

例が多い．

なお，いずれの血液，血清 CRM および RM も，各頒布機関により HIV，C 型肝炎ウイルスなどが非検出であることが確認されているなど，安全面の注意が払われているが，取扱いおよび廃棄に関しては一般の血液，血清試料と同様の扱いが必須である．

B．尿

現存する尿 CRM はすべて凍結乾燥粉末であり，純水添加によって液状に戻した状態で使用する．血液，血清試料と同様，液状に戻した状態での保存安定性は保証されていない．NIST SRM 2670a および 2672a はそれぞれ異なる 2 濃度レベルを有する物質のセットである．

尿試料も，血液，血清試料と同様，表 6.8 にまとめた物質以外に，臨床検査分析などに利用することを目的とした微量元素分析用標準物質が SERO 社，MEDICHEM 社などから市販されている．

C．頭髪，臓器，油脂など

頭髪，臓器(肺細胞以外)および骨 CRM は微量元素分析用であり，油脂は塩素系農薬分析用(BCR-430 ブタ油)および PCB 分析用(ERM-BB 444，445，446 ブタ油)，肺細胞(BCR-665，666)はアスベスト分析用である．なお，NIST SRM 1577b ウシ肝臓は，2008 年度時点で欠品間近であり，次バッチ開発がすでに進められている．

6.5.2 魚貝類由来試料

表 6.9 に，2008 年度時点で入手可能な微量元素分析および有機汚染物質分析用魚類および貝類標準物質のうち，ISO Guide 34 に準拠して認証された標準物質およびそれと同等の質を有する CRM に関して，認証項目，参照情報のほか，前バッチがある場合は，おもな変更点を物質ごとにまとめるとともに，以下にマトリックスごとに特徴などを解説する．

A．魚肉，肝臓および肝油

魚肉 CRM は，NIST SRM 1946，1947 魚肉を除き，凍結乾燥後の魚肉を粉砕して調製されており，メチル水銀もしくはヒ素化合物濃度の認証値も付与された微量元素分析用もしくは PCB などの有機汚染物質分析用 CRM として各機関より頒布されている．一方，NIST SRM 1946，1947 に関しては，凍結粉砕法によって調製されており，凍結乾燥粉末に比べ，より実試料に近い組成を維持している．また，微量元素と有機汚染物質双方の項目が認証値として付与されているほか，灰分，炭水化物，カロリー，脂肪酸など，食品分析における評価項目(炭水化物，総タンパク質，脂肪酸など)の参考値および参考

表 6.9 微量元素分析用および有機汚染物質分析用魚貝類由来標準物質一覧

機関および名称	認証項目	参考値ほか	前バッチからのおもな変更など
魚 類 NIST SRM 1946 淡水魚肉	PCB(30 同族体), 塩素系農薬(15 種), 総脂肪量, 総脂肪酸量, 脂肪酸(13 種), MeHg, 総 Hg, As, Fe	Ref.：PCB(12 同族体), 塩素系農薬(2 種), 脂肪酸(12 種), 固分, 炭水化物, 灰分, 総タンパク質, カロリー, Cd, Ca, Cu, Mg, P, K, Se, Na, Zn, Inf.：脂肪酸(4 種), Pb, Mn	前バッチなし
NIST SRM 1947 淡水魚肉	As, Cu, Fe, Mn, Rb, Se, Zn, MeHg, 総 Hg, PCB(32 同族体), 塩素系農薬(15 種), PBDE(7 同族体)	Ref.：PCB(13 同族体), 塩素系農薬(2 種), PBDE(7 同族体), 固分, 灰分, 炭水化物, 総タンパク質, カロリー, 抽出性脂質, 総脂肪酸, 飽和脂肪, 不飽和脂肪, 重合不飽和脂肪, 脂肪酸(16 種)	前バッチなし
ERM-CE 464 マグロ魚肉	総 Hg, MeHg	なし	BCR-464 の名称変更.
BCR-463 マグロ魚肉	総 Hg, MeHg	なし	前バッチなし
BCR-627 マグロ魚肉	アルセノベタイン, ジメチルアルシン酸, 総ヒ素	なし	前バッチなし
NMIJ CRM 7402-a タラ魚肉	Cr, Mn, Fe, Ni, Cu, Zn, As, Se, Hg, Na, Mg, K, Ca, MeHg, アルセノベタイン	なし	前バッチなし
IAEA-406 魚肉	Al, As, Br, Ca, Cd, Co, Cr, Cu, Fe, Hg, K, Li, Mg, Mn, Na, Ni, Pb, Rb, Sb, Se, Sr, V, Zn, MeHg	Ag, Sn	前バッチなし
IAEA-407 魚肉	PCB(11 同族体), 塩素系農薬(7 種), 石油炭水化物(1 化合物)	PCB(25 同族体), 塩素系農薬(17 種), 石油炭水化物(24 項目)	前バッチなし
NRCC DORM-3 魚肉タンパク質	As, Cd, Cu, Cr, Fe, Pb, Ni, Sn, Zn, total Hg, MeHg	Ag, Se, Al, Mn	ヒ素形態別認証値なし. 標準物質調製法の大幅変更.
NRCC CARP-2 コイ魚肉	PCB(10 同族体)	Inf.：PCB(8 同族体), 塩素系農薬(7 種), PCDF(2 同族体), ジオキシン(7 同族体)	不明
BCR-349 タラ肝油	PCB(6 同族体)	なし	前バッチなし
NMIJ CRM 7401-a サメ肝油	塩素系農薬(2 種)	なし	前バッチなし
NRCC DOLT-4 サメ肝臓	As, Cd, Cu, Fe, Pb, Ni, Se, Ag, Zn, 総 Hg, MeHg	Inf.：Na, Mg, Al, K, Ca, V, Cr, Co, Sr, Mo, Sn	参考情報数が増加.

表6.9 微量元素分析用および有機汚染物質分析用魚貝類由来標準物質一覧(つづき)

機関および名称	認証項目	参考値ほか	前バッチからのおもな変更など
貝 類			
NIST SRM 1566b カキ組織	Ca, Cl, Mg, K, Na, S, Al, As, Cd, Co, Fe, Pb, Mn, Ni, Rb, Se, Ag, Th, V, Zn, total Hg, MeHg	Ref.: N, Sb, Ba, B, H, Sr, Sn, U, 水分, 固分, 炭水化物, 灰分, 脂肪分, 総タンパク質, タンパク質窒素, 総食物繊維, カロリー, 脂肪酸(8種) Inf.: 脂肪酸(5種)	参照値大幅増加(とくに食品検査項目).
NIST SRM 2976 ムラサキガイ組織	As, Cd, Cu, Fe, Pb, Se, Zn, MeHg, total Hg	Ref.: Al, Cr, Ni, Ag, Sn, Ca, Cl, Mg, K, Na, Br, Ce, Cs, Co, Eu, Mn, Rb, Sc, Sr, Th Inf.: P, S, Ta	前バッチなし
NIST SRM 2977 カキ組織	PAH(13種), PCB(19同族体), 塩素系農薬(6種), DBE(5同族体), Cd, Cu, Pb, Mn, Ni, Sr, MeHg	Ref.: PAH(10種), PCB(3同族体), 塩素系農薬(2種), DBE(5同族体), As, Cr, Co, Fe, Hg, Se, Ag, Sn, Zn Inf.: Ca, Cl, Mg, K, Na, S, Al, Sb, Ba, Br, Ce, Cs, Au, I, La, Rb, Sm, Sc, Th, U, V, Ta	前バッチなし
ERM-CE 278 ムラサキガイ組織	As, Cd, Cr, Cu, Hg, Mn, Pb, Se, Zn	なし	BCR-278の名称変更.
ERM-CE 477 ムラサキガイ組織	トリ, ジ, モノブチルスズ	なし	BCR-477の名称変更.
BCR-668 ムラサキガイ組織	Ce, Dy, Er, Eu, Gd, La, Lu, Nd, Pr, Sm, Tb, Tm, Y, Th, U	Indicative: Ho, Sc, Yb, As, Cd, Cr, Cs, Mo, Zn	前バッチなし
BCR-682 ムラサキガイ組織	PCB(8同族体)	なし	前バッチなし
IAEA-432 ムラサキガイ組織	PCB(9同族体), 塩素系農薬(6種), 石油炭水化物(13化合物)	PCB(29同族体), 塩素系農薬(21種), 石油炭水化物(15項目)	前バッチなし
その他			
NRCC LUTS-1 ロブスター肝膵	As, Cd, Ca, Cr, Co, Fe, Pb, Mg, Mn, Ni, K, Se, Ag, Sr, Zn	なし	2005年より総Hg, MeHgの認証値が外されている.
NRCC TORT-2 脱脂ロブスター肝膵	As, Cd, Cr, Co, Cu, Fe, Pb, Mn, Mo, Ni, Se, Sr, Sn, V, Zn, 総Hg, MeHg	なし	不明
NRCC FEBS-1 魚耳石	Ba, Li, Mg, Mn, Na, Sr, Ca	Inf.: Cd, Cu, Ni, Pb, Zn	前バッチなし
NIES No.22 魚耳石	Na, Mg, K, Ca, Sr, Ba	参考値: Cu, Zn, Cd, Pb	前バッチなし

情報も同じく付与されており，1物質で微量元素分析，有機汚染物質分析，食品分析に対応している．また，NRCC DORM-3 は，魚肉を酵素加水分解したものを乾燥させたものであり，前バッチ(DORM-2：サメ魚肉を脱脂後，凍結乾燥および粉砕)とは大きく内容が異なる．

魚肉試料に関しては，表6.9にまとめた物質以外に，米国環境保護庁(US Environmental protection agency：EPA)の試験法に対応した PCB，ダイオキシン類，PAH 類などの有機汚染物質モニタリング用標準物質が Cambridge Isotope Laboratory(米国)より市販されている．

魚肝臓 CRM(NRCC DOLT-4 サメ肝臓)は，アセトン脱脂後に凍結乾燥および粉砕によって調製されている．肝油 CRM は，PCB 分析用(BCR-349 タラ肝油)および塩素系農薬分析用(NMIJ CRM 7401-a サメ肝油)である．

B. 貝　　類

貝類 CRM は，いずれも凍結乾燥後に粉砕して調製されており，NIST SRM 1566b カキ組織および 2977 ムラサキガイ組織を除き，メチル水銀濃度の認証値も付与された微量元素分析用もしくは PCB などの有機汚染物質分析用 CRM として各機関より頒布されている．一方，NIST SRM 1566b は，微量元素分析用であるが，食品分析における評価項目(炭水化物，総タンパク質，脂肪酸など)の参考値および参考情報も数多く付与されており，NIST SRM 2977 は微量元素と有機汚染物質双方の項目が認証値および参考値として付与されている．

C. 甲殻類肝膵および耳石

甲殻類肝膵 CRM は，ロブスター肝臓(NRCC LUTS-1)および脱脂したロブスター肝臓(NRCC TORT-2)が頒布されている．NRCC LUTS-1 は，2005年に水銀およびメチル水銀の認証値が抹消されている．耳石 CRM は，NRCC FEBS-1 および NIES No. 22 の2物質が頒布されており，海洋・水産関連の研究に利用されている．

6.6　食　　品

国際連合食糧農業機関/世界保健機関(Food and Agriculture Organization/World Health Organization：FAO/WHO)合同食品規格計画のもとで活動しているコーデックス委員会(Codex Alimentarius Commission：以下 CAC)では，食品の輸出入に関わる試験所の条件として，① ISO/IEC 17025：1999(現 ISO/IEC 17025：2005)(JIS Q 17025 "試験所及び校正機関の能力に関する一般要求事項"，通称，試験所認定)に適してい

ること，② 適切な技能試験[9]（proficiency testing：以下 PT）に参加していること，③ 妥当性が確認された方法を用いていること，④ 内部質（品質）管理[10]（内部精度管理）を行っていること，をガイドライン（CAC/GL 27-1997, 2006 修正）としてあげている．そして，食品規制に関わる試験所の管理：推奨事項のガイドライン（CAC/GL 28-1995, Rev. 1-1997）において，試験所の（品）質保証のために，PT と試験室間共同試験（以下，室間共同試験）のプロトコル[9,11]と内部質管理の[10]ガイドラインをあげている．これらの項目は，今後，一般の食品分析試験室においても，分析値を外部に発表するときには考慮することが必要であり，標準物質の利用が直接，間接に関わってくる．

6.6.1 食品分析用標準物質

分析法の妥当性確認や内部質管理における真度の検討，国際単位系（SI）へのトレーサビリティ確保のために，分析対象試料と似た主要成分組成（マトリックス）をもち，分析種の認証値が決められている組成認証標準物質が利用される．食品関係の組成認証標準物質は，無機成分については，これまでに多くの認証標準物質が作製され，有機成分についての認証標準物質も増えてきているが，国内で作製されたものは国立環境研究所が作製した環境標準試料の一部，（独）産業技術総合研究所（以下，産総研）の計量標準総合センターのもの，（独）農業・食品産業技術総合研究機構食品総合研究所（以下，食総研）の食品分析・標準化センターのもの（表 6.10）があるが，きわめて限られている．外国製のものを使用することの多いのが現状であるが，植物防疫，動物検疫などの関係で輸入できない場合があり，また，注文から納品までの時間がかかることが多い．

しかし，マトリックスが類似した認証標準物質が常にあるとは限らない．また，ルー

表 6.10 日本製の食品関連認証標準物質

NIES（国立環境研究所）	
クロレラ（No. 3）	無機元素
茶葉（No. 7）	品切れ
ホンダワラ（No. 9）	品切れ
玄米粉末（No. 10a, b, c）	無機元素
魚肉粉末（スズキ）（No. 11）	品切れ
日本の食事（No. 27）	無機元素
AIST-NMIJ（産業技術総合研究所 計量標準総合センター）	
サメ肝油（7401-a）	塩素系農薬
タラ魚肉粉末（7402-a）	無機元素，アルセノベタイン，メチル水銀
白米粉末（7501-a, 7502-a）	無機元素
NARO-NFRI（農業・食品産業技術総合研究機構 食品総合研究所）	
ダイズ（GM 001a-c）	GM ダイズ

チン分析に高価な認証標準物質をいつも使用するのは不適切であろう．そのような場合には，自身で実用標準物質を作製して利用する．また，PT 終了後に残余試料が標準物質として供給される場合は，これを使用することもできる．

6.6.2 標準物質の利用

A．内部質管理

一定分析回数(期間)ごとの組成標準物質の利用あるいは添加回収試験の実施による真度と繰返し測定の実施による精度の管理を行う．

真度の試験としては，① 組成認証標準物質の利用，② 組成標準物質の利用，③ 標準分析法による値との比較，④ 添加回収試験が，この順番で推奨される[12]．

B．測定値の認証値との比較[13]

分析法の真度を検討するために，マトリックスが類似した認証標準物質を測定して，その測定値を認証値と比較することが，もっともよく行われる．評価は"一致した"，"よく一致した"などの定性的な表現がよく用いられるが，以下の方法で定量的に表すことができる．このとき，認証値の不確かさだけではなくて，測定値の不確かさを考慮する必要がある．

認証標準物質を測定したあとの，測定値の平均値(測定の結果)と認証値との差の絶対値を次式で計算する．

$$\Delta m = |C_m - C_{CRM}|$$

ここで，Δm は測定値の平均値と認証値との差の絶対値，C_m は測定値の平均値，C_{CRM} は認証値である．

各測定は不確かさをもち，認証標準物質の認証値も認証書に記載された不確かさをもっている．不確かさは，普通，標準偏差で表され，その分散を足し合わせることができる．Δm の不確かさを u_Δ とすると，u_Δ は測定の結果の不確かさと認証値の不確かさとから，次式で計算できる．

$$u_\Delta = \sqrt{u_m^2 + u_{CRM}^2}$$

ここで，u_Δ は測定の結果と認証値との差の合成不確かさ，u_m は測定の結果の不確かさ，u_{CRM} は認証値の不確かさである．

約 95％の信頼区間に相当する拡張不確かさは，u_Δ に包含係数(k，通常は 2)をかけることで得られる．

$$U_\Delta = 2 \cdot u_\Delta$$

ここで，U_Δ は測定の結果と認証値との差の拡張不確かさである．

方法の性能を評価するために，Δm が U_Δ と比較され，$\Delta m \leq U_\Delta$ であれば，測定の結果と認証値との間に有意差はないと判断する．

なお，認証値の不確かさは，普通，拡張不確かさで表されているので，Δm の不確かさを求めるには，用いられた包含係数で割る必要があり，また，測定の結果の不確かさは，測定値の標準偏差を測定回数 n の平方根 $\sqrt{n}$ で割る必要がある．

C．PT 終了後の質管理用試料

第三者機関が行う外部質査定に参加することで，試験所の出す分析値の信頼性を保証することができる．参加者は任意の方法で分析できるので，開発した分析法の性能の確認や使用している方法の点検をすることができる．PT は外部質査定の一つで，ISO/IEC Guide 43-1(JIS Q 0043-1 "試験所間比較による技能試験，第 1 部：技能試験スキームの開発及び運営")には，PT の供給者についての規格の詳細が示され，PT スキームの種類，実施方法，評価方法などが記述されている．PT の多くは，試験所(分析所)間比較として行われ，国際的な調和プロトコルが改訂されている[9]．食品分野における PT には，英国の The Food and Environment Research Agency(Fera)(2009 年 3 月までは CSL) の FAPAS(化学分析) と FEPAS(微生物検査)，AOAC International や The American Association of Cereal Chemists(AACC)のものなどがある．参加者には，均質性が担保された試料が配付され，参加者は任意の分析法で測定し，分析値を期限内に事務局へ送付する．分析値は統計的に処理されて，参加機関による結果の一覧，z スコアによる分布図などを示した報告書が送付され，参加機関は，与えられた識別番号で結果を評価する．結果の評価法はいくつかあるが，z スコアがよく用いられる．付与された値(assigned value)からのかたよりを表す z スコアの絶対値が，2 以内であればその分析結果は "満足"，2 より大きく 3 未満であれば "疑わしい"，3 以上であれば "不満足" と判断される．

ここでも，植物防疫，動物検疫などの関係で利用できない PT がある．国内では，(財)食品薬品安全センターが，厚生省(現 厚生労働省)より適合性の確認を受けて，衛生研究所，保健所や検査登録機関の公的検査機関を対象に，適正試験所規範(Good Laboratory Practice：GLP)の "食品衛生外部精度管理調査" として毎年 6 件の理化学調査と 5 件の微生物学調査を実施している．なお，民間企業の検査機関を対象とした外部精度管理として，同一試料を用いた食品衛生精度管理比較調査も実施している．食総研は，農水省

のプロジェクト研究のなかで，2003年度に(財)食品薬品安全センターに委託して，小麦中のかび毒(デオキシニバレノールとニバレノール)分析のPTを開始した．さらに同じプロジェクトのなかで，2006年度に産総研の計量標準総合センターから試料の提供を受けて精米粉末中のカドミウムと必須無機元素のPTを開始し，2007年度からは食総研としてのPTを行っている．2008年度には，新たにヒジキ粉末中の総ヒ素，必須無機元素などのPTを，産総研の計量標準総合センターからの試料提供を受けて開始した．また，日本分析化学会は，2004年度から食品分析の技能試験を開始し，全脂粉乳，魚肉ソーセージ，離乳食の一般成分とミネラルの技能試験を行っている．

PT後の残余試料が質管理用試料として頒布されることがあり，これの標準物質としての利用も有効である．

D．分析法の妥当性確認

妥当性確認とは，"意図する特定の用途に対して個々の要求事項が満たされていることを調査によって確認し，客観的な証拠を用意すること(ISO/IEC 17025)"で，それにはいくつかの方法があるが，複数の分析試験室が参加して行う共同試験(共同実験法)がもっとも有効である．これは，規制や規格に関わる分析では，室間での再現性がもっとも重要な性能であることによる．均質性が担保された複数の試験材料が複数の分析試験室に配付され，各分析試験室は決められた分析手順書に従って分析し，報告する．化学分析における定量分析の国際純正応用化学連合(International Union of Pure and Applied Chemistry：IUPAC)などによる調和プロトコルでは，外れ値を報告した試験室を除いた有効なデータを出す試験室数が8以上で，試験材料数は最低5である[11]．繰返し精度推定のための試験材料あたりの反復数は2で，2試料の濃度差が5％以内のユーデン対や同じ試験材料をそれとわからないように2試料とする非明示反復が推奨されている．このプロトコルは，ゴールデンスタンダードとよばれ，これにもとづいた室間共同試験は，フルコラボ(full collaborative study)とよばれている．このときの試験材料としてはCRMが適しているが，利用している報告は少ない．

6.6.3 標準物質のデータベース

目的とする標準物質の検索には，(独)製品評価技術基盤機構のウェブページ(http://www.rminfo.nite.go.jp/index.html)から，以下のデータベースが利用できる(詳細は3.6節参照)．

国際標準物質データベース(COMAR)には，物質の形状，製造業者の連絡先，化学特性や物理特性に関する特性値など，標準物質に関するさまざまな情報が収録されている．

適当なログイン名を設定してログインし，Field of Application で Quality of Life を選び Sub Application で Foodstuffs を選ぶと，2009年3月時点で332の認証標準物質が選択される．さらに，国名，生産者で絞り込むこともでき，たとえば，生産者でリストから NIST，IRMM などを選べば，その機関が製造している認証標準物質の情報が入手できる．

標準物質総合情報システム (RMinfo) を利用すれば，標準物質に関する行政情報，海外動向なども入手できる．カテゴリーが，鉄鋼標準物質，非鉄標準物質，無機標準物質，有機標準物質，物理的特性用標準物質，生物学・臨床用標準物質，生活関係標準物質および産業用標準物質に大分類されていて，食品は生活関係標準物質に含まれている．このなかの小分類で食料品を検索すると高純度物質の標準物質が圧倒的に多く，組成標準物質はリストの最後に収載されている．

COMAR および標準物質提供機関のウェブページを参照して，食品関連の組成認証標準物質をマトリックス別に抜粋して表6.11にまとめた．

6.7 飼料・肥料

食品と比較すると，飼料・肥料の標準物質はきわめて種類が少ない．前節の RMinfo で生活関係標準物質の小分類，農業（土壌・植物）を検索すると，肥料の認証標準物質は高度化成肥料と普通化成肥料が選択されるが，飼料はみつからない．飼料は，マトリックスが食品と共通のものもあるので，前節の食品のリストから選択することもできる．

COMAR および標準物質提供機関のウェブページを参照して，飼料（表6.12）と肥料（表6.13）の組成認証標準物質を抜粋してまとめた．

表 6.11 食品関連認証標準物質

マトリックス		認証値のついた特性項目
穀類・豆類・種実類		
小 麦	ARC/CL-3	Cd, Ca, Cr, Cu, Fe, Pb, Mg, Hg, Mn, Mo, Ni, P, K, Se, Zn
（全麦）	BCR-121	ビタミン B_1, B_6, 葉酸
	BCR-396	DON(ブランク)
	BCR-471	オクラトキシン A(ブランク)
	BCR-563	タンパク質，灰分，フォーリングナンバー，ゼレニーセディメンテーション，ショパンアルベオグラフ測定値，ブラベンダーファリノグラフ測定値，ブラベンダーエクステンソグラフ測定値
	GBW 08503	As, Ca, Cd, Cu, Fe, K, Mg, Mn, Pb, Zn
	SRM 1567a	As, Ca, Cd, Cu, Fe, K, Mg, Mn, Mo, Na, P, Rb, S, Se, Zn
ライ麦	BCR-381	ケルダール窒素，脂肪，食物繊維，灰分，Ca, Cl, K, Mg, Na
	IAEA-V-8	Br, Ca, Cl, Cu, Fe, Mg, Mn, P, K, Rb, Zn
米	BCR 465/466/467	アミロース
	GBW 08502	As, Cd, Ca, Cu, Fe, Pb, Mg, Mn, K, Se, Na, Zn
	GBW 08508	Cu, F, Fe, Mg, Hg
	GBW 08510/11/12	Cd
	IRMM 804	As, Cd, Cu, Mn, Pb, Zn
	KRISS 108-01-001/002	As, Ca, Cd, Cr, Cu, Fe, Mg, Mn, K, Na, Zn
	NIES 10a, b, c	Cd, Ca, Fe, Mg, Mn, Mo, Ni, P, K, Rb, Na, Zn
	NMIJ 7501-a	Ca, Cd, Cu, Fe, K, Mg, Mn, Mo, Na, P, Zn,
	NMIJ 7502-a	As, Ba, Ca, Cd, Cr, Cu, Fe, K, Mg, Mn, Mo, Na, Ni, P, Pb, Rb, Sr, Zn
	SRM 1568a	Al, As, Cd, Ca, Cu, Fe, Mg, Mn, Hg, Mo, P, K, Rb, Se, Na, S, Zn
トウモロコシ	AOCS 0406-A	非遺伝子組換え
	AOCS 0406-B	MON 863×NK 603
	AOCS 0406-C	MON 863×NK 603×MON 810
	AOCS 0406-D	MON 88017
	AOCS 0407-A	非遺伝子組換え
	AOCS 0407-B	GA 21
	AOCS 0607-A	MIR 604
	BCR-377/396	デオキシニバレノール
	ERM-BC 716/717	ZON
	ERM-BF 411a-f	遺伝子組換え Bt-176
	ERM-BF 412a-f	遺伝子組換え Bt-11
	ERM-BF 413a-f	遺伝子組換え MON 810
	ERM-BF 414a-F	遺伝子組換え GA 21
	ERM-BF 415a-f	遺伝子組換え NK 603
	ERM-BF 416a-d	遺伝子組換え MON 863
	ERM-BF 417a-d	遺伝子組換え MON 863×MON 810
	ERM-BF 418a-d	遺伝子組換え 1507
	ERM-BF 420a-c	遺伝子組換え Event 3272

表 6.11 食品関連認証標準物質(つづき)

マトリックス		認証値のついた特性項目
穀類・豆類・種実類		
トウモロコシ(つづき)	ERM-BF 423a-d	遺伝子組換え MIR 604
	ERM-BF 424a-d	遺伝子組換え 59122
大 豆	AOCS 0906-A	非遺伝子組換え
	AOCS 0906-B	遺伝子組換え MON 89788
	ERM-BF 410a-f	遺伝子組換え RR
	ERM-BF 425a-d	遺伝子組換え 305423
	ERM-BF 426a-d	遺伝子組換え 356043
	ERM-BC 517	食物繊維(各種方法による)
	NFRI GM 001a, b, c	遺伝子組換え RR
インゲン豆	BCR-383	ケルダール窒素,食物繊維,灰分,Ca, K, Na
	ERM-BC 514	食物繊維(各種方法による)
ナタネ	AOCS 0304-A, B	遺伝子組換え RR Canola CTP 2/EPSPS CP 4
	BCR-446/447/448	油分,水分,揮発性成分
	ERM-BC 190/366/367	総グルコシノレート, S
脱脂落花生ミール	BCR-262R/264	アフラトキシン B_1
野菜類・果実類・藻類・きのこ類		
ジャガイモ	AOCS 0806-A-D	遺伝子組換え EH 92-527-1
	ERM-BF 421a, b	遺伝子組換え EH 92-527-1
	ERM-BC 402	I
	LGC 7111	SO_2
キャベツ	GBW 08504	As, Ca, Cd, Cu, Fe, K, Mg, Mn, Mo, Na, P, Pb, Se, Sr, Zn
	IAEA-359	Ba, Cu, Fe, K, Mg, Mn, Sr, Zn
芽キャベツ	BCR-431	ナイアシン
白キャベツ	BCR-679	As, B, Ba, Cd, Cu, Fe, Hg, Mo, Ni, Sb, Sr, Tl, Zn
ニンジン	ARC/CL-4	B, Ca, Cd, Fe, K, Mg, Mn, Mo, Na, Zn, 総食物繊維
	ERM-BC 515	食物繊維(各種方法による)
ニンジン抽出物	SRM 3276	カロテン組成,トコフェロール組成,脂肪酸組成
トマトペースト	ERM-BC 084	Cd, Pb, Sn
ホウレンソウ	SRM 1570a	Al, As, B, Cd, Ca, Co, Cu, Hg, K, Mn, Na, Ni, P, Se, Sr, Th, V, Zn
ホウレンソウスラリー	SRM 2385	Ca, Fe, K, Mg, Mn, P, Zn, 全ルテイン, 全 β-カロテン
野菜混合物	BCR-485	ビタミン B_1, B_6, 葉酸, $trans$-α-カロテン, $trans$-β-カロテン, 全 α-カロテン, 全 β-カロテン, ルテイン, ルテイン＋ゼアキサンチン
リンゴ	ERM-BC 516	食物繊維(各種方法による)
オレンジジュース	ERM-BD 011-015	ブリックス度,屈折度
茶 葉	GBW 07605	As, B, Ba, Be, Bi, Br, Ca, Cd, Ce, Co, Cr, Cu, Eu, F, Fe, K, La, Mg, Mn, Mo, N, Na, Ni, P, Pb, Rb, S, Sc, Sm, Sr, Th, Tl, Y, Yb, Zn
クロレラ	NIES 03	Ca, Co, Cu, Fe, K, Mg, Mn, Sr, Zn

つづく

表6.11 食品関連認証標準物質（つづき）

マトリックス		認証値のついた特性項目
野菜類・果実類・藻類・きのこ類		
緑藻（*Scenedesmus obliquus*）	IAEA-390	Ca, Cu, Fe, Mg, Mn, Na, Ni, Pb, Zn
褐藻（ヒバマタ）	IAEA-140-OC	PAHs, PCBs, 有機塩素系農薬
魚貝類		
ニシン	BCR-718	PCBs
ウグイ	BCR-719	PCBs
コイ	NRC CARP-2	PCBs
サケ	BCR-725	フルメキン, オキソリン酸
タラ魚肉粉末	NMIJ 7402-a	As, Ca, Cr, Cu, Fe, Hg, K, Mg, Mn, Na, Ni, Se, Zn, アルセノベタイン, メチル水銀
マグロ	BCR-627	総 As, 有機 As(アルセノベタイン, ジメチルアルシン酸)
	BCR-463	総 Hg, メチル Hg
	ERM-CE 464	総 Hg, メチル Hg
	IAEA 435	PAH, PCB, 有機塩素系農薬
ツノザメ肝臓	NRC DOLT-4	Ag, As, Cd, Cu, Fe, Hg, Ni, Pb, Se, Zn, メチル Hg
魚 肉	CIL-EDF-2524/2525/2526	ダイオキシン, 多塩素化フラン, 多塩素化ビフェニール, 多臭素化ビフェニルエーテル, PAHs, 有機塩素系農薬
	IAEA-406	農薬, PCB
	IAEA-407	メチル Hg, Al, As, Br, Ca, Cd, Co, Cr, Cu, Fe, Hg, K, Li, Mg, Mn, Na, Ni, Pb, Rb, Sb, Se, Sr, V, Zn
	IAEA-414	^{40}K, ^{137}Cs, ^{232}Th, ^{234}U, ^{235}U, ^{238}U, ^{238}Pu, $^{239+240}$Pu, ^{241}Am
	IAEA-MA-B-3-RN	^{40}K, ^{137}Cs
スペリオル湖産	SRM 1946	PCBs, 有機塩素系農薬, 脂肪酸組成, As, Hg, Fe, メチル水銀
ミシガン湖産	SRM 1947	As, Cu, Fe, Hg, Mn, Rb, Se, Zn, メチル水銀, PCBs, 有機塩素系農薬, PBDEs
魚タンパク	NRC DORM-3	As, Cd, Co, Cr, Fe, Hg, Ni, Pb, Sn, Zn
ロブスター	GBW 08572	Al, As, Ba, Cd, Ca, Cr, Cu, F, Fe, Pb, Mg, Mn, Hg, N, P, K, Se, Na, Sr, Zn
ロブスター中腸腺（無脱脂）	NRC LUTS-1	Ag, As, Ca, Cd, Co, Cr, Cu, Fe, K, Mg, Mn, Ni, Pb, Se, Sr, Zn
ロブスター中腸腺（一部脱脂）	NRC TORT-2	As, Cd, Co, Cr, Cu, Fe, Hg, Mn, Mo, Ni, Pb, Se, Sr, V, Zn, メチル水銀
カニ	LGC 7160	As, Cd, Ca, Cr, Co, Cu, Mg, Mn, Hg, P, K, Na, V, Zn
カキ	SRM 1566b	Ca, Cl, Mg, K, Na, S, Al, As, Cd, Co, Cu, Fe, Pb, Mn, Hg, Ni, Rb, Se, Ag, Th, V, Zn, メチル水銀
	KRISS 108-04-001	Cd, Cr, Cu, Fe, Hg, Pb
ムラサキイガイ	GBW 08571	As, Cd, Ca, Cr, Co, Cu, F, Pb, Mg, Mn, Hg, Ni, K, Se, Na, Sr, Zn

表6.11 食品関連認証標準物質(つづき)

マトリックス		認証値のついた特性項目
魚貝類		
	ERM-CE 278	As, Cd, Cr, Cu, Hg, Mn, Pb, Se, Zn
	ERM-CE 477	TBT, DBT, MBT
	BCR-543	麻痺性貝毒
	BCR-668	Ce, Dy, Er, Eu, Gd, La, Lu, Nd, Pr, Sm, Tb, Th, Tm, U, Y
	BCR 682	クロロビフェニール
	IAEA-432	PCB, 有機塩素系農薬
	NRC DSP-Mus-b	オカダ酸, ディノフィシストキシン
	NRC ASP-Mus-c	ドウモイ酸
	SRM 2976	As, Cd, Cu, Fe, Pb, Se, Zn Hg, メチル水銀
	SRM 2977	PAH, PCB, 有機塩素系農薬, メチル水銀, Cd, Cu, Pb, Mn, Ni, Sr
肉類・卵類		
牛 肉	BCR-411/412	ジエチルスチルボエストロール
	LGC 7200/7201	種(生/加熱)
牛肝臓	BCR-185R	As, Cd, Cu, Mn, Pb, Se, Zn
	BCR-474/475	トレンボロン
	BCR-648/649	クレンブテロール
	NCS ZC 71001	Ca, Cl, Co, Cu, Fe, K, Mg, Mn, Mo, Na, P, Rb, Se, Sr
牛/豚肉	LGC 7000	灰分, 脂肪, 水分, 窒素, Ca, K, Na, Zn
豚 肉	BCR-444/445	クロラムフェニコール
	BCR-697/698	クロロテトラサイクリン
	GBW 08552	Br, Ca, Cl, Cu, Fe, Mg, Mn, N, P, K, Se, Na, Rb, Zn
	LGC 7204/7205	種(生/加熱)
	NCS ZC 81001	Br, Ca, Cl, Cu, Fe, K, Mg, Mn, N, Na, P, Rb, Se, Zn
豚肉加工品	LGC 7152	水分, 窒素, 全脂肪, 灰分, 大豆タンパク質, カゼイン
	ERM-BB 501	水分, 窒素, 全脂肪, 灰分, 塩化物, ヒドロキシプロリン, 硝酸塩
豚肝臓	BCR-487	ビタミン B_1, B_2, B_6, B_{12}, 葉酸
	BCR-695/696	クロロテトラサイクリン
	GBW 08551	Al, Cd, Ca, Cu, Fe, Pb, Mg, Mn, Mo, N, K, Se, Na, Sr
	SRM 1577b	Ag, Ca, Cd, Cl, Cu, Fe, K, Mg, Mn, Mo, Na, P, Pb, Rb, S, Se, Sr, Zn
豚腎臓	BCR-706/707	クロロテトラサイクリン
鶏 肉	LGC 7206/7207	種(生/加熱)
	NCS ZC 73016	Ag, As, B, Ba, Bi, Br, Ca, Ce, Cl, Cr, Cs, Cu, Dy, Fe, Hg, K, La, Li, Mg, Mn, Mo, N, Na, Nd, Ni, P, Pb, Pr, Rb, S, Se, Sm, Sr, Y, Zn
子羊肉	LGC 7202/7203	種(生/加熱)

つづく

表6.11 食品関連認証標準物質(つづき)

マトリックス		認証値のついた特性項目
肉類・卵類		
七面鳥肉	LGC 7208/7209	種(生/加熱)
肉	SRM 1546	脂肪酸組成, Ca, Fe, Na, コレステロール
	SMRD 2000/2006	灰分, 水分, 脂肪, 窒素, ヒドロキシプロリン, デンプン, 食塩, Na, K, Ca, Fe, P
全 卵	SRM 1845	コレステロール
乳 類		
粉 乳	BCR-187/188	有機塩素系農薬
	BCR-380R	粗タンパク質, 脂質, 灰分, ラクトース
	BCR-450	PCB
	BCR-532/533/534	PCDDs, PCDFs
	BCR-607	PCDDs, PCDFs
	ERM-BD 282/283/284	アフラトキシン M_1
	IAEA-152/321	^{40}K, ^{90}Sr, ^{134}Cs, ^{137}Cs
	IAEA-153	Br, Ca, Fe, Mg, K, Na, P, Rb, Zn
脱脂粉乳	ARC/CL-1	Ca, Cd, Cu, Fe, Hg, Mg, Mn, Mo, Pb, Se, Zn
	BCR-063R	Ca, Cl, CuFe, I, K, Mg, Na, P, Pb, Zn, 全窒素, ケルダール窒素
	BCR-150/151	Cd, Cu, Fe, Hg, I, Pb
	BCR-492/493	オキシテトラサイクリン
	BCR-685	粗タンパク質, 脂質
無脂肪粉乳	GBW 08509	Ca, Cl, Cu, Fe, K, Mg, Mn, N, Na, P, Pb, Se, Zn
	SRM 1549	Ca, Cd, Cl, Cr, Cu, Fe, Hg, I, K, Mg, Mn, Na, P, Pb, S, Se, Zn
ホエー	IAEA-154	^{40}K, ^{90}Sr, ^{134}Cs, ^{137}Cs
	IAEA-155	Br, Cd, Cl, Co, Cr, Cs, Hg, Mg, Mn, Na, Ni, P, Pb, Rb, Sc, Se, Zn
クリーム	LGC 7104	水分, 窒素, 全脂肪, 灰分, Ca, K, Na, P
羊/山羊のカード	BCR-599	牛乳の偽和
プロセスチーズ	LGC 7106	水分, 窒素, 全脂肪, 灰分
油脂類		
トウモロコシ油	LGC 7120	BHA, BHT
ダイズ/トウモロコシ混合油	BCR-162R	脂肪酸組成
サバ油	BCR-350	PCB 6種
サメ肝油	NMIJ 7401-a	p,p'-DDT, p,p'-DDE
タラ肝油	BCR-349	PCB 6種
	BCR-598	有機塩素系農薬
	SRM 1588b	PCB, 有機塩素系農薬
牛豚混合脂肪油	BCR-163	脂肪酸組成
豚脂肪	ERM-BB444/445/446	PCB
	BCR-430	有機塩素系農薬
バター脂肪	BCR-519	脂肪酸組成
	BCR-632	コレステロール, トリグリセリド

表 6.11 食品関連認証標準物質(つづき)

マトリックス		認証値のついた特性項目
油脂類		
	BCR-633	スティグマステロール, β-シトステロール, β-アポカロテン酸エチルエステル, n-ヘプタン酸トリグリセリド, バニリン
マーガリン	BCR-122	ビタミン D_3, E
ヤシ油	SRM 1563	コレステロール, 酢酸レチノール, エルゴカルシフェロール, 酢酸 dl-α-トコフェロール
	BCR-458/459	PAH
ココアバター	IRMM 801	各種トリグリセリド
ピーナッツバター	BCR-401	アフラトキシン B_1, B_2, G_1, G_2(ブランク)
	SRM 2387	脂肪, 脂肪酸組成, トコフェロール組成, Ca, Cu, Fe, Mg, Mn, P, K, Na, Zn
嗜好飲料類		
清涼飲料	LGC 7131	アセサルファーム K, サッカリン
	LGC 7140	ポンソー 4R, サンセットイエロー, タートラジン
ウイスキー	LGC 5100	メタノール, 酢酸エチル, プロパン-1-オール, 2-メチルプロパン-1-オール, 2-メチルブタン-1-オール, 3-メチルブタン-1-オール
ビール	BCR-651/652	エタノール
	ERM-BA005	アルコール
シャンデー	LGC 5004	アルコール
ブランデー	ERM-BA006	アルコール
	LGC 5000	アルコール
ワイン	LGC 5001-5003	アルコール
	BCR-653	エタノール
	BCR-658/659	^{18}O 同位体比
	BCR-660	エタノールの元素の同位体比
食事・菓子類		
食事混合物	ARC/CL-2	Ca, Cd, Cu, Fe, Hg, K, Mg, Mn, Mo, Na, Ni, Pb, Se, Zn
	SLV-DietA~F	Ca, Cd, Cu, Fe, K, Mg, Mn, Na, Pb, Zn
	SRM 1544	コレステロール, 脂肪酸組成
	SRM 1548a	Al, As, Ca, Cd, Cl, Cs, Cu, Fe, I, K, Mg, Mn, Na, Ni, P, S, Se, Sn, Zn
日本の食事	NIES 27	Ca, K, Na, As, Ba, Cd, Cu, Mg, Mn, Se, Sn, Sr, Zn, U
幼児用製品	SRM 1846	I, ビタミン C, B_2, B_6, ナイアシン
ベビーフード	SRM 2383	$trans$-レチノール, α-, γ-, δ-トコフェロール, ルテイン, ゼアキサンチン, β-クリプトキサンチン, 全 α-, 全 β-カロテン
黒パン	BCR-191	Cd, Cu, Fe, Pb, Mn, Zn
ふすま朝食シリアル	ERM-BD 518	食物繊維(各種方法による)
トーストしたパン	ERM-BD 273	アクリルアミド
クリスプブレッド	ERM-BD 272	アクリルアミド

つづく

表6.11 食品関連認証標準物質(つづき)

マトリックス		認証値のついた特性項目
食事・菓子類		
ビスケット	LGC 7103	灰分, 脂肪, 水分, 窒素, Ca, Cl, Mg, Mn, P, K, Na, Zn, ブドウ糖, 果糖, ショ糖, デンプン
人工食品	BCR-644	フラクトース, スクロース, ラクトース, グルコース
	BCR-645	スクロース, ラクトース, デンプン
砂糖菓子	LGC 7017	ブドウ糖, 果糖, ショ糖, 麦芽糖
ライスプディング	LGC 7105	水分, 窒素, 全脂肪, 灰分, スクロース, ラクトース
ベーキングチョコレート	SRM 2384	脂肪, 脂肪酸組成
マディラケーキ	LGC 7107	水分, 窒素, 全脂肪, 灰分, スクロース, Ca, K, Na, P
サプリメント		
セレン強化酵母	NRC SELM-1	総Se, メチオニン, セレノメチオニン
エフェドラ	SRM 3240-3245	エフェドリン, プソイドエフェドリン, メチルエフェドリン, 総アルカロイド, As, Cd, Hg
イチョウ	SRM 3246-3249	フラボノイド, テルペン, アクトン, Cd, Pb, Hg

SRM：NIST(National Institute of Standards and Technology), 米国.
BCR, ERM, IRMM：Institute for Reference Materials and Measurements, EU, ベルギー.
IAEA：International Atomic Energy Agency, 国際原子力機関.
NIES：国立環境研究所, 日本.
NMIJ：産業技術総合研究所 計量標準総合センター, 日本.
NFRI：農業・食品産業技術総合研究機構 食品総合研究所, 日本.
ARC/CL：Central Laboratory, Agricultural Research Center of Finland, フィンランド.
LGC：LGC Limited, 英国.
GBW　中国.
SLV　スウェーデン.
AOCS：The American Oil Chemists' Society, 米国.
NRC：The National Research Council of Canada, カナダ.
CIL：Cambridge Isotope Laboratories, 米国.
KRISS：Korea Research Institute of Standards and Science, 韓国.

表6.12 飼料関連認証標準物質

マトリックス		認証値のついた特性項目
ペットフード(缶詰)：ネコ用, 魚仕様	LGC 7176	水分, 窒素, 脂肪, 灰分, (Cl, K, Na)
動物飼料	BCR-115	有機塩素系殺虫剤(HCB, β-HCH, γ-HCH, ヘプタクロール, γ-クロルダン, ディルドリン, α-エンドスルファン, 2,4'-DDT, 4,4'-DDE
混合飼料	BCR-375	アフラトキシン B_1(ブランク)
酪農用人造飼料	BCR-708	粗タンパク質, 粗脂肪, 粗繊維, 粗灰分, Ca, Cu, Mg, P
成長期豚用人造飼料	BCR-709	粗タンパク質, 粗脂肪, 粗繊維, 粗灰分, Ca, Cu, Mg, P

( )内は, 参照値.

表6.13 肥料関連認証標準物質

マトリックス		認証値のついた特性項目
モロッコリン鉱石	BCR-032	CaO, P_2O_5, CO_2, SiO_2, SO_3, Al_2O_3, MgO, Fe_2O_3, F, (As, S, Cd, Co, Cr, Cu, Hg, Mn, Ni, Ti, V, Zn)
過リン酸石灰	BCR-033	P_2O_5, SO_4, CaO, SiO_2, F, Al_2O_3, Fe_2O_3, MgO
塩化カリウム肥料	BCR-113	Ca, Cl, 水溶性カリウム, K, Mg, Na
硫酸カリウム肥料	BCR-114	Ca, Cl, 水溶性カリウム, K, Na, SO_4
硝酸カルシウムアンモニウム肥料	BCR-178	Ca, NH_4-N, NO_3-N, 全窒素
尿素肥料	BCR-179	全窒素, 尿素窒素, ビウレット
高度化成肥料	FAMIC-A-08	全窒素, アンモニア性窒素, く可溶性リン酸, 水溶性カリウム, く溶性マグネシウム, く溶性マンガン, く溶性ホウ素
普通化成肥料	FAMIC-B-08	アンモニア性窒素, 可溶性リン酸, 水溶性リン酸, 水溶性カリウム, As, Cd, Pb, Hg
尿素肥料	NCS GC76501	N, ビウレット
リン酸二水素アンモニウム肥料	NCS GC76502	P, N
硫酸カリウム肥料	NCS GC76503	K
多栄養素肥料	SRM 695	Ca, Fe, K, Mg, Mn, Na, Zn, As, Ca, Co, Cr, Cu, Hg, Mo, Ni, Pb, V
リン鉱石(フロリダ)	SRM 120c	Al_2O_3, Fe_2O_3, K_2O, MnO, Na_2O, TiO_2, U_3O_8, V_2O_3
硝酸カリウム肥料	SRM 193	K, N
リン酸二水素アンモニウム肥料	SRM 194	N, P
リン酸二水素カリウム肥料	SRM 200a	K, P
リン鉱石(西部)	SRM 694	Al_2O_3, CaO, CdO, F, Fe_2O_3, K_2O, MgO, MnO, Na_2O, P_2O_5, SiO_2, U, V_2O_5, (Cr_2O_3, ZnO, TiO_2)

( )内は, 参照値.
FAMIC：農林水産消費安全技術センター 肥飼料安全検査部, 日本.
NCS：China National Analysis Center for Iron and Steel, 中国.

6.8 廃棄物など

　本節ではおもに廃棄物に関連する標準物質について解説する．なお，ほかの章や節で紹介されている金属・合成樹脂や食品などもそれらが不要となった時点で廃棄物となることはいうまでもないが，重複を避けるためここでは触れない．

　ポリクロロビフェニル(polychlorinated biphenyl：PCB)はこれまで特定管理廃棄物とされてきたが，長期保管に伴う漏洩や紛失などのリスクが広く認識されたことにより，数百万個に上る変圧器などについて2016年までの全量処分を目標とする処理事業が実施されることとなった．さまざまなPCB廃棄物についてリスク評価および分解処理を適切に行うにはPCB分析の精度管理が不可欠であるが，海外の計量標準機関のPCB分

6 環境および食品分析用標準物質

表 6.14 代表的な PCB 分析用鉱物油標準物質

マトリックス	CRM	認証項目(塩素数)	認証値/mg kg^{-1}
絶縁油(トランス油), 重油	NMIJ CRM 7902-a*, 7904-a*	11 同族体(1〜9) [総 PCB：参考値]	0.01〜0.6 [総 PCB：6]
トランス油	BAM CRM 5001*	8 同族体(4〜7)	0.11〜1.4
廃油	BCR-420, 449 (IRMM)	5[#420], 10[#449] 同族体(3〜7)	0.2〜1.7[#420] 0.8〜57[#449]
モーターオイル, トランス油	NIST SRM 1581**	総 PCB	100
トランス油	NIST SRM 3075〜3080***	総 PCB	17〜4252

　*　ブランク油(PCB：検出下限以下)または低濃度汚染油とセットで頒布.
　**　品切れ(SRM 3075-3080 に移行).
***　NIST RM 8504：対応するブランク油.

析用鉱物油標準物質は，諸外国と比べて 2 桁も厳しい日本の PCB 規制(総 PCB として 0.5 mg kg^{-1})レベルには必ずしも対応しておらず，認証項目も限られている(表 6.14).一方，NMIJ から頒布されている CRM 7902-a/7903-a(絶縁油：PCB 高濃度/低濃度)，CRM 7904-a/7905-a(重油[模擬廃油]：PCB 添加/ブランク)の 2 組の標準物質には，SI トレーサブルな認証値として主要 PCB 同族体の濃度が，参考値として公定分析法(平成 4 年度厚生省告示第 192 号：ジメチルスルホキシド抽出 − 高分解能 GC/MS 測定法)で求められた塩素数ごとの総 PCB 濃度が付与されており，PCB 濃度の異なるものを適宜混合して規制値前後の PCB の分析精度管理に用いることができる．なお，PCB は第一種特定化学物質であるため，PCB を含む標準物質の入手にさいしては確約書の提出が必要であり，適切な取扱いと廃棄が求められる．

そのほか廃油・鉱物油に関連する標準物質としては，発がん性などの有害性を示すことの多い芳香族化合物の分析用であるシェール油(NIST SRM 1580)，原油(SRM 1582)，コールタール(SRM 1597a)が利用できる．前二者には多環芳香族炭化水素(polyaromatic hydrocarbon：PAH)とフェノール類数種類ずつと含硫または含窒素芳香族化合物の濃度が，後者には 70 種類の PAH 類の濃度が，それぞれ認証値ないし参照値として付与されている．また，日本では海洋投入処分ができる産業廃棄物について，含まれる油分の濃度が規制されているが，その基準と分析法には対応しないものの鉱物油分析用の廃棄物標準物質として ERM-CC 016 がある．

日本の産業廃棄物の分類では，汚泥には化学製品の残渣や建設残土などさまざまな性状のスラリー状の廃棄物が含まれるが，標準物質としては汚水処理プラントの余剰汚泥

6.8 廃棄物など

などが海外の機関より入手できる．汚泥は肥料（土壌改良）や埋立てなどに利用されるため，重金属などの元素分析用(BCR-144R, 597, NIST SRM 2781：生活排水由来，BCR-145R：生活排水＋工業排水由来，BCR-146R, NIST SRM 2782：工業排水由来)，PAH分析用(LGC 6182)，ダイオキシン類分析用(BCR-677)など，さまざまな汚泥そのものの標準物質のほか，汚泥による改良土壌の標準物質(BCR-143R, 483, 484：微量元素分析用)も頒布されている．上記のような汚泥の利用にさいしては，汚泥から作物・地下水などにどの程度有害成分が移行し得るかという点が重要であることから，元素分析用の標準物質には特定の条件下での元素の溶出量が特性値として付与されていることが多い．

廃棄物を焼却すると，鉛・亜鉛などの揮発性の高い重金属類やダイオキシン類はおもに飛灰(フライアッシュ，またはばいじん)に移行するが，都市ごみ由来のフライアッシュについてはダイオキシン類分析用 JSAC 0501, 0502(日本分析化学会)，NIES CRM No. 24(国立環境研究所)，BCR-490, 615 と元素分析用 BCR-176R，産業廃棄物由来の焼却炉ばいじんについてはダイオキシン類分析用 JSAC 0511, 0512 などの標準物質が利用できる(化石燃料のフライアッシュに関連する標準物質は 5.6 節を参照のこと)．これと関連するダイオキシン類分析用の排水標準物質 JSAC 0311(一般廃棄物浸出水浄化施設の処理水)と JSAC 0321(廃棄物焼却炉ばいじんの懸濁試料)は，廃棄物処分場からの浸出水などを想定したもので，微量有機環境汚染物質分析用の水質標準物質というほかに類例のないものである．なお，この試料水中にダイオキシン類は比較的均質・安定に存在するが，分析は器壁や沈殿も含めた容器内容物すべてを抽出して行う必要がある．

中皮腫や肺がんの原因となるため近年規制が進んでいるアスベストについては，NIST から標準試料のセット［SRM 1866b：クリソタイル（白石綿）・アモサイト（茶石綿）・クロシドライト（青石綿）］が，IRMM からアスベスト繊維を一定濃度で含むヒトの肺組織の標準物質(BCR-665, 666)が頒布されているが，輸入には石綿障害予防規則などにもとづく所定の手続きが必要である．一方，国内では日本作業環境測定協会より，X 線回折分析法(回折線強度より含有率を評価する)・計数法(位相差顕微鏡による分散染色観察など)用の標準試料(クリソタイル・アモサイト・クロシドライト・アンソフィライト・トレモライト)，および天然鉱物中の石綿含有率分析用標準試料(クリソタイルまたはトレモライトが一定比率で含まれるタルクなどの鉱物：X 線回折分析法用)が入手できる．

なお，廃棄物の範ちゅうからは少し外れるが，家具・家電製品などから剝落した成分やヒトの皮膚やダニなどの排泄物などに由来するハウスダストは，吸入あるいは乳幼児では経口摂取によりアレルギーなどの疾患の一因となるなど，もっとも身近な有害物質

の暴露源の一つであり，そのリスクを評価するために成分の把握が必要とされる．標準物質としては，一般家庭などから掃除機で集めたダストより調製された有害元素(As, Cd, Cr, Hg, Pb)分析用 NIST SRM 2583, 2584 と有機汚染物質分析用 SRM 2585 があり，後者には代表的な有害物質である PAH, PCB, 農薬類と，OA 機器の普及に伴って環境負荷が増大している臭素系難燃剤について，きわめて多数の特性値(認証値：82 種類，参照値：58 種類)が付与されている．また，米国では玩具・内装などに用いられた塗料中の鉛による子どもの知的発達障害が問題となったために，一般的な化学分析用の NIST SRM 2580～2582, 2589 (粉末試料)や，ポータブル蛍光 X 線分析計などの精度管理用の SRM 2570～2576, 2579a (塗料が塗布されたポリエステルシート：単位面積あたりの鉛の量を認証)といった塗料の標準物質が整備されている．

文　献

1) 岡本研作，環境研究, **66**, 124(1987).
2) I. Mori, S. Matoba, T. Sano, Y. Dian, H. Quan, M. Nishikawa, *Proc. China-Japan Joint Symp. Environ. Chem.*, 207(2004).
3) I. Mori, Z. Sun, M. Ukachi, K. Nagano, C. W. McLeod, A. G. Cox, M. Nishikawa, *Anal. Bioanal. Chem.*, **391**, 1997(2008).
4) K. Vercoutere, U. Fortunati, H. Muntau, B. Griepink, E. A. Maier, *Fresenius J. Anal. Chem.*, **352**, 197(1995).
5) 山崎慎一，平井昭司，西川雅高，高田芳矩，鶴田暁，柿田和俊，小野昭紘，坂田衛，分析化学, **51**, 269(2002).
6) 石橋耀一，山崎慎一，浅田正三，岡田章，村上雅志，濱本亜希，柿田和俊，小野昭紘，坂田衛，分析化学, **55**, 509(2006).
7) 岡本研作，今川隆，伊藤裕康，竹内正博，山崎慎一，越智章子，伊藤尚美，木田孝文，鶴田暁，柿田和俊，小野昭紘，坂田衛，分析化学, **53**, 1335(2004).
8) 中村洋，上路雅子，村山真理子，小田中芳次，永山敏廣，松本保輔，石井實，藤川敬浩，花井正博，鶴田暁，柿田和俊，小野昭紘，坂田衛，分析化学, **52**, 1037(2003).
9) M. Thompson, S. L. R. Ellison, R. Wood, *Pure & Appl. Chem.*, **78**(1), 145-196(2006).
10) M. Thompson, R. Wood, *Pure & Appl. Chem.*, **67**(4), 649-666(1995).
11) W. Horwitz, *Pure & Appl. Chem.*, **67**(2), 331-343(1995).
12) M. Thompson, S. L. R. Ellison, R. Wood, *Pure & Appl. Chem.*, **74**(5), 835-855(2002).
13) ERM, Application Note 1：Comparison of a measurement result with the certified value, http://www.ermcrm.org/pdf/application_note_1_english_en.pdf (ERM, 2005).

CHAPTER 7　臨床化学分析用および
医薬品標準物質

7.1　純物質系

7.1.1　臨床化学分野の動向

　正しい医学的判断のためには，臨床検査医学における測定結果が，可能なかぎり時間や場所を越えて比較できる十分な精確さを有することが重要であるとの認識のもと，臨床検査医学分野における測定方法や測定結果の標準化が進められている．臨床検査室においても，目的に適した測定方法や手順の設定・確認や測定機器の維持・管理，基準とすべき標準物質の選定，および計量学的トレーサビリティの確認，得られた結果の適切な解析と表現などの要件が求められるようになってきた．このうち，計量学的トレーサビリティに関しては，EU において体外診断薬に関する指令（*In Vitro* Diagnostic Medical Devices：IVDMD 指令）が発効し，体外診断薬や装置には適切な標準物質への計量学的トレーサビリティの確保が求められている．また，メートル条約のもとの国際度量衡委員会（CIPM）および国際臨床化学連合（IFCC）などは，医療計量における測定の同等性とトレーサビリティを確保するための国際的な枠組を整えることを目的として，"臨床検査医学におけるトレーサビリティ合同委員会（Joint Committee on Traceability in Laboratory Medicine：JCTLM）"を創設した．JCTLM は，医療計量における測定結果の国際的な等価性，信頼性，同等性の確保を支援することを目的とし，国家計量機関（NMI）と臨床検査研究所との連携を推進し，高位（最高位ではない）標準物質や国際的に合意された標準測定操作法のリストアップ，参照試験所のネットワークづくりなどの活動を行っている．

7.1.2　臨床化学分野における計量学的トレーサビリティ

　臨床検査医学では数百種類程度の項目を扱っており，診断の観点からの共通の特性を

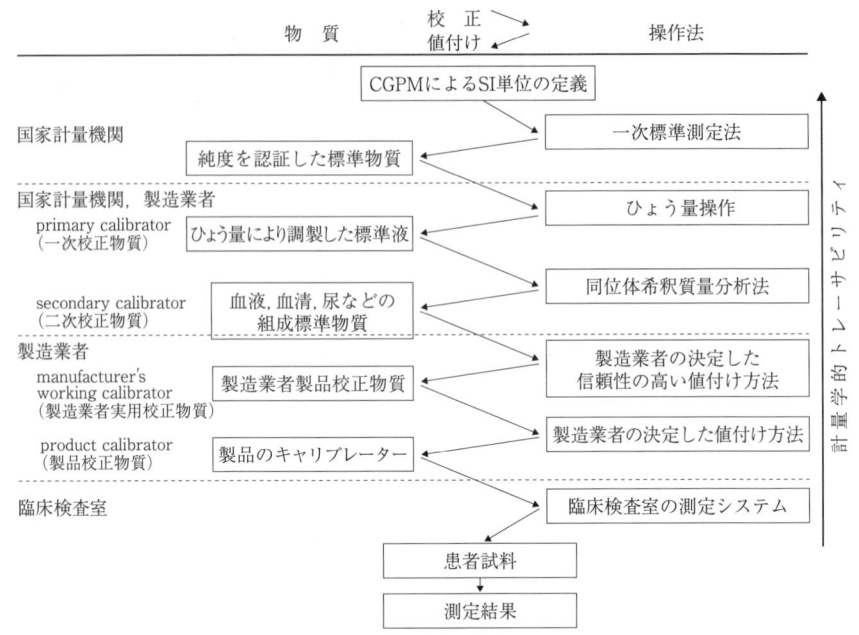

7 臨床化学分析用および医薬品標準物質

	物 質	校 正 値付け	操作法	
国家計量機関		CGPMによるSI単位の定義		
	純度を認証した標準物質	←	一次標準測定法	
国家計量機関, 製造業者 primary calibrator (一次校正物質)	ひょう量により調製した標準液	←	ひょう量操作	計量学的トレーサビリティ
secondary calibrator (二次校正物質)	血液, 血清, 尿などの 組成標準物質	←	同位体希釈質量分析法	
製造業者 manufacturer's working calibrator (製造業者実用校正物質)	製造業者製品校正物質	←	製造業者の決定した 信頼性の高い値付け方法	
product calibrator (製品校正物質)	製品のキャリブレーター	←	製造業者の決定した値付け方法	
臨床検査室			臨床検査室の測定システム	
	患者試料			
	測定結果			

図 7.1 臨床検査分野のSIへの計量学的トレーサビリティ
(純度を決定できる低分子化合物での代表的なスキーム)

もつ分子種の混合物に関連していたり, 同一物質でも選択の基準が"活性"の有無であったりするなど, 測定項目自体があいまいで, 普遍量としての定義や測定が困難であるものも多い. しかし, 対象項目が十分に解明され, 特定された物質量などの国際単位系(SI)として表示できるものもあり, 電解質やグルコース, コレステロールなどの代謝物, ステロイドホルモン, ペプチド, タンパク質, 薬物などの項目が該当する. 図7.1にISO 17511[1])に示されている計量学的トレーサビリティ体系のうち, 純度を決定できる低分子化合物での代表的なスキームを示す. ここでは, 純度が決定された標準物質が最上位に位置し, SIへ結びつける標準物質としての役割を果たしている. 最上位の標準物質は純物質に限らず, 標準液の場合もあるなど, 図7.1のすべての階層を必要とするものではない. しかし, 臨床検査医学分野では, たとえば血清, 尿といった生体試料がそのまま分析に供され, 測定法が試料の性状による影響を受けやすいため, 校正に用いる標準物質として実際の試料に組成が近い, いわゆる"組成標準物質"が用いられる場合が多い. したがって, 基本的には, 最上位の純物質系標準物質から, "組成標準物質"への値付けが実施され, 臨床検査試薬メーカーによる実際の臨床検査室で使用される校正物質(キャ

リブレーター)への値付けへとつながっていくスキームとなる.

　SIとして表示できない測定項目についても，上位を除けば同様のスキームが成り立つ．この場合，一次標準測定法は存在しないが，利用可能ならば最高位の測定法や校正用標準物質は，国際機関や国家計量機関，国際的な学術団体によって承認された標準測定操作法や標準物質であるのが理想である．酵素に代表される"活性"測定においては反応条件によって得られる値が変化するが，反応条件を定めることによりSI単位に関連づける合理性を確保できる．反応条件の決定は，国際臨床化学連合などの専門家の団体が行い，勧告法，標準法などとして公表されている．一方，ワクチンや抗体などの"力価"では，生体反応や生物学的な反応を利用して測定するため，基準となる絶対的な測定法は存在せず，値付けのプロトコルによる"合意"にもとづいた標準物質を基準とすることになる．世界保健機関(WHO)の国際的な生物学的標準品(international biological standards)の多くがこれに該当する.

7.1.3　純物質系標準物質の供給状況

　表7.1，表7.2には，JCTLMで審査し公表されている高位の純物質系標準物質(純物質ならびに標準液)についてまとめた．これらは2008年11月時点のものであり，毎年，新規に標準物質が登録され更新がなされているため，最新のリストについてはJCTLMのウェブページ(http://www.bipm.org/jctlm/)で確認願いたい.

　JCTLMにおいては，SIへのトレーサビリティが可能または国際的な標準測定操作法があるもの(List I)とそうでないもの(List II)について，リストを分けて公表しているが，すでに登録されている純物質系標準物質のほとんどは，List Iとして公表された物質である．内容としては，電解質測定に代表される無機化合物，代謝物などの低分子の有機化合物，薬物，アミノ酸，タンパク質，酵素などであり，すべてが各国の国家計量機関より供給されていることから，これらの標準物質供給は国家計量機関の役割であることがうかがえる．国家計量機関が供給する標準物質については，メートル条約のもとの相互承認協定もあり，表7.1，表7.2のうちの一部の物質については，この相互承認の枠組みにおいても国際相互承認されている．これに関しては，詳しくは国際度量衡局のウェブページ(http://kcdb.bipm.org/)を参照されたい.

7.1.4　各機関における取組み

　表7.1，表7.2からもわかるとおり，純物質系認証標準物質の供給機関は，米国，ヨーロッパ，中国，オーストラリアなどの計量機関である．とくに，米国立標準技術研究

表 7.1 JCTLM データベースに登録されている高位標準物質（純物質）

項　目	機　関	物質番号	認証値	不確かさ
前立腺酸性ホスファターゼ(PAP)	IRMM	BCR-410	0.466 μkat L^{-1}	0.012 μkat L^{-1}
アラニンアミノトランスフェラーゼ(ALT)	IRMM	ERM-AD 454/IFCC	3.09 μkat L^{-1}	0.07 μkat L^{-1}
α-アミラーゼ	IRMM	IRMM/IFCC-456	9.1 μkat L^{-1}	0.3 μkat L^{-1}
クレアチンキナーゼ	IRMM	ERM-AD 455/IFCC	1.68 μkat L^{-1}	0.07 μkat L^{-1}
γ-グルタミルトランスフェラーゼ(γ-GTP)	IRMM	ERM-AD 452/IFCC	1.90 μkat L^{-1}	0.04 μkat L^{-1}
乳酸脱水素酵素	IRMM	ERM-AD 453/IFCC	8.37 μkat L^{-1}	0.12 μkat L^{-1}
アルファフェトプロテイン	IRMM	BCR-486	100 μg	9 μg
アポリポタンパク A I	IRMM	BCR-393	1.06 g L^{-1}	0.05 g L^{-1}
アポリポタンパク A II	IRMM	BCR-394	0.321 g L^{-1}	0.019 g L^{-1}
PSA	IRMM	BCR-613	70.8 μg	6.2 μg
サイログロブリン	IRMM	BCR-457	0.324 g L^{-1}	0.018 g L^{-1}
チロキシン	IRMM	IRMM 468	98.6	0.7
3,3',5-トリヨードチロニン	IRMM	IRMM 469	97.1	0.7
コレステロール	NIM	GBW 09203b	99.7	0.1
尿　素	NIM	GBW 09201	99.9	0.2
尿　酸	NIM	GBW 09202	99.8	0.3
ビリルビン	NIST	SRM 916a	98.3	0.3
コレステロール	NIST	SRM 911c	0.992 g g^{-1}	0.4 %，相対値
コルチゾール	NIST	SRM 921	98.9	0.2
クレアチニン	NIST	SRM 914a	99.7	0.3
グルコース	NIST	SRM 917b	99.7	0.2
4-ヒドロキシ-3-メトキシマンデル酸	NIST	SRM 925	99.4	0.4
トリパルミチン	NIST	SRM 1595	99.5	0.2
尿　素	NIST	SRM 912a	99.9	0.1
尿　酸	NIST	SRM 913a	99.6	0.1
Ca（炭酸カルシウム）	NIST	SRM 915a	99.965	0.015
Cl（塩化カリウム）	NIST	SRM 918a	47.546	0.004
Cl（塩化ナトリウム）	NIST	SRM 919a	99.89	0.3
Li（炭酸リチウム）	NIST	SRM 924a	99.867	0.017
Mg（グルコン酸マグネシウム）	NIST	SRM 929	5.403	0.022
K（塩化カリウム）	NIST	SRM 918a	52.435	0.0044
Na（塩化ナトリウム）	NIST	SRM 919a	99.89	0.3
アンフェタミン	NMIA	NMI CRM D736	99.8	0.2
コカイン	NMIA	NMI CRM D826	99.2	0.5
エピテストステロン	NMIA	NARL CRM D547	99.62	0.21
ヘロイン	NMIA	NMI CRM D752	99.0	0.3
MDA	NMIA	NMI CRM D842	99.4	0.4
MDMA	NMIA	NMI CRM D792	99.48	0.4
メタアンフェタミン	NMIA	NMI CRM D830	99.4	0.9
モルヒネ	NMIA	NMI CRM D408	99.6	0.3
19-ノルアンドロステロン	NMIA	NARL CRM D555	99.54	0.15
d$_3$-テストステロン	NMIA	NARL CRM D546	99.7	0.2
テストステロン	NMIA	NARL CRM M914	98.4	0.4
グルクロン酸テストステロン	NMIA	NARL CRM D507	99.5	0.5
硫酸テストステロン	NMIA	NARL CRM D508	99.5	0.5
コレステロール	NMIJ	NMIJ CRM 6001-a	99.9	0.1

（注）単位の記入がない数値の単位は%．
IRMM：Institute for Reference Materials and Measurements(EU).
NIM：National Institute of Metrology(中国).
NIST：National Institute of Standards and Technology(米国).
NMIA：National Measurement Institute(オーストラリア).
NMIJ：National Metrology Institute of Japan(産業技術総合研究所 計量標準総合センター).

7.1 純物質系

表7.2 JCTLMデータベースに登録されている高位標準物質(標準液)

項 目	機関	物質番号	認証値	不確かさ
ウシ血清アルブミン	NIST	SRM 927c	71.57 g L^{-1}	0.74 g L^{-1}
トロポニン I	NIST	SRM 2921	31.2 mg L^{-1}	1.4 mg L^{-1}
アラニン	NIST	SRM 2389	2.51 mmol L^{-1}	0.09 mmol L^{-1}
アスパラギン酸	NIST	SRM 2389	2.50 mmol L^{-1}	0.09 mmol L^{-1}
アルギニン	NIST	SRM 2389	2.94 mmol L^{-1}	0.14 mmol L^{-1}
シスチン	NIST	SRM 2389	1.16 mmol L^{-1}	0.06 mmol L^{-1}
グリシン	NIST	SRM 2389	2.45 mmol L^{-1}	0.08 mmol L^{-1}
ヒスチジン	NIST	SRM 2389	2.83 mmol L^{-1}	0.11 mmol L^{-1}
グルタミン酸	NIST	SRM 2389	2.27 mmol L^{-1}	0.1 mmol L^{-1}
ロイシン	NIST	SRM 2389	2.48 mmol L^{-1}	0.09 mmol L^{-1}
リジン	NIST	SRM 2389	2.47 mmol L^{-1}	0.1 mmol L^{-1}
イソロイシン	NIST	SRM 2389	2.39 mmol L^{-1}	0.07 mmol L^{-1}
メチオニン	NIST	SRM 2389	2.43 mmol L^{-1}	0.09 mmol L^{-1}
フェニルアラニン	NIST	SRM 2389	2.44 mmol L^{-1}	0.08 mmol L^{-1}
セリン	NIST	SRM 2389	2.43 mmol L^{-1}	0.09 mmol L^{-1}
スレオニン	NIST	SRM 2389	2.39 mmol L^{-1}	0.08 mmol L^{-1}
プロリン	NIST	SRM 2389	2.44 mmol L^{-1}	0.09 mmol L^{-1}
バリン	NIST	SRM 2389	2.44 mmol L^{-1}	0.08 mmol L^{-1}
チロシン	NIST	SRM 2389	2.47 mmol L^{-1}	0.09 mmol L^{-1}
Ca	NIST	SRM 3109a	9〜11 mg g^{-1}	0.01〜0.04 mg g^{-1}
Li	NIST	SRM 3129a	9〜11 mg g^{-1}	0.01〜0.04 mg g^{-1}
K	NIST	SRM 3141a	9〜11 mg g^{-1}	0.01〜0.04 mg g^{-1}
Mg	NIST	SRM 3131a	9〜11 mg g^{-1}	0.01〜0.04 mg g^{-1}
Na	NIST	SRM 3152a	9〜11 mg g^{-1}	0.01〜0.04 mg g^{-1}
エタノール	LGC	ERM-AC 401	79.9 mg dL^{-1}	
エタノール	LGC	ERM-AC 402	106.9 mg dL^{-1}	
エタノール	LGC	ERM-AC 403	199.5 mg dL^{-1}	

NIST:National Institute of Standards and Technology(米国).
LGC:LGC Limited(英国).

所(National Institute of Standards and Technology:NIST),EU標準物質・計測研究所(Institute of Reference Materials and Measurements:IRMM)は,この分野で重要な項目に関する標準物質の供給の中心的な役割を担ってきた.NISTでは,現在の開発の中心は各種成分濃度を認証した血清などの組成標準物質であるが,検量線作成用の高純度物質として,グルコース,コレステロールなどの供給を1960年代に開始し,必要に応じてロット更新を行いながら現在も続けている.また,タンパク質標準物質(標準液)として比較的古くから供給されているウシ血清アルブミンのほか,心筋梗塞マーカーであるトロポニン標準物質なども供給している.低分子化合物では,純度や不純物に関係する各種の測定結果を総合して純度を決定し,タンパク質については,精製したタンパク質についてアミノ酸分析法を用いて濃度を決定する方法が通常用いられる.NISTの認証

標準物質は，基本的には NIST での測定結果にもとづき認証を行ったものである．一方，IRMM では，タンパク質や酵素などについて積極的に開発を行っており，国際臨床化学連合(IFCC)で研究・調査された標準物質も供給している．IRMM では，欧州を中心とする研究機関の共同実験による値付けを中心として，従来まで BCR 標準物質として整備してきたが，国際的にもトレーサビリティを意識した標準開発が求められつつあることから，最近は英国 LGC(LGC Limited)，ドイツ BAM(Bundesanstalt für Materialforschung und -prüfung)，IRMM の三つの標準研究機関の協力による ERM(European Reference Material)としての標準物質開発も進めている．現在，欧州委員会のサポートによる BCR 標準物質，IRMM 自身の生産による IRMM 標準物質および ERM 標準物質の三つのカテゴリーの標準物質が供給されている．

日本では，国家計量機関である(独)産業技術総合研究所計量標準総合センター(AIST/NMIJ)において，この分野の純物質系標準物質の整備が始められた．コレステロール，クレアチニン，尿素，ステロイドホルモン，C 反応性タンパク溶液などが供給されている．

国立生物学的製剤研究所(National Institute for Biological Standards and Control：NIBSC)は，ワクチンなど生物製剤の検査を行う研究所であるが，世界保健機関(WHO)の協力センターであり，WHO 標準品をはじめとする抗体，ホルモンなど多数の生物学的な標準物質の作製・供給を行っている．これらは，生物学的な活性・力価の観点からの国際的な基準との位置づけで，いくつかの機関による合意値が中心であり，国家計量機関が供給する SI へのトレーサビリティを重視した"標準物質"とは同じに議論はできないとしている．しかし，生物学に関連する分野では不可欠な国際標準であり，標準物質に対するニーズの高まりのなかで，"標準物質"の視点を加えた開発方針などの明確化が進められることが期待される．

7.2 実試料系

7.2.1 臨床化学分析のトレーサビリティ連鎖

保健医療に用いる臨床検査のうち，血液や尿などの生体試料を分析する分野が臨床化学(clinical chemistry)である．臨床化学分析の特徴は，多成分系の試料，すなわちマトリックス(matrix)を有した試料を，迅速に・精密に・互換性をもって測定することである．このうち互換性(commutability)については，トレーサビリティを確保することである．

7.2 実試料系

| 材料 | 校正値付け | 操作法 | 実施 | 不確かさ |

```
                    CGPMによるSIの定義
    一次校正物質  ←         一次基準測定操作法    BIPM, MMI, ARML
                                                  BIPM, NMI
    二次校正物質  ←         二次基準測定操作法    NMI, ARML
                                                  NMI, ARML, ML
 製造業者実用校正物質 ←    製造業者自社推奨測定操作法  ML
                                                  ML
 製造業者製品校正物質 ←    製造業者社内標準測定操作法  ML
                                                  ML
    日常試料  ←           最終使用者の日常測定操作法   製造業者または最終使用者
                            測定結果                最終使用者
                                                    最終使用者
```

(縦書き:計量学的トレーサビリティ)

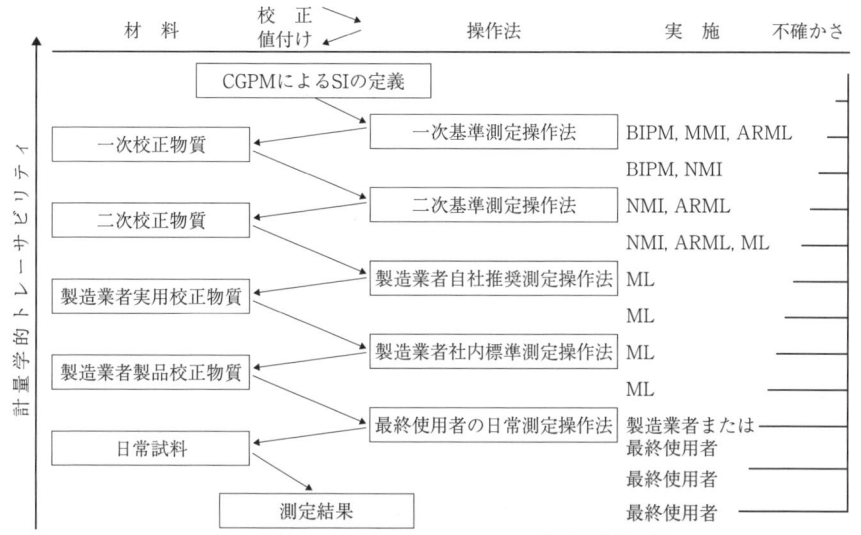

CGPM：General Conference on Weights and Measures（国際度量衡総会）．
BIPM：International Bureau of Weights and Measures（国際度量衡局）．
NMI：National Metrology Institute（国立計量研究所）．
ARML：Accredited Reference Measurement Laboratory（認定基準測定検査室）．
ML：Manufacturer's Laboratory（製造業者研究室）．

図7.2 ISO 17511 による計量学的トレーサビリティ連鎖の概念図

A．体外診断検査における計量学的トレーサビリティ

化学分析におけるトレーサビリティの考え方は，臨床検査の領域，とくに臨床化学分析にも適用されている．そのために医療における体外診断検査（*in vitro* diagnostics：IVD）についてのトレーサビリティに関する国際規格も設定されている[1,2]．

図7.2 に ISO 17511 で設定している計量学的トレーサビリティ連鎖の概念図を示した．すなわち，SI にトレーサブルな校正と値付けについての連鎖図である．これをもとに，測定成分ごとに校正物質と測定操作法を準備する．

しかし，臨床化学分析試料の成分は，多岐にわたっており，とくに生物活性を有する成分系（タンパク質ホルモン，抗原や抗体タンパク質など）では，高位の校正物質や測定操作法が設定しにくい．したがって，このような測定成分については，専門学会などで合意したものを頂点とする連鎖も認めている．かつ，これらは非 SI 系として扱う．

B．臨床化学分析用トレーサビリティの基本形

臨床化学分析の実態に即して，SI 系および非 SI 系も含めて，図7.3のような臨床化学分析用のトレーサビリティ連鎖図が基本形である．校正物質の最上位は，SI 系は純物

7 臨床化学分析用および医薬品標準物質

材料	校正値付け	操作法	実施機関例
非SI系	SI系	一次基準測定操作法	
値決めの方法			NMI(NIST,IRMM,NMIJ)
高純度標準物質			NIBSC
WHO標準品		基準測定操作法	
常用参照標準物質(血清,尿)		学会勧告法	NIST,IRMM,NMIJ,ReCCS
実用標準物質(血清,尿)			ReCCS,IRMM
		製造業者社内標準測定操作法	
製造業者製品校正物質(キャリブレーター)			製造業者
		日常測定操作法	
日常試料			最終使用者
	測定結果		

※左側：計量学的トレーサビリティ

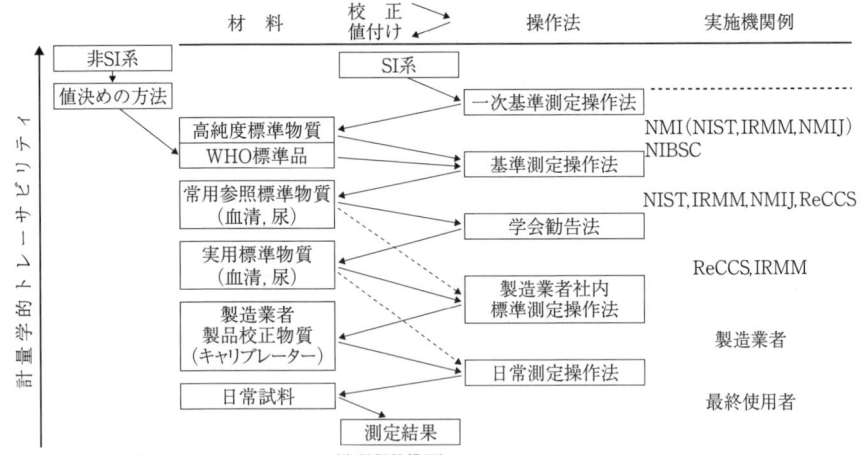

WHO：World Health Organization (世界保健機関).
NIST：National Institute of Standards and Technology (米国国立標準技術研究所).
IRMM：Institute for Reference Materials and Measurements (EU 標準物質・計測研究所).
NMIJ：National Metrology Institute of Japan (産業技術総合研究所 計量標準総合センター).
NIBSC：National Institute for Biological Standards and Control (国立生物製剤基準管理研究所).
ReCCS：Reference Material Institute for Clinical Chemistry Standards (検査医学標準物質機構).

図7.3 臨床化学分析用トレーサビリティ連鎖図の基本形
図中の破線は精確さの校正および評価の場合である.

質，非 SI 系は WHO により設定された国際生物学的標準品 (WHO 標準品) となる.

　実用上の最高位の校正物質がマトリックスを有した実試料標準物質［これを常用参照標準物質 (reference standard) という］である. 次いで実用標準物質 (working standard)，製造業者製品校正物質 (manufacturer's product calibrator, キャリブレーターという) である.

　これに合わせて操作法は，高位から順に基準測定操作法 (reference measurement procedure：RMP)，学会勧告法 (recommended method)，製造業者社内標準測定操作法 (manufacturer's standing measurement procedure)，日常測定操作法 (routine measurement procedure) である. このうち医療現場の検査室などで用いる日常測定操作法は，キャリブレーターとセットになって，当該の試薬メーカーが試薬キットとして準備し，国内では薬事法の認可を受ける. また，製造業者社内標準測定操作法はメーカーでの社内基準測定法ではあるが，試薬キットとしての日常測定操作法が一般的に適用されている. したがって，図7.3の2本の破線は，メーカーおよびユーザーが精確さの校正や評価にそれぞれ使用する場合である.

校正物質の値付けに用いる操作法のRMPおよび学会勧告法，設定した高純度標準物質，常用参照標準物質および実用標準物質については，国際的に認められたものであることとしている．そのために，JCTLMにおいて審査し，承認されれば登録され，BIPMのウェブページに掲載される[3]．

7.2.2 実試料標準物質

現在わが国の臨床化学分析に適用されている実試料標準物質，すなわち常用参照標準物質および実用標準物質の一覧を成分ごとにまとめて表7.3～表7.5(pp.236～240)にそれぞれ示した．表は成分，項目，測定対象物，名称，組成，形状，値付けの方法，認証機関，JCTLM登録についてそれぞれ示した．

A．電解質，血液ガス測定用

表7.3は電解質成分および血液ガス成分の測定用である．組成は血清および溶血液である．また，形状は凍結乾燥品および冷凍品であるが，冷凍品が日本では一般的である．これは溶解誤差を伴わず，かつ使用が容易であることなどによる．

B．含窒素，糖，脂質測定用

表7.4は含窒素成分，糖および糖関連物質成分，脂質成分の測定用である．組成は血清および溶血液である．また，形状は凍結乾燥品および冷凍品である．

C．タンパク質，酵素，ホルモン，尿測定用

表7.5はタンパク質成分，酵素成分，尿成分の測定用である．組成は血清，ウシ血清アルブミン(bovine serum albumin：BSA)および尿である．このうち尿は健常人に含まれる成分を添加した人口尿である．また，形状は凍結乾燥品および冷凍品である．

7.2.3 実試料標準物質の特性と取扱いの留意事項

表7.3～表7.5で示した実試料標準物質のうち，もっともよく使われている標準物質の特性と取扱いの留意事項について表7.6～表7.22(pp.242～258)にそれぞれ示した．表は標準物質の分類(臨床化学分析用トレーサビリティ連鎖での位置)，名称，記号およびロット番号，おもな使用方法，濃度レベル，仕様(セットあたりの本数および容量など)，測定項目，値付けの方法，値付け時の校正物質および認証値である．

A．ヒト血清 NIST SRM 909

表7.6はNIST SRM 909である．本標準物質は，実試料標準物質として世界で初めて設定されたもので，化学分析による測定法の基準としたものである．電解質，含窒素，脂質成分についての認証値が設定されている．ただし，形状が凍結乾燥であることから，

7 臨床化学分析用および医薬品標準物質

表 7.3 電解質，血液ガス測定用実試料標準物質

成分	項目	測定対象物	分類*1	名称	組成	形状	値付けの方法	認証機関	JCTLM*12 登録
電解質	Na	総Na	常用*1	ヒト血清 (SRM 909)	ヒト血清	凍結乾燥	IEG*3	NIST*10	有
	Na	総Na	常用	電解質用凍結ヒト血清 (SRM 956)	ヒト血清	冷凍	IEG	NIST	有
	Na	総Na	常用	イオン電極用一次標準血清 (JCCRM 111)	ヒト血清	冷凍	IEG	ReCCS*11	有
	Na	総Na	実用*2	イオン電極用常用標準物質 (JCCRM 121)	ウマ血清	冷凍	FAES*4	ReCCS	
	Na	総Na	実用	イオン電極用常用標準物質 (JCCRM 122)	ウマ血清	冷凍	FAES	ReCCS	
	Na	総Na	実用	電解質実用標準物質 (JCCRM 321)	ヒト血清	冷凍	FAES	ReCCS	
	K	総K	常用	ヒト血清 (SRM 909)	ヒト血清	凍結乾燥	ID-MS*5	NIST	有
	K	総K	常用	電解質用凍結ヒト血清 (SRM 956)	ヒト血清	冷凍	ID-MS	NIST	有
	K	総K	常用	イオン電極用一次標準血清 (JCCRM 111)	ヒト血清	冷凍	ID-MS	ReCCS	有
	K	総K	実用	イオン電極用常用標準物質 (JCCRM 121)	ウマ血清	冷凍	FAES	ReCCS	
	K	総K	実用	イオン電極用常用標準物質 (JCCRM 122)	ウマ血清	冷凍	FAES	ReCCS	
	K	総K	実用	電解質実用標準物質 (JCCRM 321)	ヒト血清	冷凍	FAES	ReCCS	
	Cl	総Cl	常用	ヒト血清 (SRM 909)	ヒト血清	凍結乾燥	ID-MS	NIST	有
	Cl	総Cl	常用	電解質用凍結ヒト血清 (SRM 956)	ヒト血清	冷凍	ID-MS	NIST	有
	Cl	Clイオン	常用	イオン電極用一次標準血清 (JCCRM 111)	ヒト血清	冷凍	IC*6	ReCCS	
	Cl	Clイオン	実用	イオン電極用常用標準物質 (JCCRM 121)	ウマ血清	冷凍	電量滴定法	ReCCS	
	Cl	Clイオン	実用	イオン電極用常用標準物質 (JCCRM 122)	ウマ血清	冷凍	電量滴定法	ReCCS	
	Cl	Clイオン	実用	電解質実用標準物質 (JCCRM 321)	ヒト血清	冷凍	電量滴定法	ReCCS	
	Ca	総Ca	常用	ヒト血清 (SRM 909)	ヒト血清	凍結乾燥	ID-MS	NIST	有
	Ca	総Ca	実用	電解質実用標準物質 (JCCRM 321)	ヒト血清	冷凍	FAES	ReCCS	
	イオン化Ca	Caイオン	常用	電解質用凍結ヒト血清 (SRM 956)	ヒト血清	冷凍	RSC*7	NIST	有
	イオン化Ca	Caイオン	実用	電解質実用標準物質 (JCCRM 321)	ヒト血清	冷凍	RSC	ReCCS	有
	Mg	総Mg	常用	ヒト血清 (SRM 909)	ヒト血清	凍結乾燥	ID-MS	NIST	有
	Mg	総Mg	常用	電解質用凍結ヒト血清 (SRM 956)	ヒト血清	冷凍	ID-MS	NIST	有
	Mg	総Mg	実用	電解質測定用常用標準物質 (JCCRM 321)	ヒト血清	冷凍	FAES	ReCCS	
	IP	無機リンP	実用	無機リン測定用常用標準物質 (JCCRM 324)	ヒト血清	冷凍	IC	ReCCS	
	Li	総Li	常用	ヒト血清 (SRM 909)	ヒト血清	凍結乾燥	ID-MS	NIST	有
	Li	総Li	常用	電解質用凍結リチウム一次標準血清 (L91-1)	ヒト血清	凍結乾燥	ID-MS	NIST	有
	Li	総Li	実用	リチウム測定用常用標準物質 (JCCRM 323)	ヒト血清	冷凍	FAES	ReCCS	

7.2 実試料系

		実用				
血清鉄		実用	血清鉄測定用常用標準物質 (JCCRM 322)		ICSH*8法	ReCCS
血液ガス	pH	実用	血液ガス認証実用標準物質 (JCCRM 621)	ヒト溶血液	IFCC法	ReCCS
	pO₂	実用	血液ガス認証実用標準物質 (JCCRM 621)	ヒト溶血液	IFCC*9法	ReCCS
	pCO₂	実用	血液ガス認証実用標準物質 (JCCRM 621)	ヒト溶血液	IFCC法	ReCCS

(上段冷凍、ヒト血清 欄含む)

*1 常用参照標準物質 (reference standard).
*2 実用標準物質 (working standard).
*3 ion exchange gravimetry (イオン交換分離重量法).
*4 flame atomic emission spectroscopy (フレーム光度法).
*5 isotope dilution mass spectroscopy (同位体希釈質量分析法).
*6 ion chromatography (イオンクロマトグラフィー).
*7 reference standard cell method (基準標準セル法).
*8 International Council for Standardization in Haematology (国際血液標準化委員会).
*9 International Federation of Clinical Chemistry and Laboratory Medicine (国際臨床化学連合).
*10 National Institute of Standards and Technology (米国国立標準技術研究所).
*11 Reference Material Institute for Clinical Chemistry Standards (検査医学標準物質機構).
*12 Joint Committee on Traceability in Laboratory Medice (臨床検査医学におけるトレーサビリティ合同委員会).

238　7　臨床化学分析用および医薬品標準物質

表 7.4　含窒素，糖，脂質測定用実試料標準物質

成分	項目	測定対象物	分類	名称	組成	形状	値付けの方法	認証機関	JCTLM登録
含窒素	UN	尿素	常用	ヒト血清 (SRM 909)	ヒト血清	凍結乾燥	ID-MS	NIST	有
含窒素	UN	尿素	実用	含窒素・グルコース常用標準物質 (JCCRM 521)	ヒト血清	冷凍	AACC*1/GLD*2 酵素法	ReCCS	
含窒素	CRE	クレアチニン	常用	ヒト血清 (SRM 909)	ヒト血清	凍結乾燥	ID-MS	NIST	有
含窒素	CRE	クレアチニン	実用	含窒素・グルコース常用標準物質 (JCCRM 521)	ヒト血清	冷凍	JSCC*3/HPLC法	ReCCS	有
含窒素	UA	尿酸	常用	ヒト血清 (SRM 909)	ヒト血清	凍結乾燥	ID-MS	NIST	有
含窒素	UA	尿酸	常用	尿酸測定用JCCLS認証用標準物質 (JCCLS 021)	ヒト血清	冷凍	ID-MS	ReCCS	有
含窒素	UA	尿酸	実用	含窒素・グルコース常用標準物質 (JCCRM 521)	ヒト血清	冷凍	JSCC/HPLC法	ReCCS	
糖	GLU	D-グルコース	実用	グルコース用凍結ヒト血清 (SRM 965)	ヒト血清	冷凍	ID-MS	NIST	有
糖	GLU	D-グルコース	実用	イオン電極用常用標準物質 (JCCRM 121)	ウマ血清	冷凍	JSCC/HK-G6PD*4法	ReCCS	
糖	GLU	D-グルコース	実用	含窒素・グルコース常用標準物質 (JCCRM 521)	ヒト溶血液	冷凍	JSCC/HK-G6PD法	ReCCS	有
	HbA1c	ヘモグロビンA1c	実用	IFCC法HbA1c測定用実試料標準物質 (JCCRM 411)	ヒト溶血液	冷凍	IFCC法	ReCCS	有
	HbA1c	ヘモグロビンA1c	実用	HbA1c測定用認証用標準物質 (JCCRM 423)	ヒト血清	冷凍	国際共同実験 JSCC・JDS*5/KO 500法	ReCCS	有
脂質	TC	総コレステロール	常用	ヒト血清 (SRM 909)	ヒト血清	凍結乾燥	ID-MS	NIST	有
脂質	TC	総コレステロール	常用	コレステロール一次実試料標準物質 (SRM 1951)	ヒト血清	冷凍	ID-MS	ReCCS	有
脂質	TC	総コレステロール	常用	脂質用凍結ヒト血清 (SRM 1951)	ヒト血清	冷凍	ID-MS	NIST	有
脂質	TC	総コレステロール	常用	脂質用凍結ヒト血清 (SRM 1951)	ヒト血清	凍結乾燥	CDC*6法	NIST	有
脂質	TC	総コレステロール	実用	コレステロール用・中性脂肪常用標準物質 (JCCRM 1952)	ヒト血清	冷凍	ID-MS	NIST	有
脂質	HDL-C	HDL画分	実用	コレステロール・中性脂肪常用標準物質 (JCCRM 223)	ヒト血清	冷凍	CDC法	NIST	有
脂質	HDL-C	HDL画分	実用	コレステロール・中性脂肪常用標準物質 (JCCRM 223)	ヒト血清	冷凍	CDC法	ReCCS	有
脂質	HDL-C	HDL画分	常用	脂質測定用参照標準物質 (JCCRM 224)	ヒト血清	冷凍	CDC法	ReCCS	有
脂質	LDL-C	LDL画分	常用	脂質用凍結ヒト血清 (SRM 1951)	ヒト血清	冷凍	CDC法	NIST	有
脂質	LDL-C	LDL画分	常用	脂質測定用参照標準物質 (JCCRM 224)	ヒト血清	冷凍	国際共同実験	ReCCS	

脂質	TG	トリグリセリド	常用	脂質用凍結ヒト血清(SRM 1951)	ヒト血清	冷凍	CDC法	NIST	有
	TG	総トリグリセリド	常用	脂質用凍結ヒト血清(SRM 1951)	ヒト血清	冷凍	ID-MS	NIST	有
	TG	総トリグリセリド	常用	ヒト血清(SRM 909)	ヒト血清	凍結乾燥	ID-MS	NIST	有
	TG	トリグリセリド	常用	ヒト血清(SRM 909)	ヒト血清	凍結乾燥	ID-MS	NIST	有
	TG	トリグリセリド	実用	コレステロール・中性脂肪常用標準物質(JCCRM 223)	ヒト血清	冷凍	JSCC/酵素法	ReCCS	
	TG	トリグリセリド	常用	脂質測定用常用参照標準物質(JCCRM 224)	ヒト血清	冷凍	JSCC/酵素法	ReCCS	

*1 America Association for Clinical Chemistry(米国臨床化学会).
*2 glutamate dehydrogenase(グルタミン酸脱水素酵素).
*3 Japan Socity of Clinical Chemistry(日本臨床化学会).
*4 hexisokinase glucose-6-phospate dehydrogenase(ヘキソキナーゼ グルコース-6-リン酸脱水素酵素).
*5 Japan Diabetes Society(日本糖尿病学会).
*6 Center for Disease Control and Prevention(米国疾病予防管理センター).
その他かの略語は表7.3に同じ.

表7.5 タンパク質，酵素，ホルモン，尿測定用実試料標準物質

成分	項目	測定対象物	分類	名称	組成	形状	値付けの方法	認証機関	JCTLM登録
タンパク質	A2M	α-マクログロブリン	常用	IFCC 血漿蛋白国際標準品 (ERM-DA470k/IFCC)	ヒト血清	凍結乾燥	共同実験	IRMM[*3]	有
	AAG	α₁-酸性糖タンパク質	常用	IFCC 血漿蛋白国際標準品 (ERM-DA470k/IFCC)	ヒト血清	凍結乾燥	共同実験	IRMM	有
	AAT	α-アンチトリプシン	常用	IFCC 血漿蛋白国際標準品 (ERM-DA470k/IFCC)	ヒト血清	凍結乾燥	共同実験	IRMM	有
	ALB	アルブミン	常用	IFCC 血漿蛋白国際標準品 (ERM-DA470k/IFCC)	ヒト血清	凍結乾燥	共同実験	IRMM	有
	C3c	補体 C3c	常用	IFCC 血漿蛋白国際標準品 (ERM-DA470k/IFCC)	ヒト血清	凍結乾燥	共同実験	IRMM	有
	C4	補体 C4	常用	IFCC 血漿蛋白国際標準品 (ERM-DA470k/IFCC)	ヒト血清	凍結乾燥	共同実験	IRMM	有
	HPT	ハプトグロビン	常用	IFCC 血漿蛋白国際標準品 (ERM-DA470k/IFCC)	ヒト血清	凍結乾燥	共同実験	IRMM	有
	IgA	免疫グロブリン A	常用	IFCC 血漿蛋白国際標準品 (ERM-DA470k/IFCC)	ヒト血清	凍結乾燥	共同実験	IRMM	有
	IgG	免疫グロブリン G	常用	IFCC 血漿蛋白国際標準品 (ERM-DA470k/IFCC)	ヒト血清	凍結乾燥	共同実験	IRMM	有
	IgM	免疫グロブリン M	常用	IFCC 血漿蛋白国際標準品 (ERM-DA470k/IFCC)	ヒト血清	凍結乾燥	共同実験	IRMM	有
	TRF	トランスフェリン	常用	IFCC 血漿蛋白国際標準品 (ERM-DA470k/IFCC)	ヒト血清	凍結乾燥	共同実験	IRMM	有
	TTR	トランスサイレチン	常用	IFCC 血漿蛋白国際標準品 (ERM-DA470k/IFCC)	ヒト血清	凍結乾燥	共同実験	IRMM	有
酵素	AST	ホロ型 C-アスパラギン酸アミノトランスフェラーゼ	常用	常用酵素標準物質：JSCC 常用酵素 (JCCLS CRM-001)	精製品/BSA[*1]	凍結乾燥	JSCC 法	JCCLS[*4]	
	ALT	ホロ型 C-アラニンアミノトランスフェラーゼ	常用	常用酵素標準物質：JSCC 常用酵素 (JCCLS CRM-001)	精製品/BSA	凍結乾燥	JSCC 法	JCCLS	
	CK	クレアチンキナーゼ	常用	常用酵素標準物質：JSCC 常用酵素 (JCCLS CRM-001)	精製品/BSA	凍結乾燥	JSCC 法	JCCLS	有
	ALP	アルカリホスファターゼ	常用	常用酵素標準物質：JSCC 常用酵素 (JCCLS CRM-001)	精製品/BSA	凍結乾燥	JSCC 法	JCCLS	有
	LD	乳酸脱水素酵素	常用	常用酵素標準物質：JSCC 常用酵素 (JCCLS CRM-001)	精製品/BSA	凍結乾燥	JSCC 法	JCCLS	有
	GGT	γ-グルタミルトランスフェラーゼ	常用	常用酵素標準物質：JSCC 常用酵素 (JCCLS CRM-001)	精製品/BSA	凍結乾燥	JSCC 法	JCCLS	有
	AMY	α-アミラーゼ	常用	常用酵素標準物質：JSCC 常用酵素 (JCCLS CRM-001)	精製品/BSA	凍結乾燥	IFCC 法	JCCLS	有
	ChE	偽性コリンエステラーゼ	常用	常用酵素標準物質：ChE (JCCLS CRM-002)	ヒト血清	凍結乾燥	JSCC 法	JCCLS	有
ホルモン	CORT	コルチゾール	常用	ヒト血清 (ERM-DA 192, 193)	ヒト血清	凍結乾燥	ID-GC/MS	IRMM	有
	CORT	コルチゾール	—	ヒトパネル血清 (ERM-DA 451)	ヒト血清	冷凍	ID-GC/MS	IRMM	有
	PROG	プロゲステロン	常用	ヒト血清 (BCR-348R, ERM-DA 347)	ヒト血清	凍結乾燥	ID-GC/MS	IRMM	有
	E2	17β-エストラジオール	常用	ヒト血清 (BCR-576, 577, 578)	ヒト血清	凍結乾燥	ID-GC/MS	IRMM	有
尿	Na	総 Na	常用	尿測定用常用標準物質 (JCCRM U1)	人口尿	冷凍	FAES	ReCCS	
	K	総 K	常用	尿測定用常用標準物質 (JCCRM U1)	人口尿	冷凍	FAES	ReCCS	

尿	Cl	総Cl	常用	尿測定用常用標準物質 (JCCRM U1)	入口尿	冷凍	電量滴定法	ReCCS
	Ca	総Ca	常用	尿測定用常用標準物質 (JCCRM U2)	入口尿	冷凍	AAS*2	ReCCS
	Mg	総Mg	常用	尿測定用常用標準物質 (JCCRM U3)	入口尿	冷凍	AAS	ReCCS
	IP	無機リン	常用	尿測定用常用標準物質 (JCCRM U4)	入口尿	冷凍	IC	ReCCS
	CRE	クレアチニン	常用	尿測定用常用標準物質 (JCCRM U5)	入口尿	冷凍	HPLC法	ReCCS
	UA	尿酸	常用	尿測定用常用標準物質 (JCCRM U6)	入口尿	冷凍	HPLC法	ReCCS
	UN	尿素	常用	尿測定用常用標準物質 (JCCRM U7)	入口尿	冷凍	GLD酵素法	ReCCS
	GLU	D-グルコース	常用	尿測定用常用標準物質 (JCCRM U8)	入口尿	冷凍	HK-G6PD酵素法	ReCCS

*1 bovine serum albumin (ウシ血清アルブミン).
*2 atomic absorption spectrophotometry (原子吸光分析法).
*3 Institute for Reference Materials and Measurements (EU標準物質・計測研究所).
*4 Japanese Committee for Clinical Laboratory Standards (日本臨床検査標準協議会).
その他の略語は表7.3に同じ.

表 7.6 ヒト血清 NIST SRM 909 の特性と取扱いの留意事項

臨床化学分析用トレーサビリティ連鎖	常用参照標準物質					
認証標準物質の名称	ヒト血清					
記号およびロット番号	SRM 909b					
おもな使用方法	実用標準物質の値付け時の校正,常用参照標準物質の値付け時の妥当性確認					
濃度レベル	2(Ⅰ,Ⅱ)					
仕様	凍結乾燥,Ⅰ,Ⅱ各3本の計6本/セット,10 mL 溶解/本					
測定項目	Na	K	Cl	Ca	Mg	Li
値付けの方法	IEG	ID-MS	ID-MS	ID-MS	ID-MS	ID-MS
値付け時の校正物質	基準分銅(NIST)	SRM 918a	SRM 919a	SRM 915a	SRM 929a	SRM 924
認証値 (単位:mmol L^{-1}), 拡張不確かさ($k=2$) Ⅰ	120.76±0.92	3.424±0.025	89.11±0.57	2.218±0.016	0.7634±0.0050	0.6145±0.0050
Ⅱ	141.0±1.3	6.278±0.052	119.43±0.85	3.532±0.028	1.918±0.021	2.600±0.023
測定項目	UN(尿素)	CRE	UA	TC	TG(総TG)	TG
値付けの方法	ID-MS	ID-MS	ID-MS	ID-MS	ID-MS	ID-MS
値付け時の校正物質	SRM 912a	SRM 914a	SRM 913a	SRM 911b	SRM 1595	SRM 1595
認証値 (単位:mmol L^{-1}), 拡張不確かさ($k=2$) Ⅰ	5.51±0.15	0.05618±0.047	0.277±0.012	3.787±0.047	0.949±0.061	0.804±0.011
Ⅱ	30.75±0.32	0.4674±0.053	0.73±0.023	6.084±0.077	1.529±0.035	1.271±0.014
製造	バイエル社					
認証	NIST					
管理・保管・頒布	NIST					
入手後の保存条件 および期間	2〜8℃保存 溶解後は2〜8℃で4時間					

略語は表 7.3 に同じ.

タンパク質の変性などが生じる.また,安定性を維持するための添加剤などが含まれるため,化学分析系以外の,たとえば酵素法(酵素を試薬として用いる測定法)や電極法などには用いることができない.

B. Na, K, Cl 測定用

表 7.7 は電解質成分の Na,K および Cl 測定用である.本標準物質は,イオン電極法(ISE 法)に用いる実試料標準物質として世界で初めて設定されたものである[4].ISE 法に用いるために血清の性状を規定した(表 7.8).また,安定化剤などの添加物は用いず,形状は冷凍品としたものである.現在 Na,K,Cl の日常測定操作法は ISE 法である.その結果,Na,K,Cl 測定値の互換性は,CV 値で 1〜2% が維持されており驚異的な標準化が達成されている[5].本標準物質は,以後の日本で設定される臨床化学分析用実試

表7.7 Na, K, Cl 測定用の標準物質の特性と取扱いの留意事項

臨床化学分析用トレーサビリティ連鎖	常用参照標準物質			実用標準物質		
認証標準物質の名称	イオン電極用一次標準血清			電解質実用標準物質		
記号およびロット番号	JCCRM 111-5			JCCRM 121-18		
おもな使用方法	実用標準物質の値付け時の校正			キャリブレーターの値付け時の校正 日常測定操作法の評価,PT*²用試料の値付け		
濃度レベル	3(H, M, L)			3(H, M, L)		
仕　様	冷凍,H, M, L 各1本の計3本/箱,1.5 mL/本			冷凍,H, M, L 各10本の計30本/箱,1.5 mL/本		
血清の性状	JSCC の規定による			JSCC の規定による		
測定項目	Na	K	Cl	Na	K	Cl
値付けの方法	IEG	ID-MS	電量滴定法, IC	FAES	FAES	電量滴定法
値付け時の校正物質	基準分銅 (JCSS*¹)	NIST SRM 918a	NIST SRM 919a	JCCRM 111-5	JCCRM 111-5	JCCRM 111-5
値付け時の妥当性確認	NIST SRM 909b	NIST SRM 909b	NIST SRM 909b	NIST SRM 909b	NIST SRM 909b	NIST SRM 909b
認証値 (単位:mmol L⁻¹), 拡張不確かさ(k=2) H	157.8±0.2	5.69±0.02	120.0±0.6	154.9±0.3	5.60±0.03	118.6±0.7
M	142.6±0.2	4.40±0.02	105.1±0.4	141.3±0.3	4.51±0.03	104.5±0.6
L	124.6±0.2	3.25±0.02	88.1±0.4	124.9±0.3	3.48±0.03	88.8±0.6
製　造	ReCCS			ReCCS		
認　証	ReCCS			ReCCS		
管理・保管・頒布	ReCCS			ReCCS		
入手後の保存条件 および期間	−70℃以下で1年 −20℃で3ヶ月			−60℃以下で9ヶ月 −20℃で6ヶ月		

*1 Japan Calibration Service System(計量法校正事業者登録制度).
*2 proficiency testing(技能試験).
そのほかの略語は表7.3に同じ.

料標準物質のモデルになっている.

C. Ca, Mg 測定用

表7.9は電解質成分の Ca および Mg 測定用である.本標準物質は,血清の性状を規定し,安定化剤などの添加物は用いず,形状は冷凍品である.化学分析法以外の酵素法にも用いることができる.

D. IP, Li, 血清鉄測定用

表7.10は電解質成分のIP(無機リン)とLiおよび血清鉄測定用である.本標準物質は,血清の性状を規定し,安定化剤などの添加物は用いず,形状は冷凍品である.血清鉄用の血清の性状を表7.11に示した.IPおよびLi測定用の標準物質は,化学分析法以外の酵素法によるCa測定やISE法によるLi測定にも用いることができる.

表7.8 イオン電極用標準物質の性状

項目	参考値	単位	測定方法
密度	1.025 (25℃)	$g\ cm^{-3}$	
粘性率	1.7 (20℃)	$mPa\ s$	
水分量	0.929 (25℃)	$kg\ L^{-1}$	
pH	7.4 (37℃)	—	
HCO_3^-	25 (37℃)	$mmol\ L^{-1}$	IC
Br^-	0.1 以下	$mmol\ L^{-1}$	IC
I^-	0.1 以下	$mmol\ L^{-1}$	IC
NO_3^-	0.1 以下	$mmol\ L^{-1}$	IC
F^-	0.5 以下	$mmol\ L^{-1}$	IC
PO_4^{3-}	1.1	$mmol\ L^{-1}$	IC
SO_4^{2-}	0.3	$mmol\ L^{-1}$	IC
総 Ca	2.3	$mmol\ L^{-1}$	o-CPC 法
総 Li	0.1	$mmol\ L^{-1}$	FAES
NH_4^+	0.3	$mmol\ L^{-1}$	除タンパク吸光光度法
総タンパク質	76	$g\ L^{-1}$	ビュレット法
アルブミン	40	$g\ L^{-1}$	BCG 法
総 TG	0.95	$mmol\ L^{-1}$	酵素法
TC	4.89	$mmol\ L^{-1}$	酵素法
リン脂質	2.93	$mmol\ L^{-1}$	酵素法

表7.9 Ca, Mg 測定用の標準物質の特性と取扱いの留意事項

臨床化学分析用トレーサビリティ連鎖	常用参照標準物質		実用標準物質	
認証標準物質の名称	電解質用凍結ヒト血清		電解質実用標準物質	
記号およびロット番号	NIST SRM 956b		JCCRM 321-5	
おもな使用方法	実用標準物質の値付け時の校正		キャリブレーターの値付け時の校正 日常測定操作法の評価, PT 用試料の値付け	
濃度レベル	3 (Ⅰ, Ⅱ, Ⅲ)		2 (H, M)	
仕様	冷凍, Ⅰ〜Ⅲ各1本の計3本/箱, 2 mL/本		冷凍, H, M 各3本の計6本/箱, 1 mL/本	
血清の性状	—		Na, K, Cl 用の JSCC の規定による	
測定項目	Ca	Mg	Ca	Mg
値付けの方法	ID-MS	ID-MS	AAS	AAS
値付け時の校正物質	NIST SRM 915a	NIST SRM 929a	NIST SRM 956b	NIST SRM 956b
値付け時の妥当性確認	—	—	NIST SRM 909b	NIST SRM 909b
認証値 (単位:$mmol\ L^{-1}$), 拡張不確かさ ($k=2$)	Ⅰ 2.949 ± 0.019 Ⅱ 2.456 ± 0.015 Ⅲ 1.974 ± 0.013	1.522 ± 0.020 0.994 ± 0.013 0.458 ± 0.06	H 2.922 ± 0.025 M 2.380 ± 0.020 —	1.337 ± 0.021 0.827 ± 0.016 —
製造	EUO-TROL 社		ReCCS	
認証	NIST		ReCCS	
管理・保管・頒布	NIST		ReCCS	
入手後の保存条件およびの期間	−20℃で1週間		−70℃以下で9ヶ月 −20℃で1ヶ月	

略語は表7.3に同じ.

表 7.10 IP, Li, 血清鉄測定用の標準物質の特性と取扱いの留意事項

臨床化学分析用トレーサビリティ連鎖	実用標準物質		実用標準物質	
認証標準物質の名称	無機リン測定用常用標準物質		リチウム測定用常用標準物質	
記号およびロット番号	JCCRM 324-1		JCCRM 323-1	
おもな使用方法	キャリブレーターの値付け時の校正 日常測定操作法の評価, PT 用試料の値付け		キャリブレーターの値付け時の校正 日常測定操作法の評価, PT 用試料の値付け	
濃度レベル	3(H, M, L)		3(H, M, L)	
仕　様	冷凍, H, M, L 各3本の計9本/箱, 1 mL/本		冷凍, H, M, L 各3本の計9本/箱, 1 mL/本	
血清の性状	Na, K, Cl 用の JSCC の規定による		Na, K, Cl 用の JSCC の規定による	
測定項目	IP		Li	
値付けの方法	IC		FAES	
値付け時の校正物質	NIST SRM 200a		L91-1	
値付け時の妥当性確認	—		NIST SRM 909b	
認証値	H	3.17 ± 0.07		1.82 ± 0.06
(単位: mmol L^{-1}),	M	1.15 ± 0.03		1.12 ± 0.04
拡張不確かさ($k=2$)	L	2.14 ± 0.06		0.82 ± 0.03
製　造	ReCCS		ReCCS	
認　証	ReCCS		ReCCS	
管理・保管・頒布	ReCCS		ReCCS	
入手後の保存条件 および期間	−20℃以下で 12ヶ月		−20℃以下で 6ヶ月	

臨床化学分析用トレーサビリティ連鎖	実用標準物質	
認証標準物質の名称	血清鉄測定用常用標準物質	
記号およびロット番号	JCCRM 322-3	
おもな使用方法	キャリブレーターの値付け時の校正 日常測定操作法の評価, PT 用試料の値付け	
濃度レベル	2(M, L)	
仕　様	冷凍, M, L 各3本の計6本/箱, 1 mL/本	
血清の性状	Na, K, Cl 用の JSCC の規定による	
測定項目	血清鉄	
値付けの方法	ICSH 法 (1978)	
値付け時の校正物質	NIST SRM 937	
値付け時の妥当性確認	—	
認証値	—	—
(単位: μmol L^{-1}),	M	21.4 ± 0.5
拡張不確かさ($k=2$)	L	5.8 ± 0.3
製　造	ReCCS	
認　証	ReCCS	
管理・保管・頒布	ReCCS	
入手後の保存条件 および期間	−70℃で 9ヶ月 −20℃で 2ヶ月	

略語は表 7.3 に同じ.

表7.11 血清鉄測定用標準物質の性状

項 目	参考値		単 位	測定方法
	JCCRM 332-3L	JCCRM 332-3M		
密 度	1.024	1.024	$g\,cm^{-3}$	
総タンパク質	74	72	$g\,L^{-1}$	ビュレット法
アルブミン	43	44	$g\,L^{-1}$	BCG法
総鉄結合能	4040	3570	$\mu g\,L^{-1}$	吸光光度法
フェリチン	11	24	$\mu g\,L^{-1}$	免疫法
総ヘモグロビン	20	40	$mg\,L^{-1}$	シアンメトヘモグロビン法
銅	1360	1310	$\mu g\,L^{-1}$	吸光光度法
亜鉛	1060	1190	$\mu g\,L^{-1}$	吸光光度法
TG	4.63	4.73	$mmol\,L^{-1}$	酵素法
TC	0.86	1.05	$mmol\,L^{-1}$	酵素法

TG：総トリグリセリド　TC：総コレステロール

E．血液ガス(pH, pO_2, pCO_2)測定用

表7.12は血液ガス(pH, pO_2, pCO_2)測定用である．血液ガス測定は，救命救急検査ではもっとも重要な測定項目である．これまで血液ガス測定用の実試料標準物質は設定されていなかった．本標準物質では，表7.13のごとく性状を規定し，所定のガスをアンプルに封入した凍結品である．使用時には，25℃で溶解し，指定の回数を振とうして気液平衡処理をした後，測定装置に自動吸引させる．世界で初めて設定された血液ガス測定用実用標準物質である．ただし，組成がヘモグロビン液をベースにしていることから，簡易測定装置［POCT（point-of-care testing）用測定装置］では使用できない．そのため，POCT用には，赤血球をベースにし，そのまま冷蔵した実用標準物質を必要に応じて作製している．ただし，作製から使用までは約1週間以内である．

F．UA，CRE，UN，GLU測定用（略語は表7.4参照）

表7.14は含窒素成分のUA，CRE，UNおよび糖成分のGLU測定用である．本標準物質は，血清の性状を規定し，安定化剤などの添加物は用いず，形状は冷凍品である．本標準物質は，化学分析法以外の酵素法や電極法にも用いることができる．

G．HbA1c(ヘモグロビンA1c)測定用

表7.15は糖関連成分のHbA1c測定用である．HbA1c測定については，国際標準化の作業が進み，国際臨床化学連合(International Federation of Clinical Chemistry and Laboratory Medicine：IFCC)法をアンカーとするトレーサビリティ連鎖で対応することとなった[6]．図7.4は日本におけるIFCC法によるHbA1c測定のトレーサビリティ連鎖図である．このうち破線はメーカーにおいて実施する場合である．

表 7.12 血液ガス(pH, pO₂, pCO₂)測定用の標準物質の特性と取扱いの留意事項

臨床化学分析用トレーサビリティ連鎖	実用標準物質		実用標準物質	
認証標準物質の名称	血液ガス認証実用標準物質		血液ガス認証実用標準物質	
記号およびロット番号	JCCRM 621-1		JCCRM 621-1	
おもな使用方法	キャリブレーターの値付け時の校正 日常測定操作法の評価,PT 用試料の値付け		キャリブレーターの値付け時の校正,日常測定操作法の評価,PT 用試料の値付け	
濃度レベル	3(レベル1, 2, 3)		3(レベル1, 2, 3)	
仕　様	冷凍,3レベル各2本の計6本/箱,1.5 mL/本		冷凍,3レベル各2本の計6本/箱,1.5 mL/本	
血液の性状	血液ガス用の JSCC の規定による		血液ガス用の JSCC の規定による	
測定項目	pH		pO₂	pCO₂
値付けの方法	IFCC/pH 電極法		IFCC/標準トノメトリー法	IFCC/標準トノメトリー法
値付け時の校正物質	NIST SRM 186-Ⅰ-g, 186-Ⅱ-g		基準標準ガス(JCSS)	基準標準ガス(JCSS)
値付け時の妥当性確認	—		—	—
認証値〔pH(37℃), pO₂, pCO₂(単位:kPa)〕	1	7.246 ± 0.021	5.47 ± 0.13	8.96 ± 0.16
	2	7.397 ± 0.021	2.79 ± 0.20	5.52 ± 0.12
拡張不確かさ($k=2$)	3	7.508 ± 0.021	11.7 ± 0.4	3.87 ± 0.07
製　造	ReCCS		ReCCS	ReCCS
認　証	ReCCS		ReCCS	ReCCS
管理・保管・頒布	ReCCS		ReCCS	ReCCS
入手後の保存条件および期間	−70℃以下で9ヶ月		−70℃で9ヶ月	−70℃で9ヶ月

表 7.13 血液ガス測定用標準物質の性状

項 目	規 格	参考値	単 位	測定方法
イオン強度	160±20	158	mmol kg^{-1}	電解質濃度より算出
Base Excess	4±0	0	mmol L^{-1}	ノモグラム法
総ヘモグロビン	140±30	135	g L^{-1}	シアンメトヘモグロビン法
メトヘモグロビン	6以下	5	%	Van Assendelft 法

表 7.14 UA, CRE, UN, GLU 測定用の標準物質の特性と取扱いの留意事項

臨床化学分析用トレーサビリティ連鎖	常用参照標準物質			実用標準物質		
認証標準物質の名称	尿酸測定用 JCCLS 認証標準物質			含窒素・グルコース常用標準物質		
記号およびロット番号	JCCLS 021-1			JCCRM 521-5		
おもな使用方法	実用標準物質の値付け時の校正			キャリブレーターの値付け時の校正 日常測定操作法の評価, PT 用試料の値付け		
濃度レベル	3(M, H, HH)			3(M, H, HH)		
仕　様	冷凍, M, H, HH 各2本の計6本/箱, 1 mL/本			冷凍, M, H, HH 各2本の計6本/箱, 1 mL/本		
血清の性状	Na, K, Cl 用の JSCC の規定による			Na, K, Cl 用の JSCC の規定による		
測定項目	UA			UA	CRE	UN
値付けの方法	ID-MS			JSCC/HPLC 法	JSCC/HPLC 法	AACC/GLD 酵素法
値付け時の校正物質	NIST SRM 913a			JCCLS 021-1	NIST SRM 914a	NIST SRM 912a
値付け時の妥当性確認	JCTLM レファレンスラボラトリー測定			NIST SRM 909b	NIST SRM 909b	NIST SRM 909b
認証値 (単位:mmol L^{-1}), 拡張不確かさ ($k=2$)	M	0.258 ± 0.001		M	0.343 ± 0.002	0.0660 ± 0.0044	4.32 ± 0.11
	H	0.446 ± 0.001		H	0.538 ± 0.004	0.1697 ± 0.0053	9.43 ± 0.25
	HH	0.637 ± 0.002		HH	0.737 ± 0.005	0.5843 ± 0.0115	16.21 ± 0.39
製　造	ReCCS			ReCCS		
認　証	JCCLS			ReCCS		
管理・保管・頒布	ReCCS			ReCCS		
入手後の保存条件 および期間	-70℃以下で1年 -20℃で3ヶ月			-20℃以下で6ヶ月		

臨床化学分析用トレーサビリティ連鎖	常用参照標準物質	実用標準物質
認証標準物質の名称	グルコース用凍結ヒト血清	含窒素・グルコース常用標準物質
記号およびロット番号	NIST SRM 965a	JCCRM 521-5
おもな使用方法	実用標準物質の値付け時の校正	キャリブレーターの値付け時の校正 日常測定操作法の評価, PT 用試料の値付け
濃度レベル	4(1, 2, 3, 4)	3(M, H, HH)
仕　様	冷凍, 1〜4各2本の計8本/セット, 2 mL/本	冷凍, H, M, HH 各2本の計6本/箱, 1 mL/本
血清の性状	—	Na, K, Cl 用の JSCC の規定による
測定項目	GLU	GLU
値付けの方法	ID-MS	JSCC/HK-G6PD 酵素法
値付け時の校正物質	NIST SRM 917b	NIST SRM 917b
値付け時の妥当性確認	—	NIST SRM 965a
認証値 (単位:mmol L^{-1}), 拡張不確かさ ($k=2$)	1　1.918 ± 0.020 2　4.357 ± 0.048 3　6.777 ± 0.073 4　16.24 ± 0.19	M　5.223 ± 0.050 H　8.388 ± 0.078 HH　14.12 ± 0.12 —
製　造	EURO-TROL 社	ReCCS
認　証	NIST	ReCCS
管理・保管・頒布	NIST	ReCCS
入手後の保存条件 および期間	-20℃で1週間	-60℃以下で6ヶ月 -20℃以下で1ヶ月

略語は表 7.3 に同じ.

表 7.15 HbA1c 測定用の標準物質の特性と取扱いの留意事項

臨床化学分析用トレーサビリティ連鎖	常用参照標準物質	
認証標準物質の名称	IFCC 法 HbA1c 測定用常用参照標準物質	
記号およびロット番号	JCCRM 411-2	
おもな使用方法	実用標準物質の値付け時の校正	
	キャリブレーターの値付け時の校正	
濃度レベル	5(レベル 1, 2, 3, 4, 5))	
仕　様	冷凍，各レベル 1 本の計 5 本/箱，0.1 mL/本	
血液の性状	HbA1c 用の JDS の規定による	
測定項目	HbA1c	
値付けの方法	IFCC/Glu-C[*1]処理，LC-MS 法[*2]または HPLC-CE 法[*3]	
値付け時の校正物質	IFCC/pcal[*4](IRMM/IFCC466, 467)	
値付け時の妥当性確認	IFCC/HbA1cWG[*5]レファレンスラボラトリー技能試験	
認証値(単位：mmol mol^{-1})，	1	30.6 ± 1.1
拡張不確かさ($k=2$)	2	37.1 ± 1.0
	3	54.9 ± 1.1
	4	78.6 ± 1.4
	5	104.2 ± 1.7
製　造	ReCCS	
認　証	ReCCS	
管理・保管・頒布	ReCCS	
入手後の保存条件および期間	−70℃で6ヶ月	

[*1] endoproteinase Glu-C(エンドプトテナーゼ Glu-C).
[*2] liquid chromatography mass spectroscopy(液体クロマトグラフィー−質量分析法).
[*3] high performance liquid chromatography capillary electrophoresis
　　(高速液体クロマトグラフィー−キャピラリー電気泳動法).
[*4] primary calibrator(一次校正物質).
[*5] HbA1c working group(HbA1c ワーキンググループ).
そのほかの略語は表 7.3 に同じ.

IFCC 法では，β鎖の N 末端アミノ酸であるバリンを含むヘキサペプチドを切断する Endoproteinase Glu-C を用いて，ヘキサペプチドを得て，糖化ヘキサペプチドと非糖化ヘキサペプチドの比を定量する方法である．定量には，液体クロマトグラフィー−質量分析法(LC-MS 法)または液体クロマトグラフィー分離濃縮後にキャピラリー電気泳動法を用いる方法(HPLC-CE 法)が用いられる(図 7.5)．

また，従来日本での RMP として扱ってきた KO 500 法(高分解能 HPLC により，ヘモグロビンのβ鎖の N 末端にグルコースが 1 分子ついた安定型 HbA1c を測定するための方法)は，IFCC 法をアンカーとするトレーサビリティ連鎖図では，指定比較対照法(designated comparison method：DCM)が，実用標準物質の値付けなどに用いられる．IFCC 法では測定対象物を定義しているので，これによる標準物質の設定では，試料の性状が重要である．本標準物質の性状を表 7.16 に示した．

なお，国内における HbA1c 測定値は，日本糖尿病学会(Japan Diabetes Society：JDS)

7 臨床化学分析用および医薬品標準物質

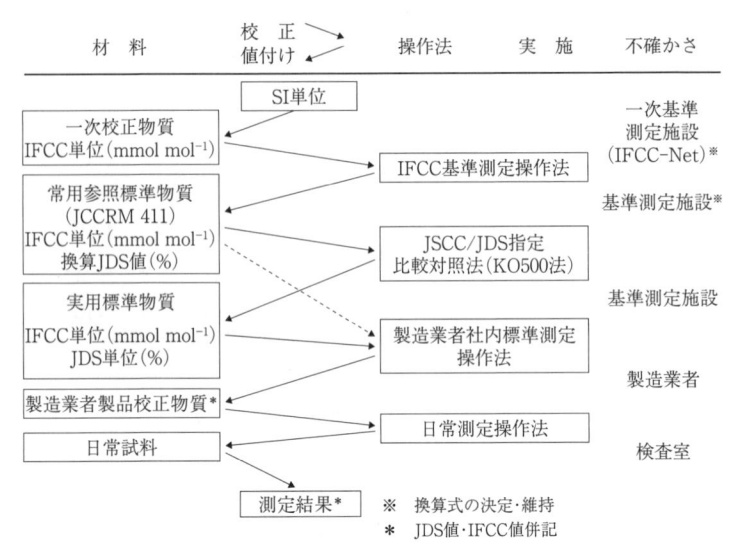

```
    材 料        校 正        操作法        実 施         不確かさ
                値付け
                    SI単位                              一次基準
   一次校正物質                                          測定施設
   IFCC単位(mmol mol⁻¹)        IFCC基準測定操作法        (IFCC-Net)※

   常用参照標準物質                                      基準測定施設※
   (JCCRM 411)
   IFCC単位(mmol mol⁻¹)        JSCC/JDS指定
   換算JDS値(%)                比較対照法(KO500法)       基準測定施設

   実用標準物質
   IFCC単位(mmol mol⁻¹)        製造業者社内標準測定
   JDS単位(%)                  操作法                    製造業者

   製造業者製品校正物質※
   日常試料                    日常測定操作法            検査室

                    測定結果※    ※ 換算式の決定・維持
                                 ＊ JDS値・IFCC値併記
```

図 7.4 IFCC 法による HbA1c 測定のトレーサビリティ連鎖図
図中の破線はメーカーが用いる場合.

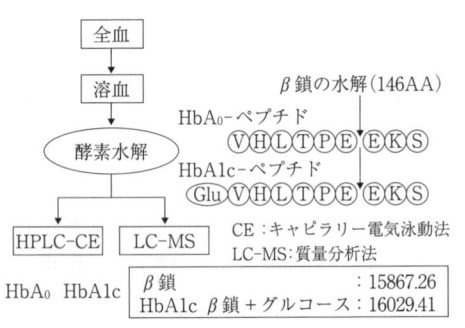

```
        全血
         ↓
        溶血            β 鎖の水解(146AA)
         ↓         HbA0-ペプチド
        酵素水解    Ⓥ Ⓗ Ⓛ Ⓣ Ⓟ Ⓔ   Ⓔ Ⓚ Ⓢ
         ↓         HbA1c-ペプチド
                   Glu Ⓥ Ⓗ Ⓛ Ⓣ Ⓟ Ⓔ   Ⓔ Ⓚ Ⓢ
      HPLC-CE  LC-MS    CE：キャピラリー電気泳動法
                         LC-MS：質量分析法
   HbA0  HbA1c    β 鎖               ：15867.26
                  HbA1c β 鎖＋グルコース：16029.41
```

図 7.5 IFCC 法による HbA1c 測定の原理図

表 7.16 脂質測定用標準物質の性状

項 目	規 格	結 果	単位	測定方法
原 料	ヒト全血($n>20$)	ヒト全血($n=20\sim50$)	—	
添加剤	含まれない	含まない	—	
総ヘモグロビン	140 ± 10	$130\sim150$	$g\ L^{-1}$	シアンメトヘモグロビン法
HbF	<1	<1	%	KO 500 法
メトヘモグロビン	<6	$3\sim6$	%	Van Assendelft 法
グルタチオンアダクト	<0.5	$0\sim0.2$	%	KO 500 法
異常ヘモグロビン	含まれない	含まない	—	KO 500 法
血漿成分	含まれない	含まない	—	

表7.17 TC測定用の標準物質の特性と取扱いの留意事項

臨床化学分析用トレーサビリティ連鎖	常用参照標準物質	実用標準物質
認証標準物質の名称	コレステロール一次実試料標準物質	コレステロール・中性脂肪常用標準物質
記号およびロット番号	JCCRM211-2	JCCRM 223-24
おもな使用方法	実用標準物質の値付け時の校正	キャリブレーターの値付け時の校正 日常測定操作法の評価，PT用試料の値付け
濃度レベル	2 (M, H)	3 (I, II, III)
仕様	冷凍，M, H 各2本の計4本/箱，0.5 mL/本	冷凍，I〜III 各1本の計3本/箱，0.5 mL/本
血清の性状	CLSI C37-A[*1]の規定による	CLSI C37-A の規定による
測定項目	TC	TC
値付けの方法	ID-MS	CDCレファレンス法(A-K法[*3])
値付け時の校正物質	NMIJ[*2] CRM 6001-a	NIST SRM 911c
値付け時の妥当性確認	NIST SRM 1951a	NIST SRM 1951a
認証値 (単位：mmol L^{-1})， 拡張不確かさ($k=2$)	M 4.950 ± 0.007 H 5.968 ± 0.010 — —	I 3.71 ± 0.02 II 4.62 ± 0.03 III 5.80 ± 0.03
製造	ReCCS	ReCCS
認証	ReCCS	ReCCS
管理・保管・頒布	ReCCS	ReCCS
入手後の保存条件および期間	−70℃以下で6ヶ月間	−70℃以下で6ヶ月 −40℃で3ヶ月

[*1] Clinical and Laboratory Standards Institute Document C37-A(臨床・検査標準研究所文書 C37-A).
[*2] National Metrology Institute of Japan(産業技術総合研究所 計量標準総合センター).
[*3] Abell-Kendall(アベル-ケンダール法).
そのほかの略語は表7.3に同じ．

が定めた基準に従って％表示で扱ってきている．しかし，IFCC法による値(mmol mol^{-1})とJDS値は一定の関係があることから，当面のJDS値はIFCC値からの換算式で対応することとなる[6]．また，現在用いられているHbA1c測定の日常測定操作法は，HPLC法以外に免疫比濁法，免疫阻害法，酵素法などであり，本標準物質は，これに用いることができる．

H．TC(総コレステロール)測定用

表7.17は脂質成分のTC測定用である．本標準物質は，血清の性状を規定し，安定化剤などの添加物は用いず，形状は冷凍品である．本標準物質は，化学分析法以外の酵素法にも用いることができる．現在，日常測定操作法はすべて酵素法である．なお，実用標準物質の値付けの方法は，米国疾病予防管理センター(Center for Disease Control and Prevention：CDC)のレファレンス法であるアベル-ケンダール法(Abell-Kendall法：A-K法)である．

表7.18 HDL-C, LDL-C, TG 測定用の標準物質の特性と取扱いの留意事項

臨床化学分析用トレーサビリティ連鎖	常用参照標準物質	
認証標準物質の名称	脂質測定用常用参照標準物質	
記号およびロット番号	JCCRM 224-4	
おもな使用方法	実用標準物質の値付け時の校正 キャリブレーターの値付け時の校正	
濃度レベル	1(HDL-C・LDL-C, TG)	
仕　様	冷凍, 各1本の計2本/箱, 0.5 mL/本	
血清の性状	CLSI C37-A の規定による	
測定項目	HDL-C	LDL-C
値付けの方法	CDC レファレンス法	BQ 法[*1]
値付け時の校正物質	NIST SRM 911c	NIST SRM 911c
値付け時の妥当性確認	NIST SRM 1951a	NIST SRM 1951a
認証値(単位:mmol L^{-1}), 拡張不確かさ($k=2$)	1.47 ± 0.02	3.00 ± 0.11
製　造	ReCCS	ReCCS
認　証	ReCCS	ReCCS
管理・保管・頒布	ReCCS	ReCCS
入手後の保存条件および期間	−70℃以下で2ヶ月	−70℃以下で2ヶ月

臨床化学分析用トレーサビリティ連鎖	常用参照標準物質
認証標準物質の名称	脂質測定用常用参照標準物質
記号およびロット番号	JCCRM 224-4
おもな使用方法	実用標準物質の値付け時の校正 キャリブレーターの値付け時の校正
濃度レベル	1(HDL-C・LDL-C, TG)
仕　様	冷凍, 各1本の計2本/箱, 0.5 mL/本
血清の性状	CLSI C37-A の規定による
測定項目	TG
値付けの方法	JSCC 勧告法(アルカリ水解酵素法)
値付け時の校正物質	高純度トリオレイン
値付け時の妥当性確認	NIST SRM 1951a
認証値(単位:mmol L^{-1}), 拡張不確かさ($k=2$)	1.42 ± 0.01
製　造	ReCCS
認　証	ReCCS
管理・保管・頒布	ReCCS
入手後の保存条件および期間	−70℃以下で2ヶ月

[*1] beta quantification method (β 定量法).
そのほかの略語は表7.3に同じ.

7.2 実試料系

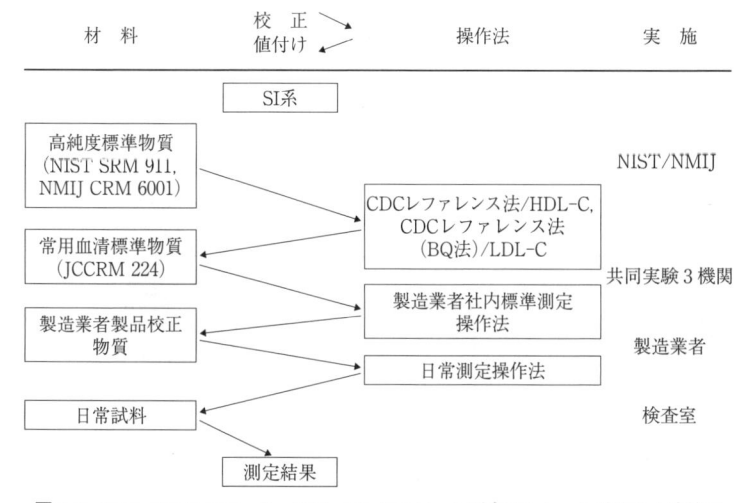

| 材 料 | 校 正 値付け | 操作法 | 実 施 |

```
                    ┌─────┐
                    │ SI系 │
                    └─────┘
┌─────────────┐
│ 高純度標準物質    │
│ (NIST SRM 911, │ ──→                              NIST/NMIJ
│ NMIJ CRM 6001)│      ┌──────────────────┐
└─────────────┘      │ CDCレファレンス法/HDL-C, │
┌─────────────┐      │ CDCレファレンス法     │
│ 常用血清標準物質  │ ──→ │  (BQ法)/LDL-C       │
│ (JCCRM 224)    │      └──────────────────┘        共同実験3機関
└─────────────┘      ┌──────────────────┐
┌─────────────┐      │ 製造業者社内標準測定 │
│ 製造業者製品校正  │ ──→ │    操作法          │
│    物質        │      └──────────────────┘        製造業者
└─────────────┘      ┌──────────────────┐
                    │ 日常測定操作法       │
┌─────────────┐      └──────────────────┘
│  日常試料      │ ──→                              検査室
└─────────────┘      ┌──────────────────┐
                    │   測定結果          │
                    └──────────────────┘
```

図 7.6 HDL-コレステロール,LDL-コレステロール測定のトレーサビリティ連鎖図

表 7.19 脂質測定用標準物質の性状

項 目	JCCRM 224-4		単 位	測定方法
	TG	HDL-C, LDL-C		
総タンパク質	66	72	$g\ L^{-1}$	ビュレット法
アルブミン	41	43	$mmol\ L^{-1}$	BCG 法
リン脂質	3.1	2.62	$mmol\ L^{-1}$	酵素法
遊離脂肪酸	0.27	0.51	$mg\ L^{-1}$	酵素法
リポプロテイン(a)	130	120	%	ラテックス免疫比濁法
HDL 分画	34	32	%	ポリアクリルアミド電気泳動法
LDL 分画	45	45	%	ポリアクリルアミド電気泳動法
VLDL 分画	21	23	%	ポリアクリルアミド電気泳動法
尿 酸	0.351	0.339	$mmol\ L^{-1}$	酵素法
総ビリルビン	10.3	10.3	$\mu mol\ L^{-1}$	ナバジン酸酸化法
総ヘモグロビン	40 以下	40 以下	$mg\ L^{-1}$	シアンメトヘモグロビン法

I. HDL-C, LDL-C, TG(トリグリセリド)測定用

表 7.18 は脂質成分の HDL-C, LDL-C, TG 測定用である.図 7.6 に HDL-C および LDL-C 測定のトレーサビリティ連鎖図を示した.本標準物質は,血清の性状を規定し,安定化剤などの添加物は用いず,形状は冷凍品である.とくに原料の血清の性状が重要であり,健常人の血清をベースにし,新鮮でリポタンパク質の変性がなく,脂質異常性成分などを含まないことが重要である(表 7.19).

HDL-C(high density lipoprotein-cholesterol)および LDL-C(low density lipoprotein-cholesterol)の測定法の基準は,CDC のレファレンス法である[7].図 7.7 に CDC のレ

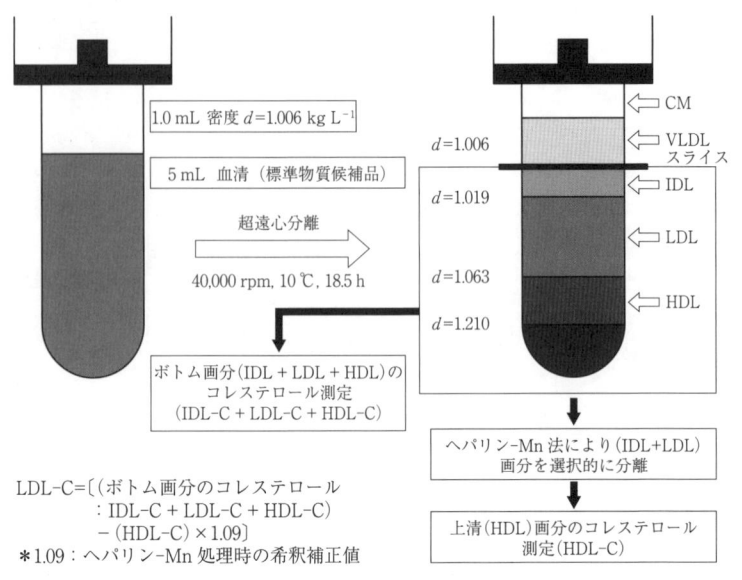

図 7.7 CDC レファレンス法の測定概要

ファレンス法の測定原理を示した．HDL-C については超遠心分離処理後にヘパリン-Mn 沈殿分離し，A-K 法で定量する方法である．また，LDL-C についてはベータ定量法（beta quantification method：BQ 法）であり，密度 $1.006\ \mathrm{kg\ L^{-1}}$ による超遠心分離処理後のボトム分画のコレステロール量（HDL-C＋LDL-C）および HDL-C 量を求めて，コレステロール量から HDL-C 量を差し引く〔LDL-C＝(HDL-C＋LDL-C)－(LDL-C)〕ものである[8]．

本標準物質は，化学分析法以外の酵素法にも用いることができる．現在日常測定操作法は酵素法である．すなわち，HDL-C および LDL-C は，ホモジーニアス（homogeneous）による直接法（分離操作を伴わない測定原理による方法）である．

J．血漿タンパク質測定用

表 7.20 は血漿タンパク質成分 12 項目測定用である．本標準物質は，IFCC において設定された．健常人の血清をベースにし，これを脱脂後，測定対象物を一部添加し，凍結乾燥品としたものである．測定項目のそれぞれについて，純物質や RMP が準備されていないので，現状の製造業者社内標準測定操作法を用いた国際共同実験により認証値を設定している．本標準物質は，現在用いられている免疫法（抗体などを試薬として用いる測定法）を含む日常測定操作法に適用される．

表7.20 血漿タンパク質測定用の標準物質の特性と取扱いの留意事項

臨床化学分析用トレーサビリティ連鎖	常用参照標準物質					
認証標準物質の名称	IFCC血漿蛋白国際標準品					
記号およびロット番号	ERM-DA 470k/IFCC					
おもな使用方法	実用標準物質の値付け時の校正					
	キャリブレーターの値付け時の校正					
濃度レベル	1					
仕様	凍結乾燥，1本，1.0 mL 溶解/本					
血清の性状	健常人血清					
測定項目	A2M	AAG	AAT	ALB	C3c	C4
値付けの方法	各社製造業者社内標準測定操作法					
値付け時の校正物質	各社キャリブレーター					
値付け時の妥当性確認	国際共同実験(参加施設数：35)					
認証値(単位：$g\,L^{-1}$)，拡張不確かさ($k=2$)	1.43 ± 0.06	0.617 ± 0.013	1.12 ± 0.03	37.2 ± 1.2	1.00 ± 0.04	0.162 ± 0.007
製造	IRMM					
認証	IRMM					
管理・保管・頒布	IRMM					
入手後の保存条件およひ期間	−20℃で保存					
	溶解後は 2〜8℃で1週間					
臨床化学分析用トレーサビリティ連鎖	常用参照標準物質					
認証標準物質の名称	IFCC血漿蛋白国際標準品					
記号およびロット番号	ERM-DA 470k/IFCC					
おもな使用方法	実用標準物質の値付け時の校正					
	キャリブレーターの値付け時の校正					
濃度レベル	1					
仕様	凍結乾燥，1本，1.0 mL 溶解/本					
血清の性状	健常人血清					
測定項目	HPT	IgA	IgG	IgM	TRF	TTR
値付けの方法	各社製造業者標準測定操作法					
値付け時の校正物質	各社キャリブレーター					
値付け時の妥当性確認	国際共同実験(参加施設数：35)					
認証値(単位：$g\,L^{-1}$)，拡張不確かさ($k=2$)	0.889 ± 0.021	1.80 ± 0.05	9.17 ± 0.18	0.723 ± 0.027	2.36 ± 0.08	0.220 ± 0.018
製造	IRMM					
認証	IRMM					
管理・保管・頒布	IRMM					
入手後の保存条件およひ期間	−20℃で保存					
	溶解後は 2〜8℃で1週間					

略語は表7.3に同じ．

表 7.21　酵素測定用の標準物質の特性と取扱いの留意事項

臨床化学分析用トレーサビリティ連鎖	常用参照標準物質						
認証標準物質の名称	常用参照標準物質：JSCC 常用酵素						
記号およびロット番号	JCCLS CRM-001b						
おもな使用方法	キャリブレーターの値付け時の校正 日常測定操作法の評価，PT 用試料の値付け						
濃度レベル	1						
仕　様	凍結乾燥，1本，3.0 mL 溶解/本						
性　状	JSCC の規定による						
測定項目	AST	ALT	CK	ALP	LD	γ-GT	AMY
値付けの方法	JSCC 常用基準法（JCCLS-SOP 法）[*1]						
値付け時の校正物質	用手法により確認した JCCLS CRM-001a						
値付け時の妥当性確認	国内共同実験（参加施設数：24）						
認証値（単位：$U\,L^{-1}$），拡張不確かさ（$k=2$）	169 ± 4	169 ± 4	455 ± 10	436 ± 13	430 ± 8	155 ± 5	355 ± 9
製　造	旭化成ファーマ						
認　証	ReCCS						
管理・保管・頒布	ReCCS						
入手後の保存条件およびおよび期間	$-20\,℃$ 以下で保存 溶解後は 24 時間						
臨床化学分析用トレーサビリティ連鎖	常用参照標準物質						
認証標準物質の名称	常用参照標準物質：ChE						
記号およびロット番号	JCCLS CRM-002b						
おもな使用方法	キャリブレーターの値付け時の校正 日常測定操作法の評価，PT 用試料の値付け						
濃度レベル	1						
仕　様	凍結乾燥，1本，3.0 mL 溶解/本						
性　状	JSCC の規定による						
測定項目	ChE						
値付けの方法	JSCC 勧告法（JCCLS-SOP 法）						
値付け時の校正物質	用手法により確認した JCCLS CRM-002a						
値付け時の妥当性確認	国内共同実験（参加施設数：22）						
認証値（単位：$U\,L^{-1}$），拡張不確かさ（$k=2$）	512 ± 2						
製　造	旭化成ファーマ						
認　証	ReCCS						
管理・保管・頒布	ReCCS						
入手後の保存条件およびおよび期間	$-20\,℃$ 以下で保存，溶解後は 24 時間						

[*1] JCCLS standard operation procedure（JCCLS 基準操作手順書）．
　　そのほかの略語は表 7.3 に同じ．

7.2 実試料系

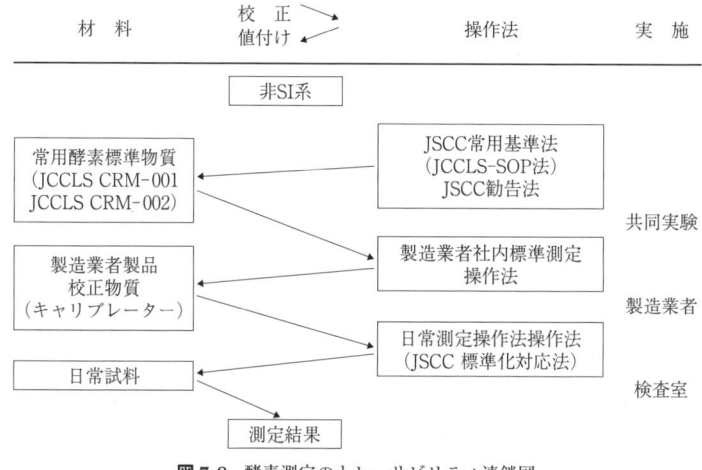

```
   材　料          校　正              操作法           実　施
                   値付け
                  ┌─────┐
                  │非SI系│
                  └─────┘
┌──────────┐      ┌──────────────┐
│常用酵素標準物質│←──│JSCC常用基準法 │
│(JCCLS CRM-001│    │(JCCLS-SOP法) │
│ JCCLS CRM-002)│   │JSCC勧告法     │                共同実験
└──────────┘      └──────────────┘
     ↓
┌──────────┐      ┌──────────────┐
│製造業者製品  │←──│製造業者社内標準測定│
│ 校正物質    │    │ 操作法           │           製造業者
│(キャリブレーター)│  └──────────────┘
└──────────┘
     ↓
┌──────────┐      ┌──────────────┐
│ 日常試料    │←──│日常測定操作法操作法│
└──────────┘      │(JSCC標準化対応法) │         検査室
     ↓           └──────────────┘
  ┌──────┐
  │測定結果│
  └──────┘
```

図 7.8 酵素測定のトレーサビリティ連鎖図

K. 酵素測定用

表 7.21 は酵素成分 8 項目測定用である．図 7.8 に酵素測定のトレーサビリティ連鎖図を示した．酵素活性値は，緩衝液や pH，基質の種類や濃度などの測定条件により異なる結果となる．したがって，専門学会による勧告法などを操作法の頂点とするトレーサビリティ連鎖とし，非 SI 系として扱っている．わが国では日本臨床化学会(Japan Society of Clinical Chemistry：JSCC)の設定した勧告法および標準物質の性状規格にもとづいている．また，値付けは国内共同実験によっている．本標準物質のベースは，ChE のみが血清で，そのほかの項目は BSA である．また，添加酵素は，主としてヒト型酵素遺伝子のリコンビナント(ヒト組換え体)である．

なお，本標準物質の認証書および取扱説明書は日本臨床検査標準協議会(Japanese Committee for Clinical Laboratory Standards：JCCLS)のウェブページで閲覧できる[9]．

L. 尿測定用

表 7.22 は尿成分 10 項目測定用である．本標準物質は，試薬メーカーの要請により(独)新エネルギー・産業技術総合開発機構(NEDO)による臨床検査用標準物質の研究開発で検討されたものを参考にして設定された[10]．臨床検査用の試薬キットは，通常は血清，血漿および尿を測定試料として用いることで準備されている．このうち尿などの試料は，成分濃度が血清などより高いことから，試料を希釈して測定している．しかし，改正薬事法により血清および血漿と尿はそれぞれトレーサビリティをとることが求められたことから，尿についての実試料標準物質が必要となったため設定されたものである．

表 7.22 尿測定用の標準物質の特性と取扱いの留意事項

臨床化学分析用トレーサビリティ連鎖	常用参照標準物質				
認証標準物質の名称	尿測定用常用標準物質				
記号およびロット番号	JCCRM-U1a			JCCRM-U2a	JCCRM-U3a
おもな使用方法	キャリブレーターの値付け時の校正 日常測定操作法の評価				
濃度レベル	3 (H, M, L)				
仕　様	冷凍, H, M, L 各 3 本の計 9 本/箱, 1 mL/本				
血清の性状	NEDO/J4WG[*1] の規定による				
測定項目	Na	K	Cl	Ca	Mg
値付けの方法	FAES	FAES	電量滴定法	AAS	AAS
値付け時の校正物質	NIST SRM 919a	NIST SRM 918a	NIST SRM 919a	NIST SRM 915a	NIST SRM 929a
値付け時の妥当性確認	NIST SRM 909b	NIST SRM 909b	NIST SRM 909b	NIST SRM 909b	NIST SRM 909b
認証値 (単位: mmol L^{-1}), 拡張不確かさ ($k=2$) H	181.4±2.4	60.5±0.9	181.4±2.4	154.9±0.3	5.60±0.03
M	100.0±1.4	30.0±0.4	100.0±1.4	141.3±0.3	4.51±0.03
L	50.0±0.7	10.00±0.14	50.0±0.7	124.9±0.3	3.48±0.03
製　造	ReCCS				
認　証	ReCCS				
管理・保管・頒布	ReCCS				
入手後の保存条件および期間	−20 ℃以下で 1 年				

臨床化学分析用トレーサビリティ連鎖	常用参照標準物質				
認証標準物質の名称	尿測定用常用標準物質				
記号およびロット番号	JCCRM-U4a	JCCRM-U5a	JCCRM-U6a	JCCRM-U7a	JCCRM-U8a
おもな使用方法	キャリブレーターの値付け時の校正 日常測定操作法の評価				
濃度レベル	3 (H, M, L)				
仕　様	冷凍, H, M, L 各 3 本の計 9 本/箱, 1 mL/本				
血清の性状	NEDO/J4WG[*1] の規定による				
測定項目	IP	CRE	UA	UN	GLU
値付けの方法	IC	HPLC 法	HPLC 法	GLD 酵素法	HK-G6PD 法
値付け時の校正物質	NIST SRM 200a	NIST SRM 914a	NIST SRM 913a	NIST SRM 912a	NIST SRM 917b
値付け時の妥当性確認	—	NIST SRM 909b	NIST SRM 909b	NIST SRM 909b	NIST SRM 965a
認証値 (単位: mmol L^{-1}), 拡張不確かさ ($k=2$) H	157.8±0.2	5.69±0.02	120.0±0.6	154.9±0.3	5.60±0.03
M	142.6±0.2	4.40±0.02	105.1±0.4	141.3±0.3	4.51±0.03
L	124.6±0.2	3.25±0.02	88.1±0.4	124.9±0.3	3.48±0.03
製　造	ReCCS				
認　証	ReCCS				
管理・保管・頒布	ReCCS				
入手後の保存条件および期間	−20 ℃以下で 1 年				

*1　New Energy and Industrial Tachnology Development Organization J4 working group
　　（新エネルギー・産業技術総合開発機構, 臨床検査の標準物質の研究開発 J4 ワーキンググループ）.
そのほかの略語は表 7.3 に同じ.

7.3 医薬品—日本薬局方標準品—

　日本薬局方(以下，日局と略)は，薬事法第 41 条にもとづき，医薬品の性状および品質の適正をはかるために厚生労働大臣が定める医薬品の品質規格書で，わが国で汎用されている医薬品，保健医療上重要な医薬品が収載され，それぞれについて品質試験法と品質規格が記載されている．日局標準品は，それら収載品目の品質規格試験に用いるために設定された公定の標準品である．

7.3.1　日局標準品の種類，品目数，用途，供給機関

　日局標準品は，"(1) 別に厚生労働大臣が定めるところにより厚生労働大臣の登録を受けた者が製造する標準品" と "(2) 国立感染症研究所が製造する標準品" に大別される．後者は抗生物質の標準品で，前者はそれ以外の標準品，すなわち，化学薬品，生薬成分および生物薬品の標準品で，一部エンドトキシン標準品など一般試験法用の標準品が含まれる．本節では前者について述べる．

　前者の品目数は，2008 年 10 月現在 189 品目で，内訳としては化学薬品標準品 153 品目，生物薬品標準品 20 品目，生薬成分標準品 8 品目，一般試験法標準品 8 品目となっている．それらの用途は，基本的に有効成分定量用の標準品である．すなわち，医薬品の有効成分を相対定量法で定量するさいの基準物質として用いる．相対定量法としては，化学薬品の有効成分の定量には高速液体クロマトグラフィーやガスクロマトグラフィー，あるいは吸光度測定法が，また生物薬品では生物検定法や酵素活性測定法が汎用される．定量以外に，確認試験や純度試験などにも標準品が用いられるが，定量用に設定された標準品がほかの試験にも利用される場合がほとんどで，確認試験専用の標準品や純度試験専用の標準品(不純物標準品)は少ない．

　日局は 5 年に一度の大改正と 2 度の小改正(第一，第二追補)が行われ，改正ごとに新規品目が収載されるため，日局標準品の品目数も改正ごとに増加する．ちなみに，20 年前(1988 年)には日局標準品の品目数は 53 品目であった．また，当時日局標準品はすべて国立衛生試験所(現 国立医薬品食品衛生研究所)から交付されていたが，その後品目数の増加とともに国立機関が直接に標準品を製造・交付する体制では対応できなくなったため，現在は厚生労働大臣の登録を受けた(財)日本公定書協会が全品目(抗生物質を除く)を製造・頒布している．

7.3.2 日局標準品の品質確保

 日局標準品の品質については,日本薬局方原案審議委員会でその用途にふさわしい"標準品品質標準(標準品を製造するにあたっての品質評価の方法を明記し,必要に応じて品質の適否判断の参考となる物性値などを示したもの)"が定められ,その品質標準を受けて登録製造機関である(財)日本公定書協会が当該標準品の製造および頒布を行う.品質試験の項目としては,化学薬品の標準品の場合,純度に関わる類縁物質,乾燥減量または水分,残留溶媒,および強熱残分が重要である.一方,生物薬品の標準品の場合,活性(力価)測定の基準となる物質であるので,純度よりは活性(力価)の値付けの精確さが重要となる.これら重要な試験項目については,原則として登録製造機関を含む3機関以上で試験が実施され,特性値(純度あるいは力価)が標定される.なお,得られた試験成績および特性値については,登録製造機関が外部有識者で組織する標準品評価委員会で評価され,その品質が日局標準品としてふさわしいものであるとの評価委員会での認証を得て初めて日局標準品として供給される.

7.3.3 日局標準品の使用上の留意点

 上述のように,日局標準品は日局に規定された試験に用いることを目的として設定される国家の定める標準品であるので,それ以外の用途に用いる場合には注意が必要である.たとえば,化学薬品の標準品については,現状では純度が99.5%以上(乾燥減量または水分を除く)あれば標準品に純度は表示せず,純度100%として試験に用いることとされている.これは,化学物質の精確な純度測定は困難なことから,必要以上に高い品質を追求せず,標準品の用途として,原薬あるいは製剤中の有効成分が日局の含量規格(例:98.0~102.0%)を満たすか否かを適正に判定できればよいとの判断にもとづくものである.また,純度が99.5%未満の場合には純度補正係数が表示されるが,純度は測定方法に依存することから,表示される補正係数は,日局の試験条件下で,日局の適否判定をする場合にのみ保証される値である.

 そのほか,使用期限は設定されず,到着後ただちに指定の温度で保管し,すみやかに使用することとされている.これは,出荷後の標準品の保管条件を標準品製造機関では管理できないことによるものである.また,品質試験の方法や成績は開示されない.これは,試験成績には原薬に関する重要情報,たとえば合成方法を推定できる情報などが含まれ得るため,使用にさいして必要のない情報は原則として開示しないこととされている.さらに,特性値には不確かさは表示されない.これは,日局の判定基準が不確か

さを含んだ判定基準となっていないことによるものである．このような日局標準品のみならず欧州薬局方(EP)および米国薬局方(USP)の標準品にも共通する局方標準品の特殊性は，ISO Guide 34：2000 の序文のなかにも記載されている．

7.3.4　日局標準品の入手方法

前述のように抗生物質以外の日局標準品は，現在のところ唯一の登録製造機関である(財)日本公定書協会から頒布される．注文は申込書に必要事項を記入し，FAX で申し込む．保存温度が －20℃以下(ドライアイス詰梱包で別発送)の品目を除いて，週の前半に申し込めば通常翌日に発送される．取扱品目，申込方法，料金および支払い方法，配送方法，保管上の注意および使用上の注意事項など，詳細は(財)日本公定書協会のホームページ(http：//www.sjp.jp)を参照されたい．

```
＜問い合わせ先＞   (財)日本公定書協会　大阪事業所　標準品事業部
                〒541-0046 大阪市中央区平野町 2 丁目 1-2
                TEL 06-6221-3444(代表)    FAX 06-6221-3445
                e-mail：sjporscus@sjpo.org
```

EP および USP の標準品はインターネットで直接注文することができるが(それぞれのホームページ参照)，USP 標準品については，(財)日本公定書協会が取次販売を行っているので，そこを介して購入することも可能である．

7.4　医薬品―抗生物質標準品，生物製剤標準品―

7.4.1　日本薬局方収載抗生物質標準品

A．公定書での位置づけ

従来，わが国では新規承認された抗生物質医薬品の製造および品質管理に用いる標準品は，すべて日本抗生物質医薬品基準(日抗基)[11]の公定書に収載されていた．その日抗基では標準抗生物質と常用標準抗生物質の 2 種類の標準品があり，両者とも一定の物理化学的性状および一定の生物学的作用を有するように調製された物質で，標準抗生物質は常用標準抗生物質の力価を定めるために用いるもの，常用標準抗生物質は医薬品の力価を定めるために用いるものと定義され，国立感染症研究所長が指定すると規定されていた．しかし，日抗基は 2002 年 12 月 31 日かぎりで廃止され，薬事法第 41 条の日本薬局方(日局)[12,13]，および日本薬局方外医薬品規格第四部(局外規)に全面的に移行収載された．公定書としての日局における抗生物質標準品は，医薬品各条で抗生物質医薬品(原

薬,製剤)の力価を定めるために直接使用することから,日抗基の常用標準抗生物質が"日本薬局方(日局)抗生物質標準品"とされた.現在,日局(日局15第一追補)では一般試験法の"9.01標準品"で"(2)国立感染症研究所が製造する標準品"が規定され,名称と用途の一覧(129品目)が記載されている.日抗基の標準抗生物質は公定書での規定はなくなったが,必要な場合は"国立感染症研究所抗生物質標準品"として別に管理されている.なお,近年に承認された新規の抗生物質医薬品はすぐには日局に収載されないので,それらの標準品も公定書(日局)では規定されていない.

B. 力価の定義

日局抗生物質標準品は質量あたりの力価"質量(力価)または単位"で表されるが,その力価の定義(化学的本質)は,医薬品各条(原薬)の本質欄に記載されているものと同一である.なお,標準品は原薬とは必ずしも同一の化学物質とは限らないので注意を要する.日局抗生物質標準品の力価は,その化学的本質によって約8種類の定義に分類されるが,具体的な例は成書[14,15]を参照されたい.

C. 標準品の用途

日局抗生物質標準品の主たる用途は,日局収載の抗生物質医薬品(原薬,製剤)の定量(力価または単位,含量)における"基準(原器,ものさし)"であり,医薬品各条の定量法"微生物学的力価試験法(円筒平板法,穿孔平板法,比濁法),液体クロマトグラフィー,紫外可視吸光度測定法,ヨウ素滴定法"の標準品として用いられる.日局抗生物質標準品のロット(サブロット)ごとに,脱水物換算あるいは乾燥物換算した質量[mg]あたりの質量(力価)[μg(力価)]または単位,および水分%あるいは乾燥減量%が表示されているので,それらの値を用いて未脱水物あるいは未乾燥物のmgあたりのμg(力価)または単位に換算することができる.さらに,医薬品各条では定量法以外にも確認試験,純度試験,成分含量比,異性体比,製剤均一性,溶出性の各試験の標準品として用いられるものもある.

D. 日局抗生物質標準品の製造,製品交付

日局抗生物質標準品は国立感染症研究所が製造,製品交付の業務[16]を担っており,その製品交付では"日本薬局方抗生物質の原薬(標準品候補品を含む)およびそれらを使用した各種製剤の製造および品質管理(製品開発に関わる公的な申請データに必要な場合を含む)に使用すること"が原則となっている.その製品交付品はガラス製のバイアルびん,アンプルびんあるいはねじ口びんに約100 mgずつ小分け充填(気層を窒素置換)し密栓された形態(シリカゲル入りのプラスチック製の外装びんに挿入)で,ロット(サブロット)ごとの品質保証カードが添付されており,保存温度は-20～-30℃である.

また，製品交付品にはほかの日局標準品および諸外国の抗生物質標準品と同様に，有効期間および使用期限は表示されていない．その理由は，短期間内の使用(使い切り)を前提として製品交付されており，使用者側での長期保存や開栓後の再保存は想定していないためである．

日局抗生物質標準品(129品目)の製品交付は有償で行われるが，その手続き，使用目的，交付方法などを事前に確認する場合は，国立感染症研究所(村山庁舎)総務部業務管理課検定係に問い合わせていただきたい．また，国立感染症研究所では日局15で削除された旧日局抗生物質標準品(8品目)および局外規常用標準抗生物質(3品目)も使用目的などにより交付可能であるので問い合わせるとよい．

E．そのほかの抗生物質標準品

動物用の抗生物質医薬品は農林水産省告示の動物用抗生物質医薬品基準(動抗基)で規定されているが，動抗基収載の常用標準抗生物質の製品交付は動物医薬品検査所である．諸外国の抗生物質標準品(reference standard)は，The United States Pharmacopeial Convention(USP)，European Directorate for the Quality of Medicines(EDQM)から購入できるので，おのおののウェブサイトなどで確認されたい．なお，これらの抗生物質標準品の力価品質表示"質量(力価)，単位，質量，Units，IU(International Units)，含量%"について，同じ品目でも相互に力価キャリブレーションは行われていないので，それらを日局の各種試験に使用する場合は十分に注意を要する．一般的に，公定書で規定された抗生物質標準品は，その公定書に規定された試験に使用する場合のみを目的として品質保証されている．

7.4.2 生物学的製剤基準収載標準品

A．生物学的製剤基準とは

生物学的製剤(以下，生物製剤と略す)の定義はかならずしも明確ではないが，一般に，生物(ヒトを含む動物，植物，微生物)またはその細胞に由来する物質を原材料に製造され，物理化学的な測定のみではその効力と安全性を十分には評価できない医薬品を，生物製剤とよぶ．ワクチンは病原微生物を原材料に製造され，血液製剤はヒトの血液を原材料に製造されることから，生物製剤の仲間である．遺伝子工学技術や細胞培養技術を利用して生産される，いわゆるバイオ医薬品も，生物製剤の範ちゅうに含まれると考えられる．ただし，生薬は伝統的に生物製剤には含めない．

医薬品は，その品質，有効性および安全性を確保するために，薬事法により製造，販売などが規制されている．薬事法の第42条第1項では"厚生労働大臣は，保健衛生上特

別の注意を要する医薬品につき(中略)その製法，性状，品質，貯法等に関し，必要な基準を設けることができる"と規定されている．ワクチン，免疫血清および血液製剤は，この条項に該当する医薬品として生物学的製剤基準(以下，生物基準と略す)が定められている．生物基準は，"通則""医薬品各条""一般試験法""標準品"などの項目よりなっている．"医薬品各条"では，生物製剤の品目ごとに，"本質及び性状""製法""試験""貯法及び有効期間"などについて記載されている．"試験"の項では製剤の品質，力価および安全性を検査するための試験法が記載されている．これらの試験を実施するうえで必要になる標準品が"標準品"の項にまとめられている．生物基準は，成書[17]または国立感染症研究所のウェブページ(www.nih.go.jp/niid/)でみることができる．

B. バイオアッセイの考え方と標準品

ワクチン，免疫血清および血液製剤の有効成分は，タンパク質などの高分子物質，不活化した微生物の菌体やその部分精製物，弱毒化した微生物などである．化学合成品と異なり，これらの生物製剤の力価および毒性を物理化学的な方法で計測することは困難である．そこで，被検品に対する実験動物や培養細胞などの反応を計測する方法(バイオアッセイ)[18]が用いられる．バイオアッセイでは，生物というきわめて複雑な系が計測対象であることから実験条件のすみずみまで厳密に管理することは難しく，実験ごとに大きな誤差を伴う．そこで，被検品と標準品を同時に計測し，被検品の計測値を標準品の計測値に対する相対値に換算する手法が，しばしば用いられる．被検品と標準品の計測が実験条件の影響を同程度に受ける前提で，実験条件の変動を相殺するわけである．生物基準標準品は，国内の生物製剤製造所と国家検定機関が使用する共通のものさし(国内標準品)として制定され，共通の土俵の上で生物製剤の品質をチェックすることを可能にしている．さらに，国際的に生物製剤の評価基準を統一するために，WHOにより生物製剤の国際標準品が制定されている．国際標準品が制定されている場合は，原則として，生物基準標準品は国際標準品に対して校正して値付けされる．

C. 生物基準標準品と国際標準品の入手方法

生物基準標準品の製造(品質評価と値付け)と製品交付の業務は，厚生労働省所管の国立感染症研究所が担当している．製品交付は，厚生労働省告示の"国立感染症研究所製品交付規程"に従って有償で行われる．同規程では，交付先として"国及び地方公共団体並びにこれらの機関""生物学的製剤及び抗菌性物質製剤の製造業者""研究機関""前号に掲げる者のほか，国立感染症研究所長が適当と認めるもの"があげられており，交付先は原則として，生物製剤製造所と公的研究機関に限られている(それ以外で交付を希望する場合は，国立感染症研究所業務管理課検定係に問い合わせること)．

WHOの国際標準品のカタログは，WHOのウェブサイト(www.who.int/bloodproducts/ref_materials/)で確認できる．頒布元は，英国のNational Institute for Biological Standards and Control(NIBSC)のものが多い．国家検定機関は無料で，それ以外の研究機関や製造所は有償で頒布を受けることができる．頒布の申し込みは，直接，頒布元の機関に行う．

　生物基準標準品は失活や変性をしやすいので，温度管理を厳密に行うことが重要である．保存温度は，4℃または-20℃のものが多い．製品ごとに保存温度が決められているので，それを厳守するとともに，温度記録を残すことが必要である．

文　献

1) ISO 17511, "In vitro diagnostic medical devices-Measurement of quantities in biological samples. Metrological traceability of values assigned to calibrators and control materials", 1st ed. ISO, Geneva(2003)；邦訳版，"体外診断用医薬品・医療機器―生物試料の定量測定―校正物質と管理物質の表示値の計量学的トレーサビリティ"，日本規格協会(2003).
2) ISO 18153, "In vitro diagnostics medical devices-Measurement of quantities in biological samples-Metrological traceability of values for catalytic concentration of enzymes assigned to calibrators and control materials", (2003).
3) http://www.bipm.org/en/committees/jc/jctlm/
4) 日本臨床化学会血液ガス・電解質専門委員会，臨床化学，**22**，279(1993).
5) K. Kuwa, K. Yasuda, *Anal. Scien.*, **17**, i495(2001).
6) 日本臨床化学会糖尿病関連指標専門委員会，臨床化学，**37**，393(2008).
7) N. Rifai, "Handbook of Lipoprotein Testing", AACC Press(2000), p.221.
8) 桑克彦，検査と技術，**36**，287(2008).
9) http://www.jccls.org/active/standard3.html
10) 新エネルギー・産業技術総合開発機構，平成19年度成果報告書，産業技術総合研究所(2008), p.175.
11) 厚生省，日本抗生物質医薬品基準，(抗菌性物質製剤基準，1952年3月8日告示)，1969年8月11日告示，1982年6月30日告示，1990年3月31日告示，1998年8月3日告示，2000年7月12日告示，廃止2002年12月27日告示.
12) 厚生労働省，第十四改正日本薬局方，2001年3月30日告示．第一追補，2002年12月27日告示．第二追補，2004年12月28日告示.
13) 厚生労働省，第十五改正日本薬局方，2006年3月31日告示．第一追補，2007年9月28日告示.
14) 日本公定書協会 編，"日本薬局方技術情報2001"，じほう(2001), pp.21-26.
15) 日本公定書協会 編，"日本薬局方技術情報2006"，じほう(2006), pp.237-242.
16) 国立感染症研究所総務部業務管理課 編，"検定検査関係規程・通知例規集"，国立感染症研究所(2006).
17) 細菌製剤協会，日本血液製剤協会，日本赤十字社監修，"生物関連製剤ハンドブック2004"，じほう(2004).
18) 黒川正身，高橋宏一，石田説而，"バイオアッセー　その医学生物学領域での適用"，近代出版(1978).

CHAPTER 8　材料特性解析用標準物質

8.1　表面分析・解析用

　オージェ電子分光(AES),X線光電子分光(XPS),二次イオン化質量分析(SIMS)などの現在の表面分析を代表する手法の原型が確立されてからすでに40年近くになる.この間,飛躍的な技術的進歩によって,表面分析法は高い空間分解能で固体表面の局所的な組成や状態などの情報を与えるようになり,材料の構造と機能を含めた従来の化学分析にみられない総合的評価を可能とした.応用される分野も半導体,触媒,新材料開発をはじめとして,バイオや農業分野へも拡大した.最近では,クラスターイオンやC_{60}イオンを利用したSIMSなど,大きな進歩を遂げている.一方,ISOの整備などにより表面分析が重要な評価手段として確立され,材料開発や研究の現場だけでなく分析業務をサービスとする企業の分析センターや研究支援産業などにおいて,表面分析関連の業務はかなりの割合を占めていると推定される.このような状況において,表面分析の信頼性を確保するために,分析手順の標準化や標準物質の開発が必要になっている.

　表面分析における標準化に向けた活動は,欧米ではNIST[*1],NPL[*2],ASTM[*3]-E42などで先行して行われてきた.わが国の活動は,1986年に発足した新材料と標準に関するベルサイユプロジェクト(Versailles Project on Advanced Materials and Standards：VAMAS)がきっかけになっている.VAMASの課題に表面化学分析(surface chemical analysis)が取り上げられたことを契機に,わが国でも日本学術振興会141委員会などによる活動が始まり,ISO/TC 201の提案国として受け入れられるなど国際標準化に貢献するまでにいたっている[1]. XPS, AES, SIMS, グロー放電分光(GDOES),全反射蛍光

---

*1　米国国立標準技術研究所(National Institute of Standards and technology).
*2　英国国立物理学研究所(National Physical Laboratory).
*3　米国材料試験規格(American Society for Testing and Materials).

X線(TXRF)などを中心に開始された規格作成は，現在では，走査プローブ顕微鏡(SPM)，原子間力顕微鏡(AFM)，X線反射率(XRR)を取り込み，ナノテクノロジーへの展開を期待して，より広い領域をカバーしようとしている[2]．

8.1.1 表面分析用標準物質の用途

表面分析・解析では，分析機器の校正などの汎用性の高い標準物質の用途として，次のような利用法が考えられる．

① 深さ方向分析の精度の確保
  ・深さのスケールとして
  ・界面分析の分解能の評価
  ・スパッタリング条件の最適化
  ・イオンビームアライメント
② 分析機器の校正
  ・エネルギーや質量軸の校正
  ・強度の校正
  ・分解能の校正
  ・分析器の透過関数の校正
③ 表面組成などの定量
  ・単分子層レベルの強度
  ・多成分系の定量
  ・検出限界の校正
④ AFMなどのスケール校正
  ・横軸目盛り校正
  ・高さ・段差校正
  ・三次元形状評価

表面分析の分野では，上記のように種々の用途への期待がもたれているが，最表面を測定対象とすることやnmレベルなど高度な精度を必要とするため，試料作製とともに利用技術においても解決すべき課題が多く，必ずしも十分な種類の供給がなされているわけではない．次項では，実際に利用されている標準物質について，概略や使用例について紹介する．

8.1.2 標準物質の特徴と適用例

A. 深さ方向分析用の層状標準物質

深さ方向分析用の多層膜標準物質は，表面分析が発展する初期段階から開発されてきた．代表例は，NISTによるSRM 2135(Ni/Cr，合計8層の多層膜)で，類似の多層膜が研究者自身によっても作製されイオンスパッタリングの基礎研究によく利用されてきた．しかし，Ni層およびCr層の膜厚が，それぞれ66 nm，53 nmとかなり厚く，実用的な時間で深さ分析を行うには，3 keV以上の高エネルギーイオンを用いた大きなスパッタリング速度を必要とするため，現在では利用されることは少ない．最近では，表面のダメージを減らすために低エネルギーのイオンビームを用いる場合が多く，スパッタリング速度が遅くなるため1層が20 nm以下であることが重要となってきている．このような背景のなかで，イオンスパッタリングによる深さ方向分析の最適化を行うためのISO規格が作成され[3]，そのための標準物質として(独)産業技術総合研究所(以下，産総研と略す)は表面分析分野では初めてとなるGaAs/AlAs超格子認証標準物質(NIMC CRM 5201-a)を開発した．多層材料にエピタキシャル成長させた超格子構造を用いたため，界面が原子オーダーで急峻で，膜厚の不確かさが0.3 nmと小さいなど，膜厚以外にも従来の標準物質にない優れた特性をもっている．また，従来の多層膜標準物質の特性値は，おもに化学分析をもとにしていたが，ここではX線反射率法を用いて長さへの直接的なトレーサビリティを与えたことも新しい試みであった．図8.1にAESによる深さ方向分析の例を示した[4]．装置が適切に調整されていると，イオン加速電圧が1 keVで各層が十分に分離できることがわかる．また，表8.1に産総研が供給する層状構造の認証標準物質を示した．新しいNMIJ CRM 5202-aでは，不確かさは0.1 nm以下

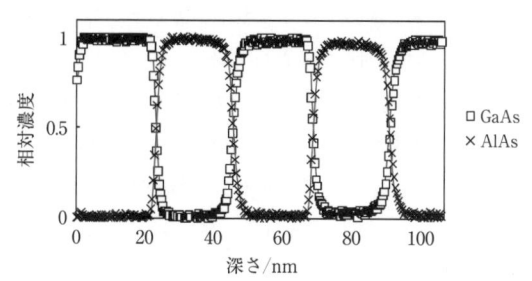

図8.1 AESによるNIMC CRM 5201-aの深さ方向分析例(イオン種：Ar，イオンエネルギー：1 keV)
[小島勇夫，*AIST Today*, **5**(1), 25(2001)]

8 材料特性解析用標準物質

表 8.1 産総研が供給する層状構造の認証標準物質

標準物質	特徴	膜厚など	不確かさなど	認証標準物質名
GaAs/AlAs 超格子*	エピタキシャル成長	全5層 各層約24 nm	<0.3 nm	NMIC CRM 5201-a
GaAs/AlAs 超格子**	エピタキシャル成長	全5層 各層10 nm	<0.1 nm	NMIJ CRM 5203-a
SiO_2/Si 多層膜**	スパッター成膜	全5層 各層20 nm	<0.8 nm	NMIJ CRM 5202-a
極薄シリコン酸化膜**	オゾン成膜	単層 3.49 nm	0.19 nm	NMIJ CRM 5204-a

* 表面分析研究会ウェブページ(http://www.sasj.gr.jp/STD/CRM5201-a/japan_pamphlet.html)
** NMIJ-CRM カタログ,NMIJ ウェブページ(http://www.nmij.jp/)

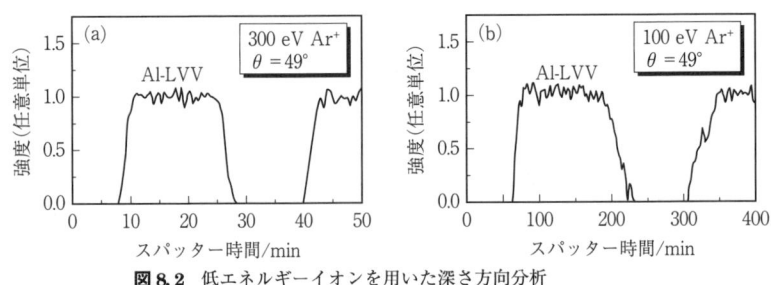

図 8.2 低エネルギーイオンを用いた深さ方向分析
[Y. Mizuhara et al., Surf. Interface Ana., **37**, 171 (2005)]

となり,半導体分野における膜厚管理用機器の校正にも利用できると期待される.

最近では,500 eV 以下の低エネルギーで深さ方向分析が行われるようになった.このため,イオン銃のアライメントの調整が重要になっている.図 8.2 に,Mizuharaらが独自に開発した低加速イオン銃のアライメントの調整や,界面構造評価への適用のための基準として応用した例を示す[5].彼らはイオンビームアライメント用の特殊なステージを用いてイオンビームを調整し極限的なプロファイルを得ている.イオンエネルギーが 100 eV と 300 eV の結果が示されているが,プロファイルの違いから単にイオンスパッタリングによる荒れのほかに,信号がもつ情報の深さが重畳されていることがわかる.

B. イオン注入標準物質

イオン注入(ion implantation)は,種々の物質をイオン化加速して固体内に注入し,固体の特性を変化させるために用いられる.とくに,半導体分野では,シリコン(Si)結晶

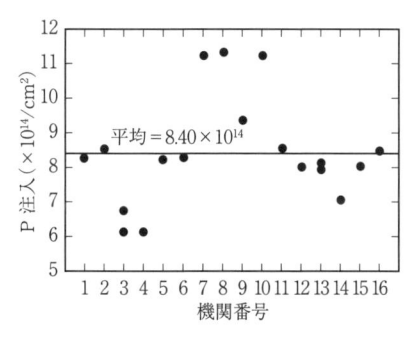

図 8.3 SIMS によるリン分析の共同試験結果
[R. L. Paul, *et al.*, *Anal. Chem.*, **75**, 4028 (2003)]

表 8.2 イオン注入認証標準物質

注入イオン （基板）	平均注入深さ nm	注入量＋−不確かさ atoms cm^{-2}	認証標準物質名
B$^+$	180	$(1.018 \pm 0.035) \times 10^{15}$	NIST SRM 2137
P$^+$	140	$(9.58 \pm 0.16) \times 10^{14}$	NIST SRM 2133
As$^+$	70	$(7.330 \pm 0.028) \times 10^{14}$	NIST SRM 2134
Sb$^+$	170	$(4.81 \pm 0.06) \times 10^{16}$	ERM-EG 001 (IRMM-302/BAM-L001)

などへのドーパント注入として利用され，注入量や注入深さが半導体特性と密接に関係するために高精度な評価が必要とされる．注入物質には，ホウ素(B)，リン(P)，ヒ素(As)などが用いられるが，最近では素子サイズの微細化とともに，金属重元素も用いられるようになった．イオン注入の濃度が低いため，通常は二次イオン質量分析計(SIMS)のような高感度な分析手法が用いられる．共同分析の一例として，米国の半導体関連 16 機関によって行われた結果を図 8.3 に示した[6]．ここでは参加機関がそれぞれ独自の参照標準を用いたためにばらつきが大きく，認証標準物質を必要とする根拠にもなっている．表 8.2 に現在入手できる認証標準物質を示す．NIST SRM 2137 の応用として，Si 中に均一に添加された B の評価法について ISO 規格が作成された[7]．B および P 注入の CRM については，それぞれ ^{10}B，^{31}P の単一の同位体を注入していることは注意を要する．とくに，B 注入物質の SIMS 測定では，同位元素間，^{10}B と ^{11}B で感度の違いが報告されている．

　表 8.2 に示したイオン注入認証標準物質では，イオン注入時に高加速のイオンが用いられているため，注入深さが 70〜200 nm とかなり深くなっている．しかし，最近の半導体デバイスの高密度化により，表面から 10 nm 以下の浅い領域へのイオン注入(極浅注入とよばれる)が用いられるようになり，新たな標準物質への期待が高くなってきた．

8　材料特性解析用標準物質

このため，産総研ではAs注入を中心とした極浅イオン注入デバイスの評価用標準物質の開発を進めてきた．供給開始は2010年を予定している．注入深さが表面極近傍にかぎられることから，局所的な濃度が増加することになり，測定できる表面分析手法が多くなった．これまで，SIMSのほかに斜入射蛍光X線分析や高分解能ラザフォード後方散乱分光法(RBS)などによる比較が試みられている．予備的な結果であるがこれらの成果はNMIJ計測クラブのウェブページで紹介されており，共同試験で用いられた試料の試験的供給も行われている[8]．

C．AFM高さ校正用標準物質

ISO/TC 201委員会にSPMに関する規格作成を担うSC-9が発足したのは2006年である．これまでSPM装置メーカーなどから三次元形状を測定する試料が提供されているが，認証されたものはないと思われる．nm以下の高さを校正する試料として(独)製品評価技術基盤機構(NITE)のデータベース[9]に登録されたSi(111)表面のステップを利用するものがあり，NTT-ATから供給されている[10]．表面のAFM像を図8.4に示した．ステップ高さは0.31 nmと与えられている．このような微細構造は，人工的に作製することが容易ではないため，物質固有の構造を用いることは理にかなっている．しかし，現在のところ，nm以下の小さな段差をSIトレーサビリティを確保して正確に測定することは実現できてない．Si(111)のステップの高さについては，NISTの研究者らにより複数の手法により比較されたことがある[11]．図8.5に示すように，バルク構造から予測されるステップ高さは314 pmで，これはLEED(低エネルギー電子線回折)による結果，(312 ± 14) pmとよく一致しているが，測長AFMの結果，(304 ± 8) pmとわずかであるがずれている．ここでは，推奨値が(312 ± 12) pmとされた．単結晶表面でス

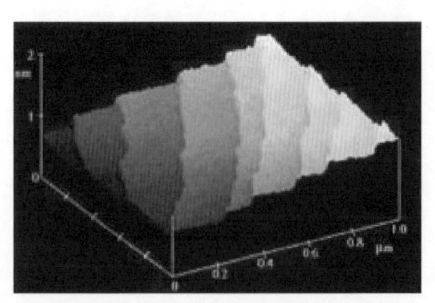

図8.4 Si(111)面ステップ構造のAFM像
［NTTアドバンステクノロジ株式会社
(http://keytech.ntt-at.co.jp/material/prd_4001.html)］

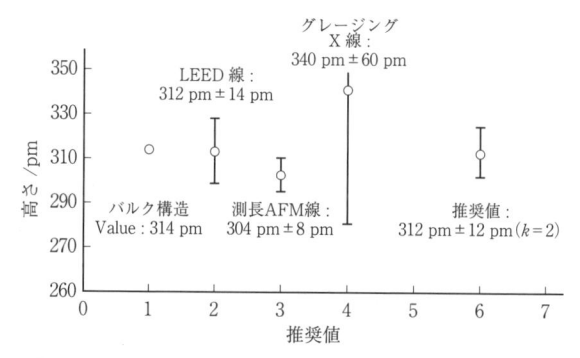

図 8.5 種々の手法で測定された Si(111) ステップ高さと推奨値
[N. G. Orji, *et al.*, *Wear*, **257**, 1264 (2004)]

テップ構造を示す物質には，ほかにもイオン注入後高温処理した Al_2O_3 表面などがあり，Si 表面よりも安定性がよいことがわかっている．今後，ナノ計測における計量精度の高度化をはかることにより，国際度量衡委員会などでより正確な特性値が決定されていくと考えられる．

D. ナノスケール評価用標準物質のトレーサビリティ

認証標準物質は原則として SI 単位へのトレーサビリティが取られている．しかし，nm レベルの計量の不確かさは，当然であるが原子の大きさの影響を受ける．とくに人工的に作製される材料，たとえば層状試料では層間界面で混合が生じ，これが深さ方向に傾斜する場合など，厳密な計測が困難な場合がある．国際度量衡委員会物質量諮問委員会(CIPM/CCQM)の表面分析ワーキンググループ(WG)で熱酸化膜の比較が行われたが，界面に存在するサブオキシドなどのため測定値(膜厚)が手法間で異なることが見出されている[12]．また，最近，NIST から供給が開始された金微粒子標準物質においても，手法間で異なる値が特性値として記載されている[13]．現在のところ，いずれの場合も，特性値の SI へのトレーサビリティを厳密に示すことは容易でないが，今後，ナノテクノロジーが発展するには解決しなくてはならない課題となっている．

8.2 高分子特性解析用

8.2.1 高分子標準物質の種類

対象とする特性に応じて 3 種類の標準物質がある．第一の標準物質は"分子特性解析"あるいは"キャラクタリゼーション"といわれる分野で使用され，分子量標準物質が代

表 8.3 高分子標準物質の販売代理店(2008 年現在)

販売代理店	連絡先(電話と e-mail)	供給者,種類など
㈱ゼネラルサイエンスコーポレーション	03-3583-0731 standard@shibayama.co.jp	BAM[*1], NIST[*2], NMIJ[*3], Polymer Source, SP^2, Polyscience, Polymer Laboratories, American Polymer Standards など多数の供給者,種類を取り扱っている.
創和科学㈱	03-3833-8899	NIST, NMIJ, Polymer Source, SP^2, Polyscience, Polymer Laboratories, American Polymer Standards など多数の供給者,種類を取り扱っている.
西進商事㈱	03-3459-7491(代) info@seishin-syoji.co.jp	NIST, NMIJ
東ソー㈱[*4]	03-5427-5180 hlc@tosoh.co.jp	SEC[*5]校正曲線用標準物質(ポリスチレンとポリエチレンオキシド)
昭光通商㈱	03-3459-5104 shodex.tokyo@shoko.co.jp	SEC 校正曲線用標準物質(ポリスチレン,ポリエチレンオキシド,プルラン)
シグマアルドリッチジャパン㈱	03-5796-7350 sialjpsp@sial.com	SEC 校正曲線用標準物質
(財)化学技術戦略推進機構高分子試験・評価センター	03-3862-4841	動的粘弾性,シャルピー衝撃,引張弾性

*1 BAM:Federal Institute for Materials Research and Testing(ドイツ).
*2 NIST:National Institute of Standards and Technology(米国).
*3 NMIJ:(独)産業技術総合研究所計量標準総合センター(日本).
*4 標準物質供給者なので,各地の販売代理店経由で入手する.
*5 SEC:サイズ排除クロマトグラフィー.
(注) 関東化学㈱,和光純薬工業㈱,ジーエルサイエンス㈱は,NMIJ の高分子認証標準物質を取り扱っている.

表的である.標準物質は平均分子量あるいは分子量分布を決定する装置を校正あるいは性能評価するために用いられる.高分子の標準物質といえば大部分が分子量標準である.この節ではおもに分子量標準物質を説明する.

第二は,力学物性評価用の標準物質である.プラスチック製品としての力学物性を評価する測定において測定の妥当性評価に用いられる.たとえば溶融粘度,粘弾性,あるいは引っ張り強度の測定などである.供給元を表 8.3 に示しておく(詳細は 8.2.3 項参照).

第三は,高分子分析用標準物質である.プラスチック内部に含まれる重金属や低分子化合物を分析するために使われる標準物質であり,プラスチックの安全性評価の観点から最近増加傾向にある.たとえば EU の RoHS(ローズ)指令[*6]に対応したプラスチック

---

*6 2006 年 7 月に施行された電気・電子機器における有害物質の使用規制.

標準物質があるが，これは5.7節で取り上げるのでここでは取り上げない．

8.2.2 分子量標準物質の種類

　高分子ごとに，あるいは平均分子量ごとに非常に多くの標準物質がある．そのなかで有機溶媒系ではポリスチレンが，水系ではポリエチレングリコールが代表的である．そのほか有機溶媒用としてポリメタクリル酸メチル，ポリα-メチルスチレン，ポリブタジエン，水系用としてプルランやデキストランなどの多種類の標準物質がある．これらの標準物質は分子量分布が狭く，一連の平均分子量のセットとして供給されており，サイズ排除クロマトグラフィー(size-exclusion chromatography：SEC)の校正曲線作成に用いられる．

　そのほか，数は少ないが分子量分布が広い標準物質も供給されている．たとえばNISTやNMIJが供給している多分散ポリスチレンなどはSECによる分子量分布測定が妥当に行われているかどうかのチェックに使われる．

8.2.3 入手先および購入時の注意

　入手方法には3とおりの方法がある．第一は，標準物質の専門代理店を通じて購入する方法である．表8.3に国内のおもな代理店(供給者)を示す．

　専門代理店を通じずに購入する場合もある．SEC装置やカラムを販売しているメーカーが同時に標準物質を販売している場合であり，これらのメーカーと取引がある代理店を通じて購入する．身近にどのような代理店があるかは各メーカーに聞くとよい．国内では，東ソー㈱と昭和電工㈱の2社があり，品質の高い標準物質を供給している．Polymer Laboratories社(英国)やPolymer Standard Service社(ドイツ)など海外のメーカーの場合は，日本の代理店に連絡する．これらのメーカーも品質の高い標準物質を提供している．

　そのほか，一般的ではないが試薬メーカーから購入する方法もある．たとえばNMIJ認証標準物質は，国内の試薬メーカーが取り扱っているし，シグマ アルドリッチ社なども各種のSEC校正曲線用の標準物質を販売している．

　購入するさいは，高分子の種類だけでなく，特性値をとくに注意しなければならない．同じポリスチレンでも平均分子量と分子量分布が異なればまったく違ったものである．ポリスチレンだけでも平均分子量の異なった非常に多くの標準物質がさまざまな供給者から供給されているので，分子量領域に適した平均分子量をもつ標準物質を選ばなければならない．

次に，分子量分布の"狭さ"をよく検討して購入する必要がある．ほとんどの分子量標準物質は分子量分布の狭い"単分散"試料であり，多分散度 M_w/M_n が 1.1 以下であれば問題なく使える．しかし，分子量分布がこれよりも広い試料もあり，とくにポリカーボネートなど縮合系の高分子やポリエチレンなどのポリオレフィン系の高分子では非常に分子量分布の広い試料が標準物質として供給されているので，注意する必要がある．そもそもこれらの標準物質は測定の妥当性評価に用いられるものであり，SEC の校正曲線用としては使用できない．

"ロット(lot)切れ"にも注意する必要がある．分子量標準物質はバッチの重合反応によってつくられ，分子量分布を厳密に制御できない．同じ品番のものでもロットが異なれば少し異なった平均分子量値をもつ．品質管理では製品仕様の連続性をみるため，同じロットの標準物質を使い続けることが要求されるので，ロット違いは深刻な問題である．

信頼性のある認証値をもつ標準物質を選ぶようにすることも必要である．国立機関が出している標準物質以外は ISO Guide にもとづく品質システムや不確かさ評価などを行っている例が少ないので，注意が必要である．また，市販されている標準物質の品質は玉石混交であり，あまり流布していないものには注意したほうがよい．

8.2.4 保 管 法

ポリスチレンやポリメタクリル酸メチルなど大多数の分子量標準物質は化学的に安定なので長期間室温で保管できるし，容器のふたを普通にしておけば十分である．吸湿も気にすることはない．また，分子量標準物質はたいてい褐色びんに入っているのでとくにそれ以上遮光する必要もない．ただ，白いプラスチック容器の場合は，念のため箱に入れる程度の遮光はしたほうがよいだろう．

ただし，例外もある．末端にヒドロキシ基や主鎖にエーテル結合をもつ高分子の場合には，室温ではなく冷蔵や冷凍保管をしたほうがよい．典型的な分子量標準物質であるポリエチレンオキシド(平均分子量が 20 000 以下だとポリエチレングリコール)は，加水分解して分子量が低下するおそれがある．多糖類などほかの水溶性高分子の標準物質も，できれば冷蔵したほうがよいと思われる．冷蔵(あるいは冷凍)してあった標準物質を使用するときは，室温に戻してからふたを開けることはいうまでもない．結露によって標準物質の表面に水が付着するのを避けるためである．

添加剤分析用の標準物質は注意して保管しなければならない．プラスチックに練り込んである添加剤は低分子が多く，温度が高いほど揮散しやすく濃度が変わりやすい．揮

散や高分子の構造変化を防ぐために冷蔵することが勧められる．また，少ないとはいえ水分を気にする場合も固く密栓し冷蔵するほうがよい．

8.2.5 調製時の注意

ほとんどの高分子標準物質は通常の雰囲気下で調製できる．水分の吸収はないし，空気と反応もしない．特別の環境は必要ない．

ひょう量などの試料調製で採取する場合，粉末の場合は清浄なさじ（ステンレス製のスパーテル），ペレットの場合はさらにピンセットを使えば十分である．固体試料なので用具や容器などからの汚染は少なく，さじなどは良溶媒（高分子をよく溶かす溶媒）で洗い，水洗後に乾燥機で乾燥する程度でよい．一方，液体試料や粘凋試料の場合は試料がよく見えないので，用具をよく洗ったほうがよい．

ふわふわした微粉末試料のひょう量時には静電気に注意をする．静電気のため容器，さじ，あるいはてんびんに粉末が付着し正確なひょう量の邪魔をする．ただ，静電気を除去することはなかなか困難なので，ひょう量精度を気にしながら多少の損失覚悟で試料を調製するしかないのが実情であろう．

高分子の溶解には時間がかかるので，溶液試料を調製する場合は十分な時間をとる必要がある．いかに良溶媒であっても分子量が高いものほど時間をかけて溶解させる．たとえば，SEC測定用にポリスチレンのテトラヒドロフラン（tetrahydrofuran：THF）希薄溶液を調製する場合，2時間程度はかくはん時間が必要とされている．貧溶媒に溶解する場合，溶解を促進するために加温することもある．ただし，分子レベルまで完全に溶解させるためには，まず常温で十分に膨潤させて"ままこ"状態にしてから加温したほうがよい．また，高分子の分解を防ぐため，できるだけ温度を上げないようにする．

試料溶液のかくはんも注意する．分子量が100万を超えるような高分子量の試料はかくはん子（スターラー）でかくはんしないほうがよい．液体内の流れによるせん断力で分子鎖が切れ，平均分子量が変化するからである．溶液全体をゆっくり揺らし時間をかけて（たとえば一晩）溶解する．

8.2.6 標準物質を適用するさいの注意

特定の特性を解析するために作製されているので，ほかの目的のために使用できない．たとえばマトリックス支援レーザー脱離イオン化法—飛行時間型質量分析法（matrix-assisted laser desorption/ionization-time of flight mass spectrometry：MALDI-TOFMS）を意識して作製された分子量標準物質は，質量軸の校正に対して保証していな

い．重合度成分の分子量が与えられていても，分解能の高い質量分析には向かないからである．ただし，SEC 用の標準物質の多くは単分散なのでモデル物質として研究用に使用されることが多い．

SEC 用の校正曲線を作成する場合，分子量標準物質のどの特性値を使うか注意する必要がある．特性値には重量平均分子量 M_w と数平均分子量 M_n とがあり，どちらの値を使うかで数％の違いがでる．細かいことだが，本来 SEC クロマトグラムのピークトップに相当する分子量は M_w でも M_n でもないことに注意する．

どの供給者の標準物質を使うのかも注意する．異なった供給者の分子量標準物質を混ぜて SEC の校正曲線を作成するのは勧められない．供給者が異なると特性値にかたよりがかなりあり，データ点が系統的にばらつき，校正曲線が変形するからである．

文　献

1) 志水隆一，真空, **30**, 666(1987).
2) JSCA ニュース((財)日本規格協会　表面化学分析技術国際標準化委員会), No. 4, 1996；JSA ニュース特集号 JSA ニュース特集号　表面化学分析技術・マイクロビーム分析技術国際標準化活動状況, 2008 年 8 月, 規格協会, など．
3) ISO 14606：2000(JIS K 0146：2002), 表面化学分析—スパッター深さ方向分析—層構造系標準物質を用いた最適化法.
4) 小島勇夫, *AIST Today*, **5**(1), 25(2001).
5) Y. Mizuhara T. Bungo, T. Nagatomi, Y. Takai, S. Suzuki, K. Kikuchi, T. Soto, K. Uta., *Surf. Interface Ana.*, **37**, 171(2005).
6) R. L. Paul, D. S. Simons, W. F. Guthrie, J. Lu., *Anal. Chem.*, **75**, 4028(2003).
7) ISO 14237：2000(JIS K 0143：2000), 表面化学分析—二次イオン質量分析法—シリコン中に均一に添加されたボロンの原子濃度の定量方法.
8) http://www.nmij.jp/~nmijclub/nano/nano.html
9) 標準物質総合情報システム (RMinfo) データベース.
10) http://keytech.ntt-at.co.jp/material/prd_4001.html；M. Suzuki, S. Aoyama, T. Futatsuki, A. J. Kelly, T. Osada, A. Nakano, Y. Sakakibara, Y. Suzuki, H. Takami, T. Takenobu, M. Yasutake, *J. Vac. Sci. Technol. A*, **14**(3), 1228(1996).
11) N. G. Orji, R. G. Dixson, J. Fu, T. V. Vorburger, *Wear*, **257**, 1264(2004).
12) M. P. Seah, S. J. Spencer, F. Bensebaa, I. Vickridge, H. Danzebrink, M. Krumrey, T. Gross, W. Oesterle, E. Wendler, B. Rheinlander, Y. Azuma, I. Kojima, N. Suzuki, M. Suzuki, S. Tanuma, D. W. Moon, H. J. Lee, Hyun Mo Cho, H. Y. Chen, A. T. S. Wee, T. Osipowicz, J. S. Pan, W. A. Jordaan, R. Hauert, U. Klotz, C. van der Marel, M. Verheijen, Y. Tamminga, C. Jeynes, P. Bailey, S. Biswas, U. Falke, N. V. Nguyen, D. Chandler-Horowitz, J. R. Ehrstein, D. Muller, J. A. Dura, *Surface Interface Anal.*, **36**, 1269(2004).
13) NIST RM 8011 (Gold Nanoparticles)；http://ts.nist.gov/measurementservices/referencematerials/index.cfm

CHAPTER 9　標準物質関連活動と国際文書

9.1　国際活動
9.1.1　物質量諮問員会(CCQM)/国際度量衡委員会(CIPM)

　長さ，重さ，時間，物質量(mol)などの計測の基準となるさまざまな単位は，メートル条約によってSI単位系(m, kg, s, K, A, cd, mol)を世界的に統一した基準として用いることが定められている．メートル条約のもとで，実質的にさまざまな量や単位の国際整合性を確立し，測定方法や信頼性に関する国際的な合意を形成するための委員会として国際度量衡委員会(CIPM)があり，また，kg原器を保管し，計量標準に関する研究を行う機関として国際度量衡局(BIPM)が設置されている．CIPMのもとには国際単位と基本的な量について具体的な議論を行うため10の諮問委員会が設置され，それぞれの分野において計測の国際整合性とトレーサビリティを確保するために，国際基準の選定や国際比較などの具体的な活動を行っている．

　CIPMは電磁気測定や測光・放射測定からはじまり，長さや重さに代表される"物理量"の国際整合性に関する研究を中心に活動を行ってきた．一方，20世紀の後半になると経済活動がグローバル化することに伴って，円滑な国際通商の確立，快適な地球環境の保全，安全・健康な生活の確保の必要性から，"物質量＝mol"を基本単位とする化学物質の測定や分析に関する国際的な整合性が強く求められるようになった．そこで，CIPMは1993年に物質量諮問員会(CCQM)を設置して，物質量(＝化学物質の量)測定における国際整合性の確立やトレーサビリティの確保のために，測定の"目盛り"となるpH標準液，無機標準液，有機標準液，純物質，標準ガスなど校正用標準物質の整備，あるいは測定法や測定値の妥当性評価を行うための組成標準物質(無機材料標準物質，環境標準物質，食品標準物質など)の整備に関する活動を開始して，現在にいたっている．

　CCQMでは，現在，以下に示す七つのワーキンググループ(WG)，すなわち，① 国際

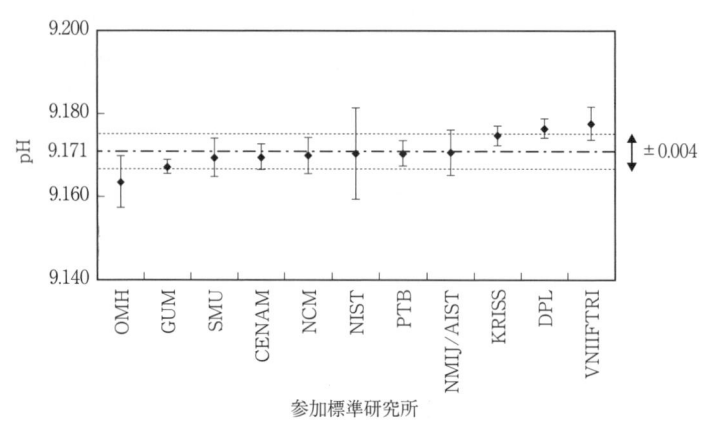

図 9.1 pH 測定(ホウ酸緩衝液(25℃))の国際比較(CCQM-K19)の結果
(P. Spitzer, *Metrologia*, **43**, Tec. Suppl., 08015(2006)のデータより作成)

比較の評価登録(KCWG), ② ガス分析(GAWG), ③ 電気化学分析(EAWG), ④ 無機分析(IAWG), ⑤ 有機分析(OAWG), ⑥ 生物分析(BAWG), ⑦ 表面分析(SAWG)が活動を行っている. 各 WG では当該分野で必要とされる標準物質に関して国際比較を行い, 各国(あるいは地域)の国家標準(national standard)の同等性を確認している. その結果は校正測定能力(calibration and measurement capability:CMC)として BIPM が運営するウェブページ[1]上に公開されており, 誰もが各国の国家標準の国際同等性に関して知ることができる. CCQM では 2008 年 10 月現在で 71 件の国際比較と 117 件のパイロットスタディが実施され, 約 4300 項目の CMC が登録されている. 図 9.1 にはその例として, EAWG で行われた pH 測定(ホウ酸緩衝液(25℃);pH 9.17)の国際比較(CCQM-K19)の結果を示す[2]. 参加機関の報告値の平均は pH 9.171 でその標準偏差は 0.004 であり, 非常によい一致を示している. 図 9.1 からわかるように, pH 測定分野では各国の国家標準では高い同等性が確保されている. なお, 実際の国際比較の結果は pH ではなく酸度関数(acidity function)で表記されている.

CCQM では設立以来 15 年(2008 年現在)がすぎ, 最近では校正用標準物質の整備に加えて, 妥当性評価のための標準物質の整備が重要な課題となっている. IAWG や OAWG ではわれわれの生活や通商に直結した環境試料, 食品試料あるいは RoHS 指令関連試料中の主成分および無機あるいは有機微量成分分析における国際整合性の確保に関する検討が行われている. また, BAWG ではバイオテクノロジーを支える測定技術である DNA, RNA の定量やタンパク質の定量に関する国際比較が行われ, SAWG では

先端産業に不可欠な薄膜の膜厚の測定に関する国際比較が行われている．さらに，検査医学（関連する機関：International Federation of Clinical Chemistry：IFCC，World Health Organization：WHO），薬学（Japanese Pharmacopeia：JP，United States Pharmacopeia：USP，European Pharmacopeia：EP），気候（World Metrological Organization：WMO），食品（Codex Alimentarius Commission），法医学（International Association of Forensic Science）などの分野と連携してトレーサビリティの確立と普及を進めている．

9.1.2 検査医学におけるトレーサビリティに関する合同委員会（JCTLM）

JCTLM（Joint Committee on Traceability in Laboratory Medicine）は，検査医学あるいは臨床化学分野でのトレーサビリティの確保，および国際同等性（comparability）と比較同等性（commutability）の担保を目的に，2002年6月のCIPMとIFCC，WHO，ILAC（International Laboratory Accreditation Cooperation）の合同委員会として設立された．JCTLMは，直接的には2003年12月から欧州連合（EU）で施行された"EUにおける体外診断検査装置（In Vitro Diagnostic Device）に関するEU指令（IVD Directive）"に対応して，臨床化学分野において国際整合性のとれた測定法や標準物質を定義することを目指して設置されたが，中長期的には，① 検査医学・臨床化学トレーサビリティの確立，② 国立標準研究所と臨床医療研究所との連携強化，③ 検査医学・臨床化学トレーサビリティの概念の啓発，④ 臨床化学における認証標準物質・計測方法等の開発，⑤ 測定システムや測定試薬を開発するIVD企業の育成，などを目標に活動を行っている．

JCTLMでは二つのWGが活動を行っている．WG 1ではトレーサビリティの確保された標準物質および国際的に合意（認証）された基準測定法を選定して，それらのリストを作成する作業を行っている．2008年時点で，電解質，代謝物，ホルモン，凝固因子，タンパク質，ドラッグ，酵素，核酸，血液型，血中ガス，血液中金属元素，ビタミン，感染症の13分野でトレーサビリティが確保された標準物質や基準測定法がJCTLMリストとしてまとめられ，BIPMのウェブページに掲載されている[3]．一方，WG 2では，臨床検査機関の国際的な同等性を確立することを目的に，各地域（あるいは国）で中核となる臨床検査機関による国際的ネットワークシステムの構築を行っている．その基本的な構想は，地域（あるいは国）ごとに中核機関を中心にする外部精度管理を行うネットワークを構築し，同時に，それぞれの中核機関がWG 2が企画する世界的なネットワークに参加して国際的な同等性を確保することにより，世界レベルで臨床検査の"技能によるトレーサビリティ"を確立しようとするものである．中核機関としては，ISO/IEC

17025あるいは15195を取得することを必須条件として,さらに,JCTLMリストに登録された標準物質と基準測定法を用いた臨床検査が行えることを登録の条件として,前述の13分野での登録審査が進められている.

9.1.3　国際標準化機構標準物質委員会(ISO/REMCO)

ISO/REMCO (International Organization for Standardization/Committee on Reference Materials)では,標準物質(とくに,用語,製造,使用)に関するISO Guideの作成を行っている.ISO/REMCOはISOのtechnical committee(TC)とは異なり,すべての技術分野で使われる横断的技術のガイドを作成する委員会としてISO組織に位置づけられ,化学計量におけるトレーサビリティとそれを支える標準物質について議論を行っている.これまでにISO/REMCOでは,計量学的トレーサビリティと不確かさが担保された認証標準物質を製造するガイドとしてISO Guide 30シリーズを作成し,当該ガイドは認証標準物質作製の基本的な指針として広く受け入れられている.Guide 30には"標準物質の用語と定義",Guide 31には"認証書とラベル",Guide 32には"化学分析における校正及び認証標準物質の使い方",Guide 33には"認証標準物質の使い方",Guide 34には"標準物質生産者の能力に関する一般要求事項",Guide 35には"標準物質の認証のための一般的及び統計的原則"に関して記述されており,日本国内でも対応JISとしてJIS Q 0030シリーズが日本規格協会から頒布されている.ISO/REMCOでは標準物質やトレーサビリティの進歩,社会要請の変化に合わせてこれらガイドの改訂作業が続けられている(9.2節参照).また,新たに(2008年現在),定性分析用標準物質の作製のためのISO Guide 79 (Reference materials for qualitative analysis-Testing of nominal properties),および精度管理や生産管理用標準物質の作製のためのISO Guide 80 (Guideline for the production of reference material for metrological qualitative control)の作成が進められている.

9.1.4　分析化学における国際トレーサビリティ協力機構(CITAC)

CITAC (Co-operation on International Traceability in Analytical Chemistry)は,化学計測におけるトレーサビリティを啓発し,分析結果の全世界規模での国際整合性の確立を目的に1993年に設立された.CITACには,CCQM/BIPMおよび各地域代表(アジア(APMP),米国(SIM),EU(EURACHMEM, EURACHEM),アフリカ(AFRIMETS)など),ISO/REMCO, ILAC, IUPAC, ACS, JCTLMなどからメンバーが参加し,世界のいずれの機関からも独立した組織として運営されている.化学計測における同等性の

確立を目的として活動している組織間の協調をはかり，各組織が個別に行っている種々の活動が有機的に連携しながら化学計量トレーサビリティが確立されるようにコーディネーター的な活動を行っている．CITAC は，CCQM が設立された 1993 年に "化学計測におけるトレーサビリティに関するガイド（Traceability in Chemical Measurement）" を発表して，化学計測におけるトレーサビリティのコンセプトづくりをリードするとともに，その構築におおいに貢献した．

CITAC では国際的な化学計量活動の活性化，化学分析におけるトレーサビリティの実用化，とくにトレーサビリティと不確かさが一般的な試験所においても広く適用されるようにするための検討と普及，化学計測の品質保証・精度管理に関する技術の促進と国際調和などを目的として，国際ガイドの作成，学術論文の発表，CITAC ニュースの刊行，シンポジウムの開催などを行っている[4]．

9.1.5 生物・環境標準物質に関する国際シンポジウム（BERM）

生物・環境標準物質に関する国際シンポジウム（International Symposium on Biological and Environmental Reference Materials：BERM）は，生物および環境標準物質に関する最新の開発動向，標準物質の適切な使用，標準物質と QA/QC，試験所認定，技能試験，関連する教育・訓練などを討論主題とする国際シンポジウムである．1983 年に第 1 回シンポジウムが米国 Philadelphia で NIST の主催で開催されて以来，2〜3 年ごとに欧米で交互に開催されてきた．2007 年 10 月には初めて欧米を離れて，第 11 回シンポジウム（BERM 11）が日本のつくばで計量標準総合センター（National Metrology Institute of Japan：NMIJ）の主催で開催された．21 世紀に入り，BERM における討論対象は生物標準物質や環境標準物質に留まらず，臨床化学標準物質や食品標準物質へと拡張し，活発な議論が行われている．BERM は標準物質およびその関連分野をテーマにする唯一の国際シンポジウムであり，世界各国から多数の関係者の参加がある．今後標準物質に対する要望がますます増加することに伴い，本シンポジウムの重要性も増していくことになろう．なお，第 12 回シンポジウムは 2009 年に英国の Oxford で開催される．

9.1.6 ヨーロッパ標準物質（ERM）[5]

ヨーロッパ標準物質（European Reference Materials：ERM）は EU の主要な標準研究所である Institute for Reference Materials and Measurements（IRMM），Federal Institute for Materials Research and Testing（BAM（ドイツ）），LGC（英国）が共同して開発した認証標準物質であり，共通ブランド ERM（登録商標）のもとで供給されている．

ERM認証標準物質はISO Guide 34および35にもとづいて製造され，3研究所相互のピアレビューにより認証した認証標準物質(CRM)として，計量学的な要求事項，トレーサビリティの要件，さらに国際相互承認の要件を満足するものとして頒布されている．通商，環境，食料，燃料，安全などのすべての分野での国際的な相互依存関係が進む今日ではCRMに対する需要は年々増加する傾向にあり，その流れは今後さらに加速されることが予想される．しかしながら，CRMの開発には高い技術とともに多くの時間と費用が必要とされ，一つの標準研究所がすべての要望に対応してCRMの開発と製造を行っていくことには限界がある．そのようななかで，EUの主要標準研究所が共同してCRMの開発にあたり，共通ブランドでの頒布を行っていることは，標準物質開発の一つの将来像を示すものである．2008年現在でも，世界各地で標準研究所間の連携はさまざまな形で進められている．日中韓の3ヶ国の標準研究所においても，将来のCRMの共同開発に向けた試行が進められている．

9.2 ISO Guide 30 シリーズ

国際標準化機構(International Organization for Standardization：ISO) Guide 30 シリーズは，国際標準化機構標準物質委員会(ISO/Committee on Reference Materials：ISO/REMCO)が供給している標準物質(RM)に関連したガイドで，日本ではその翻訳規格である日本工業規格(JIS)が日本規格協会から発行されている．現在発行されているガイドとそれらに対応するJISを表9.1にまとめた．ここでは，現在の6種類のISO Guide

表9.1 ISO Guide 30 シリーズと対応 JIS

ISO Guide 番号および名称	翻訳 JIS 規格番号および名称
ISO Guide 30：1992, Terms and definition used in connection with reference materials	JIS Q 0030：1997, 標準物質に関連して用いられる用語及び定義
ISO Guide 31：2000, Reference materials — Concepts of certificates and labels	JIS Q 0031：2002, 標準物質—認証書及びラベルの内容
ISO Guide 32：1997, Calibration in analytical chemistry and use of certified reference materials	JIS Q 0032：1998, 化学分析における校正及び認証標準物質の使い方
ISO Guide 33：2002, Uses of certified reference materials	JIS Q 0033：2002, 認証標準物質の使い方
ISO Guide 34：2000, General requirements for the competence of reference material producers	JIS Q 0034：2001, 標準物質生産者の能力に関する一般要求事項
ISO Guide 35：2006, Reference materials — General and statistical principles for certification	JIS Q 0035：2008, 標準物質—認証のための一般的及び統計的な原則

の概要と今後の動きについて解説する.

9.2.1 既存の ISO Guide 30 シリーズ

ISO Guide 30 は，RM の認証書とそれに付随する認証報告書に用いられる用語を中心とした，RM に関わる用語とその意味を示したガイドである．現在発行されているガイドでは，2005 年に変更された RM ならびに認証標準物質(CRM)の定義が反映されていない(2008 年に改正文書が発行された)．これらの定義は，後述する ISO Guide 35：2006 (JIS Q 0035：2008)に示されているのでこちらを参照されたい(1.4 節参照)．ISO Guide 30 は，現在計量関係の規格などと整合性のとれた形での全面的な改正作業が行われているところである．

ISO Guide 31 は，RM の生産者が CRM の認証書へ記載する内容を規定したガイドで，特性値に関する情報に加え，認証書に記載すべき内容を簡潔に示している．このガイドは，2008 年に改正作業が開始された．

ISO Guide 32 には，具体的に望まれる校正の手順や，校正に必要な CRM の選定基準ならびに CRM が入手困難である場合の対処方法が示されている．2006 年の会議で，ここに示されている内容の多くは，ISO Guide 33 に含めるべきとの考えから，CRM の利用方法は ISO Guide 33 に，それ以外の校正などの部分については今後移動先を検討することとなった．Guide 32 に示されたすべての内容が，ほかのガイドに移行された時点で，このガイドは廃止されることとなった．

ISO Guide 33 には，トレーサビリティの確立を含めた校正用以外に関する CRM の使い方や役割が示されており，CRM を使用した精度および真度の評価基準の開発方法が例示されている．このガイドは，ISO Guide 32 に示されていた校正に CRM を利用する方法を追加するのみならず，適応範囲をこれまでの CRM から RM 全般に拡張し，RM の使い方を示す方向で改正作業が行われている．

ISO Guide 34 には，RM 生産者に必要な品質システム，生産に関する技術ならびに生産体制などに関する要求事項が示されており，ISO/IEC 17025 の RM 生産者版である．このガイドも，ISO/IEC 17025 の 2005 年改正により起こった内容の不整合を是正することを中心に改正作業が行われており，近日中に新規改正されることが期待される．

ISO Guide 35 は，CRM を生産するために必要な認証プロジェクトの設計法，不確かさを含めた特性値の付与，ならびにトレーサビリティを確立するために必要な要件が示されており，均質性試験や安定性試験の結果に関する統計的な取扱いについても詳細に述べられている．

9.2.2 今後発行予定のガイド

ISO Guide 32 で示された CRM が入手困難な場合以外にも，試験所，工場などでは，日々の品質管理などに CRM を利用せず，インハウス RM を利用している場合が多い．しかしながら，こうした RM が計量学的な品質管理に利用できる要件や品質基準を示すガイドが存在しなかった．これらの RM は，特性値の解析や安定性試験で CRM 開発とは異なる方法がとられる場合があることを踏まえ，計量学的な品質管理に利用する RM 開発に焦点をあてたガイド ISO Guide 80 が 2009 年 4 月現在作成過程の段階にある．

9.3 各国の標準物質供給機関

ここでは日本国内で，比較的よく利用されている認証標準物質 (CRM) を供給している外国の機関について記述する．

米国国立標準技術研究所 (National Institute of Standards and Technology：NIST) は 1901 年に設立された National Bureau of Standards (NBS) を前身とし，現在は九つの異なる分野の研究所 (Laboratories) に約 2900 人の職員が従事している研究所である．これらの研究所での研究を基盤に 1300 品目を超す NIST Standard Reference Material (SRM) を供給している．SRM は，NIST 独自の規格にもとづいた CRM である．SRM に加え，特性値の信頼性や生産方法に応じて数種類の標準物質 (RM) を生産しており，市場へ迅速に RM を供給することができる体制を整えている．

カナダ国家研究会議 (National Research Council Canada：NRCC) は 1916 年に設立，現在は 20 を超す機関 (institute) とプログラムより構成され，全体では 4000 人近い職員を抱える機関である．そのなかにある Certified Reference Materials Program に 2 機関，すなわち Institute for National Measurement Standards ならびに Institute for Marine Biosciences (IMB) が CRM の供給を行っている．とくに IMB では，海洋微生物や貝毒などほかの供給機関とは異なる特色ある CRM を供給している．

ドイツの BAM (Bundesanstalt für Materialforschung und-prüfung：Federal Institute for Materials Research and Testing) は 1987 年に設立された Public Materials Testing Office と 1920 年に配置された Chemical-Technical State Institute を前身とする研究所である．現在九つの部門 (department) に約 1600 人の職員が配置されている研究所であり，ISO Guide 34 ならびに 35 に準拠した BAM Guide に従って CRM の生産ならびに頒布を行っている．

英国の LGC は 1996 年に前身の Laboratory of the Government Chemist が民営化された研究所である．現在は 4 事業部(division)に約 1200 人が従事している．LGC には，その 1 部門として LGC Standards があり，LGC で生産された CRM に加えて世界各地で生産された CRM の頒布を行っている．

EU 標準物質・計測研究所(Institute for Reference Materials and Measurements：IRMM)は EU の行政執行機関である欧州委員会(EC)の七つの共同研究センター(Joint Research Centre)のなかの一つであり，1960 年に Central Bureau for Nuclear Measurements(CBNM)として発足した．1984 年には独自の研究施設を整備して CRM の保管を開始した．1993 年に現在の名称 IRMM に改称され，現在は約 220 人の職員が勤務している．欧州共同体標準局(Community Bureau of Reference：BCR)は IRMM と密接に関係している．BCR は 1973 年に RM の認証と頒布を行うために設立された EC の機関であり，独自の研究施設をもたずに EU 内の研究施設を利用して CRM 生産を行っていた．1994 年に IRMM が BCR の CRM 保管，頒布，ならびに期限切れ CRM の再生産業務を引き継ぎ，2002 年にはすべての BCR の業務を IRMM が引き継ぐこととなった．

供給機関ではないが，2004 年に欧州の主要な CRM 生産者である IRMM，BAM，ならびに LGC が協調して，European Reference Materials(ERM)ブランドの CRM を立ち上げた．ERM として供給される CRM は，ISO Guide 34 ならびに 35 に準拠して生産されたことに加えて，これら 3 機関の CRM 生産に関して CRM の基準を満たしていることが同意される必要がある．BCR を含め，EU 内での CRM 生産の効率化に寄与している．

オーストラリアの NMI(National Measurement Institute)は，1938 年設立の National Standards Laboratory(1974 年に National Measurement Laboratory に改称)に，1943 年設立の National Standards Commission ならびに 1973 年設立の Australian Government Analytical Laboratories が併合されて 2004 年に設立された．ISO Guide 34 の認定を受けて生産された農産物関連や薬物関連の CRM を供給している．

中国の NIM(National Institute of Metrology)は 1955 年に設立され，2005 年に National Research Center for Certified Reference Materials(NRCCRM)と合併した研究所で，CRM 供給は以前の NRCCRM のグループが引き続き行っており，多種類の CRM を生産している．

国際原子力機関(International Atomic Energy Agency：IAEA)は 1953 年のアイゼンハワー大統領の国連総会演説 "Atoms for Peace" を契機として 1957 年に創立された機関である．1960 年代初頭に IAEA に Analytical Quality Control Services(AQCS)が設立され，環境中に含まれる人為的な放射性核種を手始めに精度管理に必要な RM の生産

を開始した．のちに，基本的な放射性核種や微量元素を含む陸地ならびに海洋性の RM 生産も業務に加えられた．1999 年より IAEA の RM Reference Sheet は，ISO Guide 31 に準拠した形に変更された．現在 IAEA では，RM 生産に四つのグループが関わっており，90 種の RM の生産と供給を行っている．

9.4 国内活動

　国内における標準物質の開発供給は，独立行政法人，財団法人，社団法人，民間企業などが中心となって進められている．また，外国機関が製造した標準物質に関しては商社などが代理店として情報提供や販売サービスを行ってきた．それら国内での関係機関は巻末の付表 1 "国内のおもな供給機関" を参照されたい．

　一方，標準物質の施策，技術，規格，認証，データベースなどの審議や情報交換に関しては，関係者や専門家を集めた協議会や委員会が各種設置されている．おもなものを以下に記す．

標準物質協議会(Japan Association of Reference Materials：JARM)
1963 年に標準炭化水素協議会として発足，1967 年に現在の名称に改められた．標準物質に関する技術の向上と標準物質関連機関の連携強化を目的として，おもに JCSS 標準物質供給体制の整備を目指して活動を行っている．会員は JCSS 指定校正機関，登録事業者，学協会，機器メーカー，商社などから構成され，事務局は(財)化学物質評価研究機構内にある．会報を年 2，3 回発行．
日本臨床検査標準協議会(Japanese Committee for Clinical Laboratory Standards：JCCLS)
1983 年に米国臨床検査標準委員会に呼応して設立された．わが国における臨床検査の向上と発展を目指して標準設定のための協議と提案を実行．厚生労働省，経済産業省，日本臨床検査協会などの学協会そのほかからなる．標準物質小委員会，血液検査標準化検討委員会など十数の委員会が個別の作業を進めている．
国際計量研究連絡委員会
計量標準，標準物質および法定計量に関する国内関係機関の間の連携を促進し，国内の意見，情報の集約，提言などを行うとともに，わが国全体の意向を国際協定などに反映させる活動を進めている．1977 年以来毎年開催され，2001 年からは(独)産業技術総合研究所理事長の諮問委員会として位置づけられた．委員は，行政機関職員，独立行政法人職員，学識経験者，業界関係者らで構成．物質量標準分科会を含む 13 の分科会をもつ．

日本学術会議標準研究連絡委員会標準物質小委員会
日本学術会議内に設置された標準物質関連研究機関を中心とした情報交換および提言の審議などを行う組織．2003年には"バイオ・人の健康に関する分野の標準物質の整備"と題する報告書をとりまとめた．大学，各省庁の研究機関，企業などからの委員で構成される．(独)産業技術総合研究所が幹事機関．
ISO/REMCO 国内対策委員会
ISO/REMCOへの日本としての対応を審議する組織．経済産業省，(独)産業技術総合研究所，学協会，標準物質生産者などのメンバーから構成．事務局は(財)日本規格協会．
標準物質情報関係委員会
COMARへの国内標準物質の登録，RMinfoの運営に係る情報の審議をおもな業務として，(独)製品評価技術基盤機構内に設置された組織．大学，研究機関の専門家，標準物質生産者らから構成．
標準物質トレーサビリティ認証委員会
国家計量標準機関以外の機関が開発した標準物質で，国内においてトレーサビリティソース(階層的に校正するさいの基点)として妥当であると認められる標準物質を公表するために，ISO Guide 34 および Guide 35 の関連要求事項にもとづいて審議する組織．大学，研究機関，認定機関，学協会の専門家より構成．事務局は(独)産業技術総合研究所計量標準総合センター．

　以上のほか，たとえば(独)産業技術総合研究所標準物質認証委員会，(社)日本分析化学会標準物質委員会，(社)日本鉄鋼連盟鉄鋼標準物質委員会，(財)日本適合性認定協会標準物質技術委員会など，標準物質供給機関や認定機関が個別に組織している標準関連委員会が多数存在する．また，臨時的に1〜2年の期限で設置される委員会もある．2003〜2004年に開催された産業構造審議会技術分科会・日本工業標準調査会合同会議の知的基盤整備特別委員会――標準物質の供給体制のあり方に関するWG――では，今後の標準物質の供給体制についての議論が行われ報告書としてまとめられた．

文　献

1) http://www.bipm.org/
2) P. Spitzer, *Metrologia*, **43**, Tec. Suppl., 08015(2006).
3) http://www.bipm.org/jctlm/
4) http://www.citac.cc/
5) http://www.erm-crm.org/html/homepage.htm

付録1　国内外の標準物質供給機関

付表1　国内のおもな供給機関　　　　　　(2009年4月現在)

機関名	供給標準物質およびURL
(財)化学技術戦略推進機構	プラスチック http://www.jcii.or.jp/
(財)化学物質評価研究機構	JCSS指定校正機関，標準液・標準ガス http://www.cerij.or.jp/
片山化学工業(株)	JCSS pH標準液 http://www.katayamakagaku.co.jp/
(株)環境総合テクノス	栄養塩測定用海水 http://www.kanso.co.jp/
関東化学(株)	JCSS(MRA対応)標準液(pHおよび無機・有機標準液)，各種無機・有機標準 http://www.kanto.co.jp/
キシダ化学(株)	JCSS pH標準液，有機元素分析用 http://www.kishida.co.jp/
(中法)軽金属製品協会試験研究センター	アルミニウム標準板および試験片 http://www.apajapan.org/
(中法)検査医学標準物質機構	臨床 http://www.reccs.or.jp/
厚生労働省　国立医薬品食品衛生研究所	臨床・医薬 http://www.nihs.go.jp/
(独)国立環境研究所	環境 http://www.nies.go.jp/
厚生労働省　国立感染症研究所(村山庁舎)	日本薬局方収載標準品，生物学的製剤基準収載の標準品，参照品，試験毒素 http://www.nih.go.jp/niid/index.html
(独)産業技術総合研究所　計量標準総合センター，および地質調査総合センター	鉄鋼，無機，有機，臨床，環境，プラスチック，岩石 http://www.aist.go.jp/
JSR(株)	標準粒子 http://www.jsr.co.jp/
JFEテクノリサーチ(株)	鉄鋼およびプラスチック http://www.jfe-tec.co.jp/
ジャパンファインプロダクツ(株)	JCSS標準ガス，各種標準ガス http://www.jfp.tn-sanso.co.jp/

付録1　国内外の標準物質供給機関

付表1　国内のおもな供給機関(つづき)

機関名	供給標準物質およびURL
純正化学(株)	JCSS pH標準液，規定液 http://www.junsei.co.jp/
(財)食品薬品安全センター	細胞毒性，生体分析用 http://www.fdsc.or.jp/
住友精化(株)	JCSS標準ガス，各種標準ガス http://www.sumitomoseika.co.jp/
(独)製品評価技術基盤機構　化学物質管理センター	容量分析用 http://www.nite.go.jp/
(社)石油学会	石油 http://wwwsoc.nii.ac.jp/jpi/
セティ(株)	同位体 http://www.sceti.co.jp/
(社)セメント協会	セメント http://www.jcassoc.or.jp/
耐火物技術協会	粘土，アルミナ質等耐火物 http://www.tarj.org/
大陽日酸(株)	JCSS標準ガス，同位体 http://www.tn-sanso.co.jp/
高千穂化学工業(株)	JCSS標準ガス，各種標準ガス http://www.takachiho.biz/
東京化成工業(株)	水中および土壌中の揮発性有機化合物分析用 http://www.tokyokasei.co.jp/
農林水産省　動物医薬品検査所	動物用抗生物質医薬品基準収載の常用標準抗生物質 http://www.maff.go.jp/nval/index.html
ナカライテスク(株)	JCSS pH標準液，その他の標準液，クロマト・生薬用 http://www.nacalai.co.jp/
(社)日本アイソトープ協会	JCSS放射線・放射能標準 http://www.jrias.or.jp/
(社)日本アルミニウム協会	アルミニウムおよびアルミニウム合金 http://www.aluminum.or.jp/
(社)日本アルミニウム合金協会	アルミニウム合金 http://www.jara-al.or.jp/
(財)日本公定書協会	日本薬局方等標準品 http://www.sjp.jp/

付表 1 国内のおもな供給機関(つづく)

機関名	供給標準物質および URL
日本軽金属(株)	アルミニウム合金 http://www.nikkeikin.co.jp/
(独)日本原子力研究開発機構	放射線関係 http://www.jaea.go.jp/
(社)日本作業環境測定協会	石綿,粉じん分析用 http://www.jawe.or.jp/
日本伸銅協会	銅合金 http://www.copper-brass.gr.jp/
(社)日本セラミックス協会	セラミックス http://www.ceramic.or.jp/
(社)日本チタン協会	チタンおよびチタン合金 http://www.titan-japan.com/
(社)日本鉄鋼連盟	鉄鋼 http://www.jisf.or.jp/
(社)日本分析化学会	環境,食品,プラスチック http://www.jsac.or.jp/
(社)日本粉体工業技術協会	標準粉体 http://www.appie.or.jp/
日本マグネシウム協会	マグネシウム合金 http://www.kt.rim.or.jp/~ho01-mag/
特定非営利活動法人 日本臨床検査標準協議会	臨床 http://www.jccls.org/
(独)農業・食品産業技術総合研究機構 食品総合研究所	食品 http://nfri.naro.affrc.go.jp/
(独)農林水産消費安全技術センター	肥料分析用 http://www.famic.go.jp/
林純薬工業(株)	環境汚染物質分析用 http://www.hpc-j.co.jp/
(財)ファインセラミックスセンター	ファインセラミックス,粒度,熱拡散標準 http://www.jfcc.or.jp/
(株)分析センター	プラスチック http://www.analysis.co.jp/
和光純薬工業(株)	JCSS(MRA 対応)標準液(pH および無機・有機標準液),各種無機・有機標準 http://www.wako-chem.co.jp/

付録1　国内外の標準物質供給機関

付表2　海外のおもな供給機関　　　　（2009年4月現在）

機関名	供給標準物質およびURL
Air Liquide (US)	ガス http://www.airliquide.com/
Alcoa Inc. (US)	アルミニウム http://www.alcoa.com/
Alpha Resources, Inc. (US)	ガス，オイル，石炭 http://www.alpharesources.com/
American Polymer Standards Corporation (APS, US)	高分子 http://www.ampolymer.com/
British Geological Survey (BGS, UK)	環境，土壌 http://www.bgs.ac.uk/
British Pharmacopoeia Commission Laboratory (UK)	有機，臨床 http://www.pharmacopoeia.gov.uk/
Bundesanstalt für Materialforschung und-prüfung (BAM, Germany)	鉄鋼，非鉄，セラミックス，純物質，環境，食品，ガス http://www.bam.de/
Bureau of Analysed Samples Ltd (BAS, UK)	鉄鋼，非鉄 http://www.basrid.co.uk/
Cambridge Isotope Laboratories, Inc. (CIL, US)	環境，同位体 http://www.isotope.com/
Chem Service, Inc. (US)	有機，農薬 http://www.chemservice.com/
Conostan (US)	オイル http://www.conostan.com/
Institute for Reference Materials and Measurements (IRMM, EU)	環境，食品，臨床，工業品，同位体 http://www.irmm.jrc.be/
International Atomic Energy Agency (IAEA, Austria)	環境，食品，同位体 http://www.iaea.org/
Johnson Matthey Plc. (UK)	純金属 http://www.matthey.com/
Korea Research Institute of Standards and Science (KRISS, Korea)	全般 http://crm.kriss.re.kr/english/index.jsp
LGC Standards (UK)	純物質，臨床，医薬品 http://www.lgcstandards.com/
National Institute for Biological Standards and Control (NIBSC, UK)	臨床，医薬品 http://www.nibsc.ac.uk/
National Institute of Metrology (NIM, 旧NRCCRM, China)	全般 http://www.nrccrm.org.cn/
National Institute of Standards and Technology (NIST, US)	全般 http://ts.nist.gov/MeasurementServices/ReferenceMaterials/

付表2　海外のおもな供給機関(つづく)

機関名	供給標準物質およびURL
National Research Council Canada(NRC, Canada)	環境 http://www.nrc-cnrc.gc.ca/
National Water Research Institute(NWRI, Canada)	河川水 http://www.nwri.ca/
Nederlands Meetinstituut(NMi, Nederland)	ガス，鉱物油 http://nmi.nl/
Merck KGaA(Germany)	有機，無機 http://www.merck.de/
Oak Ridge National Laboratory(ORNL, US)	同位体 http://www.ornl.gov/
Polymer Laboratories(UK) Polymer Laboratories Varian, Inc.(US)	高分子，粒子 http://www.polymerlabs.com/
SPEX CertiPrep, Inc.(US)	元素 http://www.spex.com/
The American Oil Chemists' Society(AOCS, US)	食品 http://www.aocs.org/
Trace Sciences International(Canada)	同位体 http://www.tracesciences.com/enrichedisotopes.html
United States Department of Energy(US)	環境，土壌，同位体 http://www.energy.gov/
United States Geological Survey(USGS, US)	土壌 http://www.usgs.gov/
United States Pharmacopeial Convention(USP, US)	臨床，医薬品 http://www.usp.org/
Wellington Laboratories Inc.(US)	環境 http://www.well-labs.com/
World Health Organization(WHO)	医薬品 http:www.who.int/bloodproducts/catalogue/en/index.html

(注)　国内外の標準物質のおもな販売代理店として，以下がある．
・西進商事株式会社(東京支店)
　〒105-0012　東京都港区芝大門2-12-7(RBM芝パークビル)
　Tel：03-3459-7491　　Fax：03-3459-7499
　http://www.seishin-syoji.co.jp/
・株式会社ゼネラルサイエンスコーポレーション
　〒107-0052　東京都港区赤坂3-11-14 赤坂ベルゴビル802
　Tel：03-3583-0731　　Fax：03-3584-6247
　http://www.shibayama.co.jp/jgs/

付録2 略語集

略　語	英語名（またはフランス語，ドイツ語）	日本語名
A2LA	American Association for Laboratory Accreditation	米国試験所認定協会
ACQUAL	Journal for Quality, Comparabirity and Reliability in Chemical Measurement	化学測定の信頼性に関わる国際誌
AIST	National Insitute of Advanced Industrial Science and Technology	産業技術総合研究所
ANOVA	Analysis of Variance	分散分析
APLAC	Asia Pacific Laboratory Acccreditation Cooperation	アジア太平洋試験所認定協力機構
ASTM	American Society for Testing and Materials	米国材料試験規格
BAM	Federal Institute for Materials Research and Testing (Bundesanstalt für Materialforschung und -prüfung)	ドイツ連邦材料研究試験局
BCR	Community Bureau of Reference	欧州共同体標準局
BCS	British Calibration System	英国校正制度
BERM	International Symposium on Biological and Environmental Reference Materials	生物・環境標準物質に関する国際シンポジウム
BIPM	International Bureau of Weights and Measures (Bureau International des Poids et Mesures)	国際度量衡局
CAP	College of American Pathologists	米国臨床病理医協会
CCQM	Consultative Committee of Amount of Substance (Comité Consultatif pourla Quantité de Matiére)	物質量諮問委員会
CGPM	General Conference on Weights and Measures (Conférence Générale des Poids et Mesures)	国際度量衡総会
CIL	Canbridge Isotope Laboratory	米国ケンブリッジ同位体研究所
CIPM	International Committee for Weights and Measures (Comité International des Poids et Mesures)	国際度量衡委員会
CITAC	Cooperation on International Traceability in Analytical Chemistry	国際分析化学トレーサビリティ協力

付録2　略　語　集

略　語	英語名(またはフランス語，ドイツ語)	日本語名
CLSI	Clinical and Laboratory Standards Institute	米国臨床検査標準委員会
CMC	Calibration and Measurement Capability	校正測定能力
COMAR	COde d'indexation des MAtériaux de Référence	国際標準物質データベース
CRM	Certified Reference Material	認証標準物質
ECCLS	European Committee of Clinical and Laboratory Standards	欧州臨床検査標準委員会
EN	European Norms	欧州規格
EURA-CHEM	European Analytical Chemistry	欧州分析化学会
FDA	Food and Drug Administration	米国食品医薬品局
GLP	Good Laboratory Practice	優良試験所規範，適正試験所規範
GMP	Good Manufacturing Practice	(医薬品の)適正製造規範
GUM	Guide to the expression of Uncertainty in Measurement	計測の不確かさの表現の ISO ガイド
HPLC	High Performance Liquid Chromatography	高速液体クロマトグラフィー
IAEA	International Atomic Energy Agency	国際原子力機関
ICH	International Conference of Harmonization	(新医薬品製造・輸入承認申請のために必要な資料に関する)国際的調和会議
ICSH	International Committee for Standardization in Hematology	国際血液学標準委員会
ID-ICP-MS	Isotope Dilution-Inductively Coupled Plasma-Mass Spectrometry	同位体希釈-誘導結合プラズマ-質量分析法
IEC	International Electrotechnical Commission	国際電気標準会議
IFCC	International Federation of Clinical Chemistry and Laboratory Medicine	国際臨床化学連合
ILAC	International Laboratory Accreditation Cooperation	国際試験所認定協力機構
IRMM	Institute for Reference Materials and Measurements	EU 標準物質・計測研究所
ISO	International Organization for Standardization	国際標準化機構

付録2 略 語 集

略 語	英語名(またはフランス語, ドイツ語)	日本語名
ISO/CASCO	International Organization for Standardization/Committee on Conformity Assessment	国際標準化機構適合性評価委員会
ISO/REMCO	International Organization for Standardization/Committee on Reference Materials	国際標準化機構標準物質委員会
IUPAC	International Union of Pure and Applied Chemistry	国際純正応用化学連合
IUPAP	International Union of Pure and Applied Physics	国際純正応用物理学連合
JAB	The Japan Accreditation Board for Conformity Assessmennt	日本適合性認定協会
JACRI	Japan Association of Clinical Reagents Industries	日本臨床検査薬協会
JARM	Japan Association of Reference Materials	標準物質協議会
JCCLS	Japanese Committee for Clinical Laboratory Standards	日本臨床検査標準協議会
JCGM	Joint Committee for Guides in Metrology	計量ガイドのための共同委員会
JCLA	Japan Chemical Laboratory Accreditation	日本化学試験所認定機構
JCSS	Japan Calibration Service System	計量法校正事業者登録制度, 計量法トレーサビリティ制度
JCTLM	Joint Committee on Traceability in Laboratory Medicine	(臨床)検査医学におけるトレーサビリティ合同委員会
JIS	Japanese Industrial Standards	日本工業規格
JISC	Japanese Industrial Standards Committee	日本工業標準調査会
JLAC	Japan Laboratory Accreditation Cooperation	日本試験所認定機関連絡会
JNLA	Japan National Laboratory Accreditation	工業標準化法試験事業者登録制度
JSAC	The Japan Society for Analytical Chemistry	日本分析化学会
JSCC	Japan Society of Clinical Chemistry	日本臨床化学会
JSLM	Japanese Society of Laboratory Medicine	日本臨床検査医学会
JSS	Japanese Iron and Steel Certified Reference Materials	日本鉄鋼認証標準物質
KCDB	Key Comparizon Database	基幹比較データベース

付録2 略語集

略　語	英語名(またはフランス語，ドイツ語)	日本語名
KRISS	Korea Research Institute of Standards and Science	韓国標準科学研究所
LGC	Laboratory of the Government Chemist	英国政府化学研究所
LNE	Laboratoire National d'Essais	フランス国立試験所
MLAP	Specified Measurement Laboratory Accreditation Program	特定計量証明事業者認定制度
MRA	Mutual Recognition Arrangement	相互承認協定，相互承認取決め
NATA	National Association of Testing Authorities	オーストラリア国立試験所認定機関
NIBSC	National Institute for Biological Standards and Control	国立生物製剤基準管理研究所
NIES	National Institute for Environmental Studies	国立環境研究所
NIST	National Institute of Standards and Technology	米国国立標準技術研究所
NITE	National Institute of Technology and Evaluation	製品評価技術基盤機構
NMI	National Metrology Institute	国立計量標準研究所，国家計量機関
NMi	Nederlands Meetinstituut	オランダ計量研究所
NMIJ	National Metrology Institute of Japan	計量標準総合センター
NRCC	National Research Council Canada	カナダ国立研究所，カナダ国家研究会議
NRCCRM	National Research Centre for Certified Reference Materials	中国認証標準物質研究センター
NWRI	National Water Research Institute	カナダ国立水質調査研究所
OECD	Organization for Economic Cooperation and Development	経済協力開発機構
OIML	International Organization of Legal Metrology	国際法定計量機関
ORNL	Oak Ridge National Laboratory	オークリッジ国立研究所

付録2 略語集

略語	英語名(またはフランス語, ドイツ語)	日本語名
PT	Proficiency Test	技能試験
PTB	Physikalisch-Technische Bundesanstalt	ドイツ物理工学研究所
QA	Quality Assurance	品質保証
QC	Quality Control	品質管理
QM	Quality Manual	品質マニュアル
ReCCS	Reference Material Institute for Clinical Chemistry Standards	検査医学標準物質機構
RM	Reference Material	標準物質
RMinfo	Reference Materials Total information services of Japan	標準物質総合情報システム
RoHS	Restriction of the Use of Certain Hazardous Substances in Electrical and Electronics Equipment	電気・電子機器特定有害物質使用制限に関するEU指令
SEC	size-exclusion chromatography	サイズ排除クロマトグラフィー
SI	International System of Units	国際単位系
SOP	Standard Operating Procedure	標準操作手順書
SRM	Standard Reference Material	NIST製標準物質
TBT	(Agreement on) Technical Barrier to Trade	貿易に対する技術障害(に関する協定)
VAMAS	Versailles Project on Advanced Materials and Standards	新材料と標準に関する国際共同(ベルサイユ)プロジェクト
VIM	International Vocabulary of Basic and General Terms in Metrology	国際計量基本用語集
VNIIM	Mendeleyief Institute of Metrology	ロシア連邦計量研究所
WHO	World Health Organization	世界保健機関
WTO	World Trade Organization	世界貿易機関

索引

A
analysis of variance　33
ANOVA→分散分析
APLAC→アジア太平洋試験所認定協力機構
average　31

B
BAM　78, 164, 286
BCR　117, 287
BERM→生物・環境標準物質に関する国際シンポジウム
between-bottle homogeneity　10
BIPM→国際度量衡局

C
calibration　9, 11, 64
calibrator　10
CCQM→物質量諮問委員会
CDC レファレンス法　251, 254
CERI→化学物質評価研究機構
certificate　9
certification　9
certified reference material (CRM)　7, 286
certified value　9, 197, 204
characterization　10, 26
CIPM→国際度量衡委員会
CIPM MRA　97, 102
CITAC→分析化学における国際トレーサビリティ協力機構
CMC→校正測定能力
coefficient of variation　31
collaborative study　27
collaborator　54
COMAR→国際標準物質データベース
combined standard uncertainty　40
commutability　232, 281
comparability　3, 96, 281
consensus value　9
contamination　19, 57, 202
coulometry　28
coverage factor　40
CRE　246, 248

D
definitive method　28

E
etalon　4
European Reference Material (ERM)　117, 232, 283, 287
expanded uncertainty　40
experimental standard deviation　42

F
factor　33
freezing point depression method　28

G
GeoReM　171
GLP→適正試験法規範
GLU　246, 248
gravimetry　28
GUM→計測の不確かさの表現の ISO ガイド

H
HbA1c　246, 249
HDL-C　252
homogeneity　19

I
IAJapan　62, 77, 79
IAEA→国際原子力機関
IFCC→国際臨床化学連合
ILAC→国際試験所認定協力機構
interlaboratory comparison　73
interlaboratory testing scheme　75
international biological standard　229
international measurement standard　9
International System of Units (SI)　2
IP　243, 245
IRMM→EU 標準物質・計測研究所
ISO→国際標準化機構
ISO Guide 30　29, 284, 285
ISO Guide 31　22, 285
ISO Guide 32　63, 66, 70, 285
ISO Guide 33　64, 285
ISO Guide 34　17, 52, 61, 103, 169, 207, 285
ISO Guide 35　17, 19, 22, 26, 49, 61, 168, 285
ISO Guide 79　282
ISO Guide 80　8, 282, 286
ISO/IEC 17011　53, 72

索引

ISO/IEC 17025　2，52，62，
　72，74，103，214
ISO/IEC Guide 43-1　75，
　213
ISO/IEC Guide 65　49
ISO/REMCO→国際標準化機構
　標準物質委員会
ISO/REMCO 国内対策委員会
　289
isochronous stability study
　23
isotope dilution mass spectrom-
　etry　29
IVD→体外診断検査

J
JAB→日本適合性認定協会
JCCLS→日本臨床検査標準協
　議会
JCLA→日本化学試験所認定機
　構
JCSS→計量法校正事業者登録
　制度
jcss　103，113
JCTLM→臨床検査医学におけ
　るトレーサビリティ合同委
　員会
JIS→日本工業規格
JIS Q 0030　29
JIS Q 0031　284
JIS Q 0032　61，68
JIS Q 0033　62
JIS Q 0034　17，61，103
JIS Q 0035　17，26，61
JIS Q 0043-1　213
JIS Q 17025　2，62，103
JNLA→試験事業者登録制度
JSCC→日本臨床化学会
JSS→日本鉄鋼認証標準物質

K
key comparison　3
KRISS→韓国標準科学研究所

L
LDL-C　252
level　33
LGC　287

Li　243，245
life time　10
LOI→強熱減量
long-term stability　10
LSI　164

M
MALDI-TOFMS　277
matrix reference material
　10
mean value　31
measurement comparison
　scheme　75
measurement standard　4
median　31
metrological traceability　7
mid range　31
MLAP→特定計量証明事業者
　認定制度
mol　5，28，107，279
MRA→相互承認取決め

N
national[measurement]
　standard　2，9，280
NIBSC→英国国立生物学的製
　剤研究所
NIES→国立環境研究所
NIM　287
NIQR →正規四分位範囲
NIST→米国国立標準技術研究所
NITE→製品評価技術基盤機構
NMI→国家計量標準研究所
NMIJ→計量標準総合センター
norme　4
NRCC→カナダ国家研究会議
NTRM　103
NWRI→カナダ国立水質調査研
　究所

O
one stop testing　2，74
one way　34

P
PAH[s]→多環芳香族炭化水素
PCB[s]→ポリクロロビフェニル

pH　83，246
POPs→残留性有機汚染物質
primary[measurement]
　standard　9
primary direct method　28
primary method of measure-
　ment　26，64，91
primary ratio method　28
primary reference material
　(PRM)　103
proficiency testing(PT)
　73，211，213
property value　10，26

Q
quality assurance　2
quality control　2

R
radioactivity　121
reference material(RM)　7，
　115
reference material producer
　(RMP)　52
reference measurement
　procedure(RMP)　234
reference[measurement]
　standard　9，234
reference method　29
reference value　9
RMinfo→標準物質総合情報シ
　ステム
RM→標準物質
RMP　54
routine measurement
　procedure　234

S
secondary[measurement]
　standard　9
shelf life　10
short-term stability　10
SI→国際単位[系]
significant figures　32
size exclusion chromatography
　(SEC)　275
stability　19
standard　4

索引

standard deviation　31
standard reference material (SRM)　6, 8, 101, 103, 115, 286
standard uncertainty　40
sum of squares　31

T
titration　110
titrimetry　29
traceability　2
type A evaluation　40
type B evaluation　40

U
UA　246, 248
UN　246, 248
uncertainty　40

V
validation　11, 68
VAMAS→ベルサイユプロジェクト
variance　31
VIM　7, 8, 40
VOC[s]→揮発性有機化合物

W
weighted mean　31
WHO→世界保健機関
within-bottle homogeneity　10
working[measurement] standard　9, 234

X
XRF→蛍光X線分析

あ
アジア太平洋試験所認定機関協力機構(APLAC)　53, 74
アスベスト　225
値付け　10, 26, 228, 233
アミノ酸　229
アルミニウム　138
アルミニウム合金　138
安定性　19, 94
安定性試験　22
安定同位体　118

い
En数　23, 75
イオン注入　270
イオン注入標準物質　270
イオン電極法(ISE法)　242
異常値　38
一元配置　34
　　――の分散分析　34
一次[測定]標準　9
一次標準液　90
一次標準ガス　103, 106
一次標準測定法　26, 28, 64, 91, 115, 120
一次標準直接法　28
一次標準比率法　28
医薬品　259, 261, 263
EU標準物質・計測研究所(IRMM)　117, 150, 187, 198, 229, 232, 287
引火点試験用　176
因子　33

え
AFM高さ校正用標準物質　272
英国国立生物学的製剤研究所(NIBSC)　232
Aタイプの評価　40, 42
ABS樹脂標準物質　183
SI単位[系]　2, 26, 28
枝分かれ　36
　　――の分散分析　36
F検定　141, 144
エーロゾル　187

お
欧州共同体標準局　287
王水抽出法　200
王水抽出率　200
黄土・黄砂粒子　189, 191
オクタン価　176
オクタン価測定用　176
汚染　17, 19, 57, 202
汚泥　224
重みつき平均　31

か
回帰式(回帰直線)　38
海水　151, 194
外部精度管理　11, 213
貝類　209, 210
化学物質評価研究機構　62, 101, 112
化学分析　1
拡散管[法]　106, 107
拡張不確かさ　40, 41, 49, 212
核燃料分析用標準物質　150
ガスクロマトグラフ法　109
ガス分析　98
数平均分子量　278
片側検定　33
かたより　65, 144
学会勧告法　234
活性　229, 260
カナダ国立水質調査研究所(NWRI)　194, 197
カナダ国家研究会議(NRCC)　286
ガラス標準物質　156
環境省[環境庁]告示(土壌の)　199
環境水　191
環境組成標準物質　151
環境分析用標準物質　187
環境放射能分析用標準物質　150
韓国標準科学研究所(KRISS)　117
岩石　165
乾燥　18, 59
肝臓　207

索引

含窒素成分　235, 238
γ線　121, 123
γ線核種放射能標準　123
肝油　207

き

規格pH標準液　87
基幹比較　3, 97
機器分析用標準物質　131
棄却検定　39, 142
危険率　32, 39
希釈　66
希釈ガス　105
基準測定操作法(RMP)　234
基準分析法　28, 161
技能試験　73, 75, 96, 211
揮発性有機化合物(VOC)　103, 112, 114
帰無仮説　32
逆偏析　139
キャラクタリゼーション　10, 26, 273
キャリブレーション　64
キャリブレーター　228, 234
級間変動　34
級内変動　34
凝固点降下法　28, 115
共同実験[法，方式](共同分析，共同試験)　24, 27, 36, 75, 128, 139, 141, 168, 198, 211, 214
強熱減量(LOI)　153
協力者　54
局外規→日本薬局方外医薬品規格
魚肉　207
均一度試験　19, 140
均質性[試験]　19, 95, 140
金属標準液　60, 67, 89, 94

く

矩形分布　43
Grubbsの方法　39
グルコース　228
クレアチニン　232

け

蛍光X線分析(法)(XRF)　131, 140, 152, 157, 179
蛍光指示薬吸着法用標準物質　177
計測の不確かさの表現のISOガイド(GUM)　7, 40
軽油硫黄分標準物質　173
軽油流動点　177
計量[学的]トレーサビリティ　7, 53, 227, 233
計量標準　12
計量標準総合センター(NMIJ)　6, 100, 114
計量法校正事業者登録制度(JCSS)　6, 13, 62, 73, 85, 87, 93, 100
血液　201
血液ガス　235, 236, 246
血漿タンパク質成分　254
血清　204, 206
血清鉄　243
原子炉材料　150
検定　32
　分散の――　33
　平均値の――　33
検量線標準液(検量線作成用標準液，検量線作成用溶液)　43, 44, 65
検量線[法]　43, 47, 64, 65, 95
原料物質　17
　――の加工　17
　――の選定　17

こ

高圧[ガス]容器　99, 105, 109
高圧容器詰め標準ガス　99, 108
合意値　9, 229
高純度ガス　99
高純度鉄　130
校正　9, 11, 64, 233
　分析機器の――　64
校正事業者登録制度　62
校正測定能力(CMC)　280
合成標準不確かさ　40, 41, 48
校正物質　10, 228, 235

抗生物質標準品　261, 263
校正用標準物質　3, 10
鉱石　166
酵素[成分]　229, 235, 240, 257
鋼中介在物抽出分離定量用専用鋼　131
鋼中ガス分析用標準試料　131
公定分析法　224
鉱物　165, 166
鉱物油　224
高分子特性解析用　273
高分子標準物質　273, 274
合目的性確認　68
互換性　232
国際計量研究連絡委員会　288
国際原子力機関(IAEA)　150, 171, 287
国際試験所認定協力機構(ILAC)　5, 56
国際生物学的標準品　234
国際相互承認[協定]　4, 62
国際測定標準　2, 9
国際単位系(SI)　2, 100, 233, 279
国際同等性　281
国際度量衡委員会(CIPM)　2, 279
国際度量衡局(BIPM)　3, 104, 279
国際比較　97, 280
国際標準　62
国際標準化機構(ISO)　2, 173, 284
国際標準化機構標準物質委員会(ISO/REMCO)　8, 52, 282
国際標準物質データベース(COMAR)　3, 78, 136, 153, 171, 214
国際臨床化学連合(IFCC)　5, 232, 246
コークス　178
国立環境研究所　6, 187
国立感染症研究所　6, 259, 262, 264

索引

国立感染症研究所抗生物質標品　262
固体発光分光分析[法]　131, 144
国家計量標準研究所　62, 78
国家[測定]標準　2, 9, 62, 280
国家標準物質　3
コーデックス委員会（CAC）　210
固溶体　29
ゴールデンスタンダード　214
コレステロール　228, 232
小分け　18
混合ガス　99
混合標準液　60, 117
コンタミネーション　57
コンパラビリティ　96, 281

さ

最小二乗法　38
サイズ排除クロマトグラフィー（SEC）　275
材料特性解析用標準物質　267
差数法　30, 91
三角分布　43
産業用組成標準物質　127
参考値　26, 170, 197, 204
参照[測定]標準　9, 197
参照値　9, 197
参照[分析]法　29
酸溶出試験方法　201
残留性有機汚染物質（POPs）　114, 196

し

JCSS 標準ガス　101
CMC 登録　96
試験事業者登録制度　72
試験室間共同実験　211
試験所（試験室）　1, 73
試験所間比較（プログラム）　73, 213
試験所認定（制度）　72
脂質成分　235, 238, 251

耳　石　210
実験標準偏差　42
実試料標準物質　234, 235
室内ダスト　188, 190
実用 pH　84
実用[測定]標準　9
実用標準物質　13, 113, 138, 234, 235
質量比混合法　67, 90, 93, 105
指定校正機関　13, 288
自動車排出粒子　189, 190
C 反応性タンパク質溶液　232
シマジン　202
臭素系難燃剤　226
重油硫黄分標準物質　173
重油窒素分標準物質　175
重量分析[法]　28, 92
重量平均分子量　278
重力偏析　139
樹　脂　179
寿　命　10
純　度　30, 107, 260
純物質系標準物質　10, 83, 229
小規模共同実験法　24
焼却炉ばいじん　189, 191, 225
常用参照標準物質　234, 235
常用抗生物質　261
蒸留試験用　175
食品組成標準物質　152
食品分析用標準物質　117, 187, 211, 216
植物組成標準物質　152
飼　料　215, 222
ジルカロイ　150
真　度　20, 29, 212
信頼率　32

す

水質認証標準物質（水質 CRM）　192, 193, 195
水　準　33
水素イオン活量指数→pH
水素炎イオン化検出器（FID）　109

水分含有量　289
ステロイドホルモン　228, 232

せ

正規四分位範囲　76
生　体　204
静的発生法　104
精　度　15, 29, 212
精度管理　7, 58, 110
　　──用試料　7, 8
　　──用標準物質　7, 8
製品評価技術基盤機構　54, 62, 72, 79, 110
生物[学的]製剤　263
生物[学的]製剤]基準　263
生物学的製剤[基準収載]標準品　263
生物学的標準品　229
生物・環境標準物質に関する国際シンポジウム（BERM）　283
生物基標準物質　264
生物組成標準物質　152
成分試験用標準用ガソリン　175
成分分析用標準物質　10
世界保健機関（WHO）　5, 232, 264
石　炭　178
石油製品　172
石油製品物性測定用標準物質　175
セタン価　176
セタン価測定用　176
z スコア　76, 213
セメント標準物質　157
セラミックス　152
ゼロガス　99, 102
全変動　33, 38
専用鋼　130

そ

臓　器　206, 207
相互承認　4, 55, 101
相互承認協定（相互承認取決め，MRA）　3, 104
測定精度　15, 144

索引

測定比較スキーム　75
組成標準物質　10, 228
　産業用——　127
　食品——　152
　植物——　152
　生物食品——　152

た

ダイオキシン[類]　196, 202, 225
ダイオキシン類分析用　117, 225
体外診断検査 (IVD)　233
耐火物標準物質　155
大気　187
代謝物　228, 229
堆積物　151
体積分率　106
耐熱超合金[鋼]　130
多環芳香族炭化水素 (PAH(s))　117, 196, 198, 202
多層膜標準物質　269
妥当性確認　11, 68, 74, 214
　機器の——　69
　分析法の——　70
タラ法　106
単回帰の分散分析　38
炭化ケイ素　157, 161, 164
短期安定性　10
短期安定性試験(標準液の)　23
タンパク質　228, 229, 235, 240

ち

窒化ケイ素　157, 161, 164
中央値　31
中心　29
中点値　31
長期安定性　10
調製[法, 操作]　17, 67, 89, 91, 166, 277

て

低圧容器　200
低圧容器詰め標準ガス　100
t 検定　33, 141, 144
TC 測定用　251

TG 測定用　253
底質　196
底質調査法　197, 199
底質認証標準物質(底質 CRM)　196, 197
ディーゼル粒子　189, 190
ディルドリン　203
適合性評価　2, 54
適正試験所規範 (GLP)　213
滴定[法]　29, 92
鉄鋼　127
鉄鉱石　131
電解質[成分]　228, 235, 236, 242
天然原料認証標準物質　153
電量滴定[法]　92
電量分析法　28

と

糖[成分]　235, 238
同位体希釈質量分析法　29
同位体希釈法　120
同位体比　118
同位体比測定用同位体標準物質　118
統計的手法　30
同時期測定法　22
同等性　3, 96, 280
頭髪　205, 207
登録事業者　13
特性値　10, 26
特定計量証明事業者認定制度　73
特定二次標準ガス　102
特定二次標準物質　13, 113
特定標準ガス　101, 102
特定標準物質　13, 112
都市大気粉じん　187, 188
土壌　151, 199
トリグリセリド (TG)　252
塗料　184
トレーサビリティ　2, 7, 91, 100, 122, 232, 281
トレーサビリティソース(トレーサビリティ源)　62, 95

な

内標準法　96
内部品質[内部質, 内部精度]管理　11, 211, 212
ナノスケール評価用標準物質　273

に

二元配置　35
　——の分散分析　35
二次[測定]標準　9
日常測定操作法　234
日局→日本薬局方
日局抗生物質標準品→日本薬局方抗生物質標準品
日局標準品→日本薬局方標準品
日抗基→日本抗生物質医薬品基準
日本化学試験所認定機構　72
日本学術会議標準物質研究連絡委員会標準物質小委員会　289
日本環境測定分析協会　77
日本工業規格 (JIS)　85, 138, 153, 173
日本抗生物質医薬品基準　261
日本公定書協会　259, 261
日本セラミックス協会　157
日本適合性認定協会　72
日本鉄鋼認証標準物質 (JSS)　127, 131, 132
日本分析化学会　76, 164
日本薬局方　259, 261
日本薬局方外医薬品規格(局外規)　261
日本薬局方抗生物質標準品　262
日本薬局方標準品　259
日本臨床化学会 (JSCC)　257
日本臨床検査標準協議会 (JCCLS)　257, 288
尿[成分]　205, 207, 235, 240, 257
尿素　232
認証　9, 49, 54
認証書　9, 50, 51

索　引

認証値　　9, 128, 168, 197, 212
認証標準物質　　7, 50, 61, 70, 71, 77
認　定　　54
認定機関　　53, 72

ね

熱量標準物質　　177
年代測定用標準物質　　152
粘　度　　177

の

濃縮同位体　　118, 121
農薬［類］　　202
　有機塩素系──　　196
　有機リン系──　　202

は

バイオアッセイ　　264
バイオ医薬品　　263
廃棄物　　223
廃　油　　224
ハウスダスト　　188, 190, 225
発光分光分析［法］　　144
パーミエーションチューブ［法］　　106
ばらつき　　30, 33
バリデーション　　68
Harned セル［法］　　84

ひ

pH 一次標準　　84
pH 緩衝液　　84
pH 標準　　83, 88
pH 標準液　　15, 89
　──の供給体制　　84
比較同等性　　281
光イオン化検出器（PID）　　109
非金属イオン標準液　　89, 94
B タイプの評価　　40, 42
非鉄金属　　138
ヒト血清　　235, 242
表示値　　141, 144
標　準　　4
標準液　　4, 23, 60, 65, 89, 95

標準化　　4, 21, 138, 227, 244, 267
標準ガス　　65, 688
　──の使用上の注意　　107
　──の調製法　　104
　高圧容器詰め──　　99, 108
　低圧容器詰め──　　100
標準抗生物質　　261
標準試料　　4
標準線源　　122
標準添加法　　95
標準品　　117, 261, 262, 264
標準不確かさ　　40, 45
標準物質　　1, 4, 7, 14, 52, 77, 115
　──の選び方　　61, 71
　──の階層構造　　11
　──の使用目的　　11
　──の調製　　17, 67, 89, 91, 166, 277
　──の取扱い　　57
　──の入手　　62
　──の分類　　12
　──の保存　　19, 60
オクタン化測定用──　　176
核燃料分析用──　　150
環境分析用──　　187
環境放射能分析用──　　150
蛍光指示薬吸着法用──　　177
軽油硫黄分──　　173
校正用──　　3, 10
高分子特性解析用──　　273
材料特性解析用──　　267
重油硫黄分──　　173
重油窒素分──　　175
純物質系──　　10, 83, 229
蒸留試験──　　175
食品分析用──　　117, 187, 211, 216
精度管理用──　　7, 8
成分分析用──　　10
石油製品物性測定用──　　175

セタン価測定用──　　176
ダイオキシン類分析用──　　117, 225
TC 測定用──　　251
TG 測定用──　　253
ナノスケール評価用──　　273
年代測定用──　　152
表面分析用──　　268
深さ方向分析用──　　269
有機分析用──　　112
容量分析用──　　111, 112
力学物性評価用──　　274
標準物質協議会（JARM）　　288
標準物質供給機関　　77, 78
標準物質生産者（RMP）　　52, 54
　──の認定　　52
標準物質総合情報システム（RMinfo）　　77, 171, 217
標準物質トレーサビリティ認証委員会　　289
標準物質認証書　　9, 50, 51
標準偏差　　31
標　章　　74
表面分析　　267
　──用標準物質　　268
ひょう量　　57, 58
肥　料　　215, 223
微量分析　　70, 91
瓶間均質性　　10
瓶間精度　　20
瓶間標準偏差　　20, 22
品質管理　　2, 7, 96, 211
品質管理用試料　　213
品質システム　　62, 97
品質保証　　2
瓶内均質性　　10
瓶内精度　　20
瓶内標準偏差　　20

ふ

ファインセラミックス　　152, 157
深さ方向分析［用］　　269
不確かさ　　40, 70, 94, 108, 195, 212

索引

——の評価　44
——の要因　44
ガラス製体積計の——　44
物質量　5, 279
物質量諮問委員会(CCQM)
　3, 10, 28, 96, 279
物質量分率　106
フライアッシュ　179, 225
プラスチック　179
ブラケット法　95
分散　31
　——の検定　33
分散分析(ANOVA)　20, 33
　一元配置の——　34
　枝分かれの——　36
　単回帰の——　38
　二元配置の——　35
分子特性解析　273
分子量標準　274
分子量標準物質　274, 275
　——の入手方法　275
　——の保管　276
分子量分布　274
分析化学における国際トレーサ
　ビリティ協力機構
　(CITAC)　282

平均値　31, 142
　——の検定　33
併行精度　21
併行標準偏差　20, 22
米国国立標準技術研究所
　(NIST)　5, 103, 115,
　150, 164, 187, 229, 278
平方和　31, 144
ペイント　184
β線　123
ペプチド　228
ベルサイユプロジェクト
　(VAMAS)　267
偏析　18, 139
変動　18, 31, 38
変動係数　31

ほ

包含係数　40, 41, 212
放射性核種　122, 150
放射能　121
放射能絶対測定装置群　123
放射能標準　122
放射能標準溶液　123
放射能面線源　123
保管期限　10
保存安定性　19, 94
保存条件　60
骨　151
ポリエステル[標準物質]
　183
ポリエチレングリコール
　275
ポリエチレン[標準物質]
　179, 275
ポリクロロビフェニル(PCB)
　117, 196, 202, 223, 224
ポリスチレン[標準物質]
　183, 275
ホルモン　235, 240

ま

マクロ偏析　139
マトリックス　232
マトリックス効果　64, 71
マトリックス標準物質　65,
　66, 70
マトリックスマッチング[法]
　65, 71, 96, 194

み

ミクロ偏析　139
水　67
水溶出試験方法　201

め

滅菌　18

も

モル　5, 107

や

薬事法　263

ゆ

有意水準　32, 39
有機塩素系農薬　196
有機標準物質　60
有機分析用　112
有機リン系農薬　202
有効期限　60, 108
有効数字　32, 144
誘導結合プラズマ発光分光分析
　法(ICP-AES)　138
油脂　206, 207

よ

容量比混合法　67
容量分析　110
　——用標準物質　111, 112

り

力価　229, 261, 262
力学物性評価用標準物質
　274
REACH(リーチ)規制　152
粒度分布　18
両側検定　32
臨床化学　232
臨床化学分析　227, 232
　——用トレーサビリティ
　233
臨床検査医学　227, 281
　——におけるトレーサビリ
　ティ合同委員会(JCTLM)
　5, 227, 235, 281

ろ

RoHS(ローズ)指令　76,
　152, 179
ロバスト法　76

わ

ワクチン　263
ワンストップ・テスティング
　2, 74

編著者紹介

久保田　正明（くぼた・まさあき）
1969年3月　早稲田大学大学院理工学研究科博士課程修了，
　　　　　　工学博士
1972年10月～1973年9月
　　　　　　米国国立標準局研究所(NBS)客員研究員
1992年1月　通商産業省　工業技術院化学技術研究所
　　　　　　化学標準部長
1997年7月　同　物質工学工業技術研究所　所長
2001年4月より(独)産業技術総合研究所　研究顧問
　標準物質協議会会長のほか，産総研トレーサビリティ認証委員会，NITE標準物質情報委員会，分析化学会技能試験委員会などの委員長を務める．

化学分析・試験に役立つ
標準物質活用ガイド

　　　　　　　　　平成21年5月30日　発　行

編著者　　久　保　田　正　明

発行者　　小　城　武　彦

発行所　　丸　善　株　式　会　社

出版事業部
〒103-8244　東京都中央区日本橋三丁目9番2号
編　集：電話(03)3272-0729　FAX(03)3272-0527
営　業：電話(03)3272-0521　FAX(03)3272-0693
http://pub.maruzen.co.jp/

© Masaaki Kubota, 2009

組版印刷・三報社印刷株式会社　製本・株式会社星共社

ISBN 978-4-621-08104-4 C 3043　　　Printed in Japan

JCLS〈(株)日本著作出版権管理システム委託出版物〉
本書の無断複写は著作権法上での例外を除き，禁じられています．
複写される場合は，そのつど事前に(株)日本著作出版権管理システム(電話03-3817-5670, FAX 03-3815-8199, E-mail：info@jcls.co.jp)の許諾を得てください．